高职高专机电系列教材

塑料模具设计与制造实训教程

杨海鹏　赖　辉　主　编

李爱娜　刘海庆　副主编

清华大学出版社

北　京

内 容 简 介

本书系统地介绍了最新塑料模具国家标准，同时，作者结合20多年从事模具设计、制造的工作经历及研究、教学经验，将模具国家标准与模具设计、制造知识、技巧有机融合，注重实用性与初学者动手能力的提高。本书案例零件均来源于企业产品或生活用品，具有真实性和针对性，在保证核心能力培养的同时，能够充分调动读者学习的积极性和自主性。

全书共分8章，主要内容包括注射模具设计与制造实训指导书、塑料注射模具设计与制造实训指导、塑料注射模架与标准、塑料注射模标准零件与技术条件、塑料注射模具典型结构、塑料注射模具设计课题、塑料模具常用材料与产品常用材料、塑料模具常用设备规格与选用。

本书收集、整理了丰富实用的设计资料、案例及最新的国家标准，可作为高等院校、高职院校模具设计与制造及相关专业的课程设计实训、模具制造实训及毕业设计用书，也可作为从事模具设计与制造工程技术人员及模具企业培训的工具书。

图书在版编目(CIP)数据

塑料模具设计与制造实训教程/杨海鹏，赖辉主编. —北京：清华大学出版社，2022.1
高职高专机电系列教材
ISBN 978-7-302-58860-3

Ⅰ. ①塑…　Ⅱ. ①杨…　②赖…　Ⅲ. ①塑料模具—设计—高等职业教育—教材　②塑料模具—制造—高等职业教育—教材　Ⅳ. ①TQ320.5

中国版本图书馆CIP数据核字(2021)第161217号

责任编辑：陈冬梅　刘秀青
封面设计：陆靖雯
责任校对：李玉茹
责任印制：朱雨萌
出版发行：清华大学出版社
网　　址：http://www.tup.com.cn, http://www.wqbook.com
地　　址：北京清华大学学研大厦A座　　邮　　编：100084
社 总 机：010-62770175　　邮　　购：010-62786544
投稿与读者服务：010-62776969, c-service@tup.tsinghua.edu.cn
质量反馈：010-62772015, zhiliang@tup.tsinghua.edu.cn
课件下载：http://www.tup.com.cn, 010-62791865
印 装 者：三河市君旺印务有限公司
经　　销：全国新华书店
开　　本：185mm×260mm　　**印　张：**17.25　　**字　数：**419千字
版　　次：2022年1月第1版　　**印　次：**2022年1月第1次印刷
定　　价：49.80元

产品编号：080101-01

前　言

随着工业现代化与智能化的发展，我国正从工业产品制造向智造转变。而模具是机械、运输、电子、通信及家电等工业产品的基础工艺装备，是现代工业生产中广泛应用的优质、高效、低耗、适应性很强的生产手段，也是技术含量高、附加值高、使用广泛的新技术产品，是价值很高的社会财富。

利用模具来生产零件的方法已成为工业上进行成批或大批生产的主要技术手段，模具对于保证产品的一致性和产品质量、缩短试制周期进而争先占领市场，以及产品更新换代和新产品开发都具有决定性意义。一个地方制造业的发展离不开模具制造业的发展，地区模具制造水平的高低，已经成为衡量这个地区制造业水平的重要标志，在很大程度上决定了产品质量、创新能力和地区产业的经济效益。中国是制造业大国，产品是制造业的主体，模具是制造业的灵魂，模具的发展水平决定了制造业的发展水平。人才市场上急需大量熟练的模具设计与制造人才，而模具设计与制造岗位是一个需要较长时间积累经验才能适应的岗位，综合素质要求高，因此，如何使学生在学校较短时间内快速上手，达到与企业零距离接轨，这是本书编者的初衷。

编者在指导学生进行模具设计与制造的实训过程中，深知实训环节的重要性，但这方面合适的教材和参考书欠缺，教师教和学生学都遇到了不少问题和困难。为此，经江门职业技术学院、茂名职业技术学院、阳江职业技术学院、罗定职业技术学院及君盛模具有限公司、金环电器有限公司等单位教师与工程技术人员反复研讨，并结合编者20多年从事模具设计、制造工作经历及研究、教学经验，将模具国家标准与模具设计、制造知识及技巧有机融合，并注重实用性与初学者动手能力的提高。本书较好地贯彻了职业性、实用性的编写原则，书中提供大量的图片、表格与实例，具有明显的职教特色，将有助于学生技能训练和专业能力的提高。

书中3套注射模具设计与制造案例及23套注射模具典型结构案例均经过精心选择、改进，难易适中，紧贴当前模具行业主流结构。43个注射模具设计课题均来源于企业产品或生活用品，注重典型性、代表性、趣味性、可行性和挑战性。本书在保证学生核心能力培养的同时，充分调动学生学习的积极性和自主性。

本书由杨海鹏和赖辉担任主编，李爱娜和刘海庆担任副主编。第1章由江门职业技术学院王涛编写；第2章、第7章由江门职业技术学院杨海鹏编写，第3章由阳江职业技术学院李爱娜编写，第4章由茂名职业技术学院赖辉编写，第5章由罗定职业技术学院刘海庆编写，第6章由江门职业技术学院武晓红编写，第8章由金环电器有限公司陈水东和君盛实业模具公司刘炳良编写。作者在编写过程中参考了有关资料和文献，这些珍贵的资料是同行们长期辛勤劳动经验的总结和智慧的结晶，在此一并表示感谢。

由于作者知识水平有限，书中难免有错漏之处，期待广大读者批评、指正，以便下次修订时改正。

编　者

目　　录

第 1 章　注射模具设计与制造实训指导书

技能目标

- 熟练掌握塑料注射模具设计与制造程序
- 能编制塑料注射模具设计说明书

塑料注射模具设计与制造实训是《塑料成型工艺与模具设计》课程教学中重要的实践教学环节，旨在培养学生综合应用注射模具设计知识，系统地进行注射模具设计与制造的能力。从塑料产品成型工艺编制开始，到塑料注射模具整体结构及非标准零件设计，最后完成塑料注射模具制造的全过程，为缩短上岗适应期奠定了基础。

注射模具设计与制造实训指导书主要从教学目的、要求、准备工作、注意事项、实践内容几方面提出具体的计划和任务，目的是指导学生更好地完成实训工作，取得良好的效果。

1.1　注射模具设计与制造的目的、要求与内容

1. 塑料注射模具设计与制造的目的

(1) 培养学生对具体设计任务的理解和分析能力。

(2) 培养学生编制注射成型工艺规程的能力。

(3) 培养学生设计注射模具的能力。

(4) 培养学生编制注射模具加工工艺文件的能力。

(5) 培养学生动手制造注射模具的能力。

(6) 培养学生注射模具绘图软件的应用能力。

(7) 培养学生综合运用专业理论知识分析问题、解决问题的能力和严谨、科学的工作作风。

2. 塑料注射模具设计与制造的要求

(1) 塑料注射模具设计实践题目为较低复杂程度塑件，并满足教学要求和生产实际的要求，设计题目应选自生产第一线。

(2) 及时了解模具技术发展动向，查阅有关资料，做好设计准备工作，充分发挥自己的主观能动性和创造性。

(3) 树立正确的设计思想，结合生产实际，综合考虑经济性、实用性、可靠性、安全性及先进性与环保性等方面的要求，严肃认真地进行模具设计和制造。

(4) 要求学生在实践中遵守学习纪律。

(5) 要求注射工艺计算正确，编制的塑料注射工艺规程符合生产实际。

(6) 要求模具结构合理，凡涉及国家标准之处均应采用国家标准，图面整洁，图样及标注符合国家标准。

(7) 要求编制的模具零件的加工工艺规程符合生产实际，工艺性好。

(8) 要求正确制定模具装配工艺流程。

3. 塑料注射模具设计与制造实训前的准备工作和注意事项

1) 实训前先期课程

塑料模具设计与制造实训是在学生具备了机械制图、公差与技术测量、金属材料及热处理、机械设计基础、塑料成型设备、机械制造技术、塑料成型工艺与模具设计、数控加工技术等必要的基础知识和专业知识的基础上进行的。完成本专业教学计划中所规定的认识实习、模具拆装、测绘实训和生产实习，也是保证学生顺利进行模具设计和制造实训的必要教学环节。

2) 实训前应注意的事项

(1) 实训前必须预先准备好资料、手册、图册、绘图仪器、计算器、图板(计算机)、图纸和报告纸等。

(2) 实训前应对塑料注射模具设计的原始资料进行认真消化，并明确实训要求。原始资料包括塑料零件图、生产纲领、原材料牌号与规格、现有成型设备的型号与规格、模具零件加工条件等。

(3) 注射成型工艺方案论证后，经指导教师认可方可进行模具设计。

(4) 画出的模具结构草图经指导教师认可后方能绘制正式装配图及零件图。

(5) 设计图纸和计算说明书呈交指导教师审阅后方可进行模具制造。

(6) 提交模具装配工艺方案，指导教师审核后方可实施。

4. 塑料注射模具设计与制造实训的内容

(1) 分析塑件结构工艺性，编制塑料成型工艺规程。

(2) 绘制注射模具的立体及平面装配图。

(3) 绘制模具非标准零件图和标准零件加工图。

(4) 编制模具零件加工工艺流程。

(5) 完成模具的加工、装配。

(6) 模具上机安装、注塑工艺调整、试模，分析塑件质量，提出修模或改进注塑工艺方案。

(7) 编写技术总结报告(或设计说明书)。

塑料注射模具综合设计与制造实训任务书如表 1-1 所示。

表 1-1　塑料注射模具设计与制造实训任务书

<table>
<tr><td colspan="4">塑料模具设计与制造实训任务书</td></tr>
<tr><td>专业</td><td>班级</td><td>学号</td><td>姓名</td></tr>
<tr><td colspan="4">设计题目：
塑件图：
技术要求：
1. 材料；
2. 批量；
3. 技术要求；</td></tr>
</table>

续表

模具设计与制造内容： 1.编制成型工艺规程； 2.绘制注射模具总装图； 3.绘制模具非标准零件图； 4.编制模具零件加工工艺流程； 5.完成模具的加工、装配和试模调整； 6. 编写设计说明书。 指导教师　　　　　　　　　　教研室主任　　　　　　　　　　系主任

1.2　塑料注射模具设计与制造过程

塑料注射模具设计与制造过程包括塑料成型工艺及塑件结构工艺分析、模具设计、模具制造与试模几个环节。

1. 塑料注射模具设计与制造的一般程序

塑料注射模具设计与制造的一般程序如图 1-1 所示。

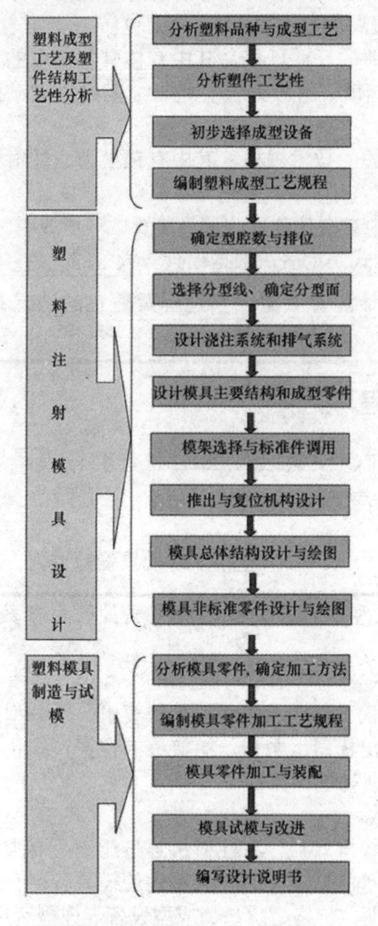

图 1-1　塑料注射模具设计与制造的一般程序

2. 塑料注射成型工艺设计的基本内容

塑料注射成型工艺分析与设计的基本内容如表 1-2 所示。

表 1-2　注射成型工艺设计的基本内容

了解塑件所用的塑料种类及其性能	通常用户已规定了塑料的品种，设计人员必须充分地掌握材料的种类和成型特性： 1.所用塑料是热塑性还是热固性以及其他的树脂名称； 2.所用塑料的成型工艺性能(流动性、收缩率、吸湿性、结晶性、比容、热敏性、腐蚀性等)
分析塑件的结构工艺性	用户提供塑件形状数据，有塑件图纸或塑件实物模型，随着 CAD 技术的应用，也有用户提供塑件的 CAD 数据。根据这些数据应作以下分析： 1.塑件的用途、使用和外观要求，各部位的尺寸和公差、精度和装配要求； 2.根据塑件的几何形状(壁厚、加强筋、孔、嵌件、螺纹等)、尺寸精度、表面粗糙度，分析是否符合成型工艺的要求； 3.如果塑件某些部位结构工艺性差，可提出修改意见，在取得新产品设计人员的同意后，方可进行修改； 4.初步考虑成型工艺方案、分型面、浇口形式及模具结构
确定成型设备的规格和型号	1.根据塑件所用的类型和质量、塑件的生产批量、成型面积大小，粗选成型设备的型号和规格。由于模具用户工厂所拥有的注射机规格和性能不完全相同，所以必须掌握模具用户工厂成型设备的以下内容： (1)与模具安装有关的尺寸规格，其中有模具安装台的尺寸、安装螺孔的排布和规格、模具的最小闭合高度、开模距离、拉杆之间的距离、推出装置的形式、模具的装夹方法和喷嘴规格等； (2)与成型能力有关的技术规格，其中有锁模力、注射压力、注射容量、塑化能力和注射率； (3)附属装置，其中有取件装置、调温装置、液压或空气压力装置等。 2.待模具结构的形式确定后，根据模具与设备的关系，进行必要的校核
编制塑件的成型工艺卡	注射工艺卡应包括注射成型工艺过程及适宜的工艺参数(温度、压力、时间)及成型设备等

3. 塑料注射模具设计过程与要求

塑料注射模具设计的过程、模具装配图绘制要求、模具零件图绘制要求、模具图中一些习惯画法等内容如表 1-3～表 1-6 所示。

表 1-3　塑料注射模具设计过程

进行模具设计与制造可行性分析	根据塑件技术要求和塑料注射工艺成型文件技术参数，进行模具设计与制造可行性分析。 1.保证达到塑件要求。 为保证达到塑件形状、精度、表面质量等要求。对分型面的设置方法、拼缝线的位置、侧面抽芯的措施、出模斜度数值、熔接缝的位置、防止出现气孔和型芯偏斜的方法及型腔、型芯的加工方法等进行分析。 2.合理地确定型腔数。 为提高塑件生产的经济效益，在注射机容量能满足要求的前提下，应计算出较合理的型腔数。随着型腔数量的增多，每一只塑件的模具费用有所降低。型腔数的确定一般与塑件的产量、成型周期、价格、质量、成型设备、成型费用等因素有关。

续表

进行模具设计与制造可行性分析	3.浇口和浇口设置。 由于浇口对塑件的形式、尺寸精度、熔接缝位置、二次加工和商品价格等有较大影响，因而必须首先对流道和浇口与具体塑件的成型关系进行分析。以往是凭借设计人员的经验来确定流道和浇口系统，现在可以用注塑模 CAE 的模流分析软件对流道和浇口系统优化，这对保证模具成功地进行设计有很大的辅助作用。 4.模具制造成本估算。 在最合理型腔的基础上，设计人员应根据塑件的总生产量对模具成本作出估算，并从选用材料、加工难易程度等方面提出降低模具生产成本的措施。同时，对所需的标准件及采用特种加工方法的种类进行选择
确定模具类型	在对模具设计进行分析后，即可确定模具结构。通常模具结构按以下方法分类，可根据以上分析选择合理的结构类型。 1.按浇注系统形式分类的模具类型：两板式模具、三板式模具、多板式模具、特种结构模具(如叠式模具)等。 2.按型腔结构分类的模具类型：直接加工型腔(又可细分为整体式结构、部分镶入结构和多腔结构)、镶嵌型腔(又可细分为镶嵌单只型腔和镶嵌多只型腔)。 3.按侧抽芯方式分类的模具类型：整体侧型芯、拼块抽芯、内抽芯、旋转抽芯、开合型芯抽芯、强迫脱模等。 4.按驱动侧型芯方式分类的模具类型：利用开模力驱动(可分为斜导柱抽芯、齿轮机构抽芯、螺纹机构抽芯和凸轮抽芯等)，利用液压顶出力推顶斜拼块抽芯、液压缸抽芯、电动机抽芯
确定模具的主要结构	1.型腔布置。根据塑件的几何结构特点、尺寸精度要求、批量大小、模具制造难易、模具成本等确定型腔数量及其排列方式。 2.确定分型面。分型面的位置要有利于模具加工、排气、脱模及成型操作，塑料制件的表面质量等。 3.确定浇注系统(主流道、分流道及浇口的形状、位置、大小)和排气系统(排气的方法、排气槽位置、大小)。 4.选择顶出方式(顶杆、顶管、推件板、组合式顶出)，决定侧凹处理方法、抽芯方式。 5.决定冷却、加热方式及加热冷却沟槽的形状、位置，加热元件的安装部位。 6.根据模具材料、强度计算或者经验数据，确定模具零件厚度及外形尺寸，外形结构及所有连接、定位、导向件位置。 7.确定主要成型零件、结构件的结构形式。 8.考虑模具各部分的强度，计算或校核型腔壁厚尺寸。 在确定模具结构示意图时，最好制定两种以上的结构方案，进行分析比较，综合其优缺点，选取最佳方案

续表

模具材料的选择及热处理的确定	1.根据模具产品、复杂程度、精度要求、工作条件及制造方法，合理选用模具材料； 2.根据模具零件的工作位置、受力情况，决定该零件的热处理要求； 3.根据所用塑料的特性、填料类型，确定其表面处理要求
绘制模具总装图和非标准零件图	根据上述分析、计划处理及方案论证后，绘制模具立体及平面装配图、零件图

表 1-4　模具装配图绘制要求

布置图面及选定比例	1.遵守国家标准的机械制图规定； 2.可按照模具设计中习惯或特殊规定的绘制方法作图； 3.手工或计算机绘图，比例最好为 1∶1，直观性好。打印输出时可按照机械制图要求缩放
模具设计绘图顺序	1.主视图：绘制总装图时，应先里后外，由上而下，即先绘制产品零件图、凸模、凹模； 2.俯视图：将模具沿注射方向“打开”定模，沿着注射方向分别从上往下看已打开的定模和动模，绘制俯视图，其俯视图和主视图一一对应画出； 3.模具工作位置的主视图一般应按模具闭合状态画出。其次，与计算工作联合进行，画出其他各部分模具零件结构图，并确定模具零件的尺寸。如发现模具不能保证工艺的实施，则须更改工艺设计
模具装配图的布置	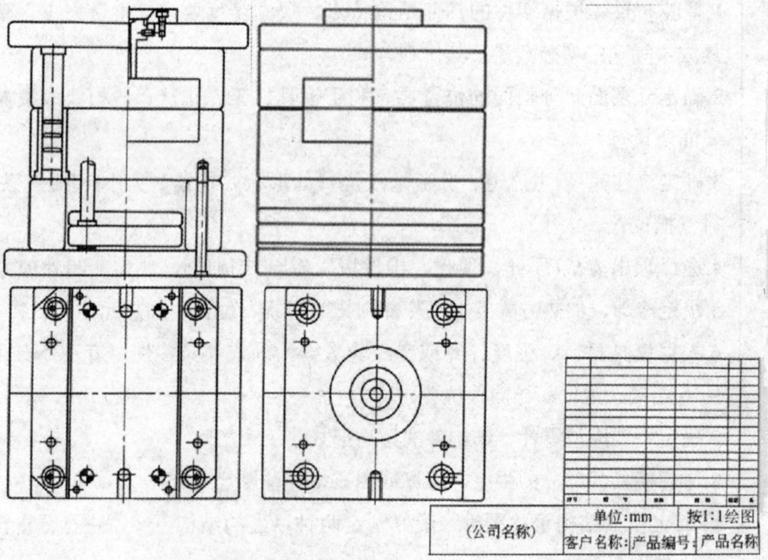 单位:mm　按1:1绘图 (公司名称) 客户名称:　产品编号:　产品名称

续表

<table>
<tr><td>模具装配图中主视图绘图要求</td><td>1.用主视图和俯视图表示模具结构。主视图上应尽可能地将模具的所有零件画出，可采用全剖视或阶梯剖视；
2.在剖视图中所剖切到的型芯和顶杆等旋转体，其剖面不画剖面线；有时为了图面结构清晰，非旋转型的型芯也不画剖面线；
3.俯视图可只给出动模，或定模、动模各半的视图。需要时再绘制一侧视图以及其他剖视图和部分视图
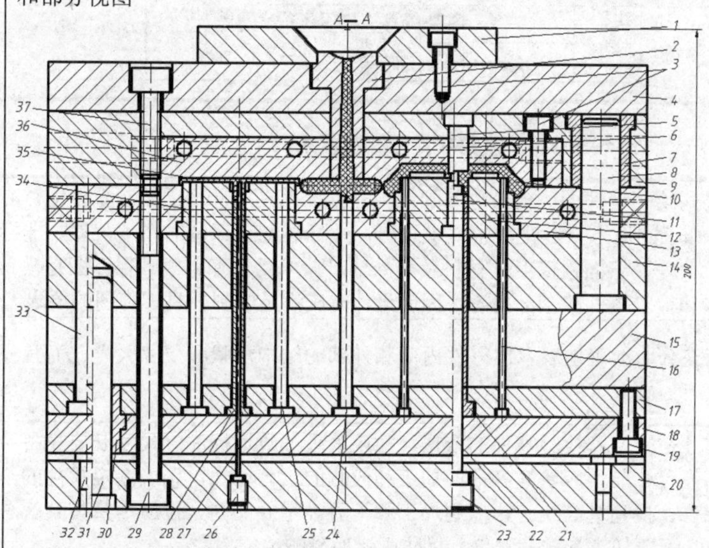
</td></tr>
<tr><td>模具装配图上塑件图</td><td>1.塑件图是经注射成型后得到的塑件图形，一般绘制在总图的右上角，并注明材料名称、塑料牌号等；
2.塑件图的比例一般与模具图上的一致，特殊情况下可以缩小或放大。塑件图的方向应与注射成型方向一致(即与塑件在模具中的位置一样)，若特殊情况不一致时，必须用箭头注明注射成型方向</td></tr>
<tr><td>模具装配图的技术条件</td><td>模具装配图的技术条件如下。
在模具总装配图中，要简要注明对该模具的要求和注意事项、技术条件：
技术条件包括所选设备型号、模具闭合高度、防氧化处理、模具编号、刻字、标记、保管要求，有关试模及检验方面的要求(参照国家标准，恰如其分、正确地拟定所设计模具的技术要求和必要的使用说明)</td></tr>
<tr><td>模具装配图上应标注的尺寸</td><td>1.模具装配图上应标注的尺寸：
模具闭合尺寸、外形尺寸、特征尺寸(与成型设备配合的定位尺寸)、装配尺寸(安装在成型设备上螺钉孔中心距)、极限尺寸(活动零件移动起止点)。
2.编写明细表，如下表所示：
<table>
<tr><td>6</td><td>08M3-01-05</td><td>定模型芯Ⅱ</td><td>2</td><td>738</td><td></td><td></td><td>35-40HRC</td></tr>
<tr><td>5</td><td>08M3-01-04</td><td>定模型芯Ⅰ</td><td>1</td><td>738</td><td></td><td></td><td>35-40HRC</td></tr>
<tr><td>4</td><td>08M3-01-03</td><td>上模座</td><td>1</td><td>45</td><td></td><td></td><td></td></tr>
<tr><td>3</td><td>GB/T70.1-2000</td><td>内六角螺钉</td><td>3</td><td></td><td></td><td></td><td>M6X20</td></tr>
<tr><td>2</td><td>08M3-01-02</td><td>浇口套</td><td>1</td><td>45</td><td></td><td></td><td></td></tr>
<tr><td>1</td><td>08M3-01-01</td><td>定位圈</td><td>1</td><td>45</td><td></td><td></td><td></td></tr>
<tr><td>序号</td><td>代号</td><td>名称</td><td>数量</td><td>材料</td><td>单位
质量</td><td>总计</td><td>备注</td></tr>
</table>
</td></tr>
</table>

续表

<table>
<tr><td>标题栏和明细表</td><td>标题栏和明细表放在总图的右下角，若图面不够，可另立一页，其格式应符合国家标准(GB/T 10609.1—1989、GB/T 10609.2—1989)，常用标题栏及明细表如下表所示：
<table>
<tr><td>3</td><td>GB/T70.1-2000</td><td>内六角螺钉</td><td>3</td><td></td><td></td><td></td><td>M6×20</td></tr>
<tr><td>2</td><td>08M3-01-02</td><td>浇口套</td><td>1</td><td>45</td><td></td><td></td><td></td></tr>
<tr><td>1</td><td>08M3-01-01</td><td>定位圈</td><td>1</td><td>45</td><td></td><td></td><td></td></tr>
<tr><td rowspan="2">序号</td><td rowspan="2">代号</td><td rowspan="2">名称</td><td rowspan="2">数量</td><td rowspan="2">材料</td><td>单位</td><td>总计</td><td rowspan="2">备注</td></tr>
<tr><td colspan="2">质量</td></tr>
</table>
<table>
<tr><td>标记</td><td>处数</td><td>分区</td><td>更改文件号</td><td>签名</td><td>年月日</td><td colspan="3">08M3-01-00</td><td>江门职业技术学院</td></tr>
<tr><td>设计</td><td></td><td>标准化</td><td></td><td></td><td></td><td>阶段标记</td><td>重量</td><td>比例</td><td rowspan="2">Y0Y0转盘注射模装配图</td></tr>
<tr><td>审核</td><td></td><td></td><td></td><td></td><td></td><td></td><td></td><td>1:1</td></tr>
<tr><td>工艺</td><td></td><td>批准</td><td></td><td></td><td></td><td colspan="3">共 张 第1张</td><td>08模3</td></tr>
</table></td></tr>
</table>

表 1-5 模具零件图绘制要求

<table>
<tr><td colspan="2">在生产过程中，标准件不需绘制零件图，模具总装配图中非标准模具零件均需绘制零件图。有些标准零件(如动、定模座)需补加工的地方太多时，也要求画出，并标注加工部位的尺寸公差。非标准模具零件图应标注全部尺寸、公差、表面粗糙度、材料及热处理、技术要求等。模具零件图是模具零件加工的唯一依据，包括制造和检验零件的全部内容，因而设计时应满足绘制模具零件图的要求</td></tr>
<tr><td>正确而充分的视图</td><td>所选的视图应充分而准确地表示出零件内部和外部的结构形状和尺寸大小，而且视图及剖视图等的数量应为最少</td></tr>
<tr><td>具备制造和检验零件的数据</td><td>零件图中的尺寸是制造和检验零件的依据，故应慎重细致地标注。尺寸既要完备，同时又不重复。在标注尺寸前，应研究零件的加工和检测的工艺过程，正确选定尺寸的基准面，做到设计、加工、检验基准统一，以利加工和检验。零件图的方位应尽量按其在总装配图中的方位画出，不要任意旋转和颠倒，以防画错而影响装配</td></tr>
<tr><td>标注加工尺寸公差及表面粗糙度</td><td>所有的配合尺寸或精度要求较高的尺寸都应标注公差(包括表面形状及位置公差)。未标注尺寸公差按 IT14 级制造。模具的工作零件(如型腔、型芯)的工作部分尺寸按计算值标注。模具零件在装配过程中的加工尺寸应标注在装配图上，如必须在零件图上标注时，也应在有关尺寸旁边注明“配作”“装配后加工”等字样或在要求中说明。
因装配需要留有一定的装配余量时，可在零件图上标注出装配链补偿量及装配后所要求的配合尺寸、公差和表面粗糙度等。
两个相互对称的模具零件，一般应分别绘制图样；若绘在一张图样上，必须标明两个图样的代号。
模具零件的整体加工，分切后成对或成组使用的零件，只要分切后各部分形状相同，则应视为一个零件，编一个图样代号，绘在一张图样上，以利于加工和管理。
模具零件的整体加工，分切后尺寸不同的零件，也可绘在一张图上，但应用引出线标明不同的代号，并用表格列出代号、数量及质量。
所有的加工表面都应注明表面粗糙度等级。正确决定表面粗糙度等级是一项重要的技术经济工作。一般来说，零件表面粗糙度等级可根据对各个表面工作要求及精度等级决定</td></tr>
<tr><td>技术条件</td><td>凡是图样或符号不便于表示，而在制造时又必须保证的条件和要求都应注明在技术条件中。其内容随着不同的零件、不同的要求及不同的加工方法而不同。其中主要应注明以下内容。
(1)对材质的要求。如热处理方法及热处理表面所应达到的硬度等；
(2)表面处理、表面涂层以及表面修饰(如锐边倒钝、清砂)等要求；
(3)未注倒角、倒圆半径的说明，个别部位的修饰加工要求；
(4)其他特殊要求</td></tr>
</table>

表 1-6　模具图中一些习惯画法

<table>
<tr><td colspan="2">模具图中的画法主要按机械制图的国家标准规定，考虑到模具图的特点，允许采用一些常用的习惯画法</td></tr>
<tr><td>内六角螺钉和圆柱销的画法</td><td>同一规格、尺寸的内六角螺钉和圆柱销，在模具总装配图中的剖视图中可各画一个，引一个件号，当剖视图中不易表达时，也可从俯视图中分别用双圆(螺钉头外径和窝孔)及单圆表示，当剖视位置比较小时，螺钉和圆柱销可各画一半，在总装配图中，螺钉过孔一般情况下要画出</td></tr>
<tr><td>弹簧窝座及圆柱螺旋压缩弹簧的画法</td><td>在模具中，习惯采用简化画法画弹簧，用双点画线表示，见下图：
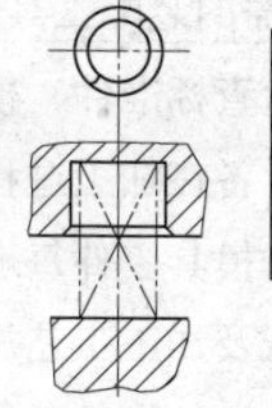 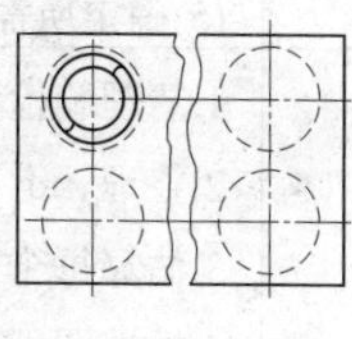
当弹簧个数较多时，在俯视图中可只画一个弹簧，其余只画窝座</td></tr>
<tr><td>直径尺寸大小不同的各组孔的画法</td><td>直径尺寸大小不同的各组孔可用涂色、符号、阴影线区别</td></tr>
</table>

4. 塑料注射模具制造的基本内容与要求

塑料注射模具零件加工工艺规程编制、模具零件制造过程、模具零件加工工艺规程卡、模具零件检验单、塑料注射成型工艺卡等内容分别如表 1-7～表 1-12 所示。

表 1-7　塑料注射模具零件加工工艺规程编制

<table>
<tr><td colspan="3">模具制造是模具设计的延续，它是以模具设计图样为依据，通过对模具材料的加工与装配，使其具有特定使用功能的工艺装备的过程。主要工作有模具零件的加工、标准件的配备与改制、模具的装配与试模。其中编制模具零件加工工艺规程是模具制造的前期工作，也是指导模具加工的工艺文件</td></tr>
<tr><td rowspan="2">编制模具零件加工工艺规程的基本内容</td><td>模具零件加工工艺规程的制定步骤</td><td>1.在制定模具零件加工工艺规程前，应详细分析模具零件图、技术要求、结构特点及零件在模具中的作用等;
2.模具材料的选择、坯料的配备;
3.制订工艺方案，注意粗、精加工的基准选择，确定加工顺序及热处理工序，划分加工阶段。对于初学者应拟定几个可实施的工艺方案，然后进行比较，在教师指导下选择较为合理的方案。同时还要考虑加工过程的设备、工具、量具及通用和专用夹具;
4.根据工艺路线确定各加工阶段的工序尺寸及公差;
5.根据坯料的材料种类、硬度，计算或查表确定切削用量;
6.在零件加工过程中，加强检验，重点是检验尺寸精度</td></tr>
<tr><td>填写模具零件加工工艺规程卡</td><td>完成模具零件加工工艺方案的分析和确定各种加工数据后，填写机械加工工艺规程卡片和机械加工工序卡片。工序卡上绘制的工序图可适当放大或缩小。工序图可以简化，但必须画出轮廓线、被加工表面及定位、夹紧部位。被加工表面应用粗实线或其他不同颜色表示。工序图上表示的零件位置必须是本工序零件在机床上的加工位置</td></tr>
</table>

表 1-8　塑料注射模具零件制造过程

模具制造的基本内容	审核模具设计图及模具加工工艺规程	1.认真审核模具设计图，分析模具零件加工工艺规程。 2.根据模具结构特点制定装配工艺流程： (1)分析被装配模具图样和装配时应满足的技术要求； (2)对装配尺寸链进行分析与计算，确保装配精度和使用要求； (3)对模具结构进行装配工艺分析，明确各种零件的装配关系； (4)确定各工序中的装配质量要求，确定检测项目、检测方法和工具； (5)确定所需的装配工具、夹具和设备
	模具零件加工过程	1.清理和检查标准件、模架、模具材料及毛坯尺寸； 2.整理、准备在加工过程中要使用的刀具、夹具等工具； 3.估算每个模具零件每道工序的加工工时，制定加工过程生产计划； 4.根据图纸及加工工艺规程加工模具零件； 5.检验已加工的模具零件
	模具装配过程	1.整理检验已加工的模具零件。 2.检查装配工艺，确定详细的装配步骤。 3.准备装配过程中所需的各种工具。 4.装配步骤： (1)通过研配、磨削等方法把所有配合的部件装配在一起； (2)在长度上有装配余量的零件，装配后磨去多余部分； (3)有位置配合要求的零件，装配位置调整好后，先收紧螺栓，再配作销钉孔并打入销钉； (4)装配完成后，模具可开合数次，保证开合顺畅，顶出及抽芯机构灵活，无卡止现象

表 1-9　模具零件加工工艺规程卡(封面)

车间		产品型别
		版次

工艺规程

零件名称＿＿＿＿＿＿　　零件图号＿＿＿＿＿＿

主管工艺员＿＿＿＿＿＿　　工艺室主任＿＿＿＿＿＿

车间主任＿＿＿＿＿＿　　总工艺师＿＿＿＿＿＿

年　　月　　日

表 1-10　模具零件加工工艺规程卡

车间		工艺规程	名称		数量		毛坯	共　页
编号			图号		材料		重量	第　页
序号	工艺内容				定额	设备	检验	备　注
编制		校对		审核		批准		

表 1-11　模具零件检验单

(车间)	检验图表	型别	零件名称	零件号		工序号	第　页
							共　页
				材料		硬度	
				项目号	检验内容		检验工具
更改单号	编号	签字	日期	检验员		车间主任	
				工艺员		工艺主任	
				主管工艺师			

表 1-12 塑料注射成型工艺卡

<table>
<tr><td>车间</td><td></td><td colspan="3">塑料注射成型工艺卡片</td><td>资料编号</td><td></td></tr>
<tr><td>零件名称</td><td></td><td colspan="2">材料牌号</td><td></td><td>共 页</td><td>第 页</td></tr>
<tr><td>装配图号</td><td></td><td colspan="2">材料定额</td><td></td><td>设备型号</td><td></td></tr>
<tr><td>零件图号</td><td></td><td colspan="2">单件质量(净)</td><td></td><td>每模件数</td><td></td></tr>
<tr><td colspan="4" rowspan="13">(塑件简图)</td><td rowspan="3">材料干燥</td><td>设备</td><td></td></tr>
<tr><td>温度(℃)</td><td></td></tr>
<tr><td>时间(h)</td><td></td></tr>
<tr><td rowspan="4">料筒温度(℃)</td><td>后段</td><td></td></tr>
<tr><td>中段</td><td></td></tr>
<tr><td>前段</td><td></td></tr>
<tr><td>射嘴</td><td></td></tr>
<tr><td colspan="2">模具温度(℃)</td><td></td></tr>
<tr><td rowspan="3">成型时间(s)</td><td>注射时间</td><td></td></tr>
<tr><td>保压时间</td><td></td></tr>
<tr><td>冷却时间</td><td></td></tr>
<tr><td rowspan="2">压力(MPa)</td><td>注射压力</td><td></td></tr>
<tr><td>背压力</td><td></td></tr>
<tr><td rowspan="2">后处理</td><td>温度(℃)</td><td colspan="2"></td><td rowspan="2">时间定额(s)</td><td>辅助时间</td><td></td></tr>
<tr><td>时间(s)</td><td colspan="2"></td><td>单件</td><td></td></tr>
<tr><td>检验</td><td colspan="6"></td></tr>
<tr><td>编制</td><td>校对</td><td>审核</td><td>组长</td><td>车间主任</td><td>检验组长</td><td>主管工程师</td></tr>
<tr><td></td><td></td><td></td><td></td><td></td><td></td><td></td></tr>
</table>

5. 编写注射模具设计与制造实训报告

编写实训报告是整个设计与制造工作的一个重要组成部分。它是设计者设计思想的体现，是设计成果的文字表达，也是学生撰写技术性总结和文件能力的体现。因此，该项工作是培养学生分析、总结、归纳和表达能力的重要环节。从实训开始时学生就应将设计和计算的内容记入报告草稿内，实训完成时，把草稿的内容整理归纳，编写正式的实训报告。

实训报告的主要内容包括零件成型过程设计的各项计算、选用依据和技术经济分析等。实训报告的内容及顺序如下所述。

(1) 封面。

(2) 设计任务书及产品图。

(3) 目录(标题及页次)。

(4) 序言。

(5) 零件的工艺性分析。

(6) 产品零件工艺方案的拟定。

(7) 有关设计计算。

(8) 机床的选择。

(9) 模具类型及结构形式的确定。

(10) 模具零件的设计、计算及材料的选用。

(11) 模具设计与制造在技术上、经济上的分析。

(12) 模具零件制造工艺规程的编制。

(13) 模具零件的加工制造过程及注意事项。

(14) 模具的装配和调试过程。

(15) 模具的上机试模与维修、改进。

(16) 学生对综合实训的收获与感受。

(17) 有关其他需要说明的内容。

(18) 参考资料。

6. 实训学时分配

实训教学总学时数在 90～120 学时，各过程学时分配如表 1-13 所示。

表 1-13 学时分配表(按 120 学时分配)

序号	主要内容	学时分配			作业题量	备注
		合计	理论教学	课内实训		
1	填写塑料模具综合设计与制造实训任务书	2		2		
2	塑料制品设计	4		4		
3	编制模塑成型工艺规程	4		4		
4	绘制注射模具总装图	12		12		
5	绘制非标准模具零件图	12		12		
6	编制非标准模具零件加工工艺流程	6		6		
7	完成模具零件的加工	48		48		
8	完成模具配研(飞模)、抛光、装配	18		18		
9	完成试模及模具调整	4		4		
10	编写技术总结报告	10		10		
	合计	120		120		

本 章 小 结

本章详细阐述了塑料模具设计与制造实训程序，使学生对注射模具设计与制造有了进一步的理解。通过本章的学习，学生应掌握注射模具的设计与制造流程及注意事项。

思考与练习

简答题

1. 简述塑料模具设计与制造实训要求。
2. 简述注射模具设计说明书包含的内容。
3. 简述塑料注射模具设计与制造实训步骤与方法。
4. 用流程图描述塑料注射模具的设计与制造过程。

第 2 章　塑料注射模具设计与制造实训指导

技能目标

- 借助参考书能设计中等复杂程度的注射模具
- 能对一般注射模具零件进行机械加工工艺编制
- 对于简单注射模具能完成装配和试模

塑料注射模具设计与制造实训是《塑料成型工艺与模具设计》课程教学中重要实践教学环节，旨在培养学生综合应用注射模设计知识，系统地进行注射模具设计与制造的能力。从塑料产品成型工艺编制开始，到塑料注射模具整体结构及非标准零件设计，最后完成塑料注射模具制造的全过程，为缩短上岗适应期奠定基础。

2.1　首饰盒注射模具设计与制造

如图 2-1、图 2-2 所示为首饰盒塑件工程图，如图 2-3 所示为该首饰盒的三维结构图。塑件材料为 ABS，未注壁厚均为 1.5mm，颜色为灰色或瓷白，大批量生产。要求塑件不允许有飞边、毛刺、缩孔、气泡、裂纹与划伤等缺陷。试设计并制造注射模具。

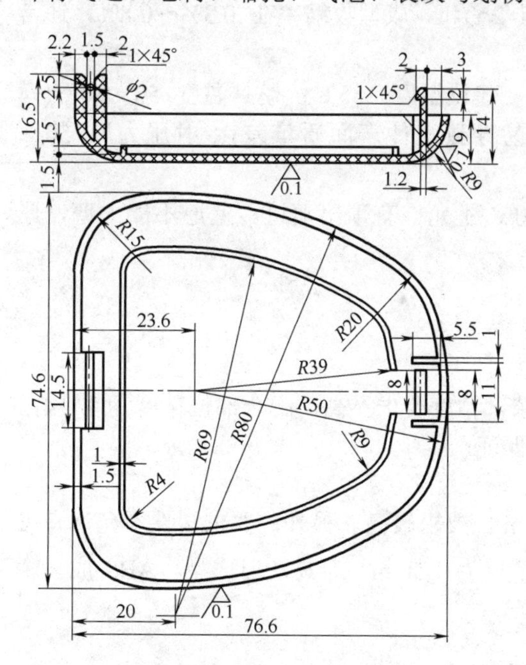

图 2-1　盒盖塑件

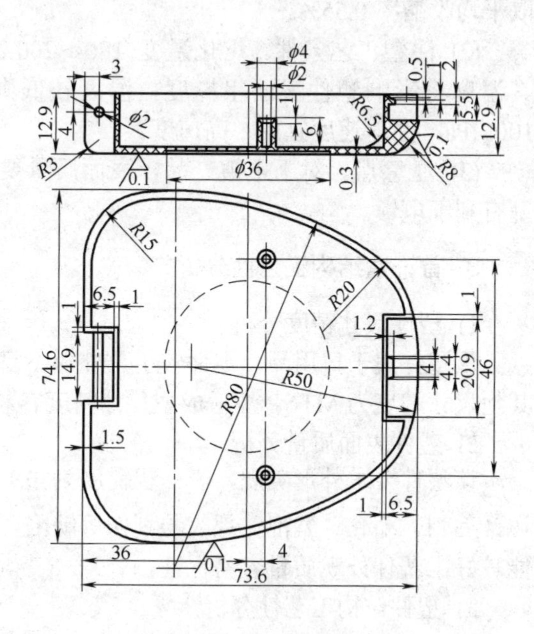

图 2-2　盒体塑件

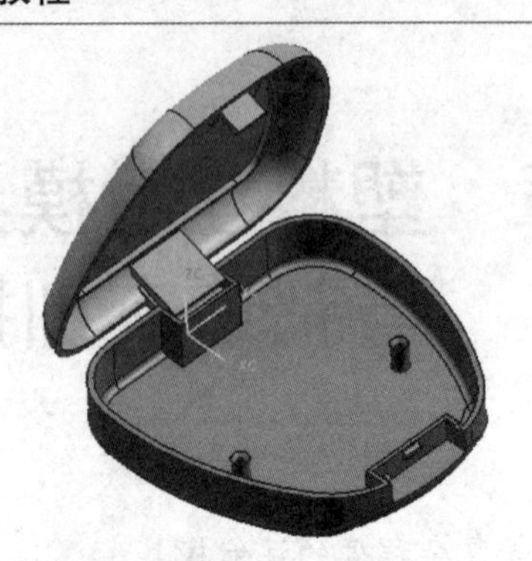
图 2-3　首饰盒塑件三维结构图

2.1.1　首饰盒塑件原材料与结构工艺性分析

1. 首饰盒原材料性能与使用要求

该塑件所用塑料为 ABS，是家用电器及汽车行业常用的一种热塑性工程塑料，具有优良的综合性能。

模具设计方面注意事项：需采用较高的料温与模温；注意选择浇口位置，避免浇口与熔接痕位于塑料件显眼处；塑料件顶出时表面易顶白或拉白，因此应合理设计顶出机构；ABS 塑料溢边值为 0.04mm。

2. 注射成型工艺条件

(1) ABS 具有吸湿性，吸水率不高，若存放严密，可不干燥。通常工厂生产前都应经过干燥处理。干燥温度 *T*=80～85℃，干燥时间 2～4h。成型收缩率在 0.3%～0.8%，通常取平均收缩率 0.55%。

(2) 注塑工艺条件。熔化温度 170～200℃，建议温度 185℃；模具温度 50～80℃(模具温度将影响塑件表面粗糙度，温度较低则易导致塑件表面质量差)；射压力取 50～100MPa；注射速度宜中、高速度。

(3) 注意点。对于电镀产品，表面质量要好，不允许有顶出痕迹。壁厚不能太薄，厚壁有利于电镀。

3. 首饰盒结构工艺性分析

1) 塑件尺寸精度分析

该塑件属于日用品，零件较小，外形不复杂，精度要求不高，配合部位精度为 MT4，其他尺寸精度为 MT6。注射成型尺寸精度容易保证。

2) 塑件表面质量分析

该塑件要求外形美观，表面粗糙度为 0.1 μm，要求较高。另外，要求塑件不允许有飞边、毛刺、缩孔、气泡、裂纹与划伤等缺陷。壁厚为 1.5mm，容易注射成型，ABS 成型性能较好，塑件外观质量容易保证。

3) 塑件结构工艺性分析

由塑件图纸可知，零件为盒形体，结构简单，尺寸精度一般，壁厚均匀且符合最小厚度要求，采用注射成型工艺方案最佳。

2.1.2　注射成型设备选择与成型工艺编制

1. 模具型腔的选择

该塑件尺寸较小，复杂程度一般，但表面质量要求较高，两个塑件外形相似，质量接近，采用一模两腔的模具结构较合理，即一次生产可注射盒体和盒盖两个塑料件。

2. 塑件体积和质量计算

由三维软件可计算塑件体积：$V=V_1+V_2=32.7\text{cm}^3$

流道体积 $V'=7.8\text{cm}^3$

查 ABS 塑料密度 $\rho=1.04\text{g/cm}^3$，塑件质量 $m=(V+V')\rho=(32.7+7.8)\times1.04=42.12\text{g}$。

3. 注射机初步选择

根据塑件外形尺寸，估算模架尺寸。ABS 塑料适合螺杆式注射机，查塑料注射成型工艺参数表，注射压力：$p=50\sim100\text{MPa}$。

注射机锁模力：$F_{机}\geqslant P_{模}A_{面}$

浇注系统和塑件在分型面上的投影面积：

$$A_{面}\approx\pi(D_1/2)^2+\pi(D_2/2)^2+\pi(D_3/2)^2+6\times35=3.14\times(24.9^2+29.5^2+3^2)+210$$
$$=4707.7+210=4917.7\text{mm}^2=4.92\times10^{-3}\text{m}^2$$

查本书表 7-10，得模具内型腔压强：$P_{模}=30\times10^6\text{Pa}$

$$F_{机}\geqslant P_{模}A_{面}=20\times10^6\times4.92\times10^{-3}=98400\text{N}=98.4\text{kN}$$

查本书表 8-1，XS-Z-60 注射机锁模力和注射量均能保证。初选螺杆式注射机型号为 XS-Z-60。

4. 编制注射成型工艺

(1) 注射成型工艺参数的确定。查本书表 7-7、表 7-11，把相关内容填入表 2-1。

表 2-1　首饰盒注射成型工艺参数

<table>
<tr><td rowspan="8">ABS</td><td rowspan="2">预热和干燥</td><td colspan="2">温度 70～80℃</td><td rowspan="4">成型时间/s</td><td>注射时间</td><td>1～2</td></tr>
<tr><td colspan="2">时间 4～8h</td><td>保压时间</td><td>3～5</td></tr>
<tr><td rowspan="3">料筒温度/℃</td><td>前段</td><td>200～210</td><td>冷却时间</td><td>10～15</td></tr>
<tr><td>中段</td><td>210～230</td><td>成型周期</td><td>25～30</td></tr>
<tr><td>后段</td><td>180～200</td><td colspan="2">螺杆转速/(r/min)</td><td>28</td></tr>
<tr><td>射嘴温度/℃</td><td colspan="2">180～190</td><td rowspan="3">后处理</td><td>方法</td><td>红外线灯</td></tr>
<tr><td>模具温度/℃</td><td colspan="2">50～80</td><td>温度/℃</td><td>鼓风烘箱 100～110</td></tr>
<tr><td>注射压力/MPa</td><td colspan="2">70～90</td><td>时间/h</td><td>8～12</td></tr>
</table>

(2) 填写注射成型工艺卡，如表 2-2 所示。

表 2-2　首饰盒注射工艺卡

车间	××××	首饰盒注射成型工艺卡片		资料编号	×××
零件名称	首饰盒	材料牌号	ABS	共　页	第　页
装配图号	××××	材料定额	××	设备型号	XS-Z-60
零件图号	××××	单件质量(净)	16.51+25.6	每模件数	2 件
			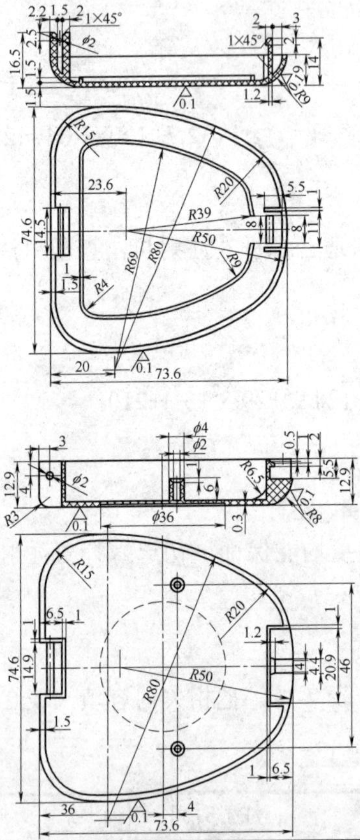 材料干燥	设备	干燥机
				温度/℃	70～80
				时间/h	4～8
			料筒温度/℃	前段	200～210
				中段	210～230
				后段	180～200
				射嘴	180～190
			模具温度/℃		50～80
			成型时间/s	注射时间	1～2
				保压时间	3～5
				冷却时间	10～15
			压力/MPa	注射压力	70～90
				背压力	50～70
后处理	温度/℃		时间定额/s	辅助时间	3
	时间/s			单件	22
检验					

编制	校对	审核	组长	车间主任	检验组长	主管工程师

2.1.3　首饰盒注射模具结构设计

1. 分型面选择

该塑件结构较简单，分型面选择在外形最大轮廓处，如图 2-4 所示。

2. 浇注系统设计

塑件尺寸较小，型腔排列为一模两件，能采用的浇口形式有点浇口、侧浇口、潜伏式浇口。点浇口使盒盖塑件表面留有浇口痕迹，外观质量达不到要求，不能采用。而侧浇口与潜伏式浇口的痕迹都在塑件背面不明显处，不会影响外观质量，均可采用。本套模具采用侧浇口，浇口位置在定模。由塑件结构可知，分流道和浇口若选在塑件中心位置，模具两个型腔此处均有镶件，注射时高压熔融塑料直接冲击镶件，将会使镶件变形甚至弯曲断裂。因此应采用圆弧形分流道以避开模具镶件，如图 2-5 所示。

为确保塑件留在动模，防止主流道留在定模，主流道底部应设计 Z 形拉料装置。主流道、分流道、浇口与冷料穴结构尺寸如图 2-6 所示。

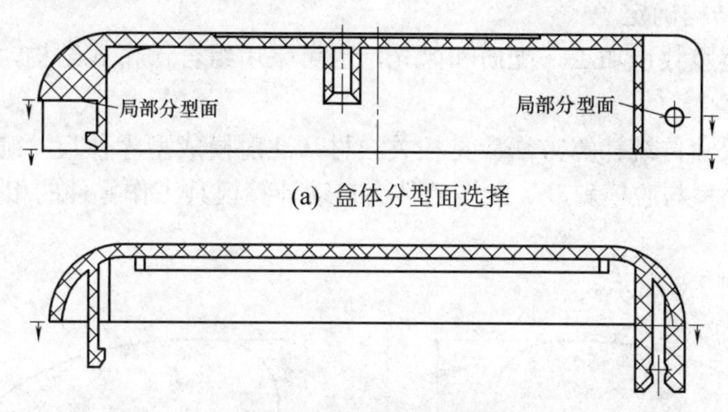

(a) 盒体分型面选择

(b) 盒盖分型面选择

图 2-4　首饰盒塑件分型面确定

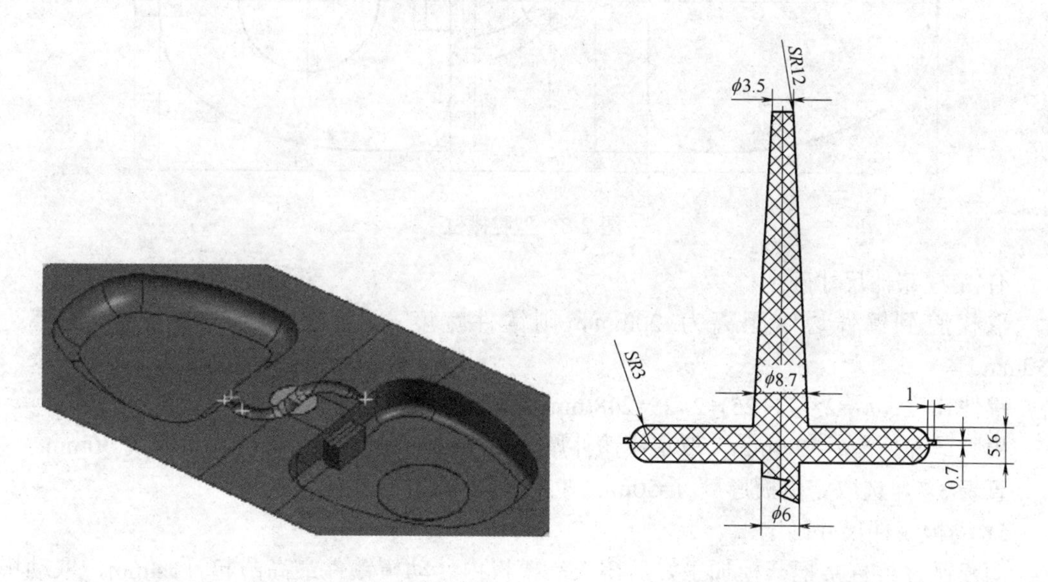

图 2-5　分流道形式与浇口位置

图 2-6　浇注系统结构与尺寸(mm)

3. 确定型腔、型芯镶件

1) 动模型芯结构确定

由于动模型芯结构较复杂，镶拼零件较多，通常模具设计应从动模型芯开始。为便于动模型芯加工和抛光及节约贵重模具钢材，动模型芯应采用组合式镶拼结构，如图 2-7 所示。

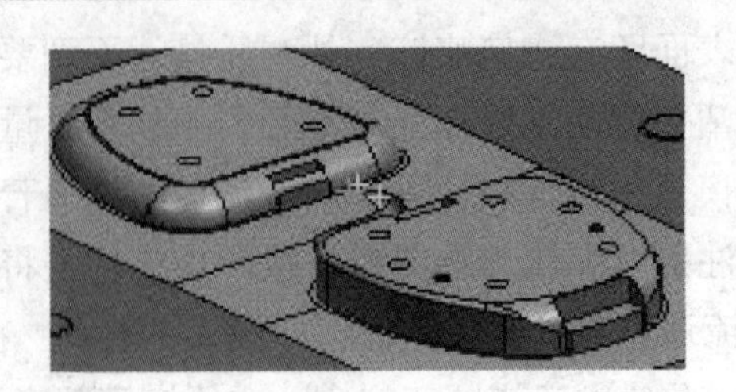

图 2-7　动模镶拼结构

2) 定模型腔结构确定

为方便定模型腔数铣加工、配研和抛光，也可采用组合镶拼式结构，在模板上开框镶入，如图 2-5 所示。

型腔、型芯尺寸传统计算方法参见相关教材《注射模成型零件尺寸确定》，在三维设计中只需输入收缩率与脱模斜度，绘图软件会自动计算模具工作零件的相关尺寸。

3) 型腔排位

型腔排位如图 2-8 所示。

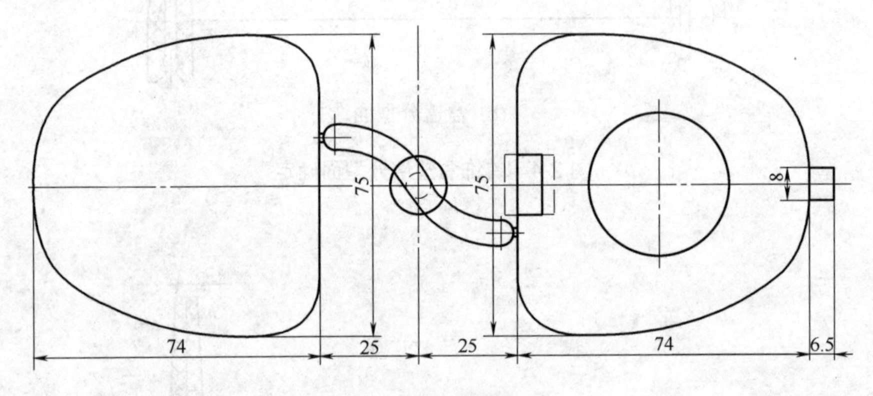

图 2-8　型腔排位

4) 定模镶件尺寸确定

取模腔到镶件边缘距离为 20mm，则镶件宽度：B_1=75+2×25=125(mm)，圆整为 130mm。

镶件长度：L_1=2×(74+25)+2×25=248(mm)，圆整为 250mm。

模腔最深处：h=12.9mm，取定模镶件厚度：H_1=15+12.9=27.9(mm)，圆整为 30mm。

查表 3-7，选取定模板厚度 A=50mm。

5) 动模镶件尺寸确定

动模镶件可直接把凸模加工好后镶入动模板内。动模镶件最高凸起 11.4mm，取动模板厚度：B=25mm。

4. 确定模架型号与规格

1) 动、定模板尺寸选择

定模板尺寸：长×宽×高=(250+2×25)×(130+2×25)×(30+20)

=300mm×180mm×50mm

动模板长、宽尺寸和定模板取一致，厚度取 25mm，即 300mm×180mm×25mm。

2) 模架选择

由浇注系统和动模型芯镶拼结构，查本书表 3-4，选择直浇口 A 型基本模架。

由动、定模板尺寸，查本书表 3-7，选用 1830 模架较合适，即宽×长=180mm×300mm。

查本书表 3-7，支撑板厚度取 30mm。

5. 侧向抽芯机构设计

两个塑件都存在侧凸搭扣结构，尺寸分别为 8mm×0.8mm、4mm×1.2mm。两处侧抽芯位置较小，采用其他抽芯结构较难实现，模具结构也比较复杂。因此，采用斜顶杆侧抽芯结构比较合适。侧凸较小，抽芯距取 4mm，塑件推出高度 15mm 已完全脱离动模型芯，取推出距离为 25mm，用作图法求得斜顶杆倾斜角度为 10.1°，圆整为 10°，如图 2-9 所示。为使斜顶杆在顶出时稳定可靠，应设计斜顶杆导向底座，如图 2-10 所示。用同样方法设计另一处斜顶杆。

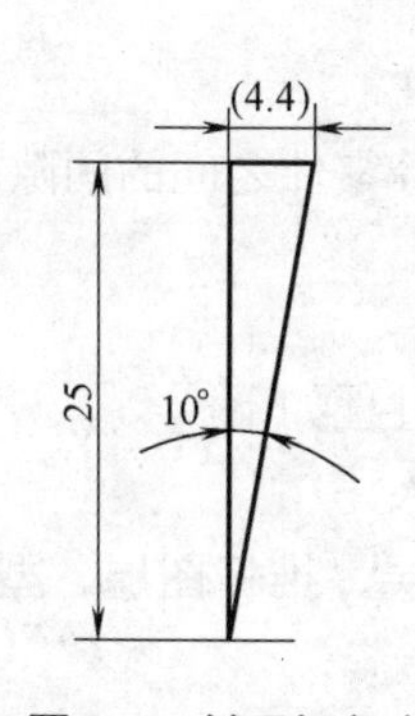

图 2-9　斜顶杆角度

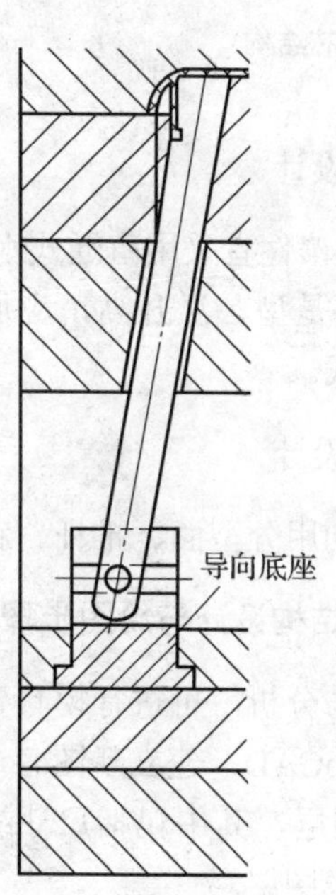

图 2-10　斜顶杆设计

6. 脱模机构设计

该盒形塑件高度较低，加强筋较少，脱模斜度足够。因此本套模具主要采用推杆推出，在有搭扣和加强筋处设计有两条斜顶杆。

在 ϕ2mm 铰链处采用活动型芯，该处塑件没有封闭，只有两面贴紧活动型芯，包紧力很小，因此塑件被推出后应采用手工脱模，结构如图 2-11 所示。推出形式与推杆平面位置如图 2-12 所示。

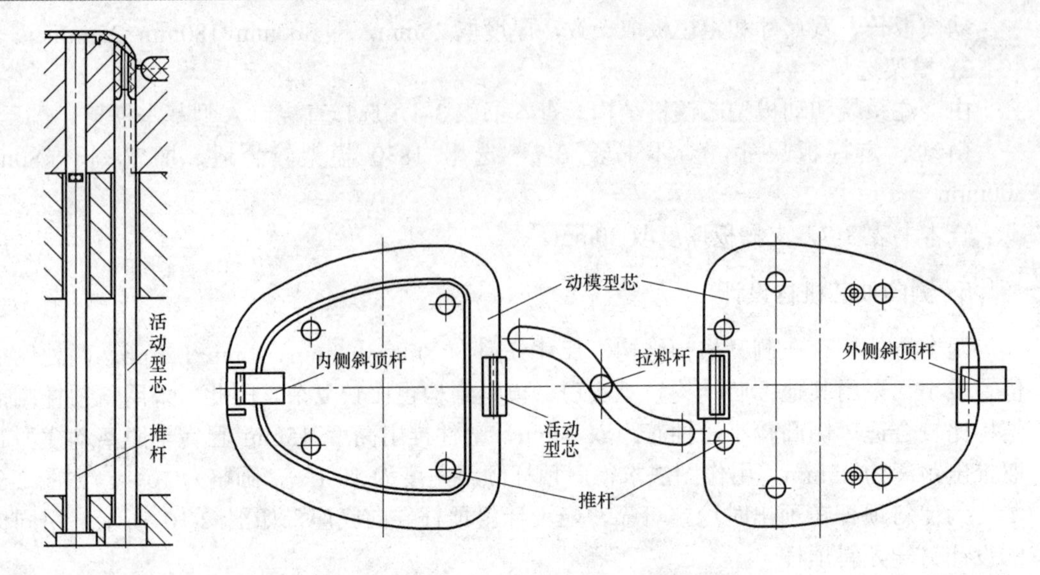

图 2-11　活动型芯结构　　图 2-12　推出形式与推杆平面位置

7. 冷却系统设计

(1) 定模型腔镶件宜采用直通式水流冷却形式。

(2) 动模主要是型芯温升高，应加强冷却。对于两个型芯，均采用冷却效果较好的水井隔片式冷却形式。

8. 排气系统设计

本套模具可利用分型面、推杆、斜顶杆、活动型芯等零件之间的间隙进行排气。

9. 模具整体结构设计与绘图步骤

由上面计算与分析，可进行模具整体结构设计，其过程如下。

(1) 打开 AutoCAD，建立新图名，将该制品图形插入。

(2) 建立新图层，其中包括尺寸线图层、冷却水图层、推杆图层、型腔和型芯图层、中心线图层和虚线图层。

(3) 将图纸缩放到 1∶1，塑件尺寸加收缩率。

(4) 将塑件图镜射成型腔、型芯图，并更换成型腔、型芯图层。

(5) 绘制并完善各零件。

(6) 标注总体、配合和主要零件外形尺寸。

(7) 调入图框，填写标题栏和明细表，详细说明技术要求。

(8) 清理图块，减小计算机占用空间。

图 2-13 所示为模具装配立体图，图 2-14 所示为模具平面结构图。

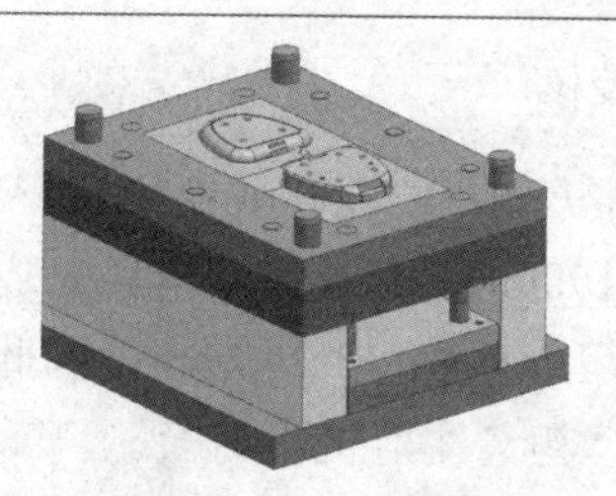

图 2-13　模具装配立体图

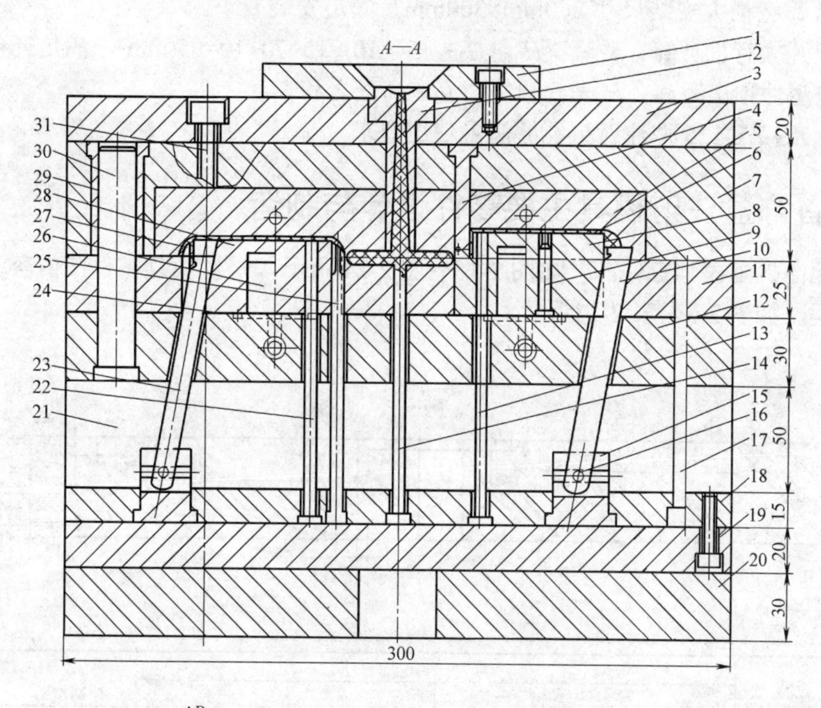

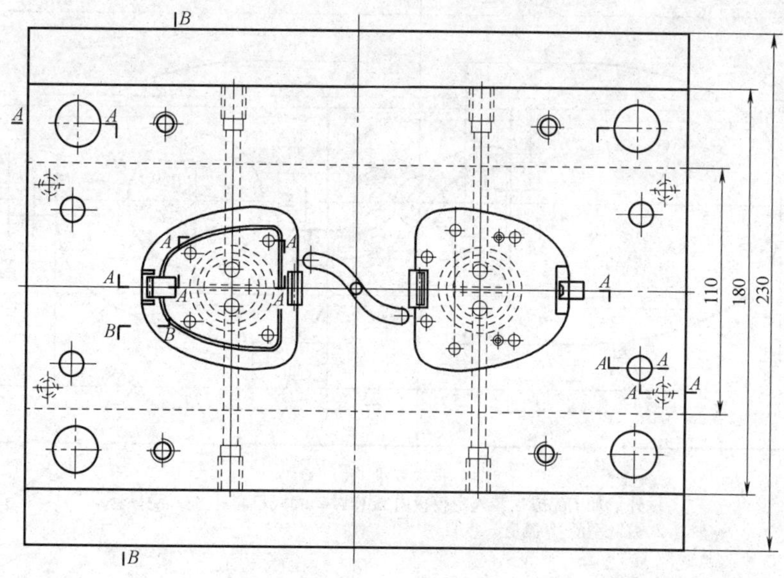

图 2-14　模具平面结构图

10. 注射机校核

本模具的外形尺寸为 300mm×230mm×240mm。查本书表 8-1，XS-Z-60 型注射机模板最大安装尺寸为 190mm×300mm，模具安装最大厚度为 200mm、最小厚度为 70mm。

本套模具的闭合高度 H=240mm，因此，厚度不能满足模具的安装要求，长、宽尺寸也没有安装余量，初选注射机不符合。

查本书表 8-1，选用 XS-ZY-125 型注射机的最大开模行程 S=300mm，最大模具厚度为 300mm，长、宽最大安装尺寸 260mm×300mm，满足安装要求。

两模板开模行程计算：$S_{\min} \geqslant H_1+H_2+(5\sim10)=15+70+10=95(\text{mm})$，满足开模要求，其中，$H_1$——塑件顶出距离；$H_2$——塑件主流道高度之和。

因此，XS-ZY-125 型注射机能够满足使用要求。

2.1.4 首饰盒注射模具主要零件设计与制造

由装配图拆画模具零件图，如图 2-15～图 2-24 所示。根据模具零件图内容编制机械加工工艺规程，如表 2-3～表 2-13 所示。

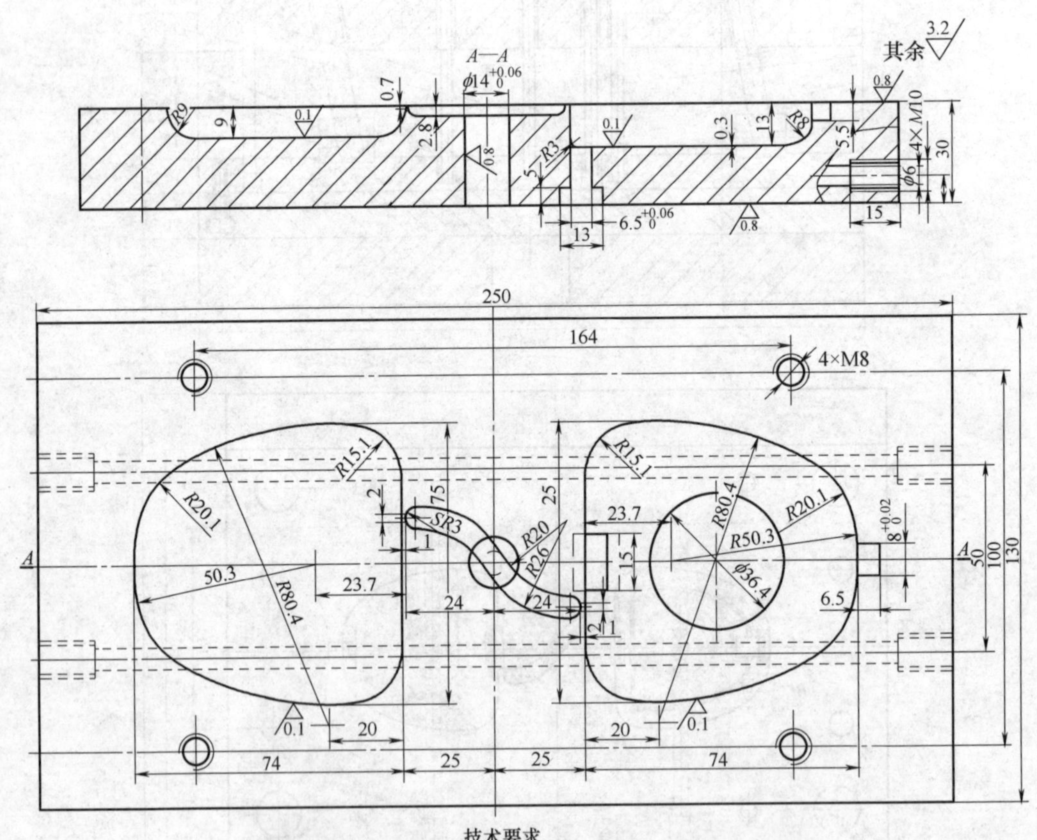

图 2-15 定模型腔镶件

表 2-3　首饰盒注射模具标题栏、明细表(工厂生产常用格式)

技术要求：

1.塑件精度 MT6，配合处精度 MT4；

2.模架规格 1830；

3.使用注射设备：XS-ZY-125。

31	GB/T 70.1－2000	内六角螺栓		2	M6×20
				12	M6×30
				4	M12×150
				4	M12×30
30		导柱	T8A	4	56～60HRC
29		导套	T8A	4	56～60HRC
28	MS10－100－23	动模型芯III	预硬 738	2	30～40HRC
27		塑料盒盖	ABS	1	
26	MS10－100－22	隔水片	δ1.5 紫铜片	2	
25	MS10－100－21	活动型芯	预硬 738	1	30～40HRC
24		O 形密封圈	丁氰胶	2	ϕ30×2.65
23	MS10－100－20	内侧斜顶杆	预硬 738	1	30～35HRC
22	MS10－100－19	推杆 II	GCr15	4	50～54HRC
21		垫块	45	2	调质
20	MS10－100－18	动模座板	45	1	调质
19	MS10－100－17	推板	45	1	调质
18	MS10－100－16	推杆固定板	45	1	调质
17		复位杆	GCr15	4	50～54HRC
16	MS10－100－15	转销	T8A	2	50～55HRC
15	MS10－100－14	导向座	45	2	38～42HRC
14	MS10－100－13	Z 型拉料杆	GCr15	1	50～55HRC
13	MS10－100－12	推杆 I	GCr15	6	50～54HRC
12	MS10－100－11	支撑板	45	1	调质
11	MS10－100－10	动模板	45	1	调质
10	MS10－100－09	外侧斜顶杆	预硬 738	1	30～40HRC
9	MS10－100－08	动模型芯 II	预硬 738	2	30～40HRC
8	MS10－100－07	动模型芯 I	预硬 738	1	30～40HRC
7	MS10－100－06	定模板	45	1	调质
6		塑料盒体	ABS	1	
5	MS10－100－05	定模型腔镶件	预硬 738	1	30～40HRC
4	MS10－100－04	定模小型芯	预硬 738	1	30～40HRC
3	MS10－100－03	定模座板	45	1	调质
2	MS10－100－02	浇口套	T8A	1	40～44HRC
1	MS10－100－01	定位圈	45	1	

续表

				序号	图　号	名　称	材 料	数量	备 注
						首饰盒注射模装配图		MS10－100－00	
标记	处数	分区	更改	签名	年　月　日				
设计		标准化				阶段标记	质量	比例	
设计								1∶1	
审核									
工艺		批准				共 24 张	第 1 张		

表 2-4　定模型腔镶件机械加工工艺规程卡

车间	模具车间	工艺规程	名称	定模板	数量	1	毛坯	256mm×136 mm×35mm	共 23 页
编号	05		图号	MS10－100－05	材料	预硬 738	重量		第 5 页

序号	工艺内容			定额	设备	检验	备　注
1	开料毛坯 256mm×136mm×35mm				带锯床		
2	铣或刨六面，单面留磨量 0.2～0.3mm				普通铣床		
3	平磨六面，保证相邻边垂直度要求				平面磨床		
4	装配后，数控铣床铣型腔，分流道和浇口，留单面 0.05mm 抛光余量				数控铣床		
5	与定模座板配钻铰浇口套固定孔				台式钻床		
6	线切割定模型芯孔				线切割机		
7	钻水道孔 2×ϕ6mm，钻攻 4×M10mm、4×M8mm 螺纹孔				摇臂钻床		
8	钳工画线，与浇口套配铣分流道与浇口				铣床		
9	制造铜极，电火花 8mm×6.5mm×5.5mm 沉孔				电火花机		
10	抛光型腔表面至 Ra=0.1 μm				抛光工具		
编制		校对		审核		批准	

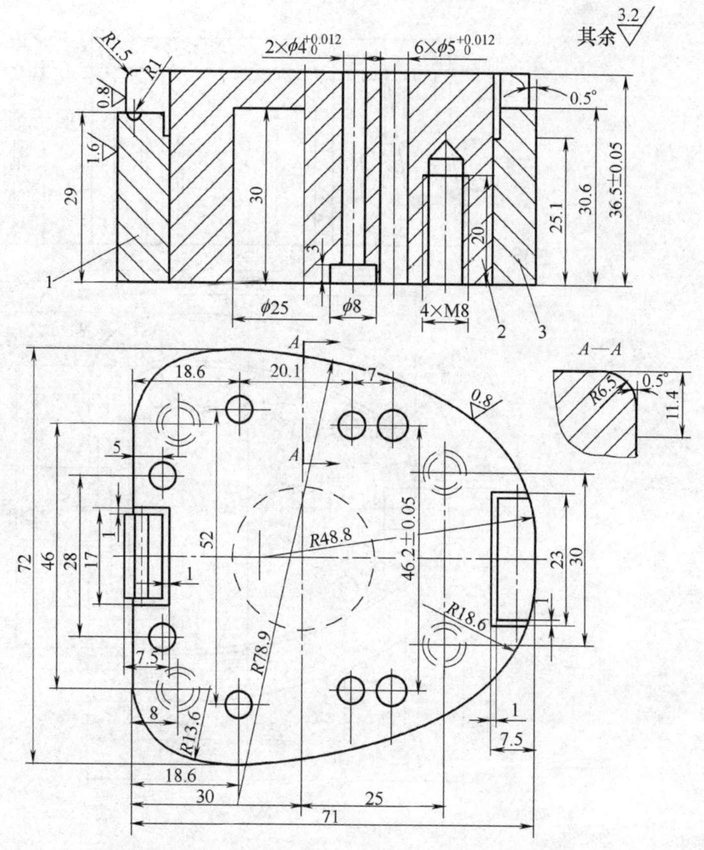

技术要求：
1. 组合镶拼型芯 1、2、3 分别线切割成型，未注脱模斜度均为 0.5°；
2. 数控铣 R1.5mm，R6.5mm 成型面锥度 0.5°；
3. 抛光型芯成型面至 Ra=0.04um；
4. 镶件配作 4mm 销钉，装配后整体装入动模板内 。

图 2-16　动模型芯Ⅰ

表 2-5　动模型芯Ⅰ机械加工工艺规程卡

车间	模具制造车间	工艺规程	名称	动模镶件Ⅰ	数量	1	毛坯	77mm×76mm ×40mm	共 19 页
编号	06		图号	MS10－100－07	材料	预硬 738	重量		第 6 页
序号	工艺内容					定额	设备	检验	备　注
1	开料毛坯尺寸 77mm×76mm×40mm						带锯床		
2	普通铣床加工厚度 36.5mm，两面留磨 0.3～0.4mm						铣床		
3	平面磨厚度两面至 36.5mm						平面磨床		
4	线切割外形及拼块						线切割机		
5	装入动模板后数控铣床铣外形，用 ϕ 2mm 中心钻定位各孔						数控铣床		
6	钻铰各顶杆孔，成型塑件孔						台式钻床		
7	装入动模板后线切割斜顶杆孔						线切割机		
8	抛光成型表面至 Ra=0.4 μm						抛光工具		
编制		校对		审核			批准		

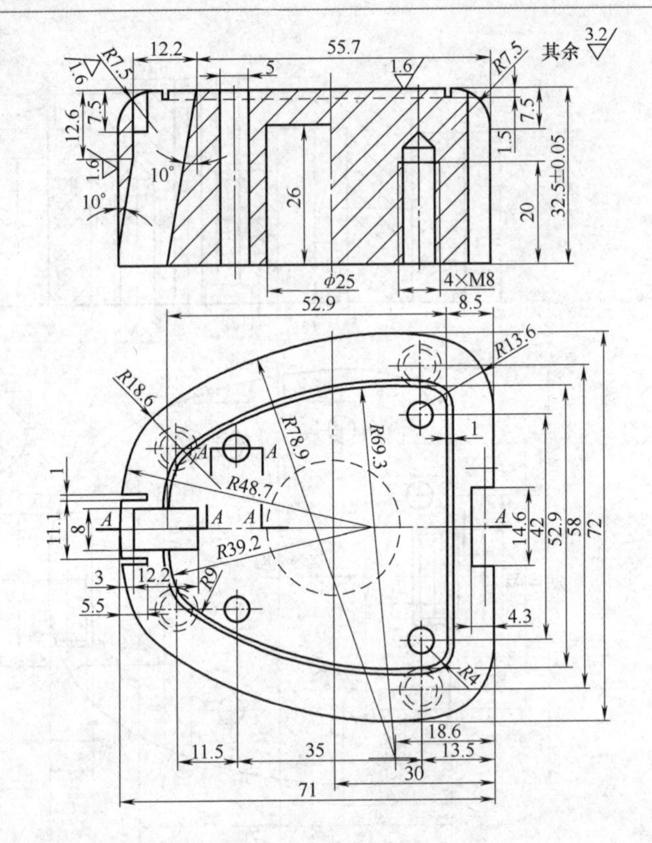

技术要求：

1. 型芯外形线切割加工；
2. 型芯装入动模板后数控铣R7.5mm，线切割斜顶杆孔；
3. 电火花加工筋位。

图 2-17　动模型芯Ⅲ

表 2-6　动模型芯Ⅲ机械加工工艺规程卡

车间	模具制造车间	工艺规程	名称	动模型芯Ⅲ	数量	1	毛坯	77mm×76mm ×36mm	共 19 页
编号	19		图号	08M4—30	材料	738	重量		第 16 页
序号	工艺内容					定额	设备	检验	备　注
1	加工厚度 32.5mm，两面留磨 0.3mm						铣床		
2	平面磨厚度两面至 32.5mm						平面磨床		
3	线切割外形						线切割机		
4	装入动模板后加工中心铣外形，定位各孔						加工中心		
5	钻铰各顶杆孔，成型塑件孔、水道						台式钻床		
6	装入动模板后线切割斜顶杆孔						线切割机		
7	电火花成型筋位						电火花机		
8	抛光成型表面至 Ra=0.8 μm						抛光工具		
编制		校对		审核			批准		

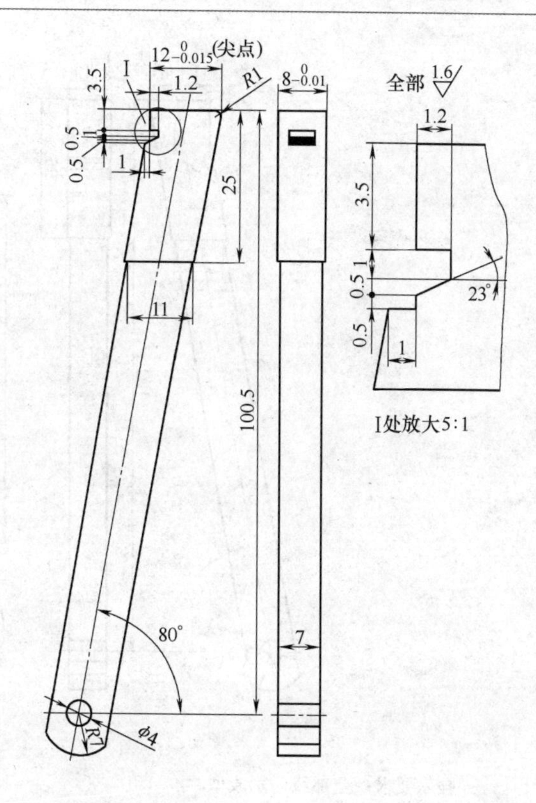

技术要求：

1. 外形全部线切割成型；2. 电火花成型方孔。

图 2-18　外侧斜顶杆

表 2-7　外侧斜顶杆机械加工工艺规程卡

<table>
<tr><td>车间</td><td>模具制造车间</td><td rowspan="2">工艺规程</td><td>名称</td><td>外侧斜顶杆</td><td>数量</td><td>1</td><td>毛坯</td><td>120mm×20mm×12mm</td><td>共 23 页</td></tr>
<tr><td>编号</td><td>09</td><td>图号</td><td>MS10－100－09</td><td>材料</td><td>预硬 738</td><td>重量</td><td></td><td>第 9 页</td></tr>
<tr><td>序号</td><td colspan="5">工艺内容</td><td>定额</td><td>设备</td><td>检验</td><td>备　注</td></tr>
<tr><td>1</td><td colspan="5">加工厚度 8mm，两面留磨 0.3mm</td><td></td><td>铣床</td><td></td><td></td></tr>
<tr><td>2</td><td colspan="5">平面磨厚度两面至 8mm</td><td></td><td>平面磨床</td><td></td><td></td></tr>
<tr><td>3</td><td colspan="5">钳工钻工艺孔 ϕ 2</td><td></td><td>台钻</td><td></td><td></td></tr>
<tr><td>4</td><td colspan="5">线切割外形，ϕ 4 孔</td><td></td><td>线切割机</td><td></td><td></td></tr>
<tr><td>5</td><td colspan="5">抛光成型面及槽内各面至 0.8 μm</td><td></td><td>抛光工具</td><td></td><td></td></tr>
<tr><td>编制</td><td></td><td>校对</td><td colspan="2"></td><td>审核</td><td></td><td>批准</td><td colspan="2"></td></tr>
</table>

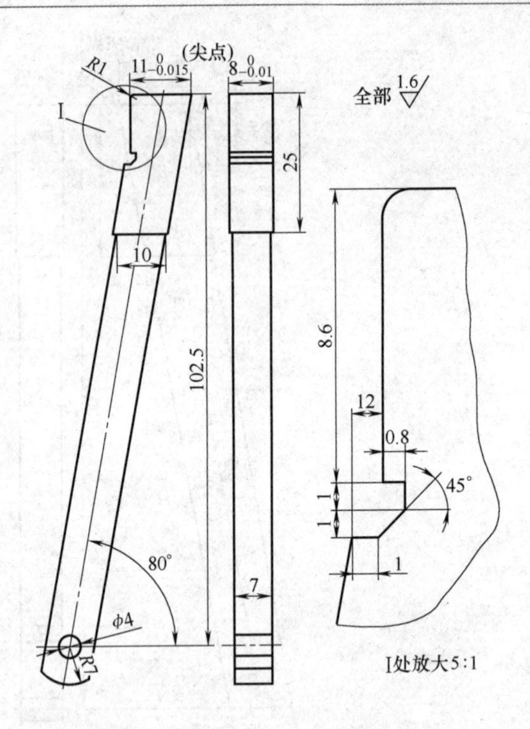

技术要求：全部线切割成型。

图 2-19　内侧斜顶杆

表 2-8　内侧斜顶杆机械加工工艺规程卡

车间	模具制造车间	工艺规程	名称	内侧斜顶杆	数量	1	毛坯	125mm×20mm×12mm	共 23 页
编号	20		图号	MS10－100－20	材料	预硬 738	重量		第 20 页
序号	工艺内容					定额	设备	检验	备　注
1	加工厚度 8mm，两面留磨 0.3mm						铣床		
2	平面磨厚度两面至 8mm						平面磨床		
3	钳工钻工艺孔 ϕ 2						台钻		
4	线切割外形，ϕ 4mm 孔						线切割机		
5	抛光成型面及槽内各面至 0.8μm						抛光工具		
编制		校对		审核			批准		

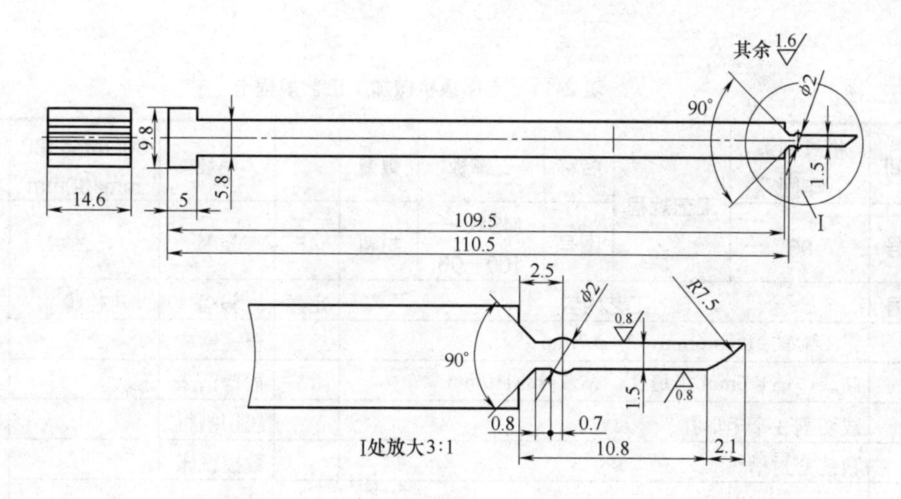

技术要求：线切割成型，抛光成型面。

图 2-20　活动型芯

表 2-9　活动型芯机械加工工艺规程卡

车间	模具制造车间	工艺规程	名称	活动型芯	数量	1	毛坯	135mm×20mm×15mm	共 23 页
编号	21		图号	MS10－100－21	材料	预硬738	重量		第 17 页
序号	工艺内容					定额	设备	检验	备　注
1	加工厚度 14.6mm，两面留磨 0.3～0.4mm						铣床		
2	平面磨厚度两面至 14.6mm						平面磨床		
3	线切割外形						线切割机		
4	抛光成型表面								
编制		校对		审核			批准		

表 2-10　动模板机械加工工艺规程卡

车间	模具制造车间	工艺规程	名称	动模板	数量	1	毛坯	300mm×180mm×25mm	共 19 页
编号	06		图号	MS10－100－06	材料	45	重量		第 9 页
序号	工艺内容					定额	设备	检验	备　注
1	线切割型芯固定孔						线切割机		
2	铣流道						铣床		
3	装入镶件后线切割两处斜顶杆方孔						线切割机		
4	钳工钻铰 ϕ 6mm 拉料杆孔						台钻		
编制		校对		审核			批准		

表 2-11　支撑板机械加工工艺规程卡

车间	模具制造车间	工艺规程	名称	支撑板	数量	1	毛坯	300mm×180mm×30mm	共 19 页
编号	06		图号	MS10—100—06	材料	45	重量		第 10 页
序号	工艺内容					定额	设备	检验	备　注
1	钳工配钻 10×ϕ6mm，3×ϕ7mm 各孔						台式钻床		
2	画线，钻ϕ6mm 水道孔，钻攻 4×M10mm						摇臂钻床		
3	线切割 3 个矩形孔						线切割机		
4	数铣密封槽						数控铣床		
编制		校对		审核			批准		

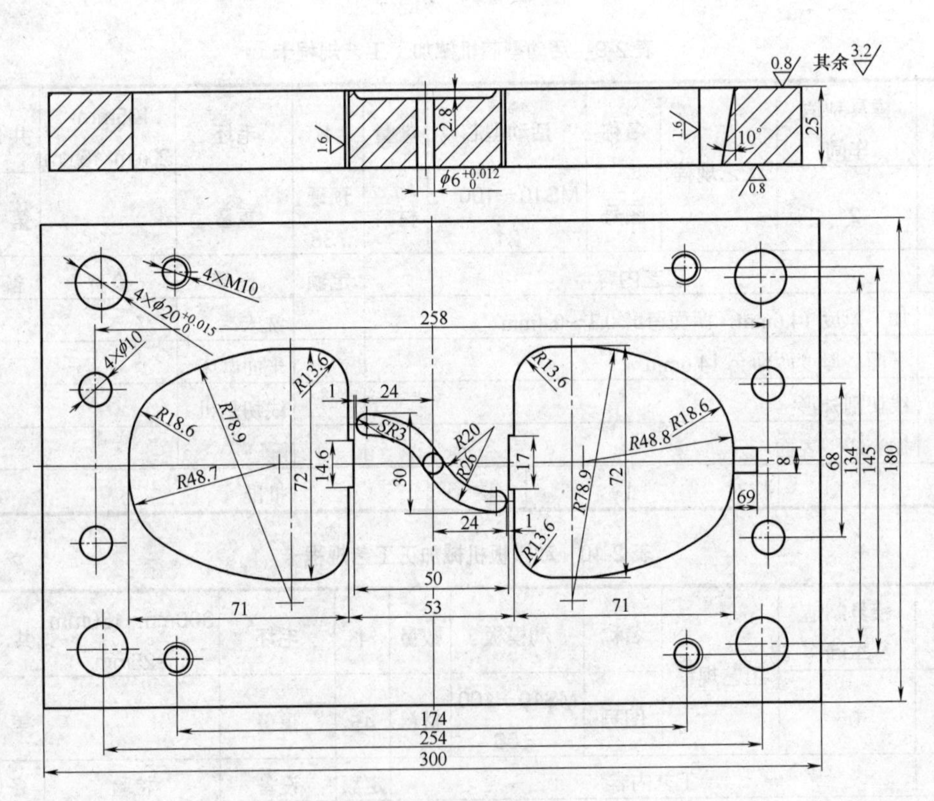

图 2-21　动模板

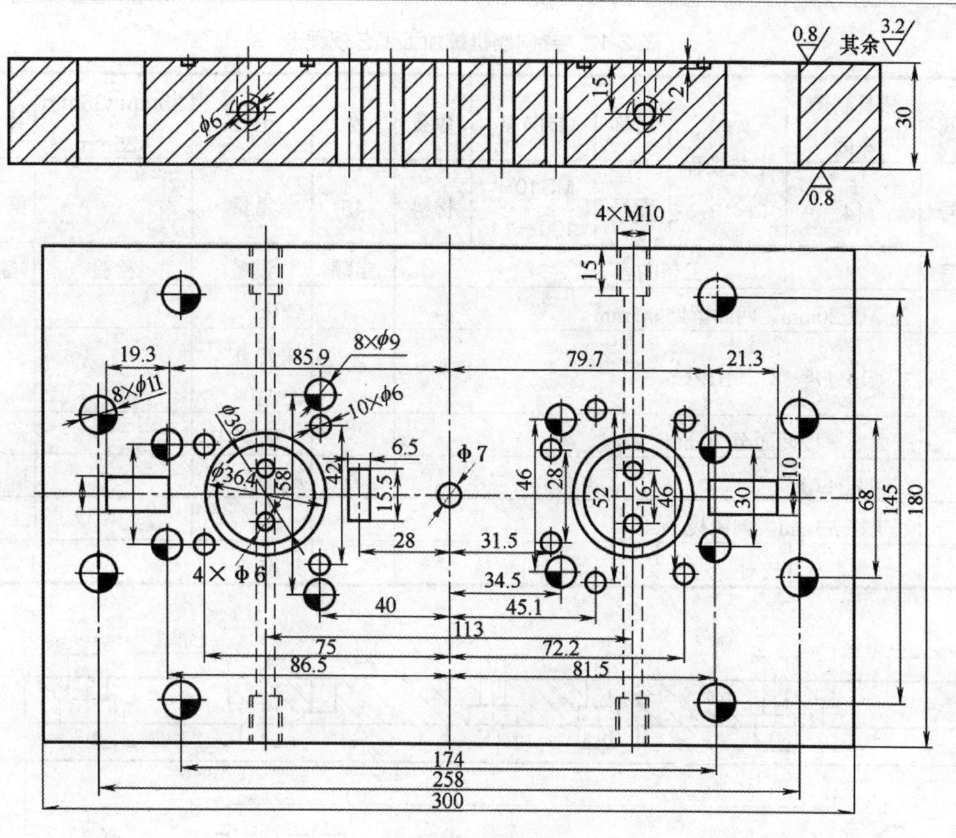

图 2-22　支撑板

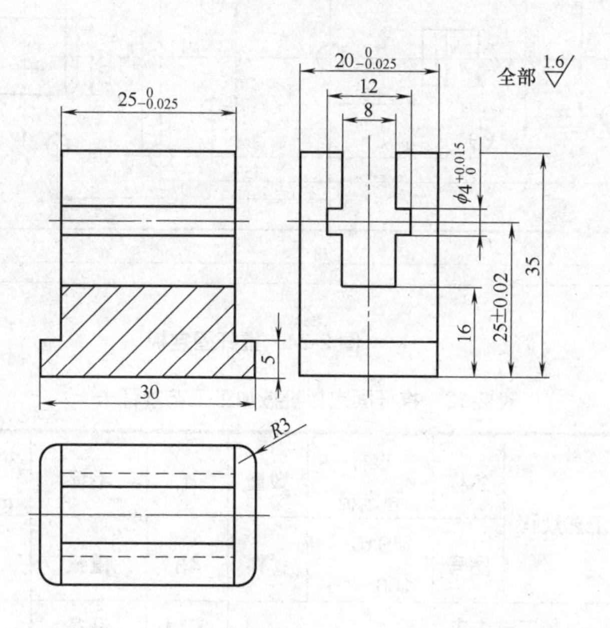

图 2-23　导向座

表 2-12　导向座机械加工工艺规程卡

车间	模具制造车间	工艺规程	名称	导向座	数量	2	毛坯	35mm×36mm×25mm	共 23 页
编号	14		图号	MS10－100－14	材料	45	重量		第 14 页
序号	工艺内容					定额	设备	检验	备　注
1	铣厚度 20mm，两面留磨 0.3mm						铣床		
2	热处理硬度 38～42HRC						加热炉、油池		
3	平面磨厚度两面至 20mm						平面磨床		
4	线切割外形						线切割机		
5	钳工修 *R*3mm，倒锐棱 1×45°								
编制		校对		审核			批准		

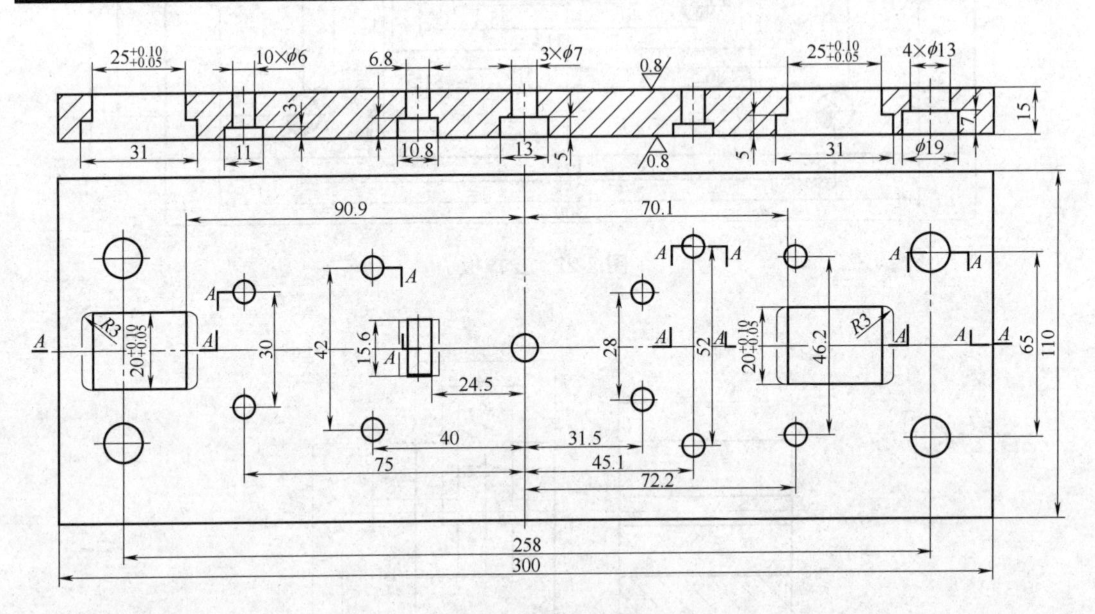

图 2-24　推杆固定板

表 2-13　推杆固定板机械加工工艺规程卡

车间	模具制造车间	工艺规程	名称	推杆固定板	数量	1	毛坯	300mm×110mm×15mm	共 23 页
编号	16		图号	MS10－100－16	材料	45	重量		第 16 页
序号	工艺内容					定额	设备	检验	备　注
1	钳工配钻各顶杆孔及沉孔，钻线切割工艺孔						台式钻床		
2	线切割导向块固定孔、活动型芯固定孔						线切割机		

续表

车间	模具制造车间	工艺规程	名称	推杆固定板	数量	1	毛坯	300mm×110mm×15mm	共 23 页
编号	16		图号	MS10－100－16	材料	45	重量		第 16 页
序号	工艺内容					定额	设备	检验	备　注
3	铣导向块固定位沉孔						铣床		
4	去毛刺								
编制		校对		审核			批准		

2.1.5　首饰盒注射模具装配与试模

模具零件加工完毕经检验合格后，应对照明细表核对数量，完成零件需要倒角、去棱的工序，清洗零件，领取标准件。准备装配工具，为模具总装做好准备。

1. 定模装配与配作加工

按照图 2-14 模具装配结构把定模小型芯 4 装入定模型腔镶件 5 中，装配到位后修平底面。把装配好的定模型腔镶件 5 装入定模板 7 中，在分型面处镶件应高出 0.5mm，收紧 4 颗 M8mm 螺钉。

按基准面把定模板和定模座板装配在一起，保证基准面平齐，收紧 4 颗 M12mm 螺钉。配钻ϕ13.8mm 孔，用ϕ14mm 铰刀铰浇口套 2 的装配孔，保证公差要求。镗浇口套大端沉孔ϕ31×10mm，装入浇口套 2。定位圈 1 与定模座板 3 配作 2×M8mm 螺纹孔，攻螺纹后装上定位圈 1，收紧螺钉，确保定位圈能压紧浇口套。

编程后在数控铣床上加工分流道和浇口。

2. 动模装配与配作加工

按照图 2-14 模具装配结构把动模组合型芯Ⅰ的 3 个零件，如图 2-16 所示，组装后装入动模板Ⅱ对应固定孔中，然后装入动模型芯Ⅱ，修平底面。把动模型芯Ⅲ装入动模板Ⅱ对应固定孔中。装配时确保垂直装入，底面与动模板平齐。

按基准面把支撑板和定模板对齐，收紧动模型芯Ⅰ和型芯Ⅲ螺钉。

编程后数控铣动模型芯Ⅰ和动模型芯Ⅲ。用ϕ2mm 中心钻定位各顶杆孔位置。

线切割编程后，切割两处斜顶杆孔(用大锥度线切割机床)及活动型芯孔。

按基准装入推杆固定板 18、复位杆 17、推板 19、垫块 21、动模座板 20，收紧 4 颗 M12mm 螺钉。钻铰各顶杆孔，在支撑板 12 和推杆固定板 18 上配作顶杆孔。

拆除支撑板，单边扩大斜推杆过孔 4mm，顶杆过孔扩大 1mm。

线切割加工推杆固定板上两处导向座矩形孔，一处活动型芯孔。顶杆孔扩大 1mm。

粗加工复位杆和推杆长度，留精修量 0.2mm，装入动模后复位杆应高于分型面 0.5mm，推杆与动模型芯修平(可采用平面磨床或电火花机床修正)。

3. 动、定模成型零件粗抛光

动、定模成型零件粗抛光，去除刀纹和加工痕迹。

4. 动、定模配研(飞模)

动、定模分别加工、装配和配作完成后，合模配研碰穿面、擦穿面。通常使用红丹粉和机油混合成糊状物或购买成品，涂在模具主分型面一侧及需要碰穿的凸出零件表面，涂抹要均匀，薄薄一层即可，不能过厚或堆积。动、定模安装在研合机上合模，通常碰穿的型芯都留有 0.2mm 配研修整量。然后打开模具，检查主分型面另一侧及碰穿部位另一侧是否沾有红丹，若模具碰穿部位沾有红丹，而分型面一侧没有，说明碰穿型芯过高，否则型芯过低(不允许)，修整型芯，再合模、开模，检查碰穿面，直到分型面和碰穿面都完全贴合为止，完成配研。

小型塑料模具可人工开、合模配研，而大中型塑料模具比较重，须在研合机上进行配研。

装配完成后的真实模具如图 2-25 所示。

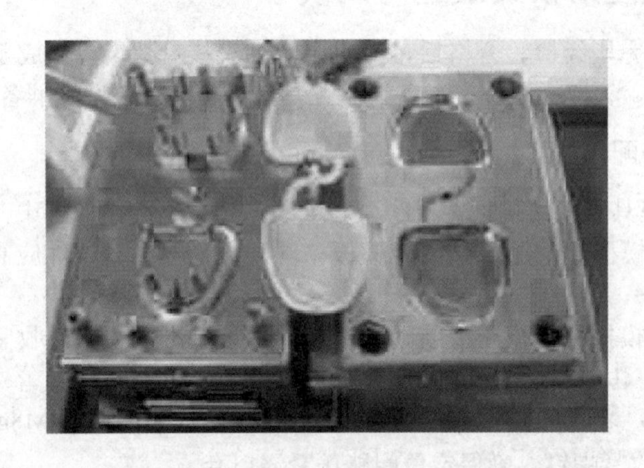

图 2-25　装配完成后的真实模具

5. 首次试模

在模具制造基本完成后(镜面或有要求的表面还没有精抛光)，必须先上机试模。其目的是提前发现模具设计及制造中存在的问题，以便及时对模具加以改进和修正，同时通过试模，初步提供塑件的成型条件。

试模前应安装模具全部附件，如冷却水嘴、抽芯机构、热流道模具的加热与温控装置。首次试模后，检查塑件壁厚是否均匀，碰穿面、擦穿面有无飞边和脱模情况，有无困气，注射工艺参数有无异常，详细内容参见“2.4 注射模具试模与维修”。

模具设计人员对塑件成型性能、成型工艺、成型设备、模具安装等技术应有足够的了解，并亲临现场参加试模验证，对出现的问题拟订正确的修模方案，以节约工时，减少试模次数。

模具安装在注射机后的动模顶出状态如图 2-26 所示，注射完成后开模状态如图 2-27 所示，试模后的塑料件如图 2-28 所示。

6. 模具精抛光

首次试模出现的问题解决后，应进行第 2 次、第 3 次试模，直到塑件形状和尺寸完全符合图纸要求，而塑件表面质量暂时还达不到要求标准。接下来就是模具成型零件精抛光，抛光完成后再次试模，最后塑件完全达到图纸要求，制造与试模完毕。模具成型零件喷涂防锈剂，打标记入库或交付客户。

图 2-26　首饰盒模具动模顶出状态

图 2-27　首饰盒模具注射成型后开模状态

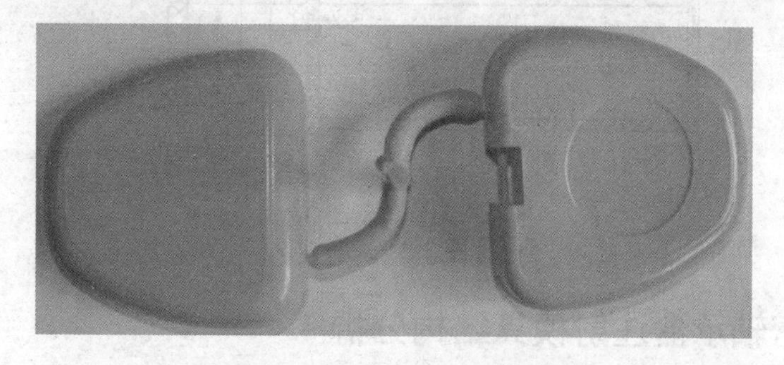

图 2-28　首饰盒试模后塑料件

2.2　精密轴承盒注射模具设计与制造

如图 2-29 所示为某型号精密轴承盒三维结构图，如图 2-30 与图 2-31 所示为盒盖和盒体工程图，塑件材料为 PP，未注壁厚均为 1.5mm，颜色为塑料原色，大批量生产。要求塑件不允许有飞边、毛刺、缩孔、裂纹等缺陷。

2.2.1　塑件原料与塑件结构分析

塑件材料为 PP，收缩率为 1.5%～2.5%，通常取平均收缩率 2% 左右，该材料属于软质塑料，塑性好。塑件外形较小，结构简单，壁厚均匀，注射容易成型。盒盖与盒体均有倒扣，脱模存在问题。盒盖凸凹率 η=(48.6−48)/48.6×100%=1.2%<5%，因此可采用强行脱模机构推出

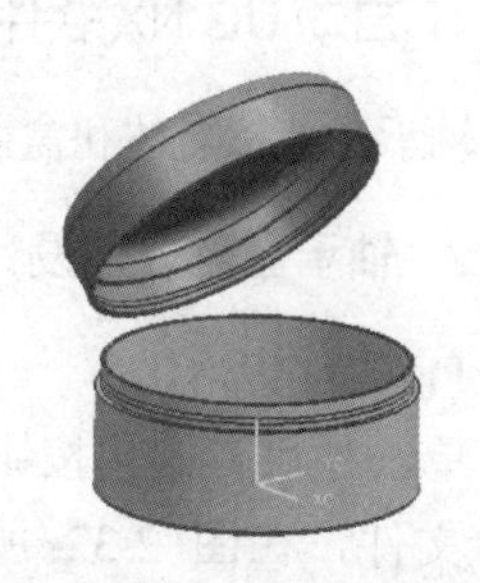

图 2-29　轴承盒立体结构

塑件。盒体单边凸起 0.3mm，双边 0.6mm，而塑件冷却后收缩尺寸δ=48.6×2%=0.97(mm)，因此可利用塑件本身收缩完成脱模。

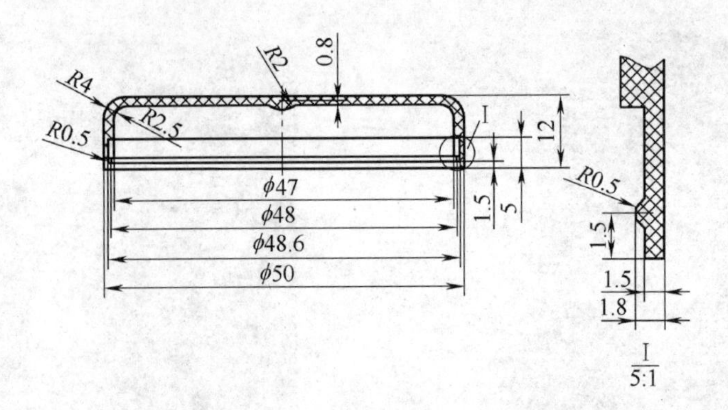

图 2-30　盒盖

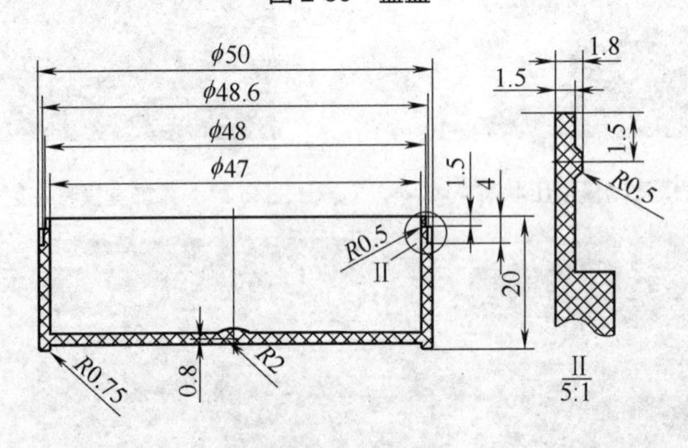

图 2-31　盒体

2.2.2　精密轴承盒注射模具结构分析

通过对塑件形状和结构进行分析，塑件采用注射成型工艺；型腔排位为一模两腔；浇口采用点浇口(三板模)结构；推出采用推件板强行推出机构；盒体扣位在推件板内成型，塑件从型芯上推出后依靠本身收缩，完成从推件板内脱出。

2.2.3　精密轴承盒注射模具空间分型

利用 UG NX 绘图软件中 MoldWizard 模块进行注射模具设计，实训步骤如下所述。

1. 启动 UG NX 软件，新建一个部件文件，进入注塑模向导模块

轴承盒包括盒体和盒盖两个塑件，需要利用多腔模设计功能分别设计两个塑料件的分型。

2. 轴承盒盖分型设计

1) 项目初始化

单击项目初始化按钮，在弹出的【打开部件文件】对话框中选择轴承盒盖 runfu-1.prt 部件文件，在图 2-32 所示的【项目初始化】对话框中设定项目路径，选择部件材料为

PP0。单击【确定】按钮完成项目初始化，如图 2-33 所示。

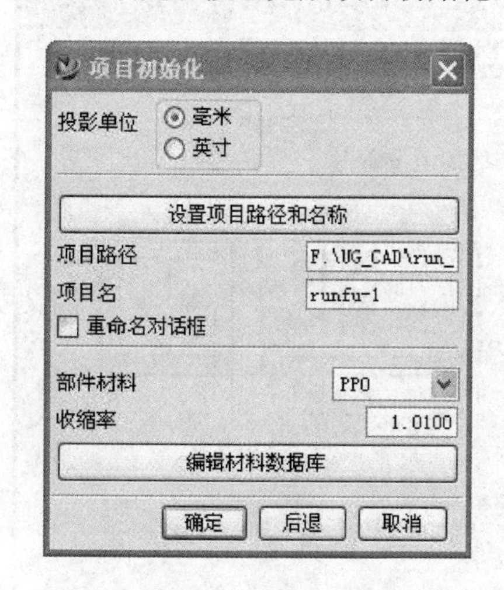

图 2-32　项目初始化

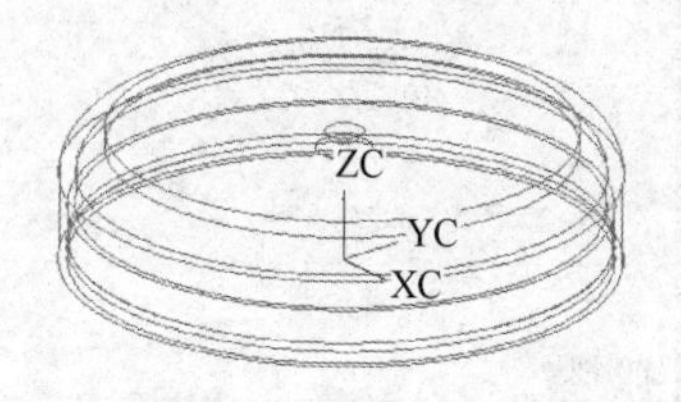

图 2-33　项目初始化结果

2) 锁定模具坐标系

单击【注塑模向导】工具栏中的【模具坐标】按钮，弹出如图 2-34 所示的【模具坐标】对话框，直接锁定模具坐标系，结果如图 2-35 所示。

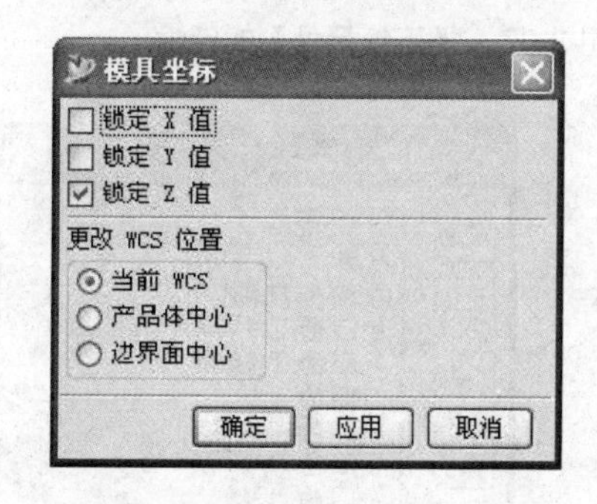

图 2-34　【模具坐标】对话框

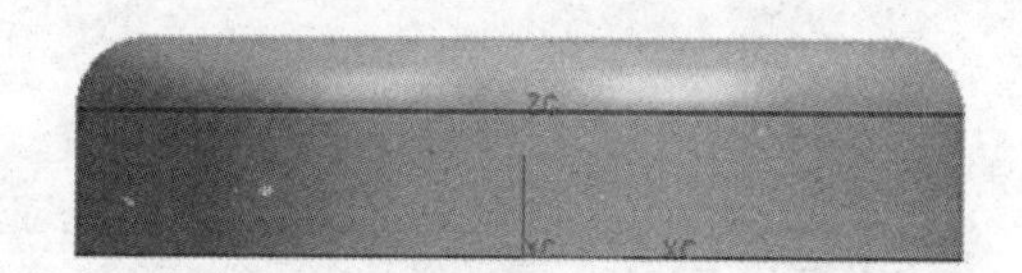

图 2-35　锁定模具坐标系

3) 设置收缩率(缩水)

按图 2-36 所示设置产品收缩率为 0.02，输入值为 1.02。

4) 设置工件

按图 2-37 所示设置工件为标准长方体，*X* 向长度为“80”，*Y* 向长度为“80”，*Z* 向下移“20”，*Z* 向上移“30”，结果如图 2-38 所示。

5) 分型设计

单击【注塑模向导】工具栏中的【分型】按钮，弹出如图 2-39 所示的【分型管理器】对话框，对话框左侧的一列按钮列出了分型常用的功能。

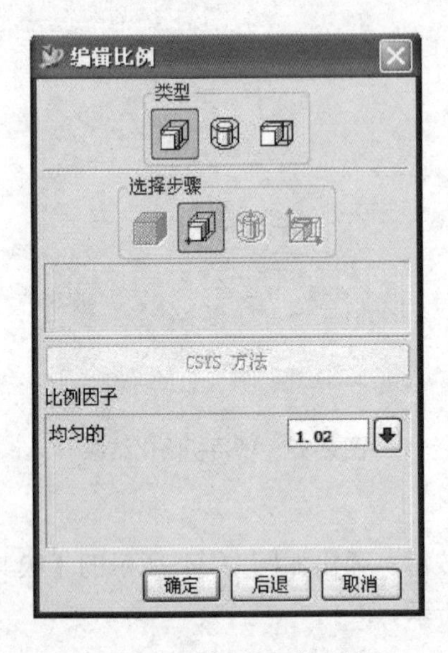

图 2-36　设置工件收缩率

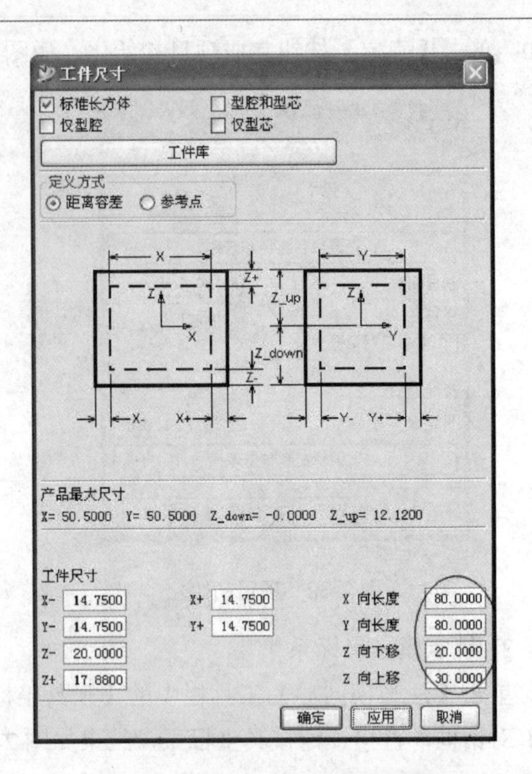

图 2-37　【工件尺寸】对话框

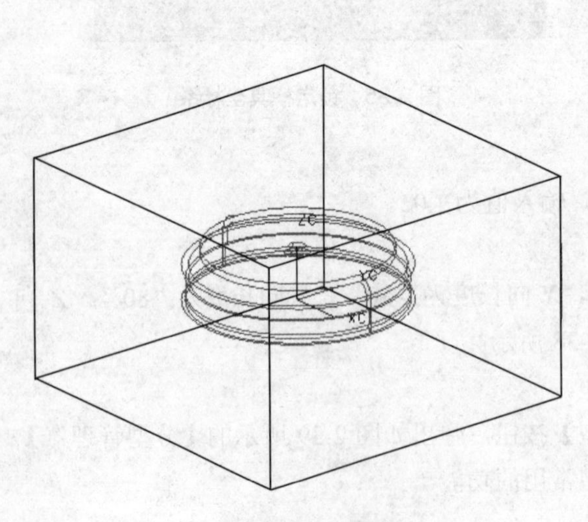

图 2-38　设置工件结果

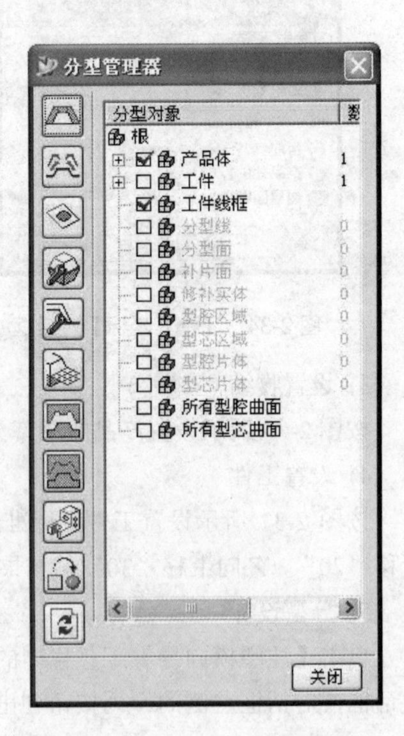

图 2-39　【分型管理器】对话框

(1) 设计区域。

单击【分型管理器】对话框中的【设计区域】按钮，弹出如图 2-40 所示的【MPV 初始化】对话框，单击【确定】按钮，弹出如图 2-41 所示的【塑模部件验证】对话框，单击【设置区域颜色】按钮，系统把模型表面区分为型腔区域(橙色)和型芯区域(蓝色)，还有一处未定义的区域(粉蓝色)。按图 2-42 所示将盖外圆柱面定义为型腔区域。

(2) 抽取区域和分型线。

单击【分型管理器】对话框中的【抽取区域和分型线】按钮，弹出如图 2-43 所示的【区域和直线】对话框，单击【确定】按钮，抽取区域和分型线。

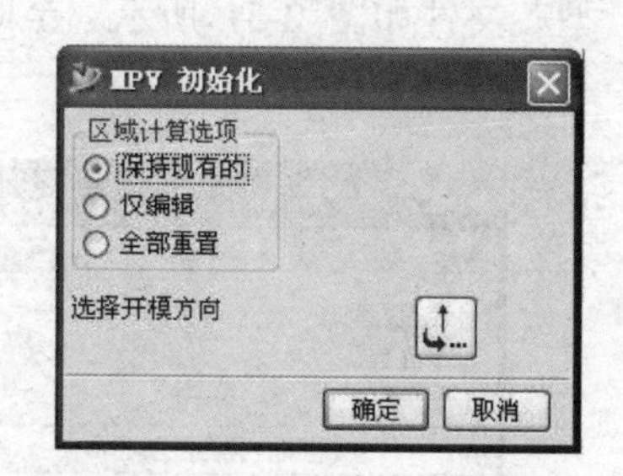

图 2-40　【MPV 初始化】对话框

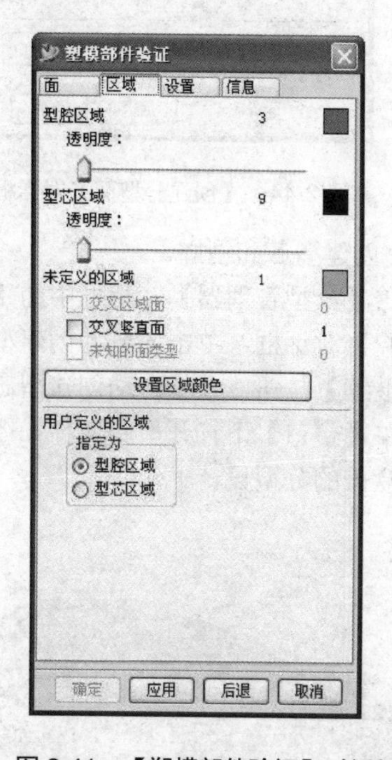

图 2-41　【塑模部件验证】对话框

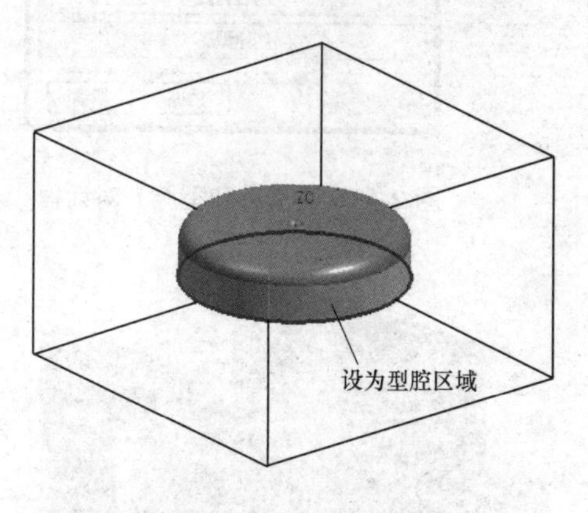

图 2-42　设计区域划分

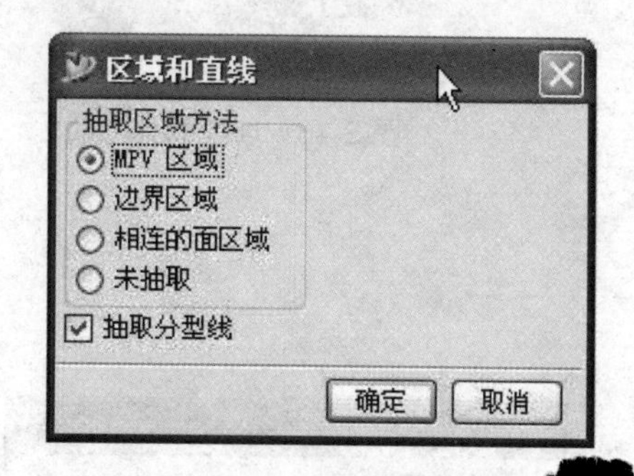

图 2-43　【区域和直线】对话框

(3) 创建/编辑分型面。

单击【分型管理器】对话框中的【创建/编辑分型面】按钮，弹出如图 2-44 所示的【创建分型面】对话框，单击【创建分型面】按钮，弹出如图 2-45 所示的【分型面】对话

框，单击【确定】按钮，创建的分型面如图 2-46 所示。

图 2-44 【创建分型面】对话框

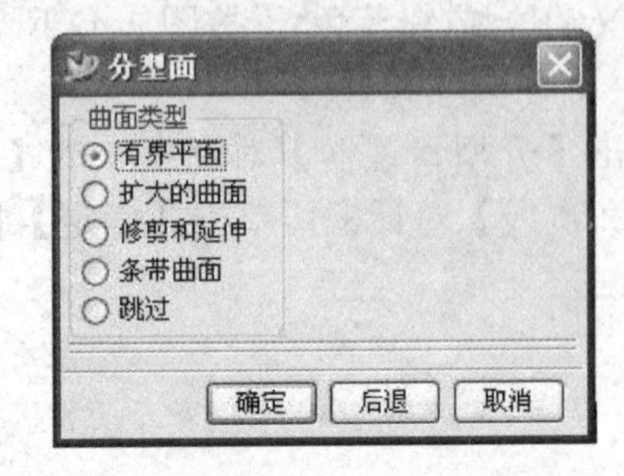

图 2-45 【分型面】对话框

(4) 创建型芯和型腔。

单击【分型管理器】对话框中的【创建型芯和型腔】按钮，弹出如图 2-47 所示的【型芯和型腔】对话框，单击【自动创建型腔型芯】按钮，弹出如图 2-48 所示的提示对话框，单击【继续】按钮，系统自动创建型芯和型腔，完成后显示分型部件，如图 2-49 所示。在下拉菜单【窗口】下打开型腔文件如图 2-50 所示，型芯文件如图 2-51 所示。至此即可完成轴承盒盖的分型设计。

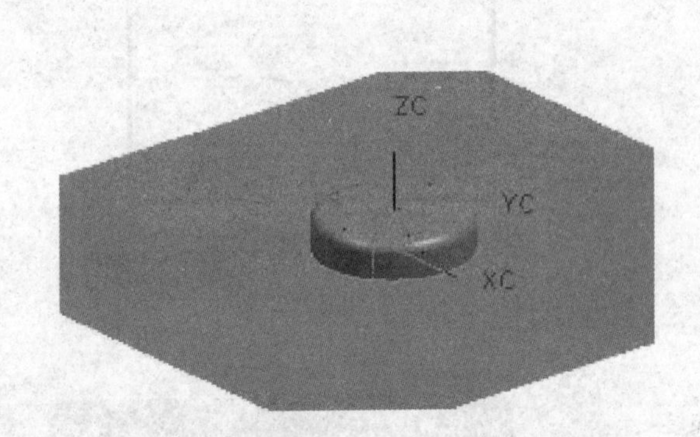

图 2-46 创建的分型面

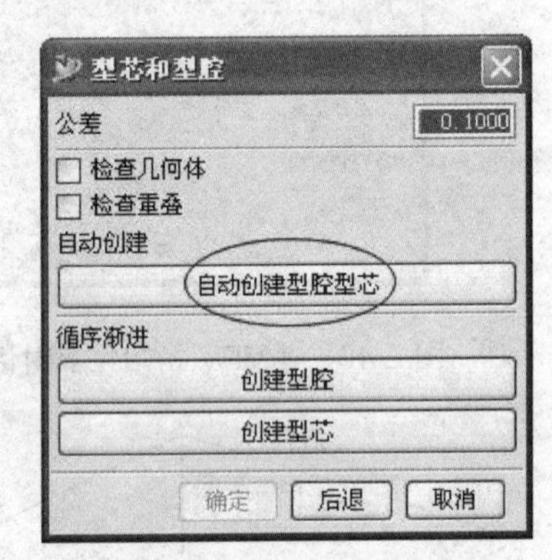

图 2-47 【型芯和型腔】对话框

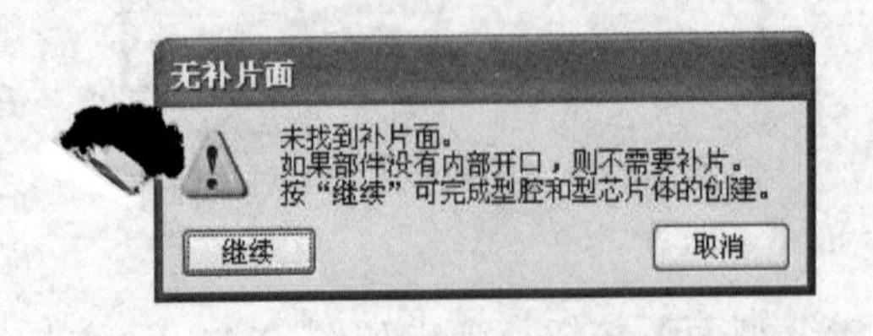

图 2-48 提示对话框

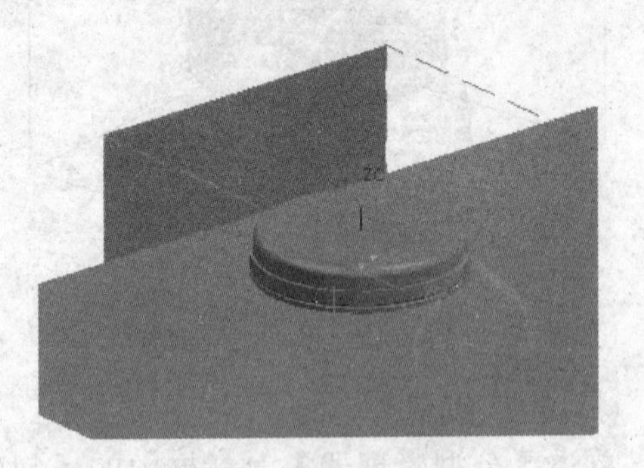

图 2-49 分型部件

图 2-50　盒盖型腔

图 2-51　盒盖型芯

3. 轴承盒体分型设计

1) 项目初始化

单击【注塑模向导】工具栏中的【项目初始化】按钮，在弹出的【打开部件文件】对话框中选择轴承盒体 runfu-2.prt 文件，弹出如图 2-52 所示的【部件名管理】对话框，单击【确定】按钮完成项目初始化，结果如图 2-53 所示。此时轴承盒体和轴承盒盖零件重叠显示，为了方便观察，将轴承盒盖隐藏。单击【多腔模设计】按钮，弹出如图 2-54 所示的【选择塑料产品】对话框，选择轴承盒体 runfu-2，则进入轴承盒体的设计页面。将轴承盒盖及其型腔型芯隐藏，应用多腔模设计功能重新返回轴承盒体的设计页面，如图 2-55 所示。

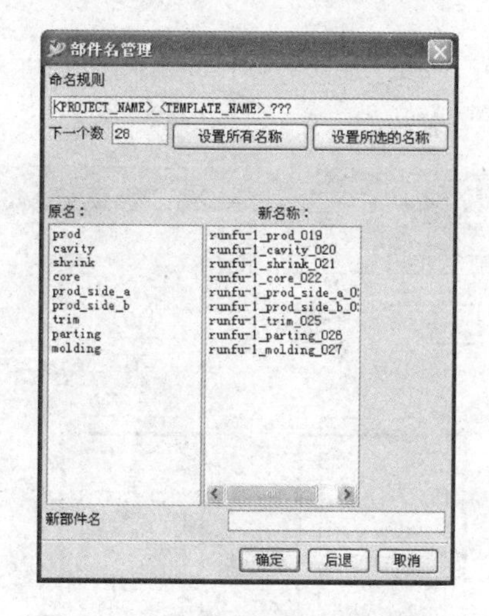

图 2-52　【部件名管理】对话框

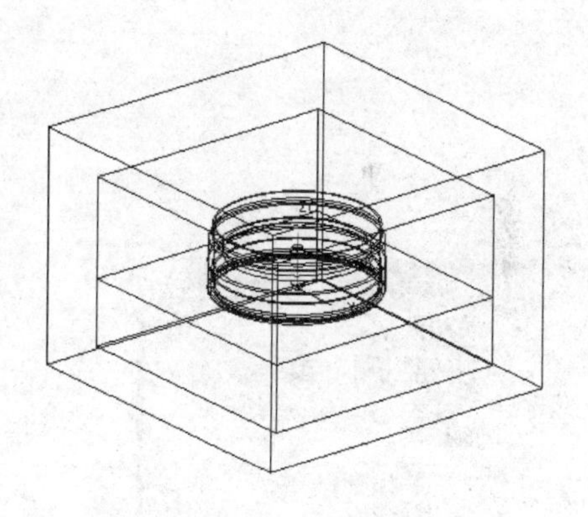

图 2-53　轴承盒体初始化

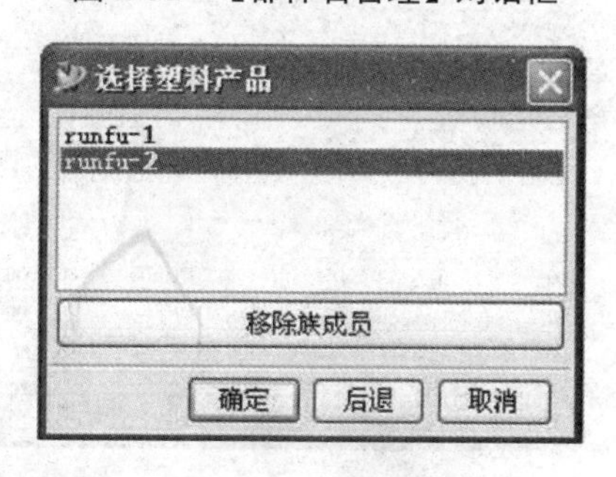

图 2-54　多腔模设计

图 2-55　轴承盒体项目初始化结果

2) 锁定模具坐标系

分析模型后发现，当前坐标系的坐标方位和原点位置都不适合直接进行模具设计，坐标系的 *ZC* 轴应指向开模方向，坐标原点应该位于分型面上。按前述类似的操作将坐标原点移动到分型面上，并将 *ZC* 轴反向，即可锁定模具坐标系，如图 2-56、图 2-57 所示。

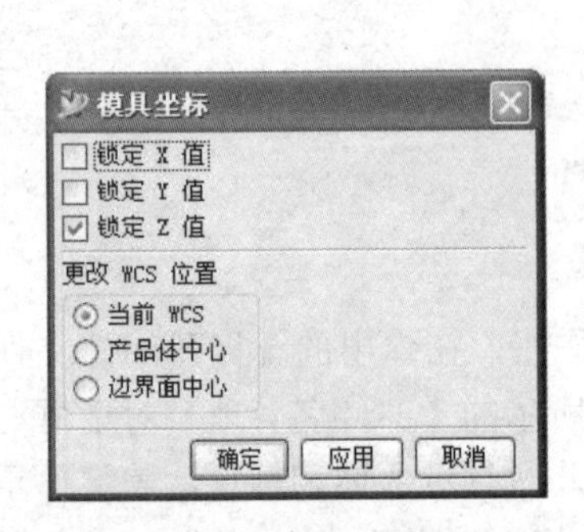

图 2-56 【模具坐标】对话框

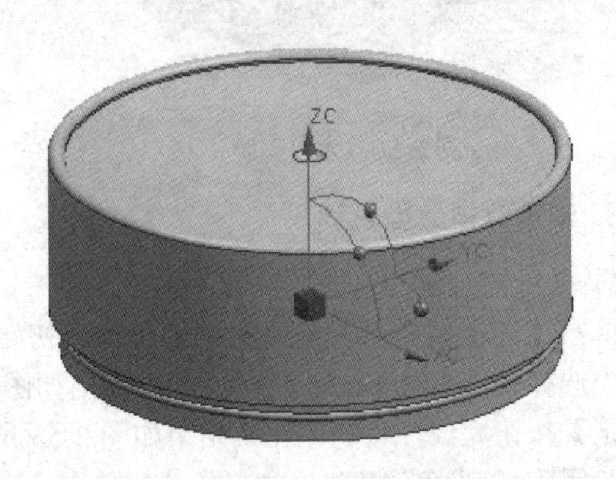

图 2-57 设置模具坐标结果

3) 设置收缩率(缩水)

按图 2-58 所示设置产品收缩率为 1.02。

4) 设置工件

按图 2-59 所示设置工件为长方体，长为“80”，宽为“80”，*Z* 向下移“20”，*Z* 向上移“30”，结果如图 2-60 所示。

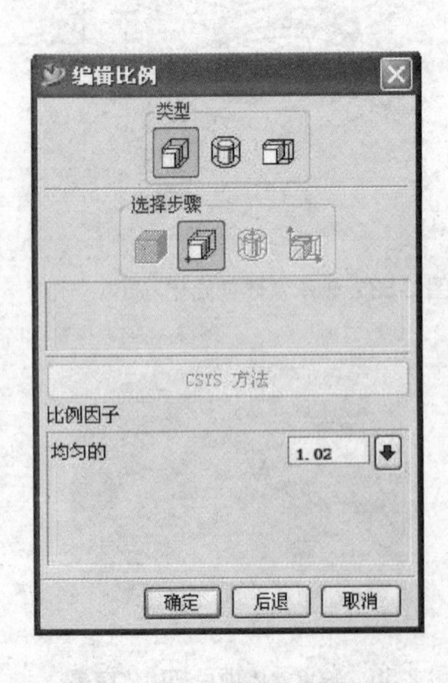

图 2-58 设置产品收缩率

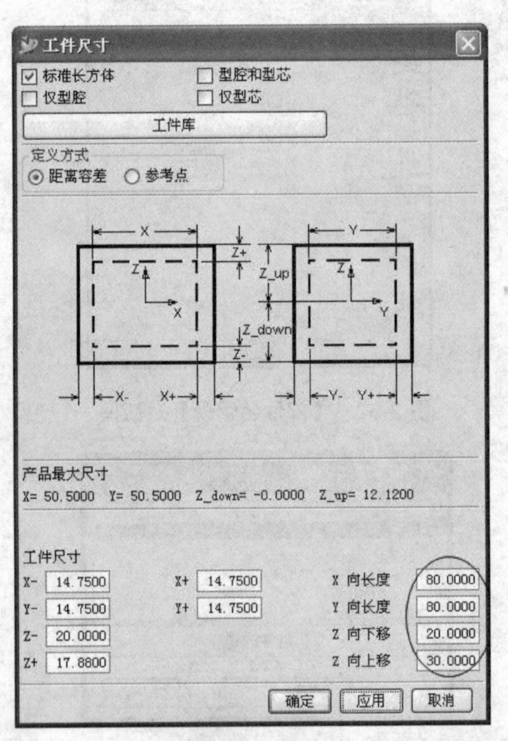

图 2-59 设置工件

5) 型腔布局

先将隐藏的轴承盒盖型芯型腔显示，如图 2-61 所示，单击【注射模向导】工具栏中的【型腔布局】按钮，按图 2-62、图 2-63 所示设计“型腔布局”，一模两腔，“自动对准中心”，并插入适当的腔体，结果如图 2-64、图 2-65 所示。

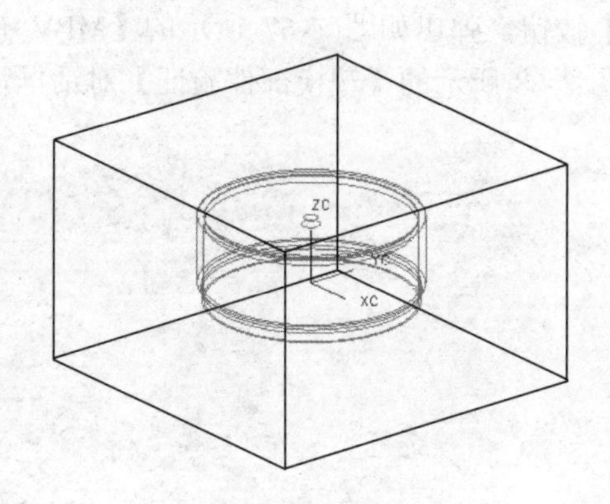

图 2-60　设置工件

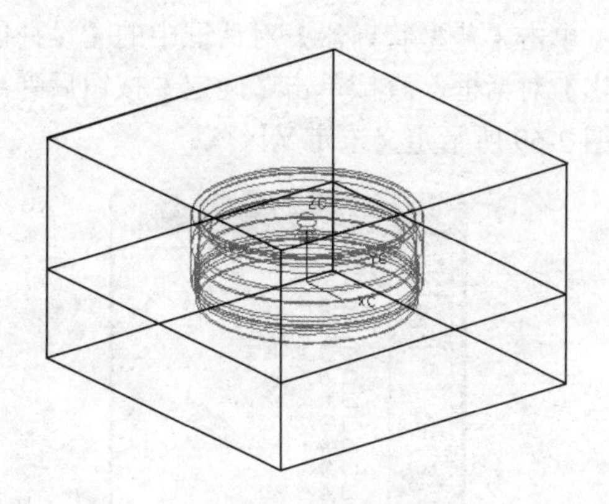

图 2-61　模型显示

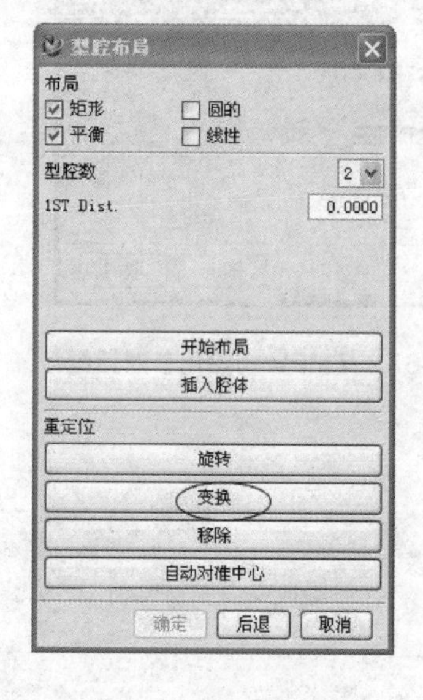

图 2-62　【型腔布局】对话框

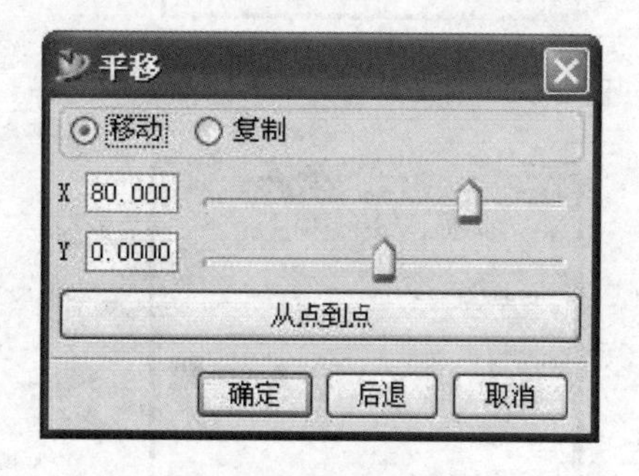

图 2-63　布局变换

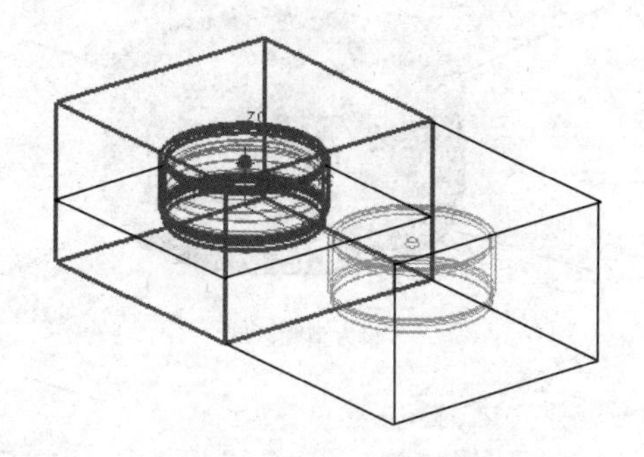

图 2-64　移动轴承盒盖工件

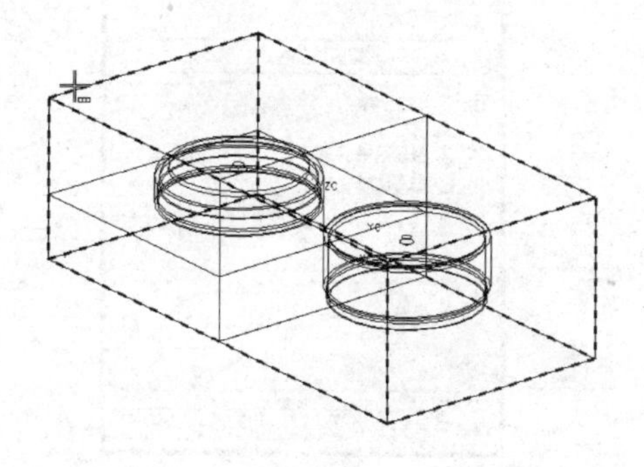

图 2-65　一模两腔布局设计

6) 分型设计

单击【注塑模向导】工具栏中的【分型】按钮，弹出如图 2-66 所示的【分型管理器】对话框。

(1) 设计区域。

单击【分型管理器】对话框中的【设计区域】按钮，弹出如图 2-67 所示的【MPV 初始化】对话框，直接单击【确定】按钮后弹出如图 2-68 所示的【塑模部件验证】对话框，按图 2-69 所示定义未定义区域。

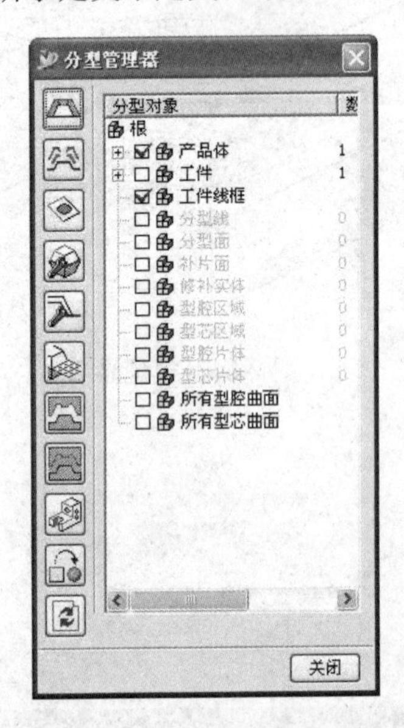

图 2-66 【分型管理器】对话框

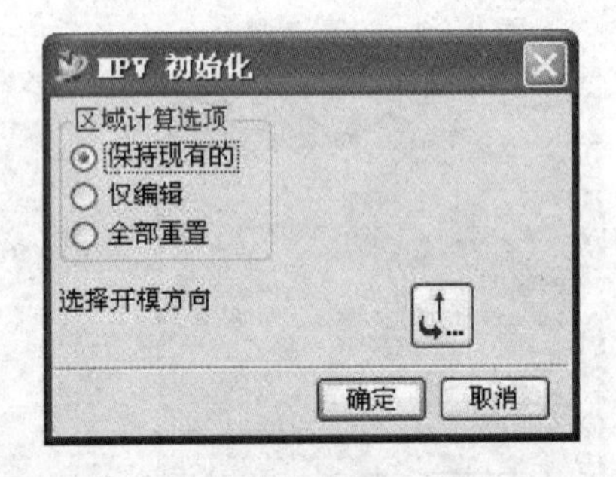

图 2-67 【MPV 初始化】对话框

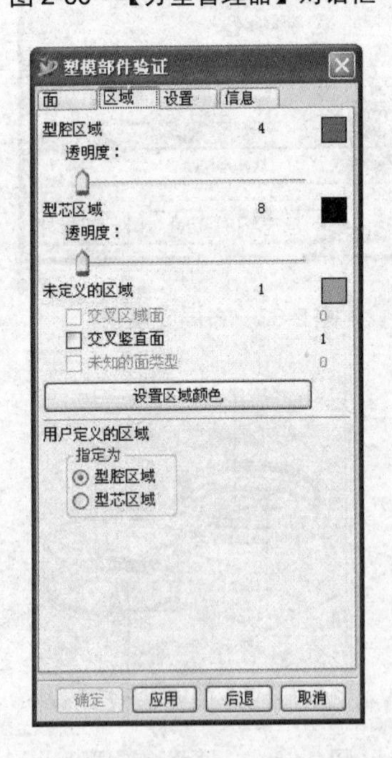

图 2-68 【塑模部件验证】对话框

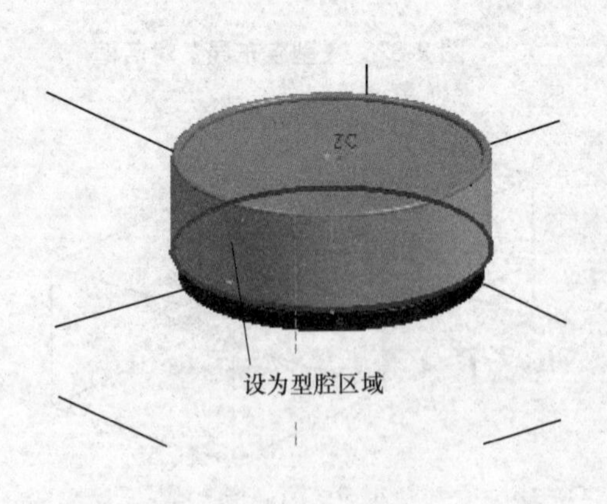

图 2-69 定义区域

(2) 抽取区域和分型线。

单击【分型管理器】对话框中的【抽取区域和分型线】按钮，弹出如图 2-70 所示的【区域和直线】对话框，单击【确定】按钮抽取区域和分型线。

(3) 创建/编辑分型面。

单击【分型管理器】对话框中的【创建/编辑分型面】按钮，弹出如图 2-71 所示的【创建分型面】对话框，单击【创建分型面】按钮，弹出如图 2-72 所示的【分型面】对话框，单击【确定】按钮后创建分型面。

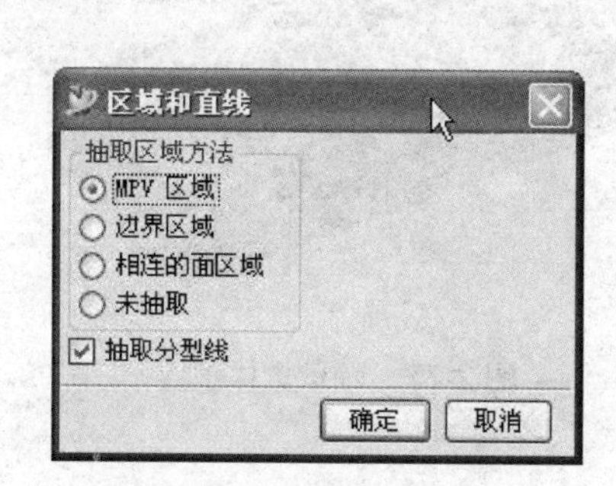

图 2-70　【区域和直线】对话框

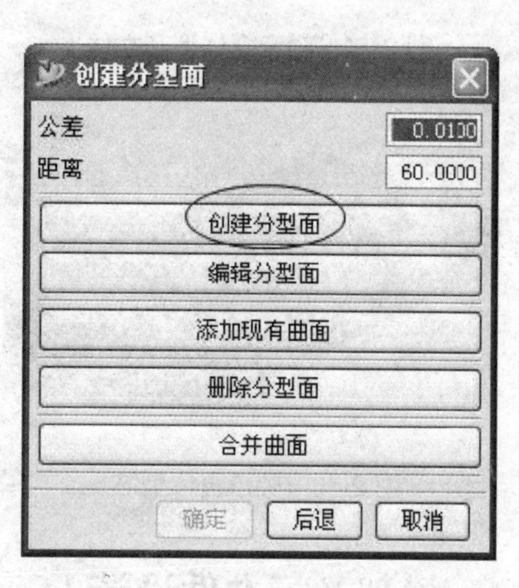

图 2-71　【创建分型面】对话框

(4) 创建型芯和型腔。

单击【分型管理器】对话框中的【创建型芯和型腔】按钮，弹出如图 2-73 所示的【型芯和型腔】对话框，单击【自动创建型腔型芯】按钮，则系统自动创建型芯和型腔，完成后显示分型部件。在下拉菜单【窗口】下打开轴承盒体型芯文件，如图 2-74 所示，型腔文件如图 2-75 所示。至此完成轴承盒体的分型设计。总的型芯如图 2-76 所示，型腔如图 2-77 所示。

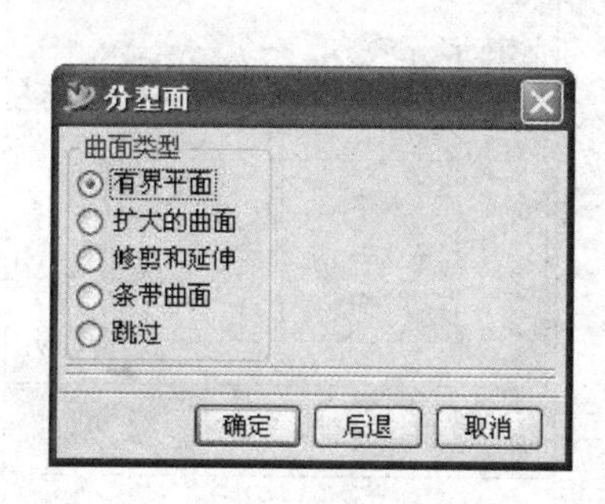

图 2-72　【分型面】对话框

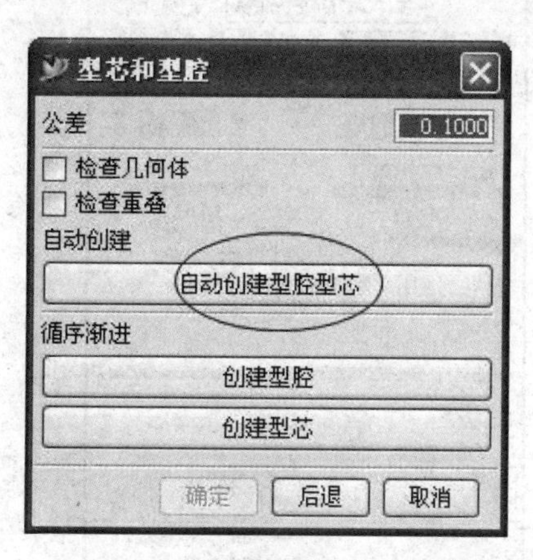

图 2-73　【型芯和型腔】对话框

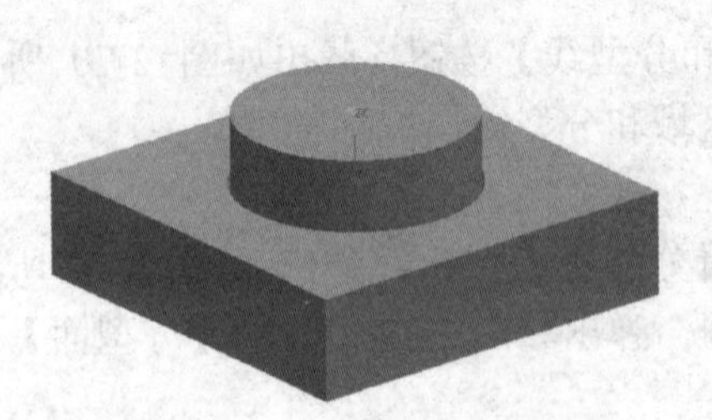

图 2-74　轴承盒体型芯文件

图 2-75　轴承盒体型腔文件

图 2-76　轴承盒体型芯

图 2-77　轴承盒体型腔

2.2.4　模架及标准件设计

1. 调入模架

单击【注塑模向导】工具栏中的【模架】按钮，弹出如图 2-78 所示的【模架管理】对话框，选择龙记小水口模架“2025”，模架尺寸为 200×250，结果如图 2-79 所示。

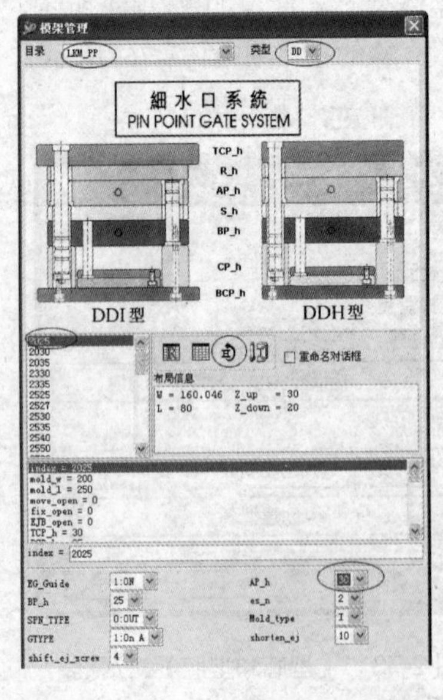

图 2-78　【模架管理】对话框

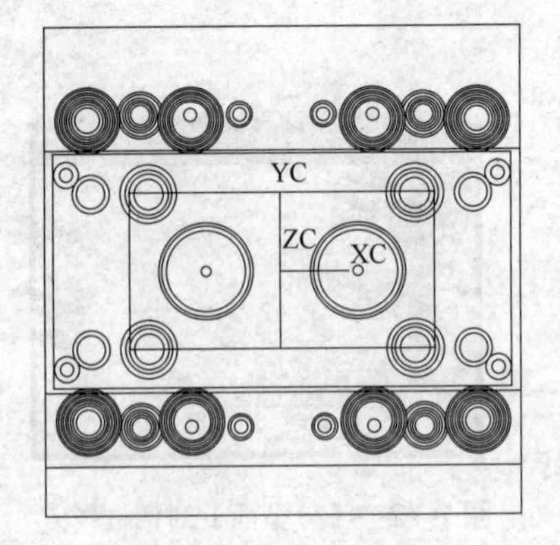

图 2-79　调入模架

2. 添加定位环和浇口套

单击【注塑模向导】工具栏中的【标准件】按钮，弹出如图 2-80 所示的【标准件管理】对话框，选择定位环类型和规格，在如图 2-81 所示的【尺寸】选项卡中设置定位环尺寸，则可添加定位环，效果如图 2-82 所示。

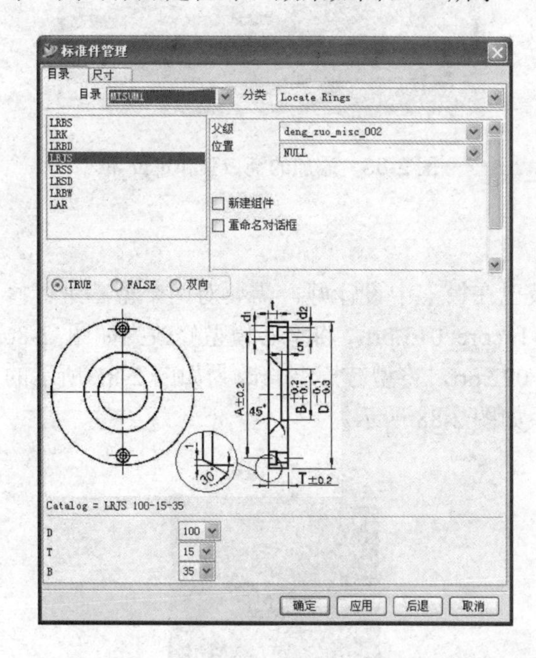

图 2-80　【标准件管理】对话框

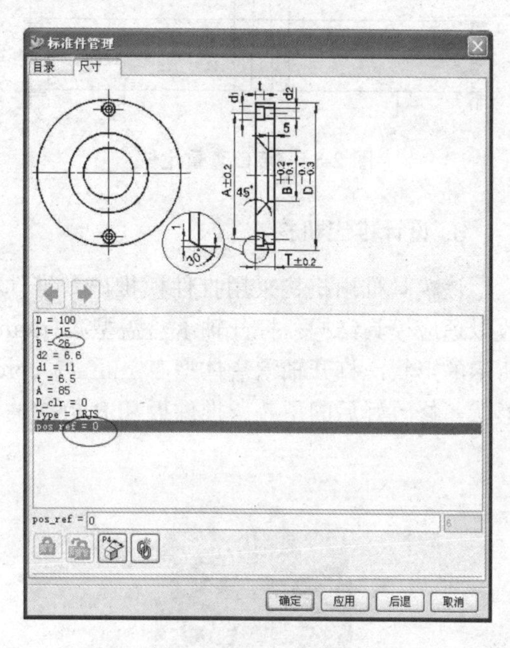

图 2-81　【尺寸】选项卡

继续按如图 2-83 所示选择浇口套类型及规格，添加浇口套，并将浇口套重新定位到合适位置，如图 2-84 所示。添加好的浇口套和定位环如图 2-85 所示。

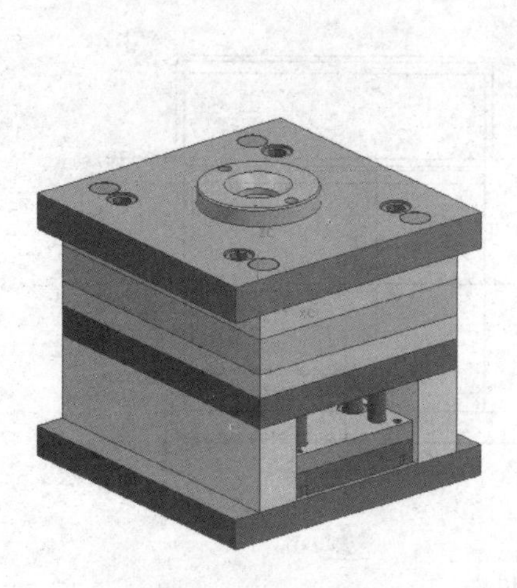

图 2-82　添加定位环

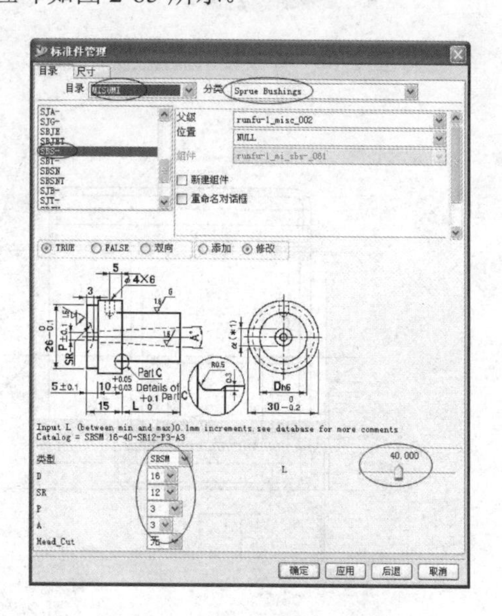

图 2-83　浇口套类型及规格

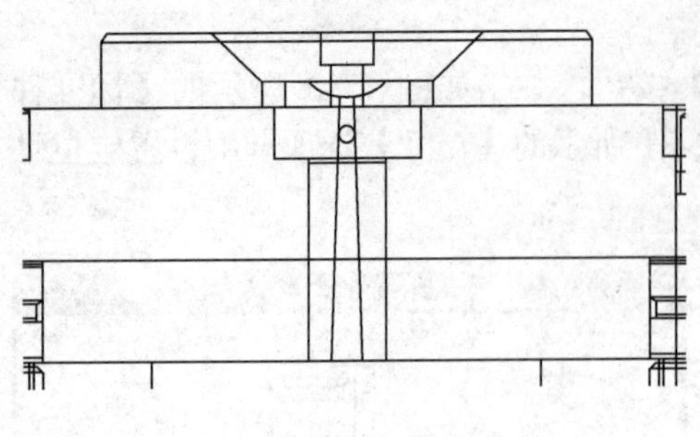

图 2-84　浇口套重定位

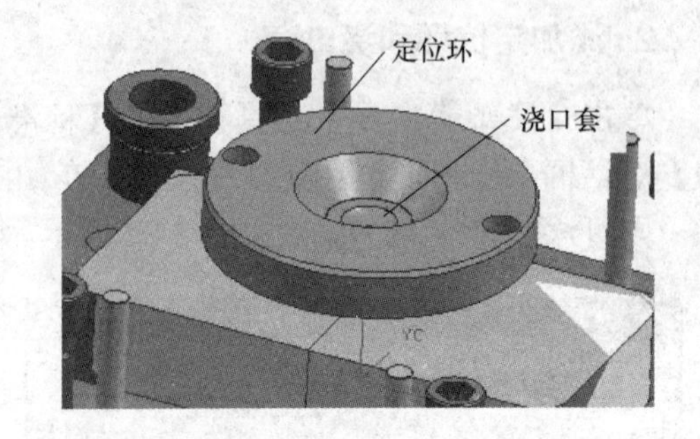

图 2-85　添加的浇口套和定位环

3. 设计推出机构

该模具推出机构采用推件板推出，推件板已在模架中设计好，需要对两个型芯进行修改以适应模具结构。打开轴承盒盖型芯 runfu-1_core_013.prt，将型芯模型修改为如图 2-86 所示的形状；打开轴承盒体型芯 runfu-2_core_022.prt，将型芯模型修改为如图 2-87 所示的形状，修改好后的型芯、推件板和 B 板的关系如图 2-88 所示。

图 2-86　修改轴承盒盖型芯

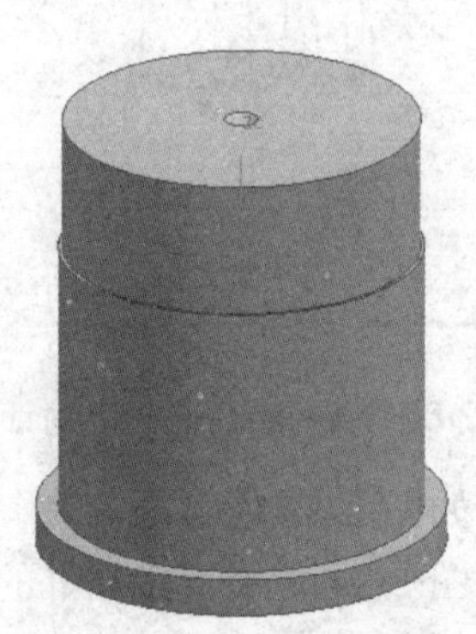

图 2-87　修改轴承盒体型芯

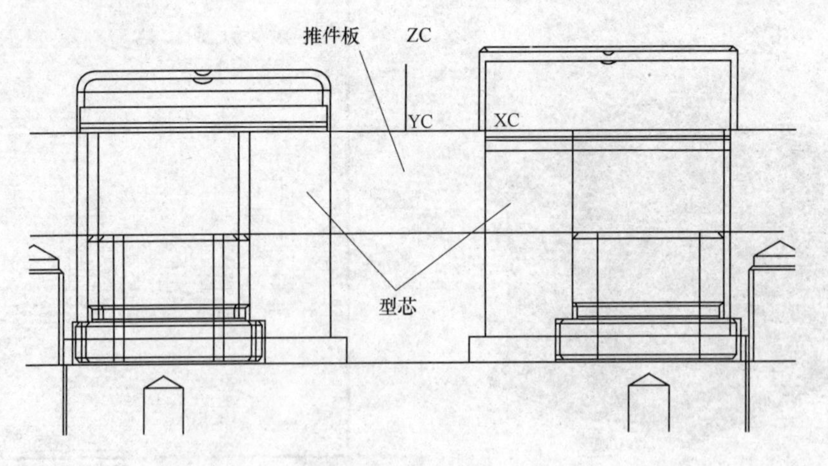

图 2-88　推出机构

2.2.5　浇注系统和冷却系统设计

1. 浇注系统设计

1) 添加内浇口(点浇口)

为方便观察，只显示型芯部位的结构。单击【注塑模向导】工具栏中的【浇口】按钮，弹出如图 2-89 所示的【浇口设计】对话框，设置浇口类型和尺寸后单击【应用】按钮，弹出如图 2-90 所示的【点构造器】对话框，设置浇口点位置，单击【确定】按钮后弹出如图 2-91 所示的【矢量构造器】对话框，选择-*ZC* 轴，则可添加一个点浇口，按图 2-92 所示参数对浇口重定位，结果如图 2-93 所示。按类似的捕捉添加轴承盒体一侧的点浇口，结果如图 2-94 所示。

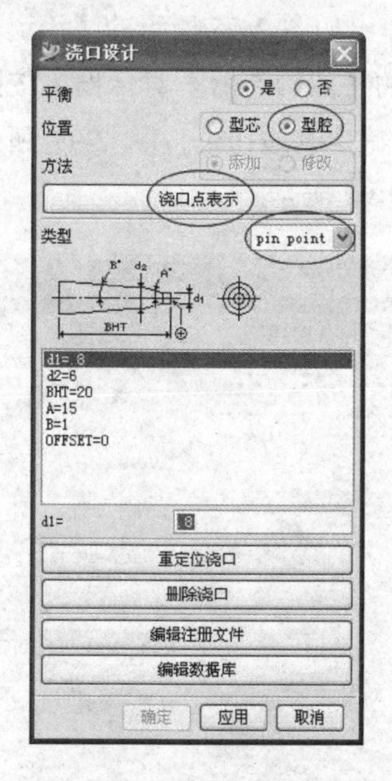

图 2-89　【浇口设计】对话框

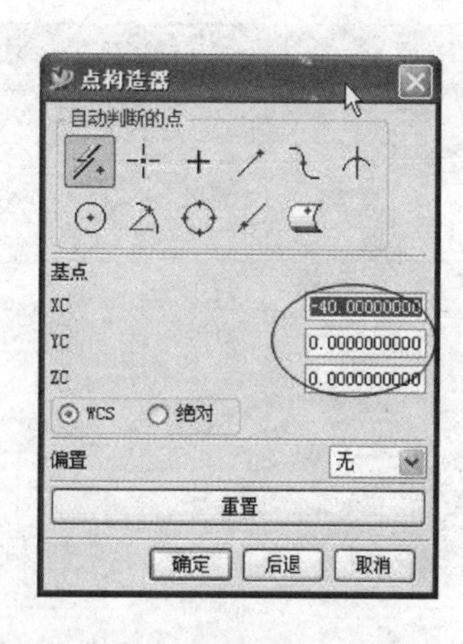

图 2-90　【点构造器】对话框

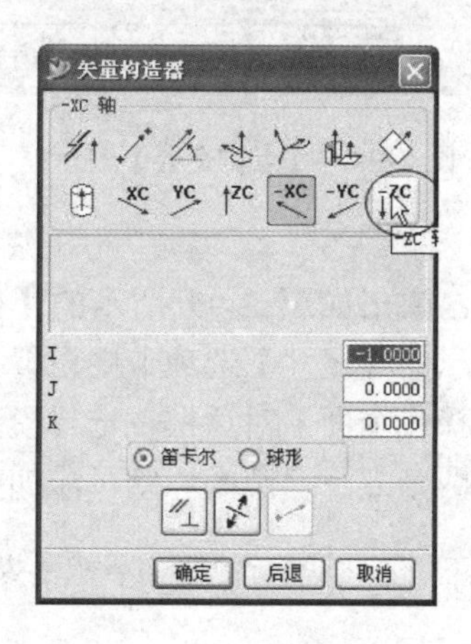

图 2-91　点浇口方位

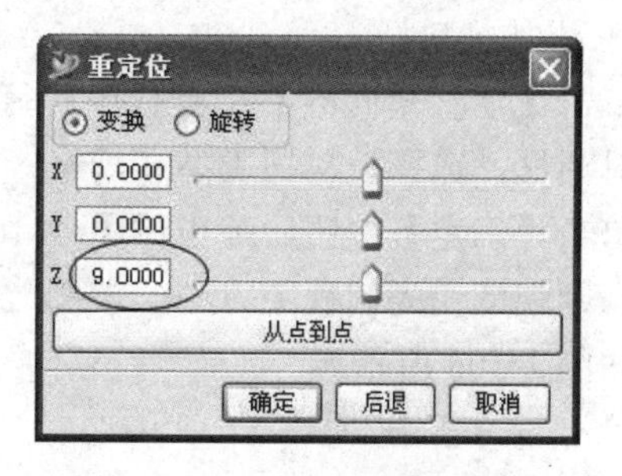

图 2-92　浇口重定位

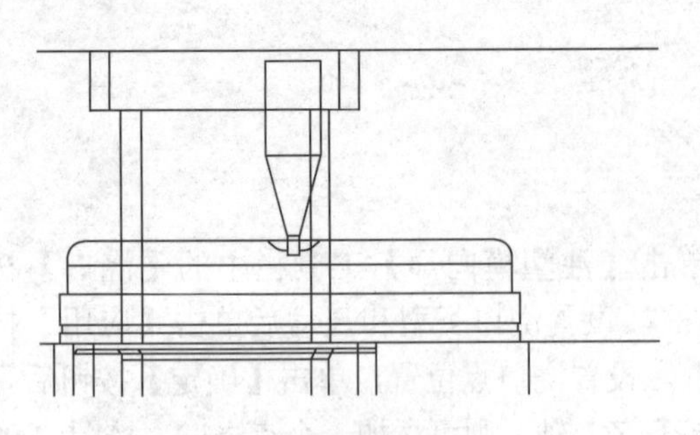

图 2-93　轴承盒盖点浇口

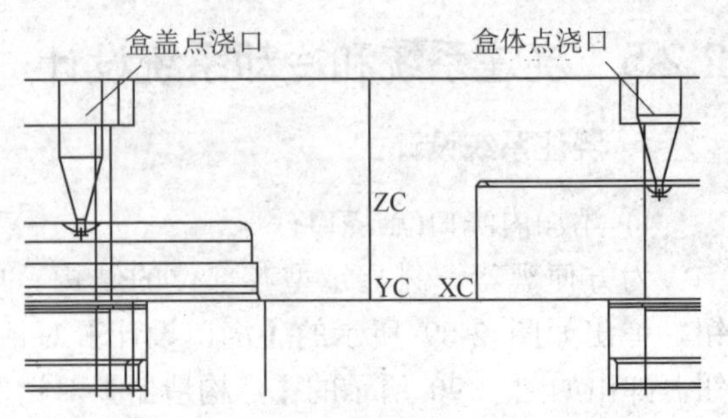

图 2-94　添加轴承盒体一侧的点浇口

2) 添加横浇道

单击【注塑模向导】工具栏中的【流道】按钮，弹出如图 2-95 所示的【流道设计】对话框，单击【点子功能】按钮，弹出如图 2-96 所示的【点构造器】对话框，按图设置坐标，单击【确定】按钮，将 *XC* 改为“-45”，单击【确定】按钮，按图 2-97 所示参数设置流道截面类型和尺寸，则可添加横浇道，效果如图 2-98 所示。

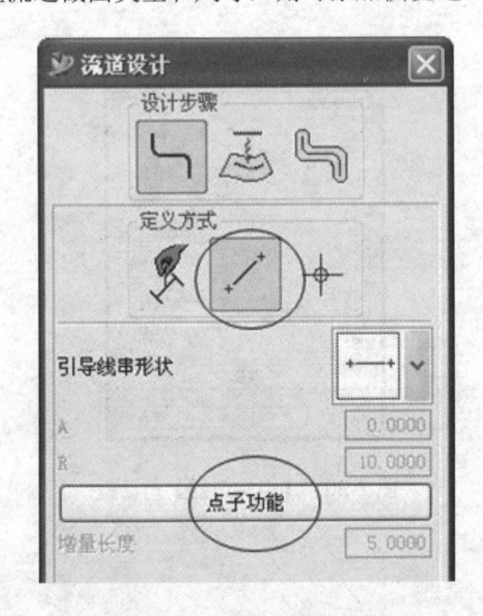

图 2-95　【流道设计】对话框

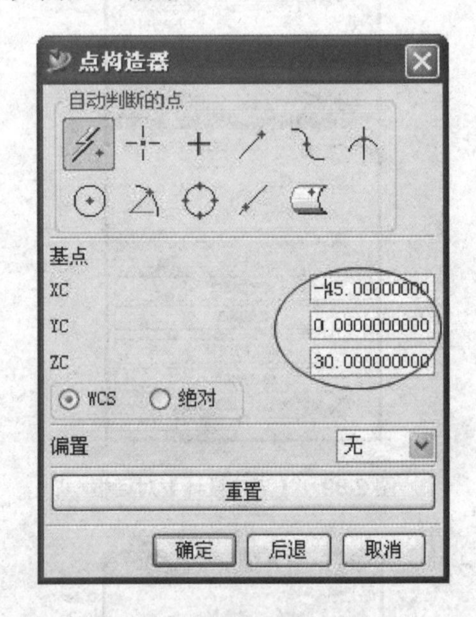

图 2-96　【点构造器】对话框

3) 添加拉料杆

单击【注塑模向导】工具栏中的【标准件】按钮，弹出如图 2-99 所示的【标准件管理】对话框，选择拉料杆类型和规格，在图 2-100 所示的【尺寸】选项卡中设置拉料杆长度，单击【确定】按钮后弹出如图 2-101 所示的【选择一个面】对话框，选择模架最顶面平面，则视图变为俯视图方向，按图 2-102 所示捕捉两个点浇口圆心，则可添加两条拉料杆，如图 2-103 所示。

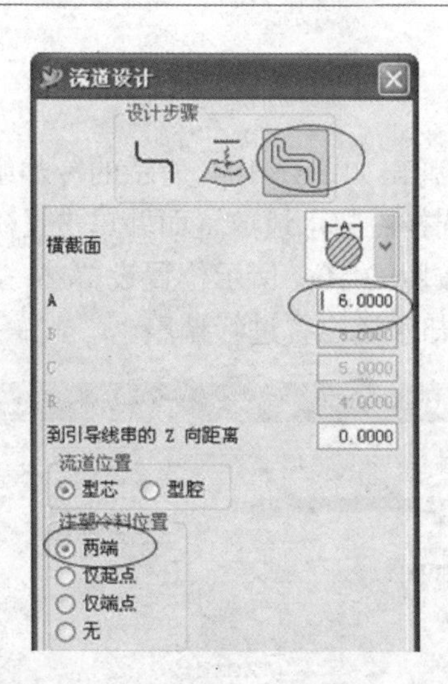

图 2-97　设置流道截面及尺寸

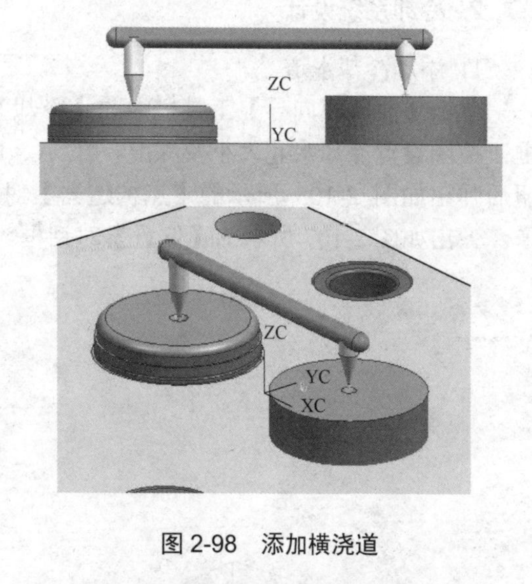

图 2-98　添加横浇道

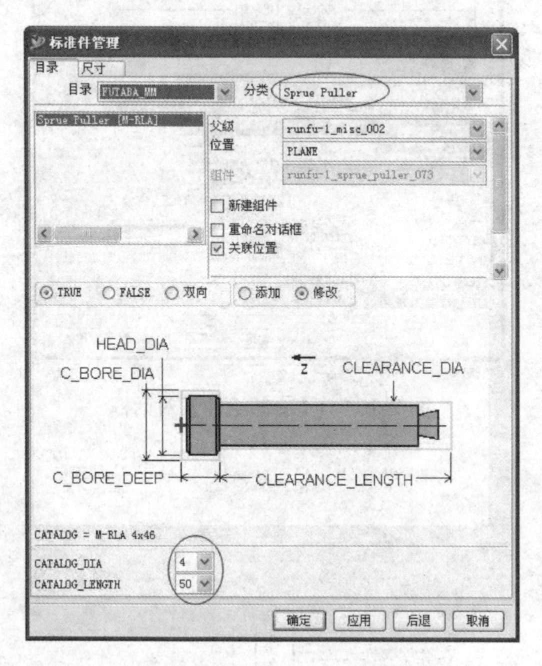

图 2-99　添加拉料杆

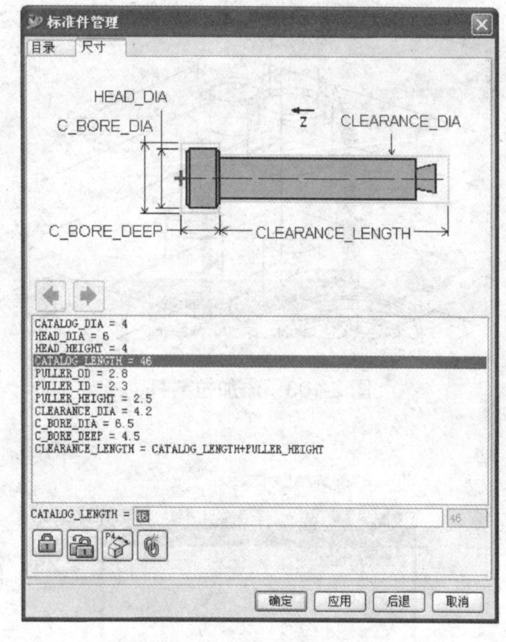

图 2-100　设置拉料杆尺寸

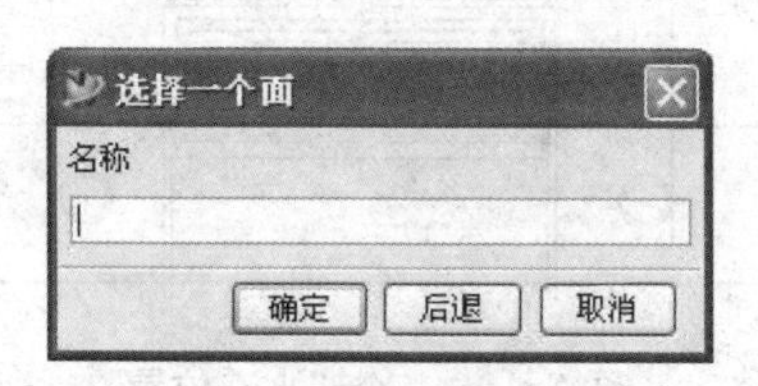

图 2-101　拉料杆放置面

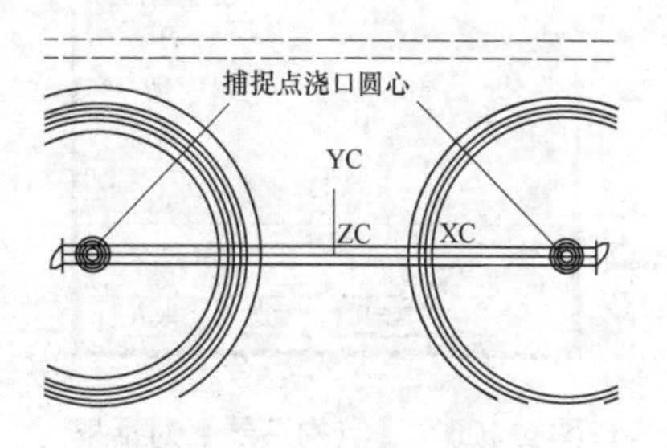

图 2-102　拉料杆位置

2. 冷却系统设计

1) 添加冷却水道

单击【注塑模向导】工具栏中的【冷却】按钮，弹出如图 2-104 所示的冷却组件对话框，按图设置冷却水孔大小及深度，在 A、B 板上选择冷却水道放置面并单击【确定】按钮后弹出如图 2-105 所示的【点构造器】对话框，按图 2-106 所示位置设置 6 条冷却水道，弹出如图 2-107 所示的【位置】对话框，可对冷却水道位置进行调整。

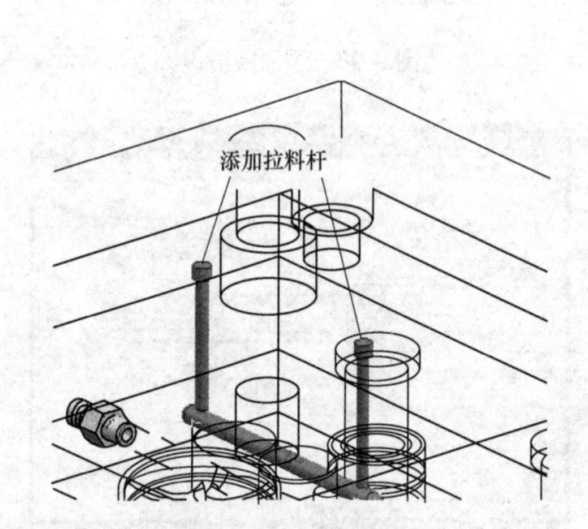

图 2-103　添加拉料杆

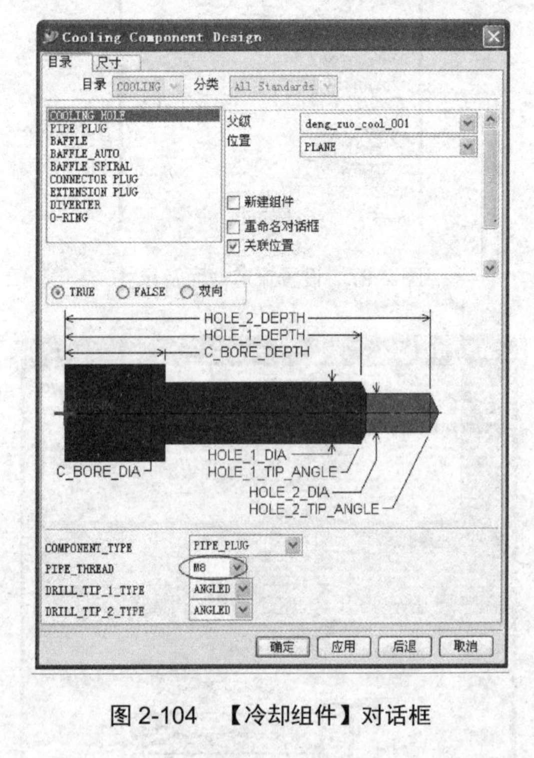

图 2-104　【冷却组件】对话框

图 2-105　【点构造器】对话框

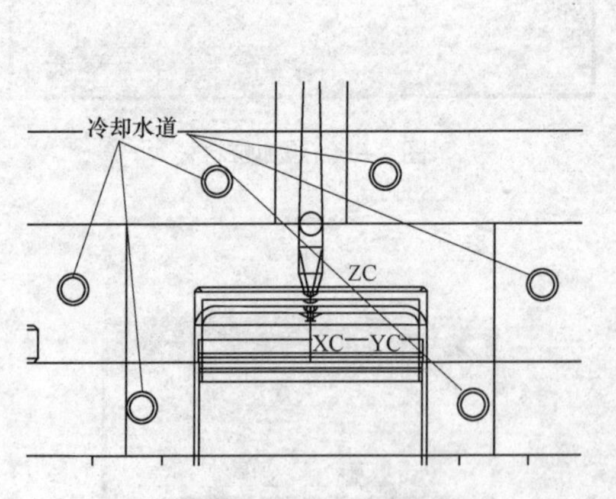

图 2-106　冷却水道位置

2) 添加水管接头

继续按图 2-108 所示在冷却组件对话框中设置水管接头类型及规格，则可在 12 条冷却水道位置自动添加水管接头，如图 2-109 所示。在 A、B 板另一侧对应点可添加 6 条冷却水道和水管接头。

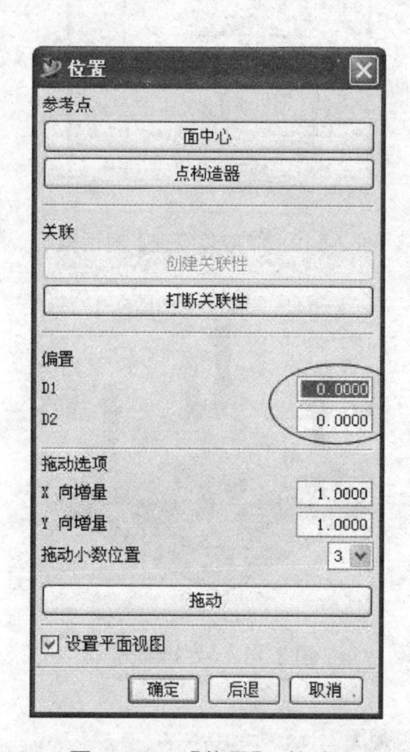

图 2-107　【位置】对话框

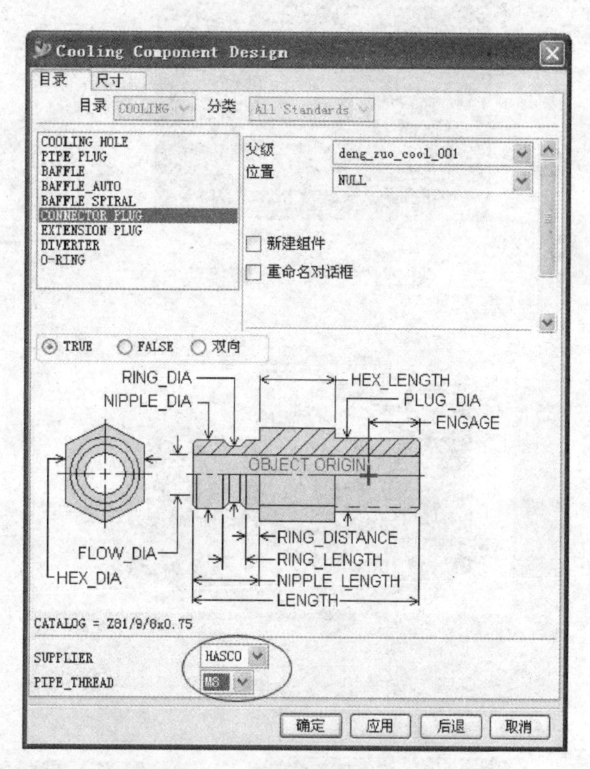

图 2-108　设置水管接头类型及规格

3. 型腔设计

单击【注塑模向导】工具栏中的【型腔设计】按钮，弹出如图 2-110 所示的【腔体管理】对话框，选择需要建腔的部件(包括各板和型芯、型腔)，单击对话框中的【刀具体】按钮，选择要建腔的刀具体(包括工件腔体，顶杆、浇口套、浇注系统、冷却水道等)，单击【确定】按钮后完成腔体的设计。设计好的动模部分和定模部分如图 2-111 和图 2-112 所示。

4. 创建模具图纸

1) 创建模具装配图

单击【注塑模向导】工具栏中的【装配图纸】按钮，弹出如图 2-113 所示的【创建/编辑模具图纸】对话框，按图新建，弹出【新建部件文件】对话框，单击【确定】按钮，在图 2-114 中选择模板为 A，单击【应用】按钮，系统自动生成图纸。在图 2-114 所示的对话框中设置零件的可见性，按图 2-115 所示创建视图，创建的装配图如图 2-116 所示。进入工程图模块后可对装配图作进一步的编辑，也可将装配图导出至 AutoCAD 中进行编辑。

图 2-109　添加水管接头

图 2-110　【腔体管理】对话框

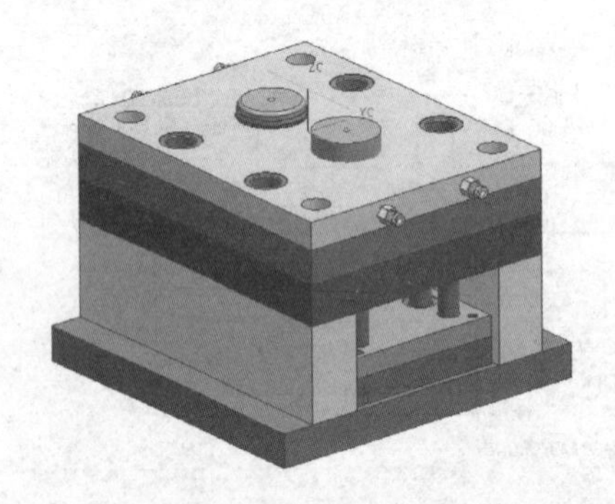

图 2-111　动模部分

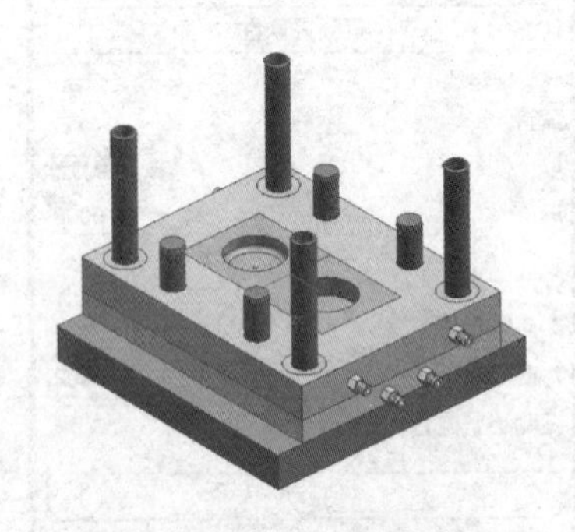

图 2-112　定模部分

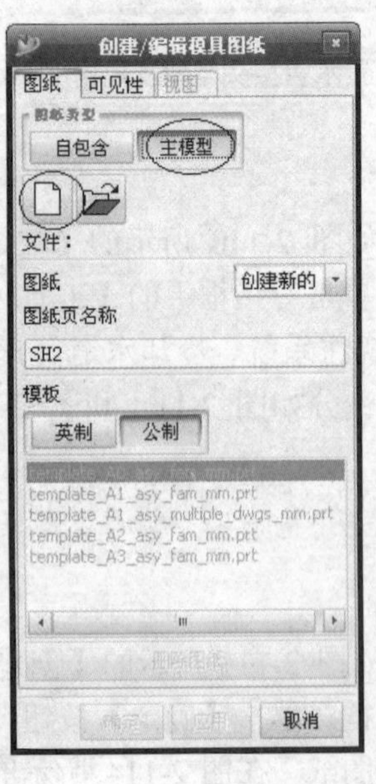

图 2-113　【创建/编辑模具图纸】对话框

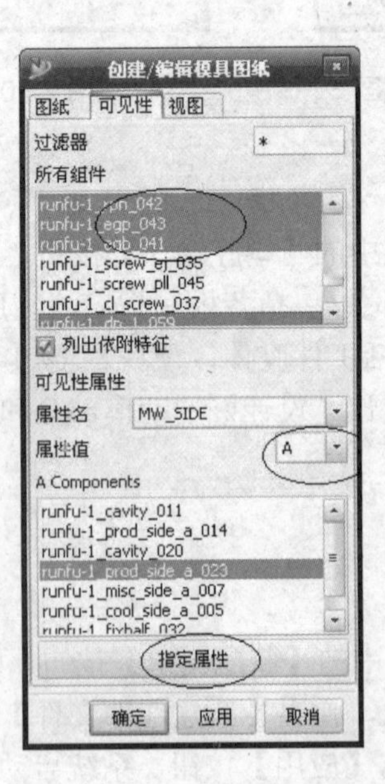

图 2-114　设置可见性

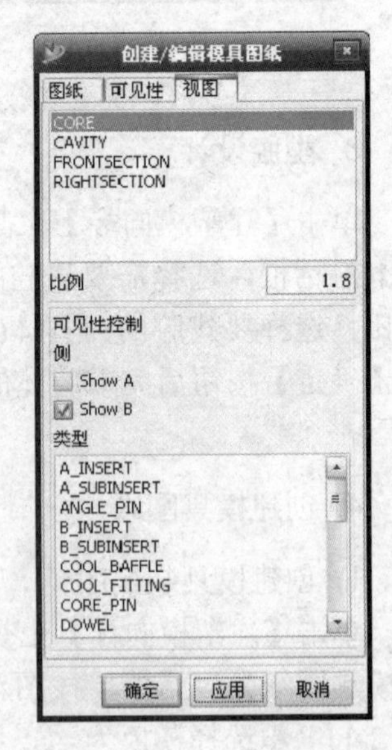

图 2-115　创建视图

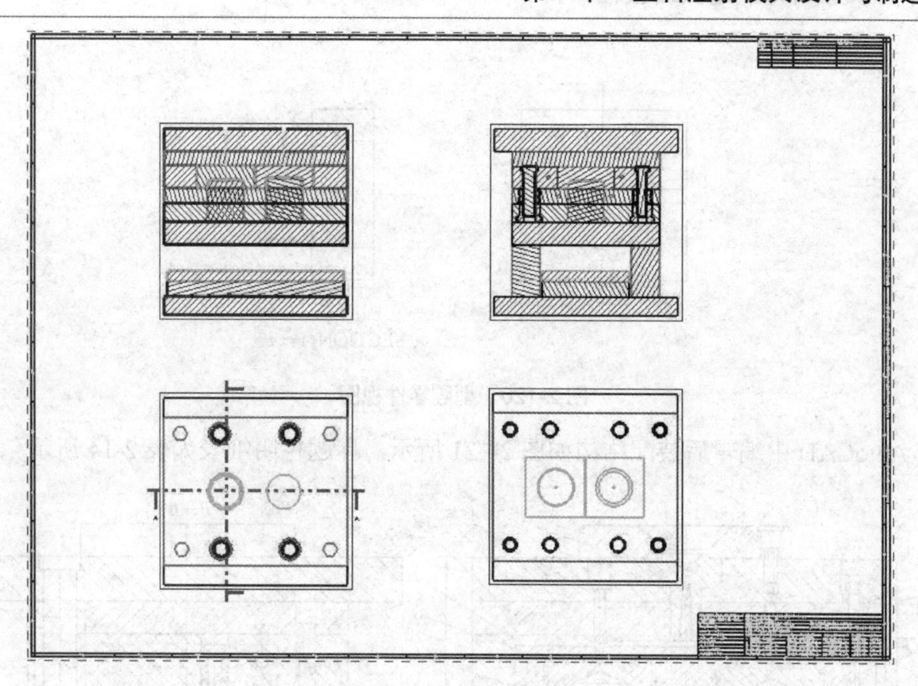

图 2-116　模具装配图

2) 创建工作零件图

单击【注塑模向导】工具栏中的【装配图纸】按钮，弹出如图 2-117 所示的【组件图纸】对话框，选择要创建零件图的部件(型芯、型腔、镶块等)，单击【确定】按钮后按图 2-118 所示创建零件图。型芯、型腔的零件视图分别如图 2-119、图 2-120 所示，进入工程图模块后可对零件图作进一步的编辑，也可将零件视图导出至 AutoCAD 中进行编辑。

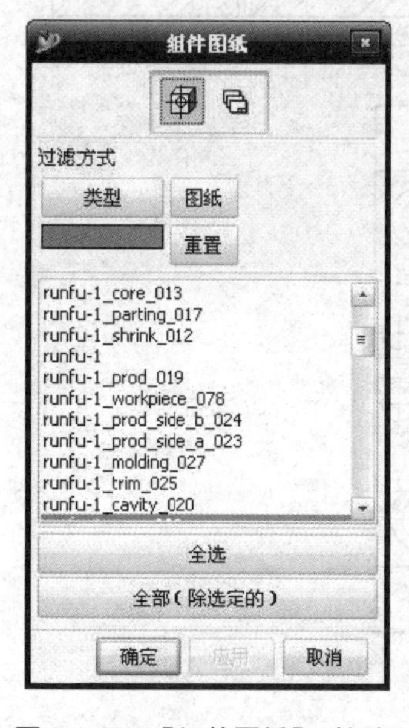

图 2-117　【组件图纸】对话框

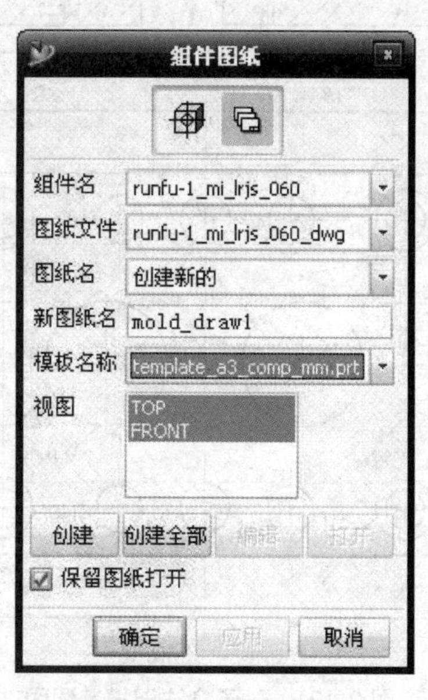

图 2-118　组件图纸管理

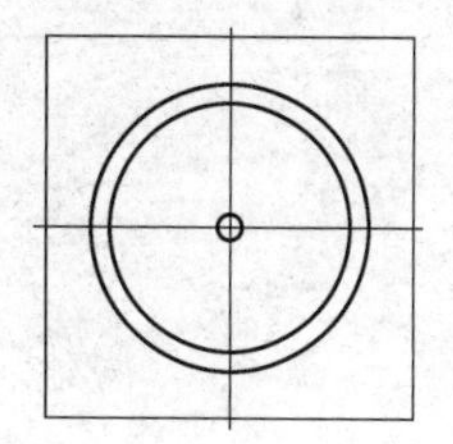

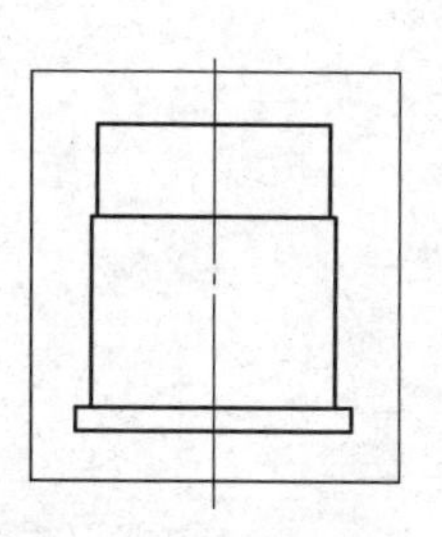

图 2-119　型芯零件视图

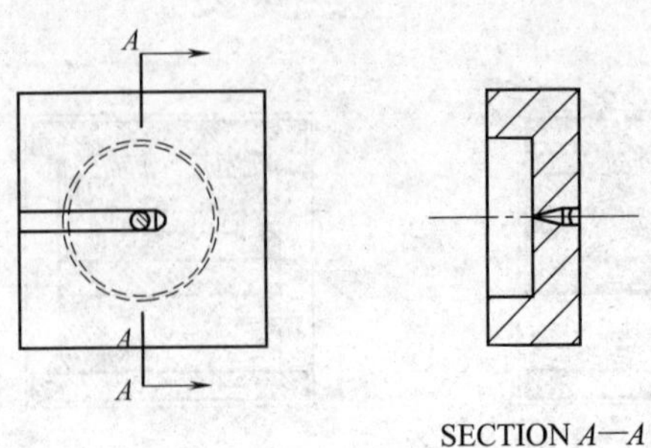

图 2-120　型腔零件视图

在 AutoCAD 中编辑后装配结构如图 2-121 所示，标题栏明细表如表 2-14 所示。

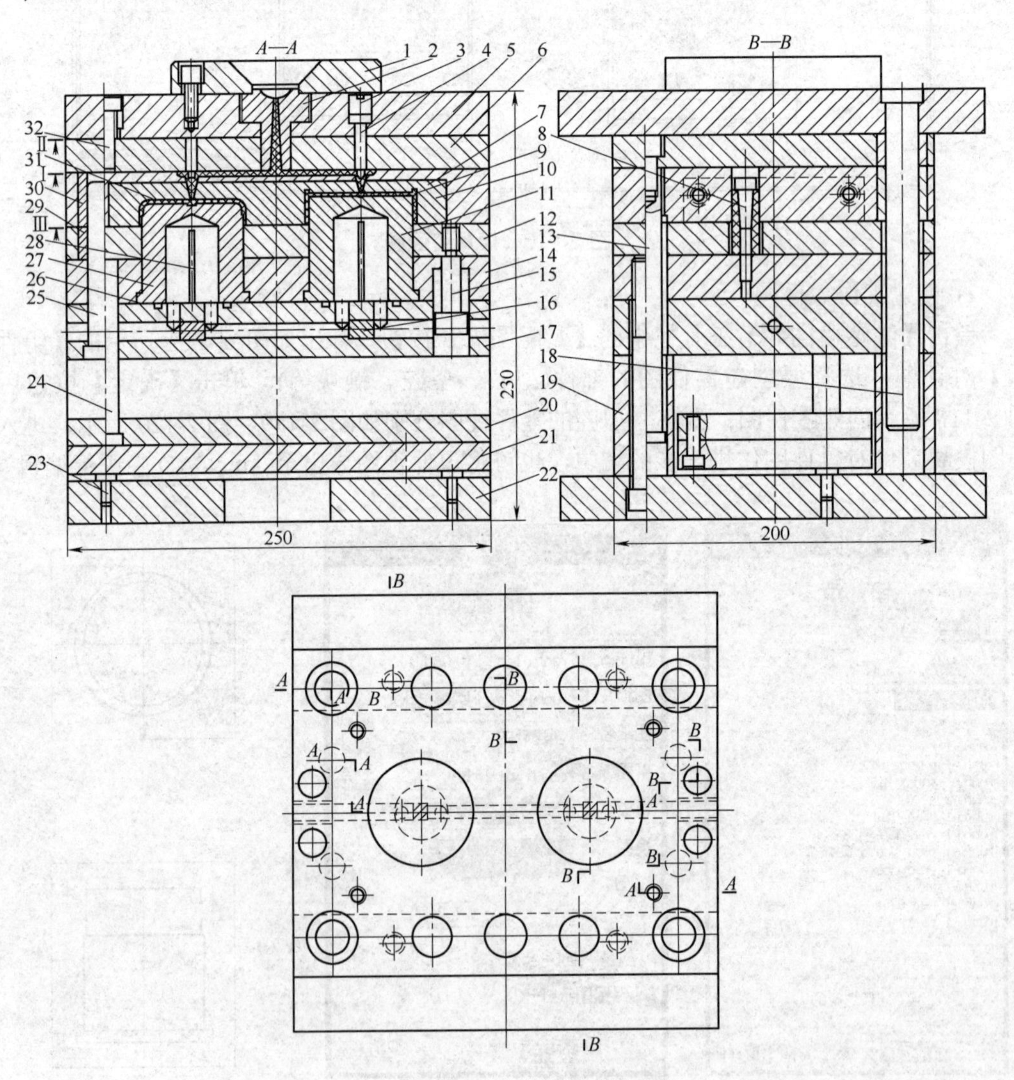

图 2-121　轴承盒注塑模装配图

表 2-14　轴承盒注射模标题栏、明细表(工厂生产常用格式)

32	MS20－200－23	流道板限位螺钉	45	4	32~36HRC
31		盒盖	PP	1	
30	MS20－200－22	台肩导套	T8A	4	56～60HRC
29		直导套	T8A	4	56～60HRC
28	MS20－200－21	隔水片	δ1.5 紫铜片	2	
27	MS20－200－20	盒盖型芯	预硬 738	1	35～38HRC
26		O 形密封圈	丁氰胶	2	ϕ30mm×2.65mm
25		导柱	T8A	4	56～60HRC
24		复位杆	GCr15	4	50～54HRC
23		限位钉	45	1	32-36HRC
22	MS20－200－19	动模座板	45	1	调质
21	MS20－200－18	推板	45	1	调质
20	MS20－200－17	推杆固定板	45	1	调质
19		垫块	45	2	调质
18	MS20－200－16	流道板导柱	T8A	4	50～55HRC
17	MS20－200－15	支撑板	45	1	调质
16		水孔塞	ϕ6		
15	MS20－200－14	限位螺钉	45	4	32~36HRC
14	MS20－200－13	动模板	45	1	调质
13	MS20－200－12	流道板拉杆	45	1	32~36HRC
12	MS20－200－11	推件板	45	1	调质
11	MS20－200－10	盒体型芯	预硬 738	1	35～38HRC
10	MS20－200－09	定模型腔镶件	预硬 738	1	35～38HRC
9	MS20－200－08	盒体	PP	1	
8	MS20－200－07	圆形塑料拉模扣	组件	4	
7	MS20－200－06	定模板	45	1	调质
6	MS20－200－05	流道推板	45	1	调质
5	MS20－200－04	定模座板	45	1	调质
4	MS20－200－03	球形拉料杆	预硬 718	2	35～38HRC
3		螺塞(顶丝)		2	M10mm
2	MS20－200－02	浇口套	T8A	1	40～44HRC
1	MS20－200－01	定位圈	45	1	

技术要求：

1.塑件精度 MT6mm，配合处精度 MT3mm；

2.模架规格 2025；

3.使用注射设备：XS-ZY-125。

续表

				序号	图号	名称	材料	数量	备注
						轴承盒 注射模装配图		MS20—200—00	
标记	处数	分区	更改	签名	年 月 日				
设计			标准化			阶段标记	质量	比例	
设计								1：1	
审核									
工艺			批准			共 24 张		第 1 张	

2.2.6 轴承盒模具主要零件设计与制造

本例只列出几种重要零件的机械制造工艺。

1. 模具零件制造

模具零件工程图如图 2-122～图 2-127 所示，工艺规程卡见表 2-15～表 2-20。

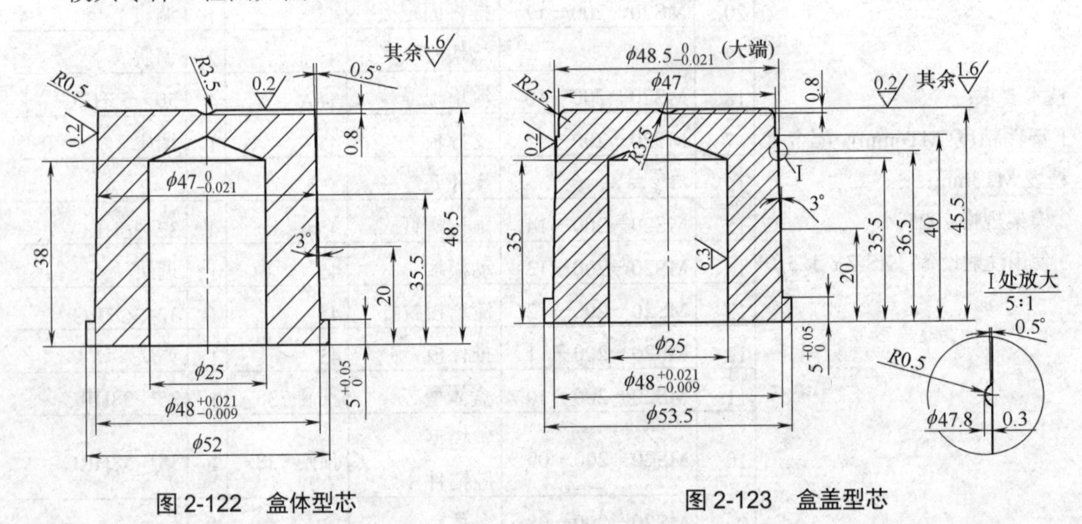

图 2-122　盒体型芯

图 2-123　盒盖型芯

表 2-15　盒体型芯机械加工工艺规程卡

车间	模具车间	工艺规程	名称	盒体型芯	数量	1	毛坯	φ 55mm ×55mm	共 23 页
编号	10		图号	MS20—200—10	材料	预硬 718	重量		第 10 页
序号	工艺内容					定额	设备	检验	备注
1	开料毛坯 φ 55mm×55mm						带锯床		
2	数控车外圆、内孔成型						数控车床		
3	抛光成型面至 0.2μm						普通车床		
4	装配后底面磨平						平面磨床		
编制		校对			审核		批准		

表 2-16　盒盖型芯机械加工工艺规程卡

车间	模具车间	工艺规程	名称	盒盖型芯	数量	1	毛坯	φ55mm×52mm	共 23 页
编号	10		图号	MS20－200－10	材料	预硬 718	重量		第 20 页
序号	工艺内容					定额	设备	检验	备注
1	开料毛坯 φ55mm×52mm						带锯床		
2	数控车外圆、内孔成型						数控车床		
3	抛光成型面至 0.2μm						普通车床		
4	装配后底面磨平						平面磨床		
编制		校对		审核			批准		

表 2-17　推件板机械加工工艺规程卡

车间	模具制造车间	工艺规程	名称	动模板	数量	1	毛坯	250mm×200mm×15mm	共 23 页
编号	11		图号	MS20－200－11	材料	45	重量		第 11 页
序号	工艺内容					定额	设备	检验	备注
1	锥度线切割型芯孔						锥度线切割机		
2	钻攻 4×M8mm，配作 4×φ14mm 拉扣过孔，钻 2×φ20mm 拉杆过孔						钻床		
编制		校对		审核			批准		

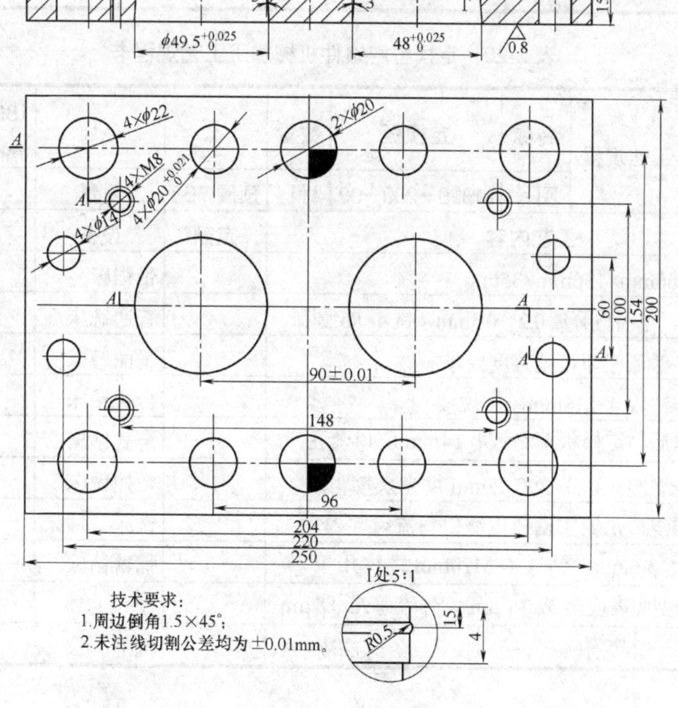

图 2-124　推件板

表 2-18　动模板机械加工工艺规程卡

车间	模具制造车间	工艺规程	名称	动模板	数量	1	毛坯	250mm×200mm×20mm	共 23 页
编号	13		图号	MS20－200－13	材料	45	重量		第 13 页
序号	工艺内容					定额	设备	检验	备注
1	数铣型芯固定孔						数控铣床		
2	钻攻 4×M6mm，钻 2×ϕ20mm 拉杆过孔、钻 4×ϕ11mm、4×ϕ17mm						钻床		
编制		校对		审核			批准		

表 2-19　支撑板机械加工工艺规程卡

车间	模具制造车间	工艺规程	名称	动模板	数量	1	毛坯	250mm×200mm×25mm	共 23 页
编号	15		图号	MS20－200－15	材料	45	重量		第 15 页
序号	工艺内容					定额	设备	检验	备注
1	数铣两处运水密封槽						数控铣床		
2	钻 2×ϕ20mm 拉杆过孔，钻 4×ϕ17mm、ϕ8.5mm、ϕ6mm 各孔，钻攻 2×M10mm						钻床		
编制		校对		审核			批准		

表 2-20　定模型腔镶件机械加工工艺规程卡

车间	模具车间	工艺规程	名称	定模板	数量	1	毛坯	180mm×130mm×30mm	共 23 页
编号	09		图号	MS20－200－09	材料	预硬 738	重量		第 9 页
序号	工艺内容					定额	设备	检验	备注
1	开料毛坯 186mm×136mm×35mm						带锯床		
2	铣或刨六面，单面留磨量 0.2～0.3mm，铣 4×*R*5 圆弧						普通铣床		
3	平磨六面，保证相邻边垂直度要求						平面磨床		
4	钳工画线，钻攻 4×M8mm，倒锐棱						台式钻床		
5	装入定模框后与定模板配钻铰 ϕ14mm 浇口套孔						台式钻床		
6	数控铣床铣型腔，留单面 0.05mm 抛光余量						数控铣床		
7	铣分流道和浇口，钳工钻铰点浇口与流道						铣床、钻床		
8	钻水道孔 2×ϕ6mm，钻攻 4×M10mm 螺纹孔						摇臂钻床		
9	试模后抛光型腔表面至 *Ra*0.1 μm，分流道 *Ra*0.8 μm						抛光工具		
编制		校对		审核			批准		

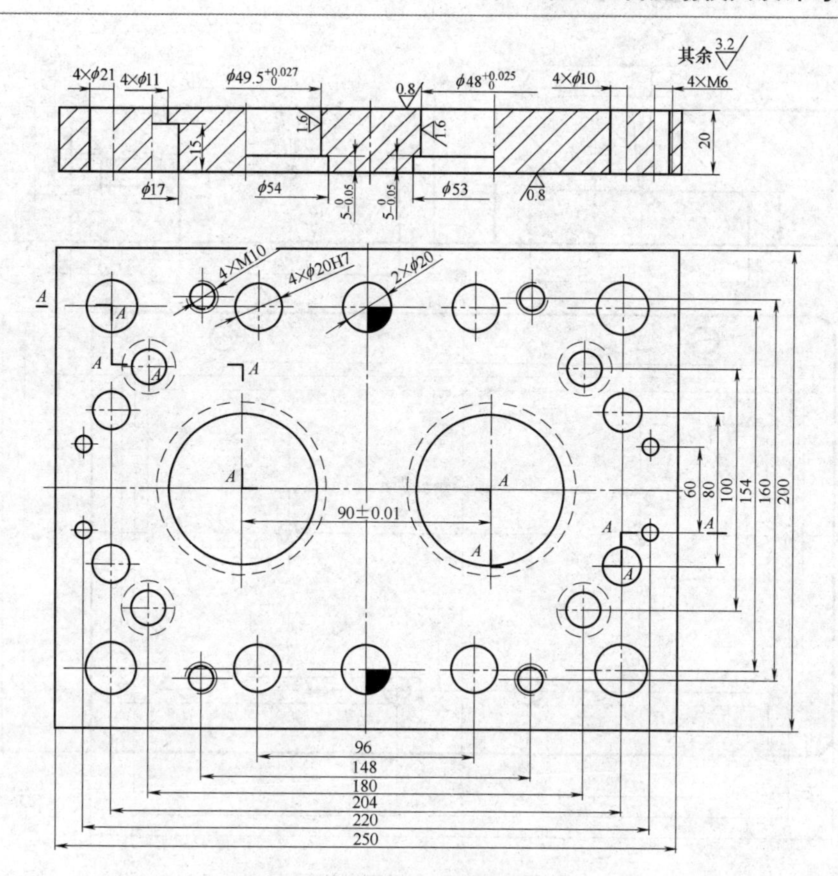

图 2-125　动模板

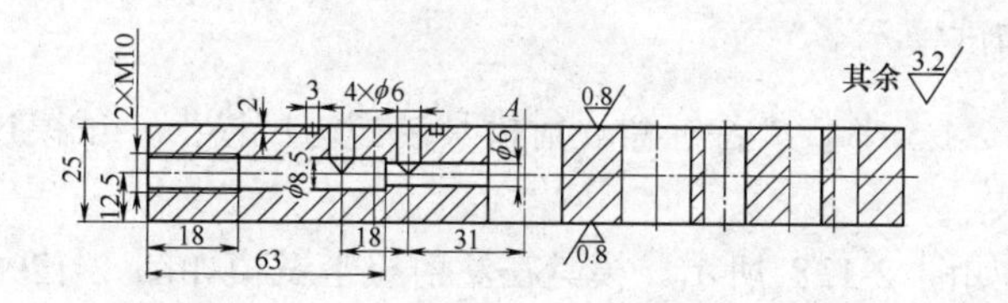

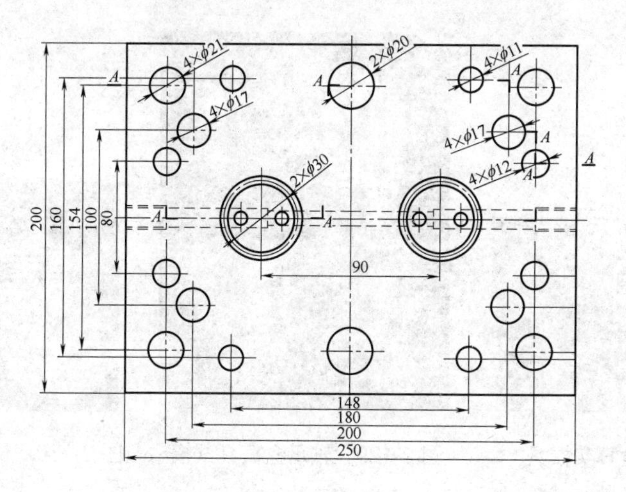

图 2-126　支撑板

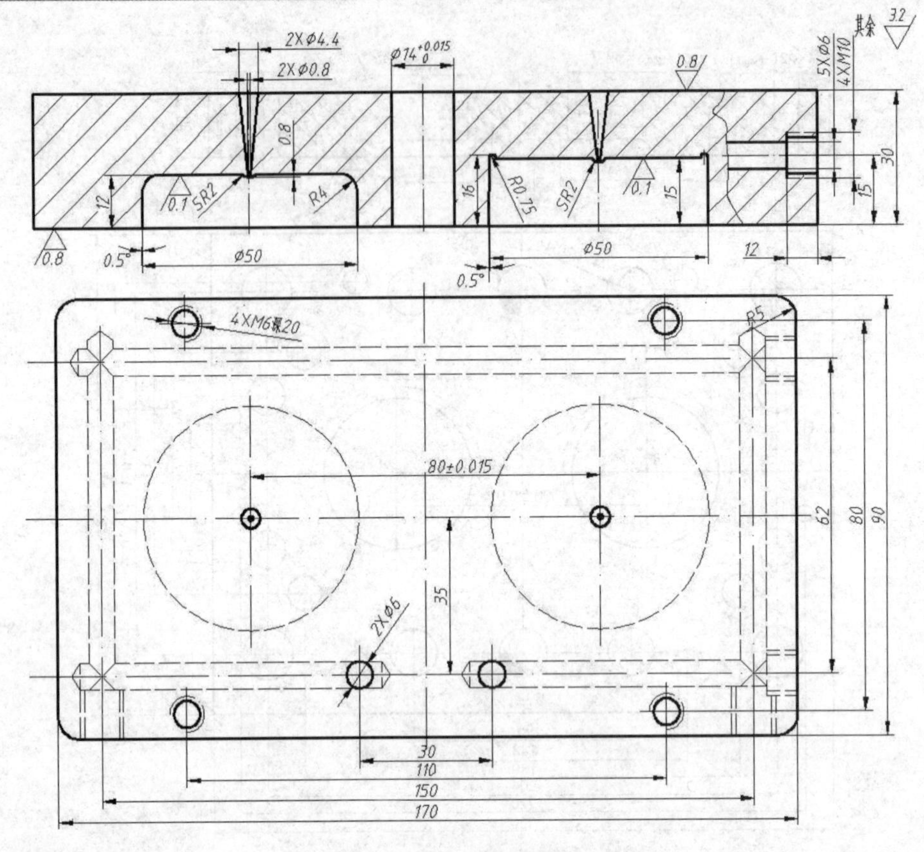

图 2-127　定模型腔镶件

2. 模具装配与试模

模具装配参见 2.1.5 小节“首饰盒注射模具装配与试模”，试模过程参见 2.4 节“注射模具试模与维修”。

装配好的模具如图 2-128 所示。模具在注射机上试模如图 2-129 所示。试模后的产品如图 2-130 所示。

图 2-128　轴承盒真实模具

图 2-129　轴承盒模具试模

图 2-130　试模后的轴承盒产品

2.3　花洒手柄热流道注射模具的设计与制造

如图 2-131 所示为花洒手柄工程图，塑件材料为 ABS，未注壁厚均为 2.5mm，颜色为灰白，大批量生产。要求塑件不允许有飞边、毛刺、缩孔、裂纹、顶出痕迹等缺陷。产品要求表面电镀，酸性 24h 盐雾测试。要求模具浇注系统为热流道，试设计并制造注射模具。

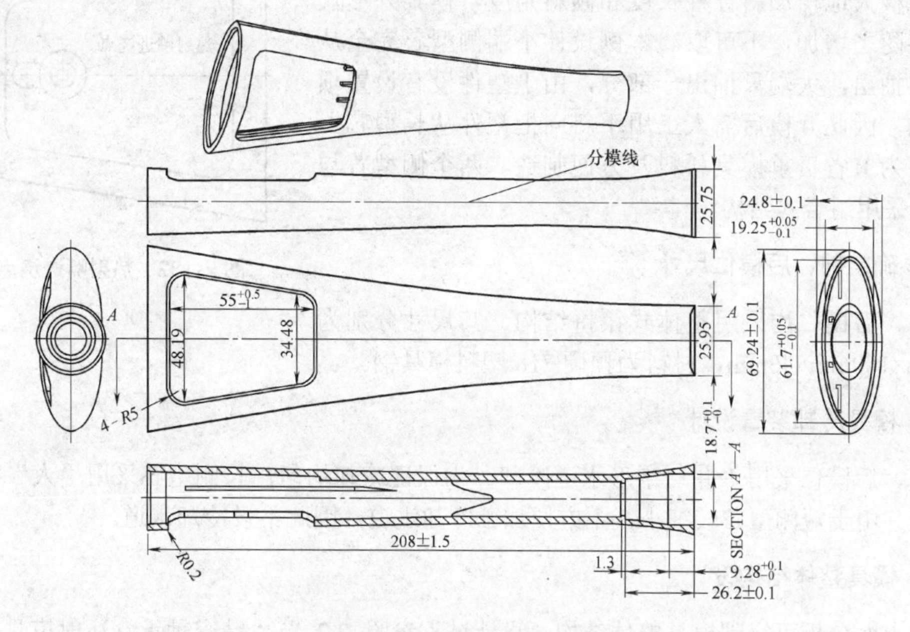

图 2-131　花洒手柄工程图

2.3.1　花洒手柄原材料与结构工艺性分析

(1) 花洒原材料性能与使用要求分析、成型工艺条件参见 2.1.1。

(2) 塑件结构分析。

该塑件呈中间细、两端粗的凹鼓形，截面呈椭圆形且中空。表面需镀铬，因此不允许有顶出痕迹。从塑件结构可知，模具型腔较浅，塑件冷却收缩后容易从模具中脱出，不需设置推出机构。但塑件中间孔需采用两端侧抽芯，热流道浇口可设置在塑件大端碰穿缺口处，浇口痕迹不能影响塑件外观表面质量。

花洒手柄质量为45.5g，长度尺寸为208mm，属于中等尺寸塑件，采用一模一腔结构较合适。

2.3.2　花洒手柄热流道注射模具结构设计

1. 分型面选择

塑件分模线选在如图 2-131 所示的位置，动、定模各有一半型腔。

2. 浇口设计

浇口采用单点热射嘴，加热功率为 500W，进料位置选在大端碰穿缺口处，如图 2-132

所示。

3. 侧向抽芯设计

由于塑件内孔两端大、中间小，因此应采用两端抽芯。本模具采用斜导柱、侧滑块抽芯机构。

塑件长度为 208mm，若侧型芯完全从塑件中抽出，势必会极大地增加斜导柱长度和倾斜角度，模具外形尺寸也将随之增加，不可取。本例设计小端侧型芯完全从塑件中抽出，大端只抽出一部分，由于塑件没有设置顶出机构，因此开模后需人工用手斜向把塑件从长型芯上取出。为节省贵重模具材料及方便制造，两个侧型芯与滑块均采用组合式结构。

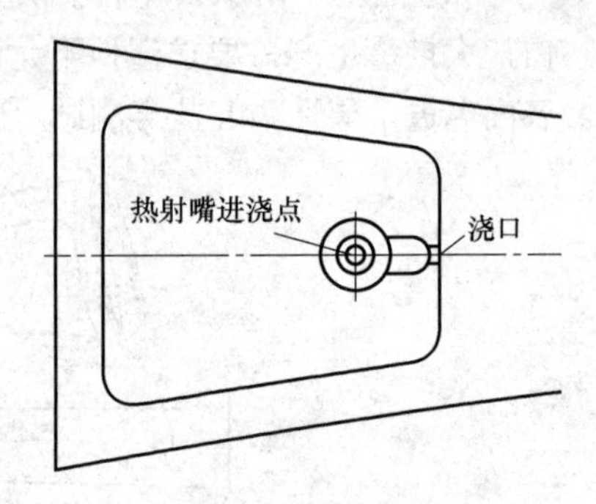

图 2-132　热射嘴进浇点选择

4. 确定前、后模仁尺寸

前、后模仁均采用整体式镶拼结构，其尺寸分别为 280mm×180mm×40mm，材料为预硬 718 塑料模具钢。

5. 模具冷却装置设计

前、后模仁采用“井”字形水道冷却。为保证冷却均匀，长侧型芯采用“人”字形水道冷却。由于短侧型芯较细小，不方便加工冷却水道，因此不设冷却水道。

6. 模具整体结构设计

由上面分析可绘制模具整体结构，设计过程参照 2.2 节“精密轴承盒注射模具设计与制造”，图 2-133 和图 2-134 所示为模具装配图，标题栏与明细表如表 2-21 所示。

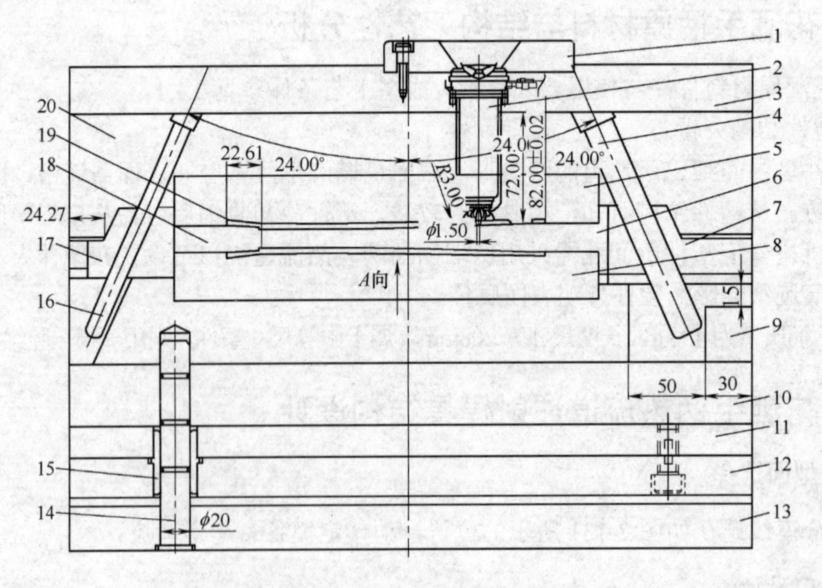

图 2-133　花洒手柄装配视图一

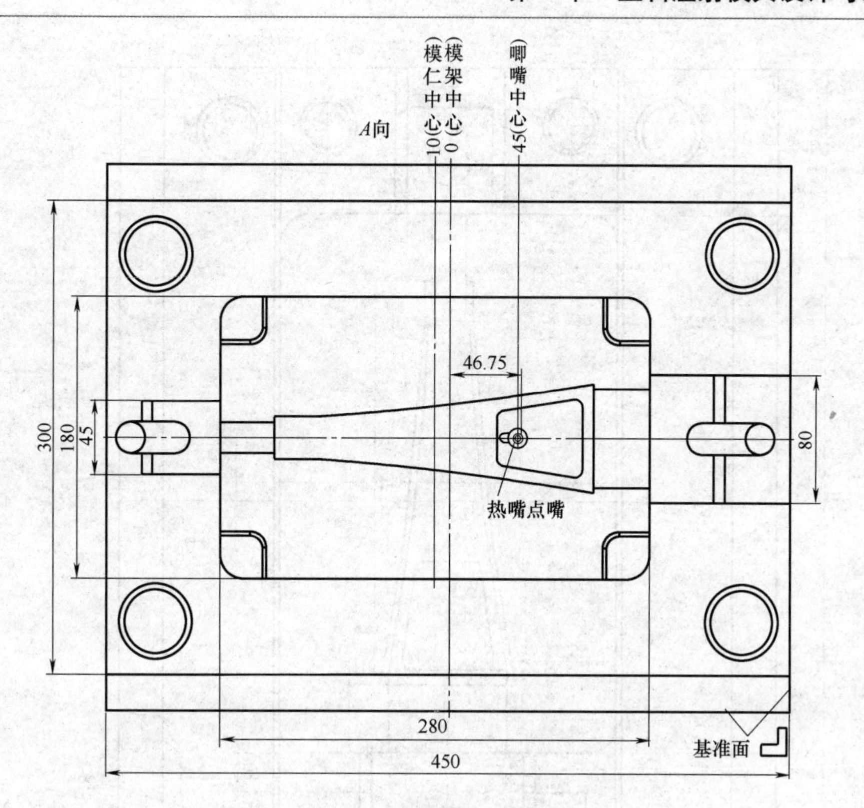

图 2-133　花洒手柄装配视图一(续)

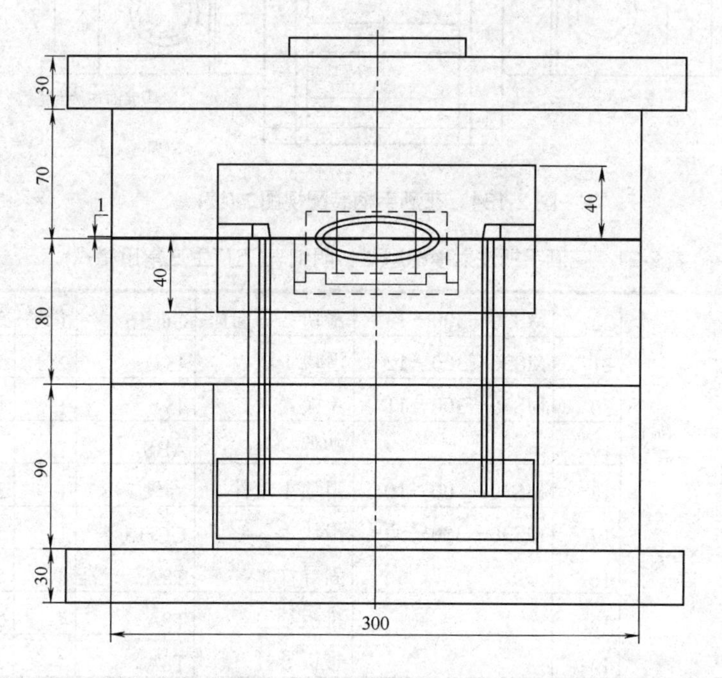

图 2-134　花洒手柄装配视图二

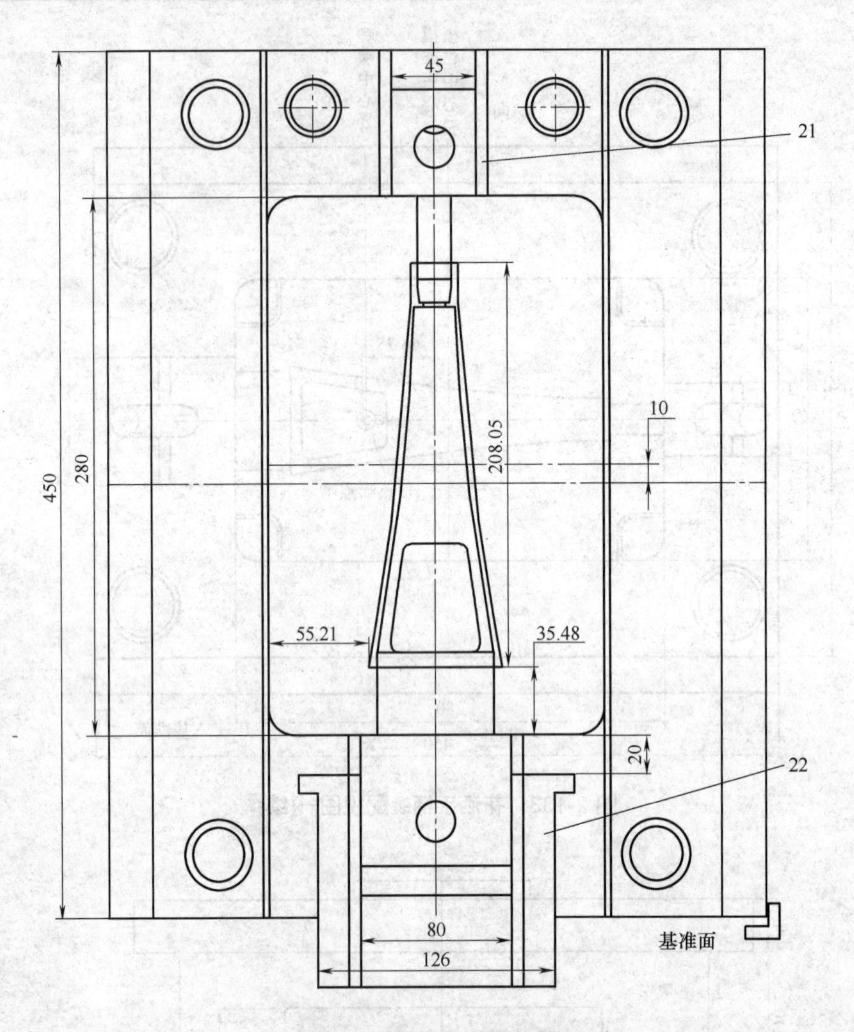

图 2-134　花洒手柄装配视图二(续)

表 2-21　花洒手柄注射模标题栏、明细表(工厂生产常用格式)

技术要求： 1.塑件精度 MT6mm，配合处精度 MT3mm； 2.模架规格 3045； 3.使用注射设备：XS-ZY-300。	22	MS30－300－13	滑块 2 导向座	GCr15	1	50～55HRC
	21	MS30－300－12	滑块 1 压板	45	2	40～45HRC
	20	MS30－300－11	A 板	45	1	调质
	19		塑件	ABS	1	
	18	MS30－300－10	滑块 1 镶件	预硬 718	1	35～38HRC
	17	MS30－300－09	滑块 1	GCr15	1	50～55HRC
	16		斜导柱 1	T8A	4	56～60HRC
	15		推板导套	T8A	4	56～60HRC
	14		推板导柱	T8A	4	56～60HRC

续表

序号	图号	名称	材料	数量	备注
13	MS30－300－08	底板	45	1	调质
12		推板	45	1	调质
11		推杆固定板	45	1	调质
10		垫块	45	2	调质
9	MS30－300－07	B 板	45	1	调质
8	MS30－300－06	后模仁	预硬 718	1	35～40HRC
7	MS30－300－05	滑块 2	GCr15	1	50～55HRC
6	MS30－300－04	滑块 2 镶件	预硬 718	1	35～40HRC
5	MS30－300－03	前模仁	预硬 718	1	35～40HRC
4		斜导柱 2	T8A	4	56～60HRC
3	MS30－300－02	面板	45	1	调质
2		热射嘴		1	500W
1	MS30－300－01	定位圈	45	1	
序号	图号	名称	材料	数量	备注

技术要求：

1.塑件精度 MT6mm，配合处精度 MT3mm；

2.模架规格 3045；

3.使用注射设备：XS-ZY-300。

标记	处数	分区	更改	签名	年 月 日	花洒手柄热流道注射模装配图			MS30－300－00
设计			标准化			阶段标记	质量	比例	
设计								1∶1	
审核									
工艺			批准			共 14 张	第 1 张		

2.3.3　花洒手柄热流道模具主要零件的设计与制造

1. 模具主要零件的设计与制造

模具主要零件加工工艺规程卡如表 2-22～表 2-31 所示。模具主要零件如图 2-135～图 2-144 所示。

表 2-22　滑块 1 机械加工工艺规程卡

车间	模具制造车间	工艺规程	名称	滑块 1	数量	1	毛坯	ϕ60mm×90mm	共 13 页
编号	09		图号	MS30－300－09	材料	GCr15	重量		第 9 页
序号	工艺内容				定额		设备	检验	备注
1	锻造毛坯尺寸 80mm×62mm×50mm						空气锤		
2	退火处理						退火炉		
3	普通铣床加工六面，双面留磨 0.4～0.5mm						铣床		
4	平面磨六面至尺寸 75mm×57mm×45mm，保证平行度、垂直度要求						平面磨床		

续表

车间	模具制造车间	工艺规程	名称	滑块 1	数量	1	毛坯	ϕ60mm×90mm	共 13 页
编号	09		图号	MS30－300－09	材料	GCr15	重量		第 9 页
序号	工艺内容					定额	设备	检验	备注
5	线切割外形 26° 台阶面						线切割机		
6	镗 ϕ13mm 斜孔，粗钻 18.22mm×18.22mm 方孔的工艺孔 ϕ16mm×17mm						数控铣床		
7	制造铜极，电蚀 18.22mm×18.22mm 方孔						电火花机		
8	装入侧型芯 1 后配作 ϕ6mm 销钉，各边倒棱，修 *R*2mm								
9	热处理淬火回火硬度 50～55HRC						热处理炉		
编制		校对		审核			批准		

表 2-23 滑块 1 镶件机械加工工艺规程卡

车间	模具制造车间	工艺规程	名称	滑块 1 镶件	数量	1	毛坯	80mm×30mm×22mm	共 13 页
编号	10		图号	MS30－300－10	材料	GCr15	重量		第 10 页
序号	工艺内容					定额	设备	检验	备注
1	锯床开料，毛坯尺寸 80mm×62mm×50mm						带锯机		
2	普通铣床加工六面，厚度和宽度双面留磨 0.4～0.5mm						铣床		
3	钳工画线，钻 3×ϕ7mm、ϕ11mm 孔								
4	热处理淬火回火硬度 50～55HRC						热处理炉		
5	平面磨四面至尺寸 25mm×18.5mm，保证平行度、垂直度要求						平面磨床		
编制		校对		审核			批准		

表 2-24 侧滑块 1 压板机械加工工艺规程卡

车间	模具制造车间	工艺规程	名称	侧滑块 1 压板	数量	2	毛坯	25mm×30mm×90mm	共 13 页
编号	12		图号	MS30－300－12	材料	预硬 718	重量		第 12 页
序号	工艺内容					定额	设备	检验	备注
1	锯床开料，毛坯尺寸 25mm×30mm×90mm						带锯机		
2	普通铣床加工长度，留精加工量 2mm						铣床		
3	线切割外形						线切割机		
4	装入滑块 1 后配作销钉和斜孔						钻床		
编制		校对		审核			批准		

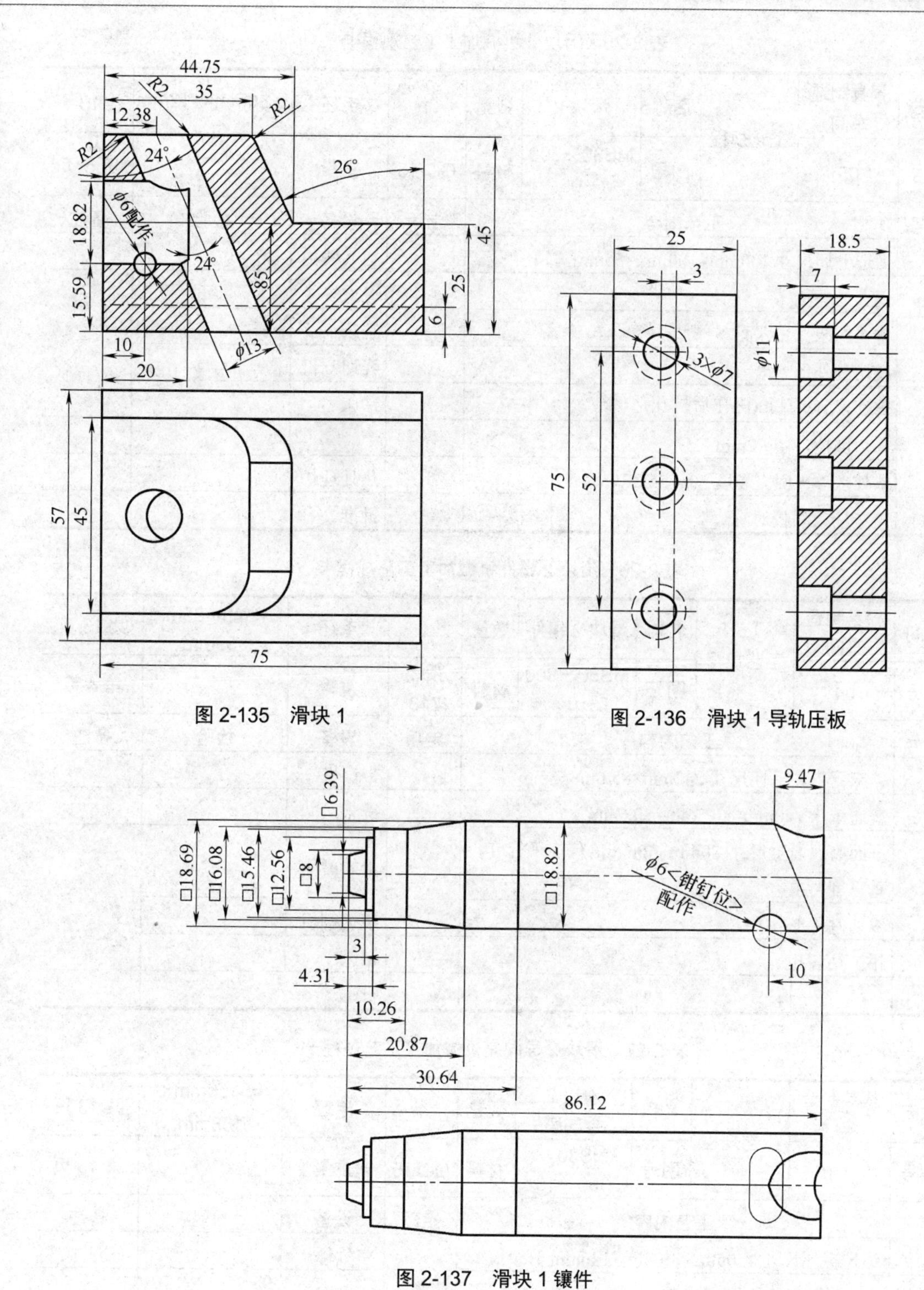

图 2-135　滑块 1

图 2-136　滑块 1 导轨压板

图 2-137　滑块 1 镶件

表 2-25 滑块 2 机械加工工艺规程卡

车间	模具制造车间	工艺规程	名称	滑块 2	数量	1	毛坯	ϕ80mm×112mm	共 13 页
编号	05		图号	MS30－300－05	材料	GCr15	重量		第 5 页
序号	工艺内容					定额	设备	检验	备注
1	锻造毛坯尺寸 100mm×100mm×55mm						空气锤		
2	退火处理						退火炉		
3	普通铣床见光六面						铣床		
4	线切割外形						线切割机		
5	镗 ϕ13mm 斜孔(配作后扩孔)						钻床		
6	各边倒棱，修 *R*2mm								
7	热处理淬火回火硬度 50～55HRC						热处理炉		
编制		校对		审核			批准		

表 2-26 滑块 2 镶件机械加工工艺规程卡

车间	模具制造车间	工艺规程	名称	滑块 2 镶件	数量	1	毛坯	242mm×85mm×55mm	共 13 页
编号	04		图号	MS30－300－04	材料	预硬 718	重量		第 4 页
序号	工艺内容					定额	设备	检验	备注
1	锯床开料，毛坯尺寸 242mm×85mm×55mm						带锯机		
2	普通铣床 240mm×80.5mm×50.5mm						铣床		
3	平面磨四面至尺寸 80mm×50mm，保证平行度、垂直度要求						平面磨床		
4	线切割外形						线切割机		
5	钳工钻各孔						钻床		
编制		校对		审核			批准		

表 2-27 滑块 2 导向座机械加工工艺规程卡

车间	模具制造车间	工艺规程	名称	滑块 2 导向座	数量	1	毛坯	ϕ150mm×188mm	共 13 页
编号	13		图号	MS30－300－13	材料	GCr15	重量		第 13 页
序号	工艺内容					定额	设备	检验	备注
1	锻造毛坯尺寸 150mm×150mm×146mm						空气锤		
2	普通铣床铣六面至 146.5mm×146.5mm×141.5mm (已留磨 0.5mm)						铣床		
3	平面磨六面至 146cm×146cm×141cm，保证平行度、垂直度要求						平面磨床		

续表

车间	模具制造车间	工艺规程	名称	滑块 2 导向座	数量	1	毛坯	ϕ 150mm×188mm	共 13 页
编号	13		图号	MS30－300－13	材料	GCr15	重量		第 13 页
序号	工艺内容				定额		设备	检验	备注
4	线切割外形						线切割机		
5	钳工钻各孔，去毛刺、倒锐棱						钻床		
编制		校对			审核		批准		

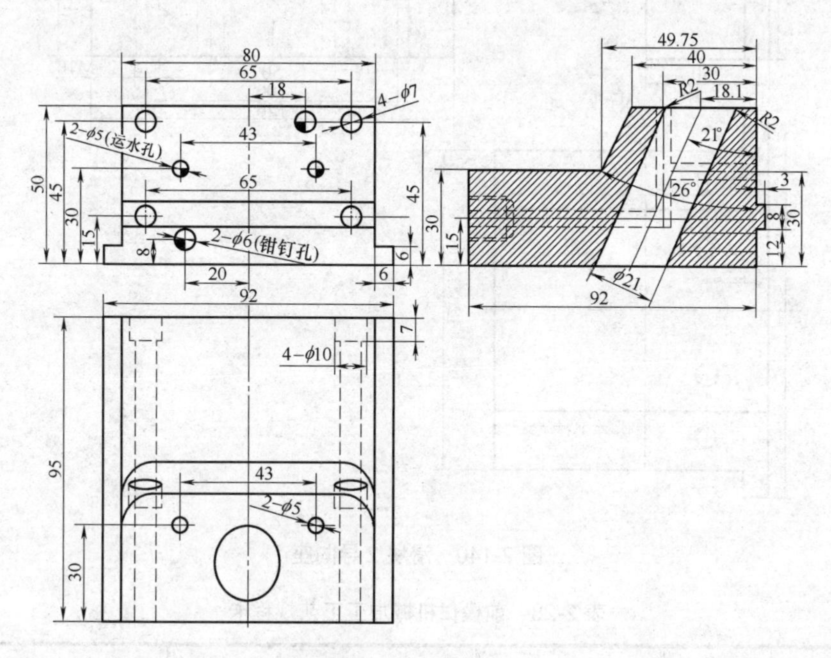

图 2-138　滑块 2

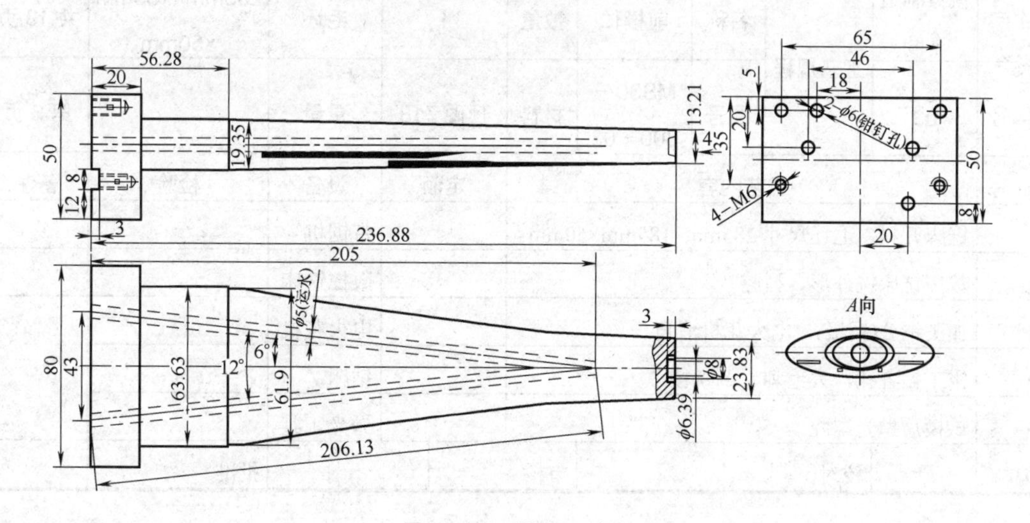

图 2-139　滑块 2 镶件

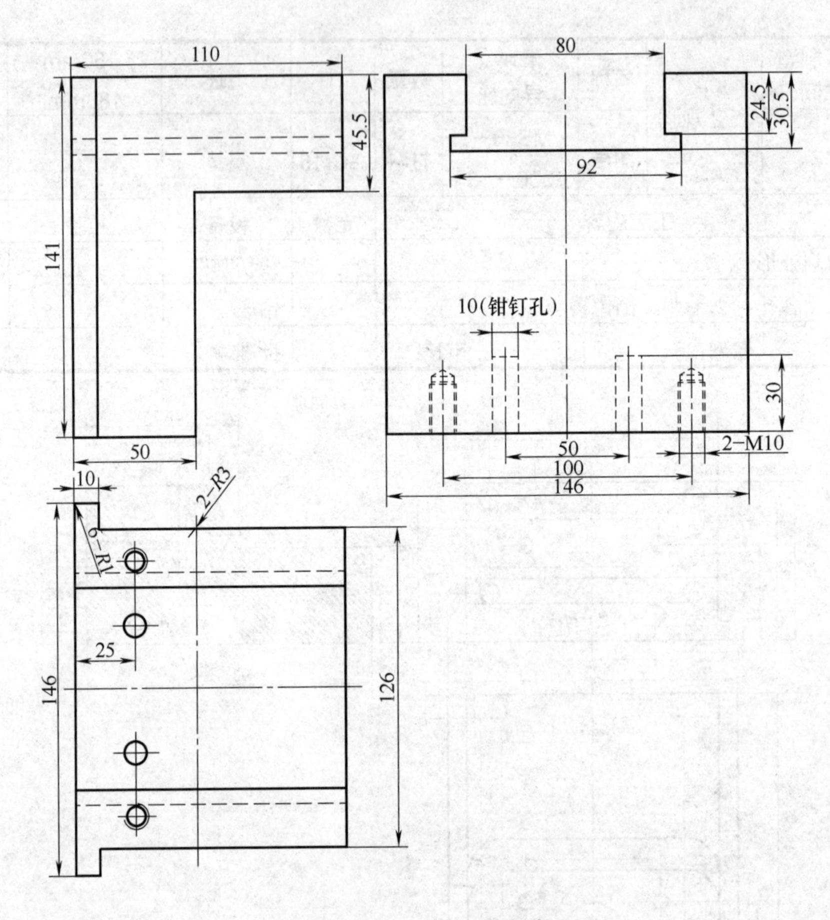

图 2-140　滑块 2 导向座

表 2-28　前模仁机械加工工艺规程卡

<table>
<tr><td>车间</td><td>模具制造车间</td><td rowspan="2">工艺规程</td><td>名称</td><td>前模仁</td><td>数量</td><td>1</td><td>毛坯</td><td>285mm×185mm ×50mm</td><td>共 13 页</td></tr>
<tr><td>编号</td><td>03</td><td>图号</td><td>MS30－300－03</td><td>材料</td><td>预硬 718</td><td>重量</td><td></td><td>第 3 页</td></tr>
<tr><td>序号</td><td colspan="5">工艺内容</td><td>定额</td><td>设备</td><td>检验</td><td>备注</td></tr>
<tr><td>1</td><td colspan="5">锯床开料，毛坯尺寸 285mm×185mm×50mm</td><td></td><td>带锯机</td><td></td><td></td></tr>
<tr><td>2</td><td colspan="5">数控铣床铣外形、型腔</td><td></td><td>数控铣床</td><td></td><td></td></tr>
<tr><td>3</td><td colspan="5">加工铜公(铜极)，电火花机清角</td><td></td><td>电火花机</td><td></td><td></td></tr>
<tr><td>4</td><td colspan="5">钳工钻各孔，去毛刺、倒锐棱</td><td></td><td>钻床</td><td></td><td></td></tr>
<tr><td>5</td><td colspan="5">试模后抛光型腔</td><td></td><td>抛光工具</td><td></td><td></td></tr>
<tr><td>编制</td><td></td><td>校对</td><td colspan="2"></td><td>审核</td><td></td><td>批准</td><td colspan="2"></td></tr>
</table>

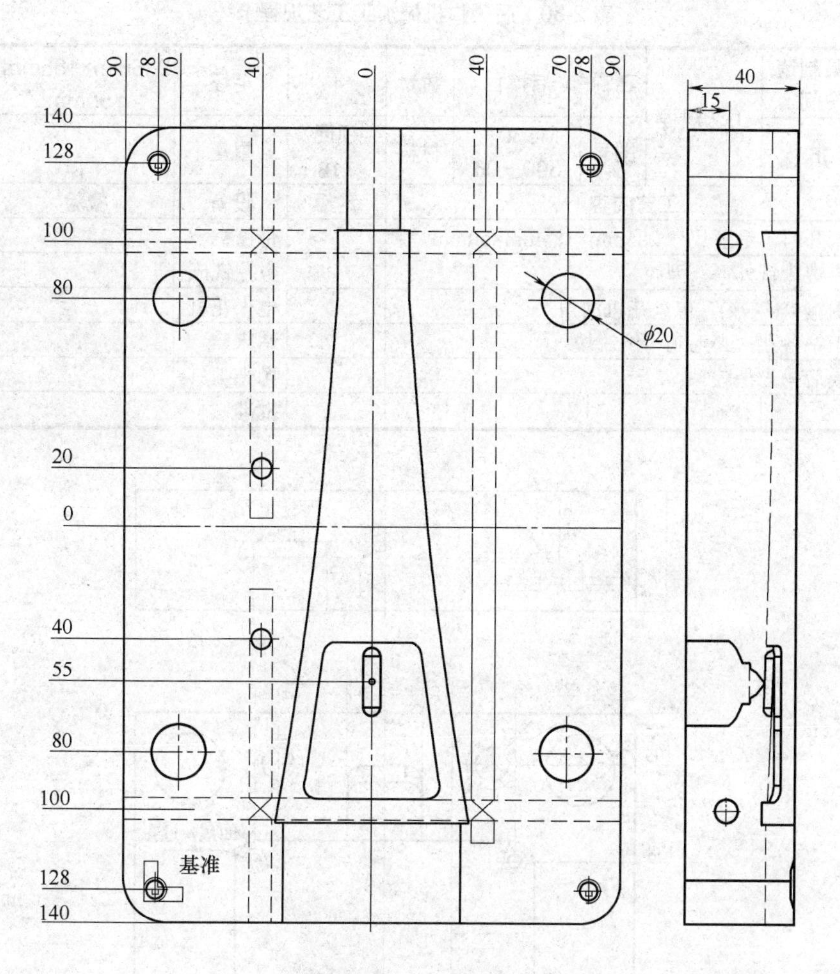

图 2-141　前模仁

表 2-29　A 板(前模框)机械加工工艺规程卡

车间	模具制造车间	工艺规程	名称	A 板	数量	1	毛坯	450mm×300mm×70mm	共 13 页
编号	11		图号	MS30－300－11	材料	预硬 718	重量		第 11 页
序号	工艺内容					定额	设备	检验	备注
1	数控铣床铣模仁框，滑块空位槽						数控铣床		
2	钳工钻各孔，去毛刺、倒锐棱，攻 4×M8mm 螺纹孔						钻床		
编制		校对		审核			批准		

表 2-30　后模仁机械加工工艺规程卡

车间	模具制造车间	工艺规程	名称	后模仁	数量	1	毛坯	285mm×185mm×50mm	共 13 页
编号	06		图号	MS30－300－06	材料	预硬 718	重量		第 6 页
序号	工艺内容					定额	设备	检验	备注
1	锯床开料，毛坯尺寸 285mm×185mm×50mm						带锯机		
2	数控铣床铣外形、型腔						数控铣床		
3	加工铜公(铜极)，电火花机清角						电火花机		
4	钳工钻各孔，去毛刺、倒锐棱						钻床		
5	试模后抛光型腔						抛光工具		
编制		校对		审核			批准		

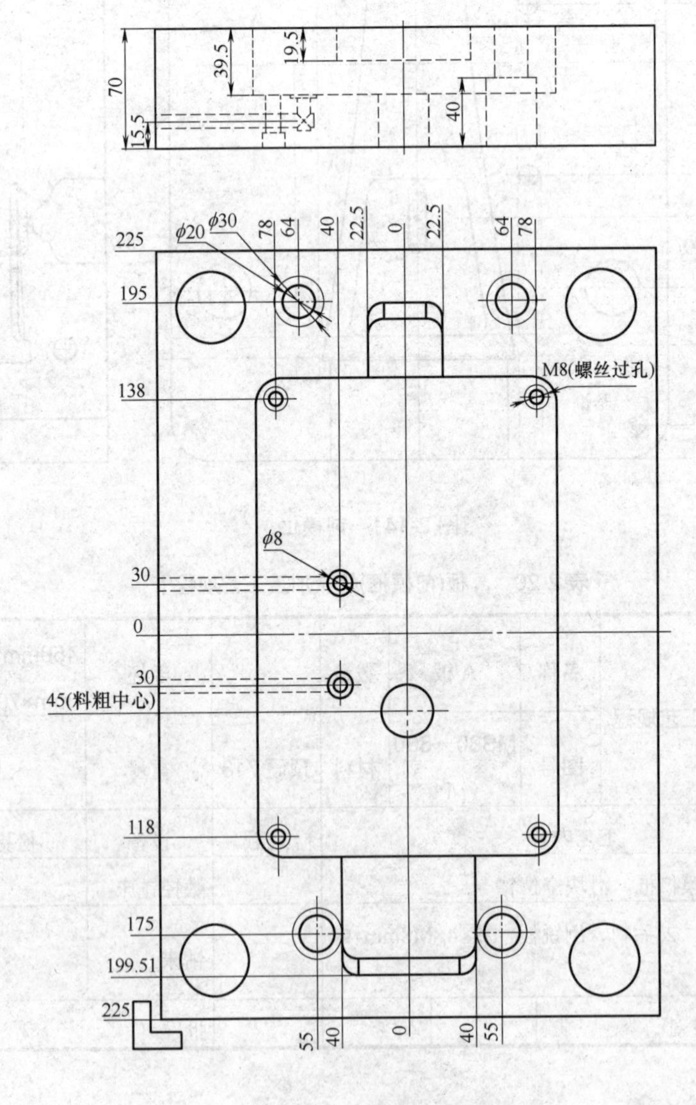

图 2-142　A 板(前模框)

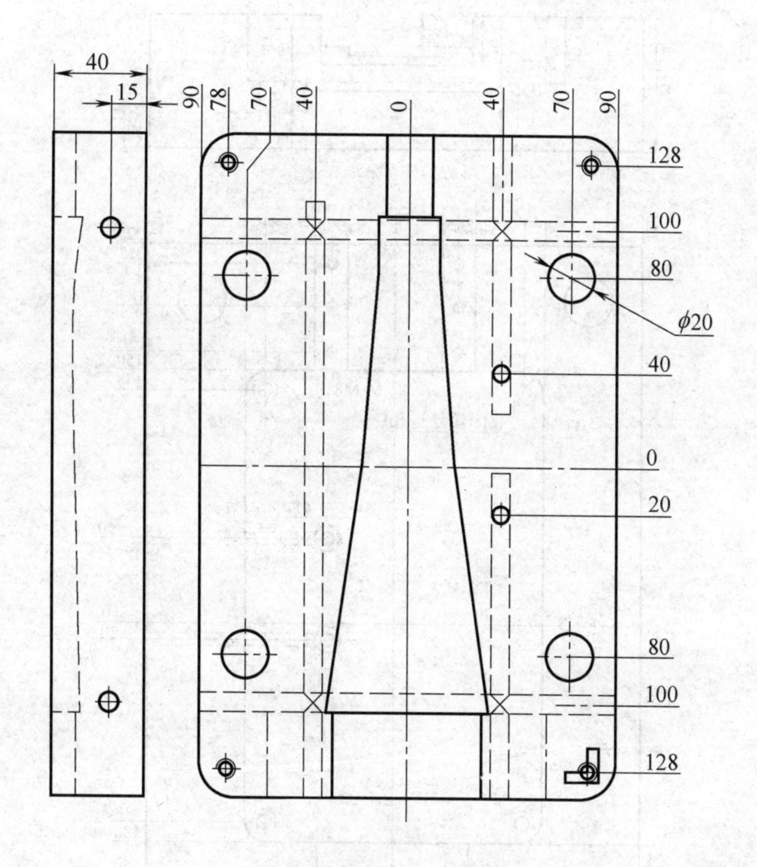

图 2-143　后模仁

表 2-31　B 板(后模框)机械加工工艺规程卡

<table>
<tr><td>车间</td><td>模具制造车间</td><td rowspan="2">工艺规程</td><td>名称</td><td>B 板</td><td>数量</td><td>1</td><td>毛坯</td><td>450mm×300mm×80mm</td><td>共 13 页</td></tr>
<tr><td>编号</td><td>07</td><td>图号</td><td>MS30－300－07</td><td>材料</td><td>45</td><td>重量</td><td></td><td>第 7 页</td></tr>
<tr><td>序号</td><td colspan="5">工艺内容</td><td>定额</td><td>设备</td><td>检验</td><td>备注</td></tr>
<tr><td>1</td><td colspan="5">数控铣床铣后模仁框，滑块槽</td><td></td><td>数控铣床</td><td></td><td></td></tr>
<tr><td>2</td><td colspan="5">钳工钻各孔，去毛刺、倒锐棱，攻 4×M8mm、6×M8mm 螺纹孔</td><td></td><td>钻床</td><td></td><td></td></tr>
<tr><td>编制</td><td></td><td>校对</td><td></td><td>审核</td><td></td><td colspan="2">批准</td><td></td><td></td></tr>
</table>

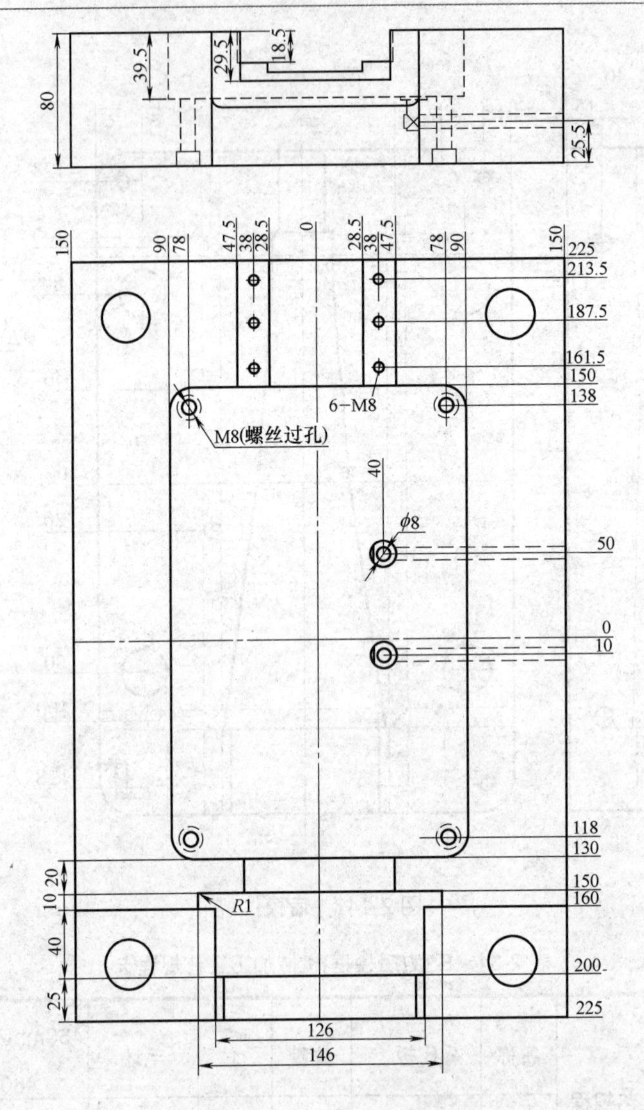

图 2-144　B 板(后模框)

2. 模具装配与试模

模具装配参见 2.1.5 小节“首饰盒注射模具装配与试模”，试模过程参见 2.4 节“注射模具试模与维修”。

2.4　注射模具试模与维修

注射模装配完毕后必须经过多次试模、改进，才能最终交付客户。

1. 试模前模具检查

试模前主要应从以下几个方面检查模具外观质量。

(1) 模具闭合高度、与机床各部位配合尺寸、顶出形式、开模距离、模具工作要求等应符合设备条件。

(2) 模具外露部分锐角应倒钝，喷漆并打印模具名称、生产日期、合模标记、装模方向标记等符号。

(3) 模具吊装面应有起重吊环螺纹孔，动、定模锁码，以利于今后维修、运输、搬运，防止装模过程中动、定模分离，造成事故。

(4) 各种水、气、油管接头，汽缸、油缸、阀门、行程开关、热流道模具温控仪、电缆线等附件、备件齐全。

(5) 成型零件、浇注系统等表面应光洁，无塌坑、伤痕等缺陷。对成型有腐蚀性塑料的型腔、模芯、型芯等零件表面应镀硬铬或采用具有抗腐蚀性的材料制造，如 3Cr13、M300 等。

(6) 各滑动零件配合间隙应适当，避免卡死、咬伤。起、止位置的定位应准确可靠。镶嵌零件应紧固、无松动且结构合理，便于拆装与维修。

(7) 模具稳定性良好，有足够强度和刚度，工作时受力均匀。

(8) 工作时动、定模互相接触及碰合的承压零件之间应有合适的承压面积、承压形式，防止过高压力而压坏模具及过低压力造成塑料件有飞边的现象。

2. 模具安装与锁模机构调整

模具上机安装是一项重要工作，不合理地装模会造成设备、模具损坏及工伤事故，也会影响塑件质量，因此必须注意模具的合理安装。

安装步骤一般包括模具吊装、紧固、调节锁模机构、校正顶杆顶出距离、接通冷却水管及温度控制(热流道加热与温控元件)线路、空车运转等内容。

(1) 模具吊装。

模具吊装前须清理模板平面及注射机定模安装板定位孔、模具定位环上的污物、磕碰伤痕迹、毛刺等。吊装时必须注意安全，检查钢丝绳强度、吊环有无伤痕和裂纹，吊装锁具螺纹要旋转到位，动、定模均需安装吊环。应尽量整副模具上机安装，模具从上方进入注射机动、定模安装板。模具直立面应尽量与注射机模板平行，使定位环慢慢进入注射机定位孔并放正，慢速闭合注射机动模板，逐步压紧模具。

(2) 模具紧固。

模具压紧前应先检查压板、螺钉有无伤痕和裂纹，螺钉、压板是否经过热处理，以防止压板变弯、螺钉被拉长，从而造成模具从注射机上掉下，发生安全事故。装夹时用压板和螺钉压紧动、定模，然后慢速开闭模具，保证开闭模具时平稳、灵活、无卡滞。中小型模具每边宜用 2 块压板压紧，大型模具每边用 3～4 块压板压紧，压紧面积应大，垫铁与模板等高或稍高(小于 1mm)，压板不得向垫块方向倾斜，压板螺钉应尽量远离垫块，靠近模座板，并呈对角分布。特别要注意防止合模时动、定模压板或螺钉相碰。另外，需要检查射嘴与浇口套进料口是否对准，若对不准，要调整或更换浇口及定位环。

(3) 调节锁模机构。

调节注射机动模板开合模位置，保证有足够开模距及锁模力，使模具闭合适当，既可防止塑件溢边，又可保证型腔适当排气。注射机曲肘伸直时应先快后慢，既不轻松，又不勉强，如伸直时过快则闭模力太小，过慢则太紧。对液压式锁模机构还需调节缓冲装置，控制模板变速运动。对于需要加热的模具应在模具达到规定温度后再校正一次合模松紧度，然后通过试模再作调整。

(4) 校正顶杆顶出距离。

慢速开启动模板直至模板停止后退，调节顶出装置，保证顶出距离，推板不得直接与动模板相碰，应留有 5～10mm 的间隙，对装有复位弹簧的顶出机构，间隙应保证大于弹簧压缩尽时所占的距离。顶出与复位机构运动应平稳、灵活、协调、顺畅。

(5) 接通冷却水管、加热线路及气动、液压等抽芯装置回路并保证各回路畅通。

3. 模具与设备空运转试车

(1) 闭合后各承压面或分型面之间不得有间隙。

(2) 活动型芯、顶出及导向部位等运动时应平稳、灵活、间隙适当，动作互相协调可靠，定位及导向正确。

(3) 锁紧零件的锁紧作用可靠，紧固零件不得有松动。

(4) 开模时顶出部分应保证顺利脱模，动、定模距离合适，以便取出塑件及浇注系统废料。

(5) 冷却水路通畅、不漏水，顶出和抽芯油缸灵活、同步、不漏油，运动平稳。

(6) 电加热器无漏电、短路、断路现象，能及时达到模温。

(7) 各气动、液压、电器控制机构动作正确，阀门使用正常，附件使用良好。

(8) 空运转后检查模具有无碰伤、损坏现象。

4. 成型工艺调整

试模前参加试模的人员应对原料进行检查，不要完全以废次料试模，应尽可能采用与产品同样的原料，并按工艺要求进行预热和烘干，根据塑料成型特性、塑件结构特点、模具结构及成型设备性能，正确地制定成型工艺及操作方法，直至稳定地生产出合格塑件。在试模过程中一般应首先考虑以下几方面因素。

(1) 根据书中推荐的塑料成型温度工艺参数，将料筒和射嘴加热。由于塑件大小、形状和壁厚的不同，以及设备上热电偶位置的深度和温度表的误差，书中提供的数据，只是一个大致范围，应根据现场具体情况进行试调。判断料筒和射嘴温度是否合适的方法是在射嘴和浇口套脱开的情况下，用较低的注射压力，使塑料从射嘴中缓慢流出，观察料流，如果没有硬块、气泡、银丝、变色，而色泽光滑明亮，说明温度合适。

(2) 试模时原则上应选择低压、低温和较长时间条件下成型，然后按压力、时间、温度这样的先后顺序变动。最好不要同时变动两个或 3 个工艺条件，以便分析和判断各要素的合适范围。如果塑件充不满，首先应增加注射压力。当提高注射压力无显著效果时，再考虑变动时间和温度。延长塑料在料筒内的加热时间，若仍然未充满，再提高料筒温度。而料筒温度上升和塑料温度达到平衡大约需要 15 分钟，因此，要耐心等待，而不能把温度升得太高，以免塑料过热或降解。

(3) 注射成型时可选用高速或低速两种注射工艺。对于壁薄而面积大的塑件，宜高速注射。而壁厚且面积小者，宜低速注射。在二者都能充满型腔的条件下，宜采用低速注射工艺。

(4) 对黏度高和热稳定性差的塑料，宜采用较慢的螺杆转速和略低的背压加料、预塑工艺，反之则应采用较快的螺杆转速和略高的背压工艺。在喷嘴温度合适条件下，采用喷嘴固定形式可提高生产效率。

5. 模具改进与维修

模具在试模或使用过程中，会产生正常的磨损和不正常损坏。特别是用于大批量生产或生产带有腐蚀性塑料材料，如 PVC、阻燃 ABS 等，会造成模具的磨损、腐蚀而导致模具使用功能的下降，严重时造成模具无法使用。大致有以下几种情况。

(1) 型芯或导柱碰弯、塑件顶出时小型芯被拉弯或折断，此时能修复的应尽量修复，不能修复的要根据零件的受力情况，选择合适的材料及热处理工艺，重新制造损坏的零件。

(2) 型腔局部压伤或碰坏，可采用氩弧焊补焊后打磨、抛光，或对压伤部位钻孔，再紧打入紫铜钉来进行修复。

(3) 动、定模型芯的薄壁、高凸起部位变形、弯曲，这主要是材料硬度及强度较低，熔融塑料对薄壁冲击压力较大所致，可在薄壁适当部位开设几条筋槽，以达到减压的目的。或改变浇口的位置，避免熔融高压塑料直接冲击薄壁处。

(4) 分型面不严密，溢边太厚，可采用氩弧补焊或其他专机修复。另外，在不影响制件的前提下，可对分型面进行二次加工，以达到消除飞边的目的。

因此，必须对模具有关部位进行日常保养和维修。保养、维修项目与措施如表 2-32 所示。

表 2-32　模具日常保养、维修部位与措施

序号	模具维修或保养部位	维护(修)方法与措施
1	型芯插穿面压伤的维护	1.轻者修平抛光； 2.严重时采用氩弧焊堆焊后修平抛光； 3.挖孔后镶入镶件
2	型芯碰穿面的磨损修补	1.型芯碰穿面补焊后修整； 2.固定型芯沉孔加深，堆焊型芯底部，保证型芯高度； 3.更换型芯
3	型芯插穿面的磨损	1.型芯插穿面补焊后修整； 2.固定型芯沉孔加深，堆焊型芯底部，保证型芯凸出高度； 3.更换型芯
4	型芯端面的凹陷	补焊修平
5	镜面部分的伤痕、腐蚀	油石磨平后抛光
6	电镀层脱落	重新电镀
7	潜伏式浇口孔的磨损、变形	1.变形轻者可用锥度专用道具修整； 2.严重时采用局部镶件镶拼后重做浇道口； 3.用紫铜堵上已损坏的浇道孔并修平，在合适位置重开浇道口
8	点浇口的磨损、变形	1.变形轻者可用锥度专用道具修整； 2.严重时采用局部镶件镶拼后重做浇道口； 3.用紫铜堵上已损坏的浇道孔并修平，在合适位置重开浇道口

续表

序号	模具维修或保养部位	维护(修)方法与措施
9	分型面周围的凹陷、压伤	补焊修整
10	推杆孔的磨损	1.磨损较轻者可在孔口局部补焊、修整； 2.加大推杆孔，更换推杆； 3.在磨损推杆孔处镶入镶件，重开推杆孔
11	推管孔的卡伤、磨损	1.磨损较轻者可修正卡伤部位，孔变形时在空口局部补焊、修整； 2.在磨损推管孔处镶入镶件，重开推管孔
12	排气槽部位的树脂堆积、堵塞	拆开模具或镶件，清理堆积、堵塞
13	侧抽芯滑块的滑动面卡伤、锁紧斜面的磨损	1.拆卸侧滑块，修整卡伤面； 2.补焊锁紧面并修整
14	螺旋弹簧的弹性断裂、失效	清除断裂弹簧并更换新弹簧
15	定模框和动模框的翘曲，变形	1.加工变形模框，使之与镶件良好配合； 2.补焊变形部位后加工到尺寸要求，使之与镶件良好配合
16	定模镶件角部的裂纹	1.裂纹尾部钻孔，消除应力，防止裂纹进一步扩大； 2.裂纹处补焊并修整； 3.较小定模镶件可更换
17	推板导柱、推板导套的卡伤、磨损	1.卡伤、磨损较轻时，拆卸导柱、导套用砂纸打磨光滑； 2.严重时更换导柱、导套
18	浇口套与喷射嘴接触面的磨损、挤伤	1.磨损挤伤较轻时，用小砂轮打磨修整； 2.磨损较严重时可用球头刀加工； 3.无法修复时更换新的浇口套
19	冷却水孔黏附水垢、锈蚀、裂纹	1. 使用专用溶剂通入水孔内，腐蚀掉水垢、锈蚀。 2.水道堵塞严重时，可拆开模具，去掉水堵，用加长钻头疏通水道。 3.水道有裂纹时，可用紫铜或专用水堵把裂纹处水道堵死。若影响循环水流，可在合适位置重开水道
20	冷却水孔漏水	1.更换漏水孔处密封圈； 2.检查水道是否有裂纹； 3.检查镶件接触面密封圈； 4.检查水嘴，损坏时更换水嘴

6. 试模后模具的验收

1) 塑料件质量检查

(1) 尺寸、颜色及表面粗糙度符合图纸要求。

(2) 形状完整无缺，表面平滑光亮，不允许有各种成型缺陷及弊病。

(3) 顶杆残留凹痕不得过深，一般不超过 0.5mm，可视部位不超过 0.2mm，不存在顶出不良和脱模困难等缺陷。

(4) 飞边不超过规定要求。

(5) 保证塑料件质量稳定。

2) 模具工作性能要求

(1) 各工作零件坚固可靠，活动部件运动灵活平稳，动作协调，定位起止准确，工作稳定正常，满足成型要求和塑料件质量、生产效率。

(2) 脱模良好，塑料件留落方向符合设计要求。

(3) 嵌件安装方便，定位可靠。

(4) 对成型条件及操作要求不苛刻，便于批量生产。

(5) 各主要零件有足够的强度、硬度、刚性。

(6) 模具安装平稳性好，调整方便，工作安全。

(7) 加料、取浇口及塑件方便、安全。

(8) 塑料损耗少，生产率与合格率高。

(9) 附件使用无故障，性能良好。

试模是一项烦琐而又重要的工作，常常是边调、边试、边修。因此，在试模过程中，应作详细记录，把结果填入试模记录卡，并摘录成型工艺条件及操作注意要点，模具不合格时需提出返修意见，并附上加工出来的塑件，以供参考。试模后，需将模具清理干净，涂上防锈油，以便进行返修或改进。

2.5　注射成型塑件缺陷与改进措施

塑件质量包括外观质量和内部质量。外观质量有塑件完整性、颜色、光泽等。内部质量有组织是否疏松，有无气泡、裂纹及铄斑银纹等缺陷。塑件出现缺陷的种类很多，原因较复杂，有塑料原材料的问题、塑件结构问题、成型工艺条件的问题、模具方面的问题和设备方面的问题等，如表 2-33 所示。

表 2-33　塑料制品注射成型缺陷与改进措施

缺陷	原因					改进措施
	原材料	塑件结构	工艺条件	模具方面	设备方面	
注射不满	1.流动性差； 2.混有异物	1.壁厚太薄； 2.流程过长	1.塑化温度过低； 2.注射速度太慢； 3.注射时间太短； 4.注射机喷嘴温度过低； 5.模温太低，冷速过快	1.流道太小； 2.浇口太小； 3.浇口位置不合理； 4.排气不佳； 5.冷料穴太小	1.注射机压力太低； 2.加料量不足； 3.注射量不够； 4.喷嘴中有异物	1.增大注射量或更换注射机； 2.提高注射压力，延长注射时间； 3.加大喷嘴孔径，提高喷嘴温度或增大流道、浇口尺寸； 4.增加塑件壁厚； 5.增设排气槽； 6.提高模具温度，改善冷却水路循环； 7.修整浇口或增加浇口数量

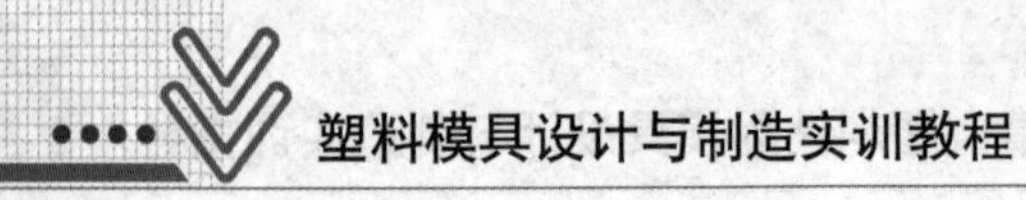

续表

<table>
<tr><th rowspan="2">缺陷</th><th colspan="5">原因</th><th rowspan="2">改进措施</th></tr>
<tr><th>原材料</th><th>塑件结构</th><th>工艺条件</th><th>模具方面</th><th>设备方面</th></tr>
<tr><td>飞边</td><td>流动性过高</td><td></td><td>1.塑化温度过高；
2.注射时间过长；
3.加料量太多；
4.注射压力过高；
5.模温太高；
6.模板间有杂物</td><td>1.模板变形；
2.型芯与型腔配合尺寸有误差；
3.模板组合不平行；
4.排气槽过深</td><td>1.锁模力不足；
2.模板闭合不紧；
3.锁模油路中途卸荷；
4.模板不平行，注射机拉杆与导套磨损严重</td><td>1.修磨分型面，消除间隙；
2.增大模板厚度，提高强度和刚度；
3.减小注射压力，增大锁模力；
4.降低塑化温度，减少注射时间，加强模具冷却；
5.更换注射机导套</td></tr>
<tr><td>缩坑或凹痕</td><td>收缩率过大</td><td>塑件厚薄不均</td><td>1.加料量不足；
2.注射时间过短；
3.保压时间过短；
4.料温和模温过高；
5.冷却时间过短</td><td>1.流道太细小；
2.浇口太小；
3.排气不良</td><td>1.注射压力不够；
2.注射机喷嘴堵有异物</td><td>1.修改塑件结构；
2.增大注射压力；
3.增加保压时间；
4.增大供料量；
5.改善浇注系统；
6.降低模具和熔体温度</td></tr>
<tr><td>熔接痕</td><td>1.原料未预干燥；
2.原料流动性差</td><td>壁厚过小</td><td>1.料温和模温低；
2.浇口太小或位置不当；
3.型腔排气不畅；
4.注射压力小、注射速度太慢；
5.脱模剂过多</td><td>1.浇口太小；
2.排气不良；
3.冷料穴小；
4.浇口位置不对；
5.浇口数目不够</td><td>注射压力过小</td><td>1.更换塑料或添加剂；
2.提高料温和模温，增大注射压力；
3.改善浇注系统；
4.调整浇口位置；
5.开设排气槽</td></tr>
<tr><td>尺寸不稳定</td><td>1.牌号品种有变动；
2.颗粒大小不均；
3.含挥发物质</td><td>壁太厚</td><td>1.注射压力过低；
2.料筒温度过高；
3.保压时间变动；
4.注射周期不稳；
5.模温太高</td><td>1.浇口尺寸不均；
2.型腔尺寸不准；
3.型芯松动；
4.模温太高或未设水道</td><td>1.控温系统不稳；
2.加料系统不稳；
3.液压系统不稳；
4.时间控制系统有问题</td><td>1.更换塑料；
2.重新计算，修整型腔尺寸；
3.修整浇口和型腔尺寸；
4.调整注射压力和温度；
5.维修模具、控制模温；
6.检修注射机</td></tr>
<tr><td>翘曲</td><td></td><td>1.厚薄不均，变化突然；
2.结构造型不合理</td><td>1.料温过高；
2.模温过高；
3.保压时间太短；
4.冷却时间太短；
5.强行脱模所致</td><td>1.浇口位置不当；
2.浇口数量不够；
3.顶出位置不当，使制品受力不均；
4.顶出机构卡死</td><td></td><td>1.改善塑件，使之符合成型要求；
2.合理选择浇口数量和位置布置；
3.提高温度，减小注射压力；
4.延长冷却时间；
5.调整推出时间和位置</td></tr>
</table>

续表

缺陷	原因					改进措施
	原材料	塑件结构	工艺条件	模具方面	设备方面	
划伤			1.模温过低； 2.无脱模剂； 3.冷却时间太长	1.型腔表面质量差； 2.型腔边缘碰伤； 3.镶件松动； 4.顶出零件松动； 5.紧固件松动； 6.侧抽芯未到位	注射机拉杆与导套磨损严重，移动模板下垂	1.提高型腔表面质量； 2.消除型腔口部边缘倒扣； 3.收紧螺钉，调整顶出件； 4.调大侧抽芯行程
气泡	1.含水分未干燥； 2.收缩率过大		1.注射压力低； 2.保压压力不够； 3.保压时间不够； 4.料温过高	1.排气不良； 2.浇口位置不当； 3.浇口尺寸过小		1.更换塑料； 2.烘干塑料； 3.增大注射和保压压力、延长保压时间、降低料温； 4.改善浇口尺寸和位置、开设排气槽
龟裂	1.牌号品级不适用； 2.后处理不当	塑件形状结构不合理，存在尖角或缺口，导致局部应力集中	1.料温过低； 2.料温太高或停留时间太长； 3.注射压力大、保压时间太长； 4.脱模剂过多	1.模芯无脱模斜度或过小； 2.模温太低； 3.推杆分布不均或数量过少； 4.模具表面质量差		1.更换原材料； 2.改善塑件结构； 3.调整注射成型工艺参数； 4.加大模具脱模斜度、增加推杆数量、提高模具表面质量
分层	1.不同料混入； 2.混入油污或杂物		1.料温过低； 2.注射速度过快； 3.模具温度低； 4.料温过高分解	1.浇口太小； 2.多浇口时分布不合理	背压力不够	1.检查、更换材料； 2.降低料温和注射速度； 3.提高模具温度； 4.增大浇口尺寸和改善分布位置
塑件无光泽	1.水分含量高； 2.助剂不对； 3.脱模剂太多		1.料温过低； 2.喷嘴温度低； 3.注射周期长； 4.模具温度低	1.流道太小； 2.浇口太小； 3.排气不良； 4.型腔面不光滑	1.料筒内不干净； 2.背压力不够	1.改进原料助剂、烘干原料； 2.提高料温、喷嘴温度和背压； 3.清洗料筒； 4.增大流道和浇口尺寸、加开排气槽、抛光模具型腔

续表

缺陷	原因					改进措施
	原材料	塑件结构	工艺条件	模具方面	设备方面	
脱模困难		塑件无脱模斜度或脱模斜度太小	1.注射压力太高; 2.保压时间太长; 3.注射量太多; 4.模具温度太低	1.模具无脱模斜度; 2.模具表面质量差; 3.顶出方式不当; 4.配合精度不当; 5.进、排气不良; 6.模板变形	1.顶出力不够; 2.顶出行程不够	1.减小注射压力，减少保压时间和注射量; 2.增大脱模斜度、抛光模具、改善进气和排气情况、提高模温，更换或维修变形模板; 3.更换注射机，增大顶出行程和顶出力
焦痕	1.料中有杂物混入; 2.颗粒料中有粉末料		1.料温过高; 2.注射压力太大; 3.注射速度太快; 4.停机时间过长; 5.脱模剂不干净	1.浇口太小; 2.排气不良; 3.型腔复杂，阻止塑料使其汇合慢; 4.型腔表面质量差	1.料筒内有焦料; 2.喷嘴不干净	1.更换材料; 2.降低料温和注射速度、减小注射压力和注射时间; 3.增大浇口，改善排气、抛光模具、改进模具结构; 4.清洗料筒和喷嘴
变色	1.材料污染; 2.着色剂分解; 3.挥发物含量高		1.料温过高; 2.注射压力太大; 3.成型周期长; 4.模具未冷却; 5.喷嘴温度高	浇口太小	1.温控失灵; 2.料筒或喷嘴中有阻碍物; 3.螺杆转速高，存在“大马拉小车”情况	1.减少原料挥发物和污染; 2.降低料温、注射压力和喷嘴温度，减小成型周期; 3.增大浇口、冷却模具; 4.检修料筒与注射机或更换小型号注射机
银丝纹	1.含水分而未干燥; 2.润滑剂过量	塑件厚薄不均	1.料温过高; 2.注射速度过快; 3.注射压力过小; 4.塑化不均; 5.脱模剂过多	1.浇口太小; 2.冷料穴太小; 3.模具表面质量太差; 4.排气不良	1.喷嘴有流涎物; 2.背压过低	1.充分干燥原料; 2.清理、抛光模具型腔，增大浇口和冷料穴，改善排气; 3.降低料温和模温，增大注射压力和背压
流痕	1.含挥发物太多; 2.流动性太差; 3.混入杂料		1.料温太低，未完全塑化; 2.注射速度过低; 3.注射压力太小; 4.保压压力不够; 5.模温太低; 6.注射量不足	1.浇口太小; 2.浇口数量少; 3.流道、浇口粗糙; 4.型面光洁度差; 5.冷料穴太小	1.温控系统失灵; 2.油泵压力下降; 3.存在“小马拉大车”情况，塑化能力不足	1.减少原料挥发物和杂料; 2.提高料温、注射压力和喷嘴温度，增加注射量; 3.扩大浇口或增加浇口数量; 4.抛光模具型腔及流道、浇口; 5.提高模温; 6.检修注射机或更换大型号注射机

本章小结

本章深入讲解了首饰盒注射模具设计与制造、轴承盒注射模具设计与制造、花洒手柄热流道注射模具设计与制造等相关知识、技能，使学生对各类型注射模具设计与制造有进一步的了解。通过本章的学习，引导学生独立设计与制造中等复杂程度的注射模具。

思考与练习

一、简答题

1. 设计模具前，应对塑件进行哪几方面的分析？
2. 编制 PP 注射成型工艺卡。
3. 注射模具装配注意事项有哪些？
4. 试模前应从哪几方面对注射模具进行检查？
5. 注射模具如何进行上机安装与注射机工艺调整？

二、分析题

如图 2-145 所示为塑料齿轮，如图 2-146 所示为齿轮注射模；如图 2-147 所示为盒盖塑件，如图 2-148 所示为盒盖注射模；如图 2-149 所示为塑料喷头，如图 2-150 所示为喷头注射模。列表说出模具各零件名称、作用及材料、热处理要求，并简述模具工作原理。

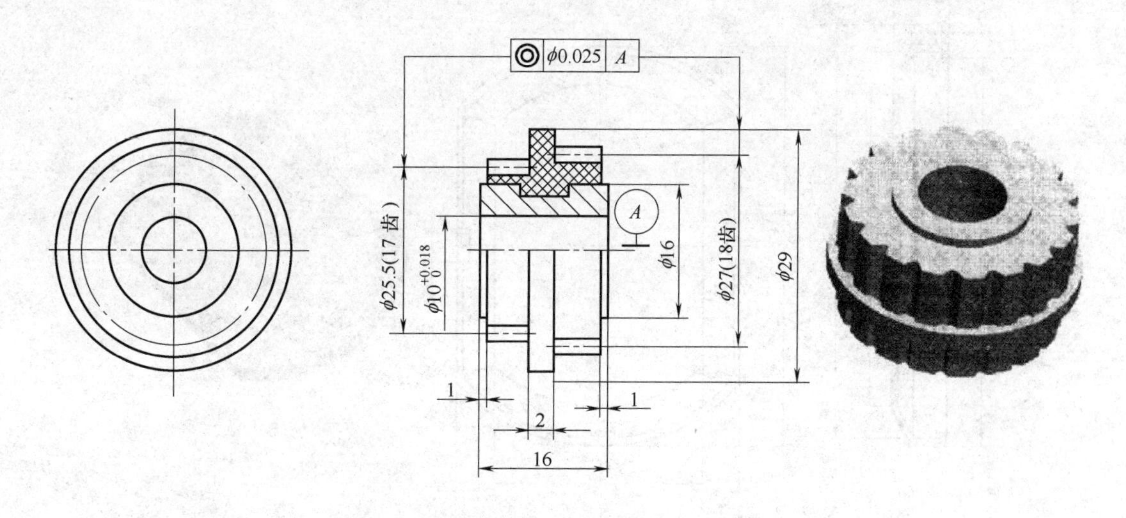

图 2-145　塑料齿轮(材料：PA66)

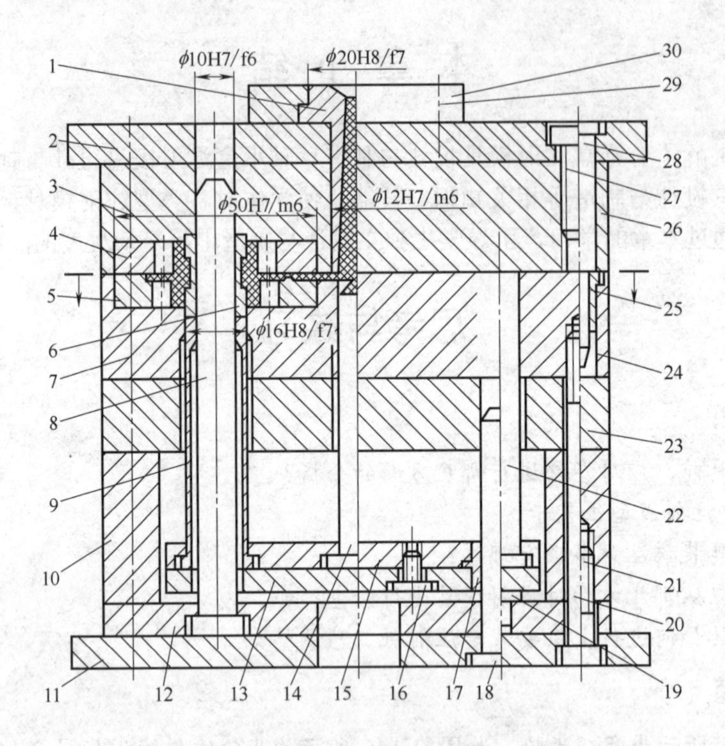

图 2-146　塑料齿轮注射模

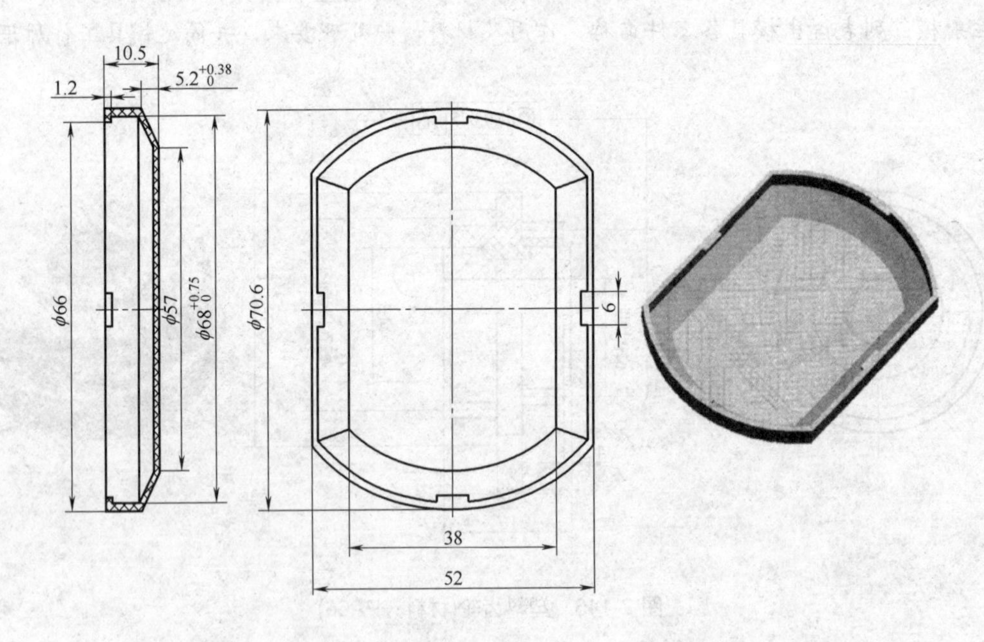

图 2-147　盒盖塑件(材料：PP)

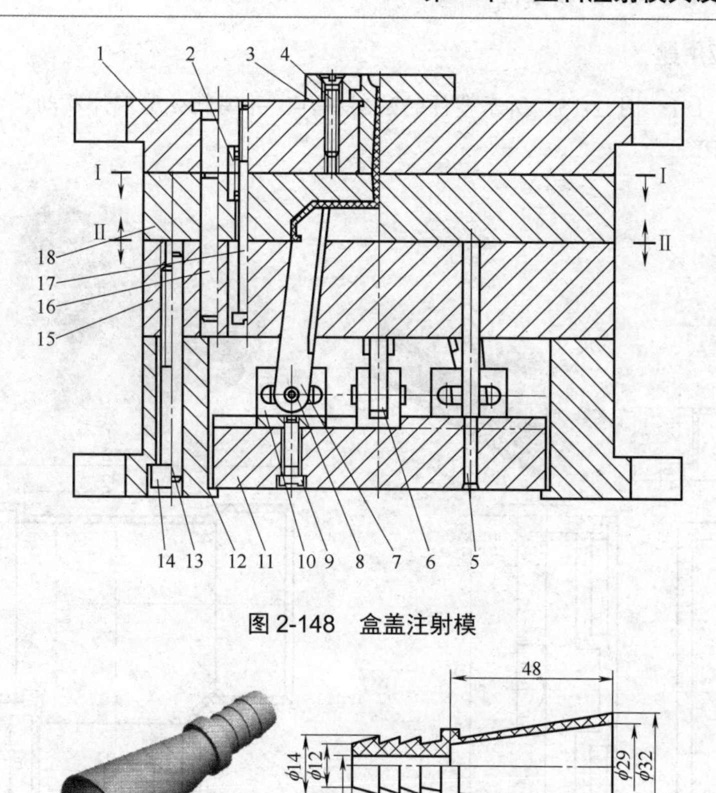

图 2-148　盒盖注射模

图 2-149　塑料喷头(材料：POM)

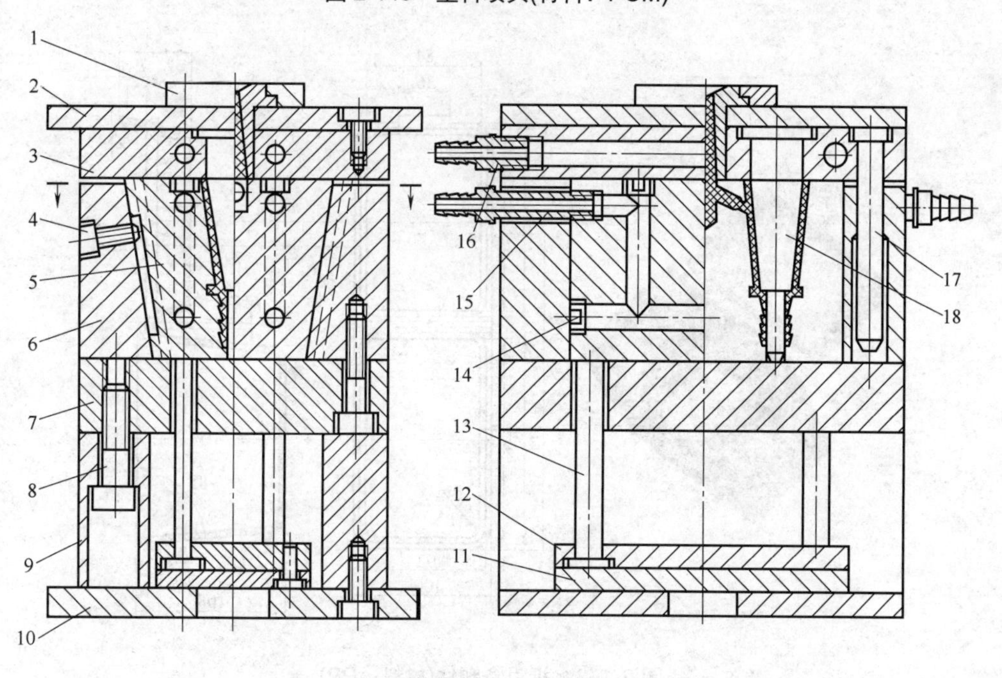

图 2-150　喷头注射模

三、综合应用题

设计如图 2-151～图 2-154 所示塑件的注射模具，并编制成型零件及动、定模板和推件板机械加工工艺规程。

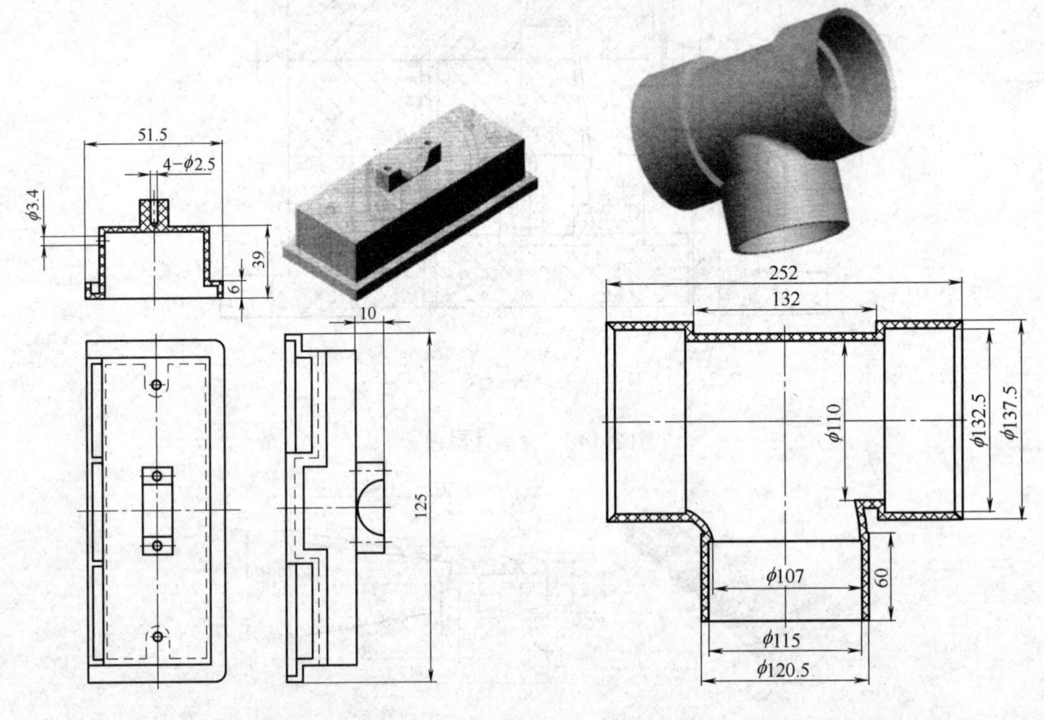

图 2-151　壳体塑件(材料：ABS)　　图 2-152　塑料三通(材料：PVC)

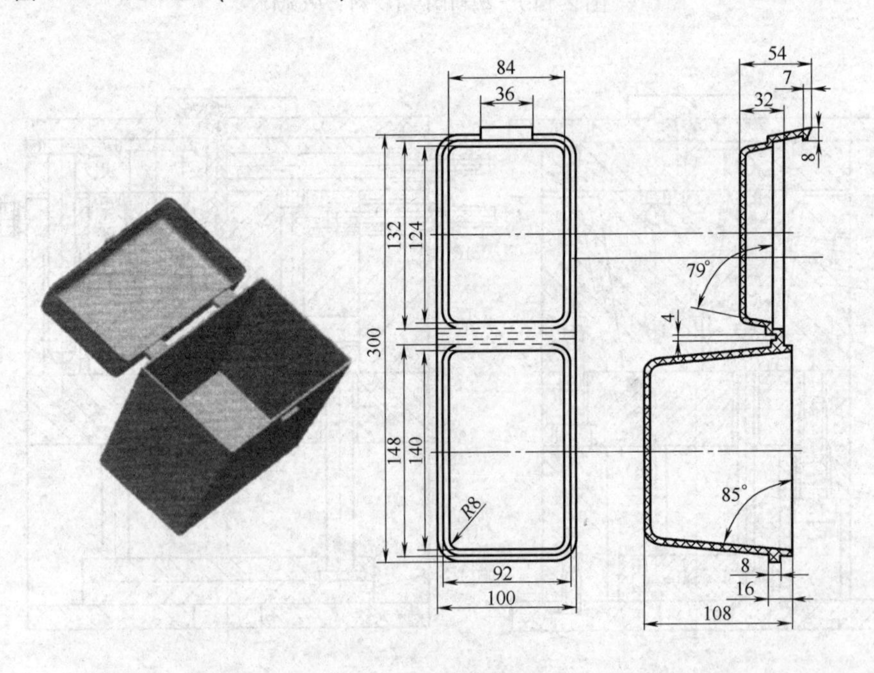

图 2-153　折页盒塑件(材料：PP)

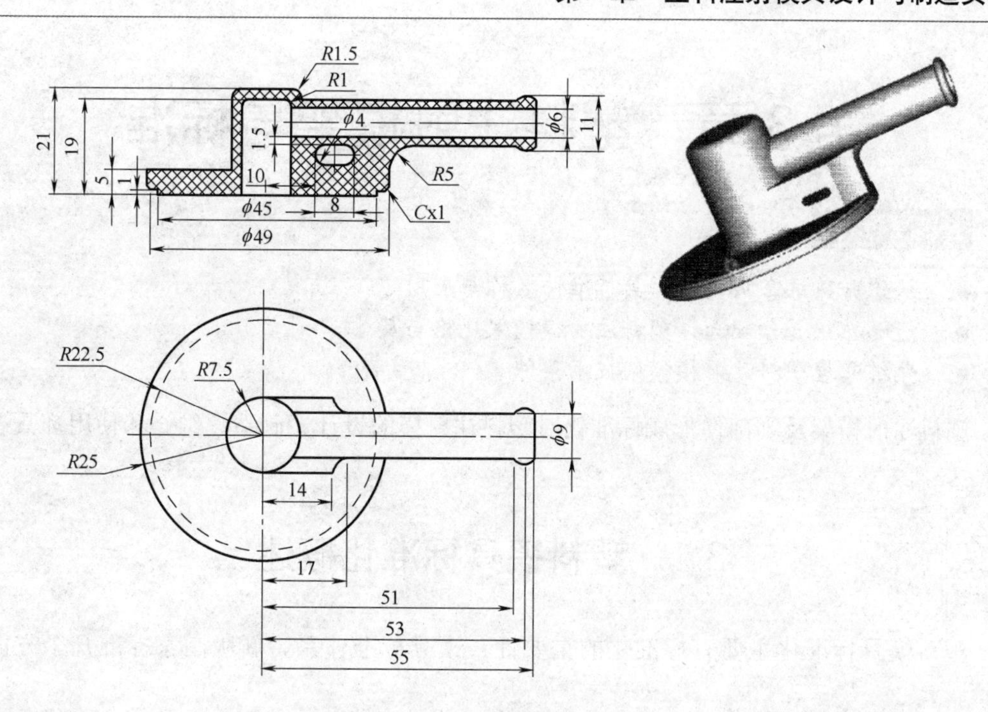

图 2-154　支座塑件(材料：PC)

第 3 章 塑料注射模架与标准

技能目标

- 认识并熟练掌握塑料模具标准件名称与应用
- 能够熟练并合理选择塑料注射模模架规格与尺寸
- 熟练掌握塑料注射模模架技术条件

塑料注射模架及零部件形成标准化对塑料注射模的设计、制造、维修和使用都具有重要意义。

3.1 塑料模具标准化概述

塑料模具标准化主要有标准化的重要性、模具标准体系、新版国家标准几个方面的内容。

1. 塑料模具标准化的重要性

塑料模具标准化的意义主要体现在以下几个方面。

(1) 塑料模具标准化的实施，有助于稳定、提高和保证模具设计质量；有助于模具制造达到质量规范，使工业产品零件的不合格率降到最低。

(2) 塑料模具标准化可以提高专业化协作生产水平、缩短模具生产周期、提高模具制造质量和使用性能。实施模具标准化后，模具标准件和标准模架可由专业厂大批量生产和供应。

(3) 塑料模具标准化可使模具工作者摆脱大量重复的一般性设计工作，将主要精力用于改进模具设计、解决模具关键技术问题、进行创造性的劳动。

(4) 塑料模具标准化是采用现代化模具生产技术和装备、实现模具 CAD/CAM 技术的基础。

(5) 塑料模具标准化有利于模具技术的国际交流和组织模具出口外销。

因此，塑料模具标准化对于提高模具设计和制造水平、提高模具质量、缩短制模周期、降低成本、节约材料和采用高新技术都具有十分重要的意义。

2. 塑料模具标准体系

塑料模具使用面广泛、品种繁多，为了系统地、有计划地制定模具标准，首先应开发和制定模具技术标准项目名称、性质、内容和标准分类，并使之成为体系。如图 3-1 所示为我国模具标准化技术委员会制定的模具标准体系。

从图 3-1 可知，我国的模具标准体系可分为 5 层：第一层为模具技术标准体系表；第二层为 10 大类模具技术标准名称；第三层为每大类模具标准的分类标准名称，包括基础标准、产品标准、工艺与质量标准、相关标准及派生标准；第四层为派生模具标准的分类标准名称；第五层为标准项目名称。

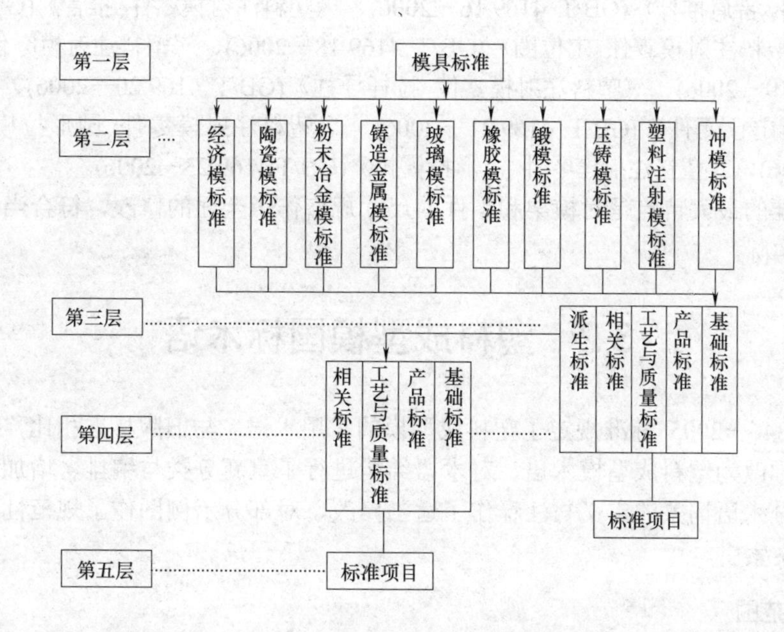

图 3-1　模具标准体系

3. 新版塑料模具国家标准概述

归口全国模具标准化技术委员会领导，由桂林电器科学研究所、龙记集团、浙江亚轮塑料模架有限公司、昆山市中大模架有限公司修订的 28 项塑料模具国家标准已于 2007 年 4 月正式出版发行，2007 年 4 月 1 日起实施。

新版国家标准将原塑料模具中的小型模架、大型模架及零件等标准合并修订。新版 28 项塑料模具国家标准包括《塑料成型模术语》(GB/T 8846—2005)、《塑料注射模技术条件》(GB/T 12554—2006)、《塑料注射模模架》(GB/T 12555—2006)、《塑料注射模模架技术条件》(GB/T 12556—2006)、《塑料注射模零件》(GB/T 4169.1—2006～GB/T 4169.23—2006)、《塑料注射模零件技术条件》(GB/T 4170—2006)。

23 项塑料注射模零件标准包括推杆、直导套、带头导套、带头导柱、带肩导柱、垫块、推板、模板、限位钉、支撑柱、圆形定位元件、推板导套、复位杆、推板导柱、扁推杆、带肩推杆、推管、定位圈、浇口套、拉杆导柱、矩形定位元件、圆形拉模扣、矩形拉模扣，其中后 9 个零件标准为新制定的零件标准。

零件标准代号有《塑料注射模零件　推杆》(GB/T 4169.1—2006)、《塑料注射模零件　直导套》(GB/T 4169.2—2006)、《塑料注射模零件　带头导套》(GB/T 4169.3—2006)、《塑料注射模零件　带头导柱》(GB/T 4169.4—2006)、《塑料注射模零件　带肩导柱》(GB/T 4169.5—2006)、《塑料注射模零件　垫块》(GB/T 4169.6—2006)、《塑料注射模零件　推板》(GB/T 4169.7—2006)、《塑料注射模零件　模板》(GB/T 4169.8—2006)、《塑料注射模零件　限位钉》(GB/T 4169.9—2006)、《塑料注射模零件　支撑柱》(GB/T 4169.10—2006)、《塑料注射模零件　圆形定位元件》(GB/T 4169.11—2006)、《塑料注射模零件　推板导套》(GB/T 4169.12—2006)、《塑料注射模零件　复位杆》(GB/T 4169.13—2006)、《塑料注射模零件　推板导柱》(GB/T 4169.14—2006)、《塑料注射模零件 扁推杆》(GB/T 4169.15—2006)、《塑料注射模零件 带肩推杆》(GB/T 4169.16—2006)、《塑料注射模零件 推管》(GB/T 4169.17—2006)、《塑料注射模零件 定位圈》(GB/T 4169.18—2006)、《塑料注射模零件 浇口套》(GB/T 4169.19—2006)、《塑料注射模零件 拉杆导柱》(GB/T 4169.20—2006)、《塑料注射模零件 矩形定位元件》(GB/T 4169.21—2006)、《塑料注射模零件 圆形拉模扣》(GB/T 4169.22—2006)、《塑料注射模零件 矩形拉模扣》(GB/T 4169.23—2006)。

新版标准的最大特点是对模架和零件的尺寸规格作了全面的修改，符合当前国内模具行业的生产实际。

3.2 塑料成型模国标术语

GB/T 8846—2005 标准规定了塑料成型模的常用术语，与旧版标准相比，其主要变化有将标准名称改为塑料成型模术语、对术语结构进行了重新分类与编排、增加了部分术语词条、对部分术语词条的定义与注释作了适当修改、对部分示例图作了规范性修改以及增加了中、英文索引。

1. 适用范围

GB/T 8846—2005 标准规定了塑料成型模中的压缩模、压注模和注射模的常用术语，适用于塑料成型模常用术语的理解和使用。

2. 塑料成型模分类

GB/T 8846—2005 标准规定以成型材料、成型工艺、溢料、机外与机内装卸方式以及浇注系统对塑料成型模进行分类，如表 3-1 所示。

表 3-1 塑料成型模分类(GB/T 8846—2005)

标准条目	术语(英文)	定 义
2.1 按成型材料分		
2.1.1	热塑性塑料模 (mould for thermoplastics plastics)	热塑性塑料成型用的模具
2.1.2	热固性塑料模(mould for thermoset plastics)	热固性塑料成型用的模具
2.2 按成型工艺分类		
2.2.1	压缩模(compression mould)	使直接放入型腔内的塑料熔融，并固化成型所用的模具，如图 3-2 和图 3-3 所示
2.2.2	压注模(transfer mould)	通过柱塞，使加料腔内塑化熔融的塑料经浇注系统注入闭合型腔，并固化成型所用的模具，如图 3-4 所示

续表

标准条目	术语(英文)	定　义
2.2.3	注射模(injection mould)	通过注射机的螺杆或活塞，使料筒内塑化熔融的塑料经喷嘴与浇注系统注入型腔，并固化成型所用的模具，如图 3-5～图 3-8 所示
2.2.3.1	热塑性塑料注射模(injection mould for thermoplastics plastics)	成型热塑性塑件用的注射模
2.2.3.2	热固性塑料注射模(injection mould for thermoset plastics)	成型热固性塑件用的注射模
2.3 按溢料分		
2.3.1	溢式压缩模(flash mould)	加料腔即型腔。合模加压时允许过量的塑料溢出的压缩模
2.3.2	半溢式压缩模(semi-positive mould)	加料腔是型腔向上的扩大部分。合模加压时允许少量的塑料溢出的压缩模，如图 3-2 所示
2.3.3	不溢式压缩模(positive mould)	加料腔是型腔向上的扩大部分。合模加压时几乎无塑料溢出的压缩模，如图 3-3 所示
2.4 按机外、机内装卸方式分		
2.4.1	移动式压缩模 (portable compressin mould)	将成型中的辅助作业如开模、卸件、装料、合模等移到压机工作台面外进行的压缩模
2.4.2	移动式压注模 (portable transfer mould)	将成型中的辅助作业如开模、卸件、装料、合模等移到压机工作台面外进行的压注模
2.4.3	固定式压缩模 (fixed compressin mould)	固定在压机工作台面上，全部成型作业均在机床上进行的压缩模，如图 3-2 和图 3-3 所示
2.4.4	固定式压注模 (fixed transfer mould)	固定在压机工作台面上，全部成型作业均在机床上进行的压注模，如图 3-4 所示
2.5 按浇注系统分类		
2.5.1	无流道模 (runnerless mould)	连续成型作业中，采用适当的温度控制，使流道内的塑料保持熔融状态，成型塑件的同时，几乎无流道凝料产生的注射模，如采用延伸喷嘴的注射模，如图 3-9 所示
2.5.1.1	热流道模 (hot-runner mould)	连续成型作业中，借助加热，使流道内的热塑性塑料始终保持熔融状态的注射模，如图 3-10～图 3-13 所示
2.5.1.2	绝热流道模 (insulated-runner mould)	连续成型作业中，利用塑料与流道壁接触的固体层所起的绝热作用，使流道中心部位的热塑性塑料始终保持熔融状态的注射模，如图 3-14 所示
2.5.1.3	温流道模 (warm-runner mould)	连续成型作业中，采用适当的温度控制，使流道内的热固性塑料始终保持熔融状态的注射模，如图 3-15 所示

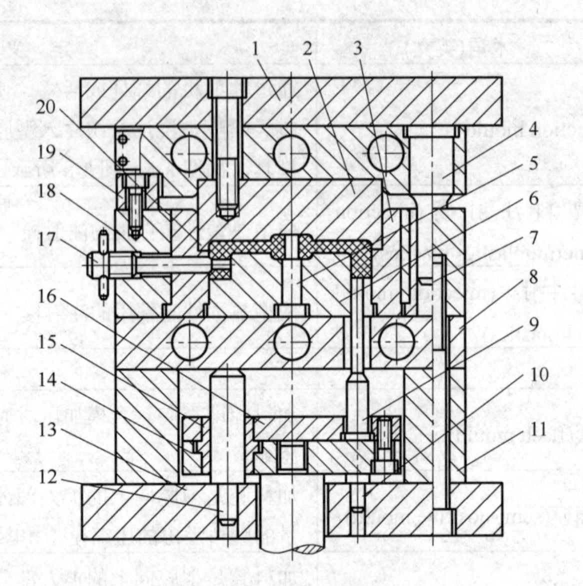

图 3-2　压缩模(一)

1—上模座板；2，6—凸模；3—凹模；4—带肩导柱；5—型芯；7—带头导套；8—支撑板；9—带肩推杆；10—限位钉；11—垫块；12—推板导柱；13—下模座板；14—推板；15—推板导套；16—推杆固定板；17—侧型芯；18—模套；19—限位块；20—溢料槽

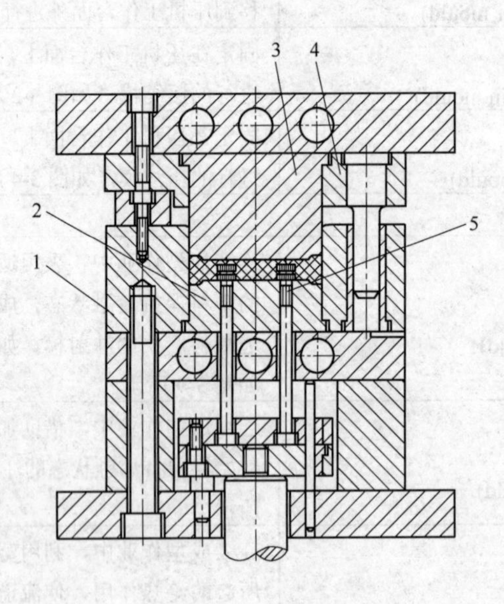

图 3-3　压缩模(二)

1—凹模；2，3—凸模；4—凸模固定板；5—嵌件

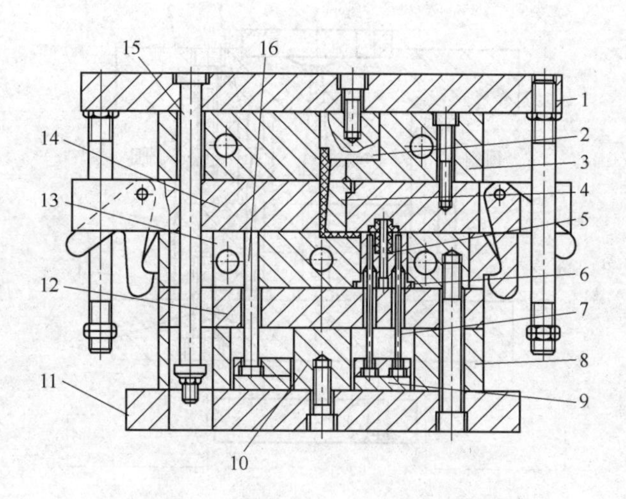

图 3-4　压注模

1—上模座板；2—柱塞；3—加料腔；4—浇口套；5—型芯；6—镶件；7—圆柱头推杆；8—垫块；9—推板；10—支撑柱；11—下模座板；12—支撑板；13—凹模固定板；14—上模板；15—定距拉杆；16—复位杆

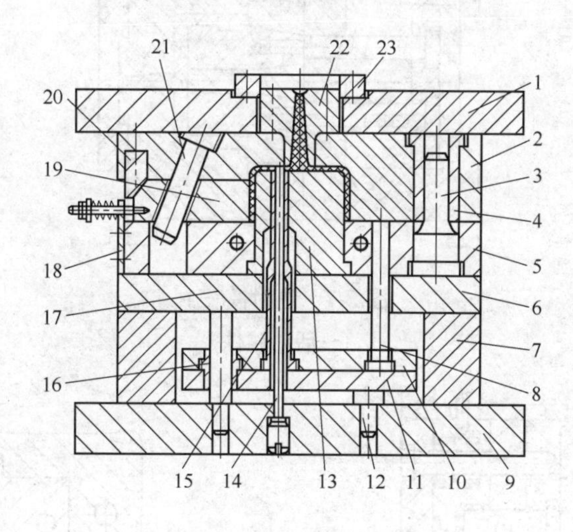

图 3-5　注射模(一)

1—定模座板；2—凹模；3—带肩导柱；4—带头导套；5—型芯固定板；6—支撑板；7—垫块；8—复位杆；9—动模座板；10—推件固定板；11—推板；12—限位钉；13，14—型芯；15—推管；16—推板导套；17—推板导柱；18—限位块；19—侧型芯滑块；20—楔紧块；21—斜导柱；22—浇口套；23—定位圈

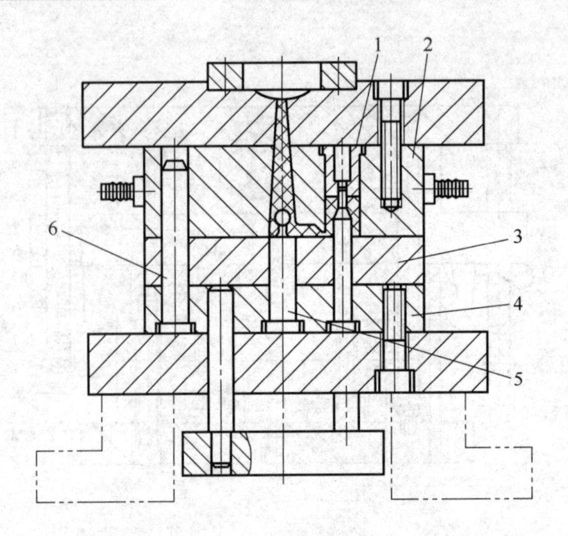

图 3-6　注射模(二)

1—镶件；2—凹模；3—推件板；4—型芯固定板；5—拉料杆；6—带头导柱

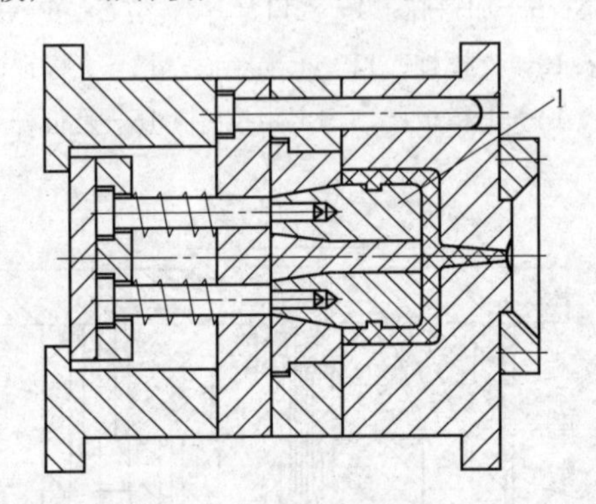

图 3-7　注射模(三)

1—活动镶件

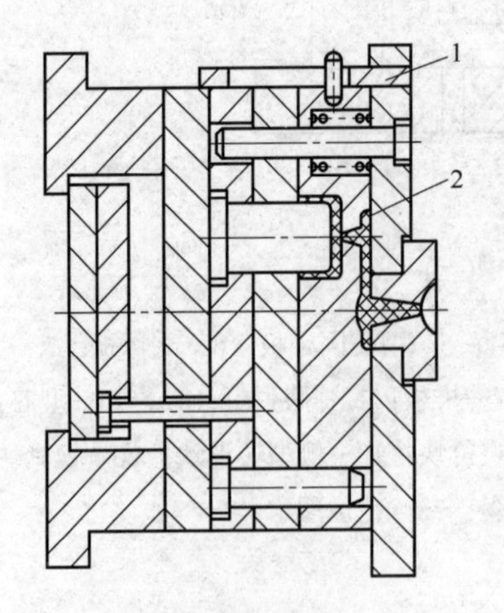

图 3-8　注射模(四)

1—定距拉板；2—冷料穴

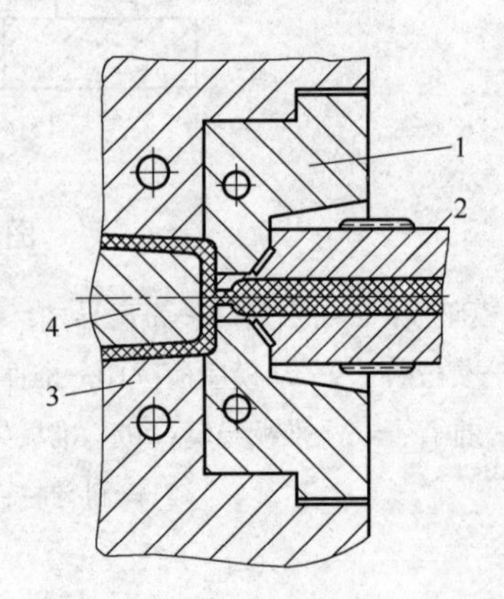

图 3-9　无流道模

1—镶件；2—浇口套；3—凹模；4—型芯

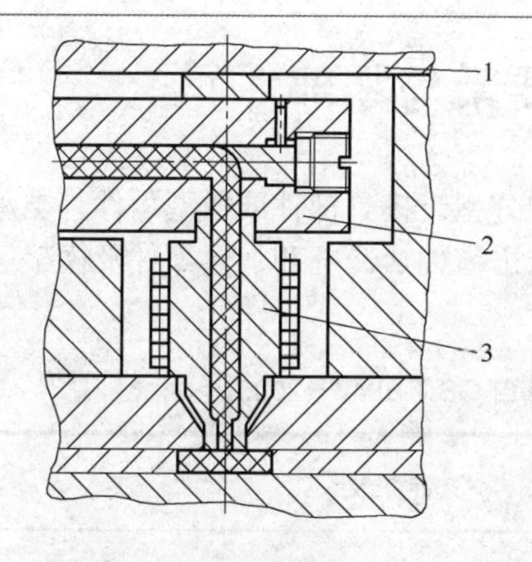

图 3-10　热流道模(一)

1—定模模板；2—热流道板；3—二级喷嘴

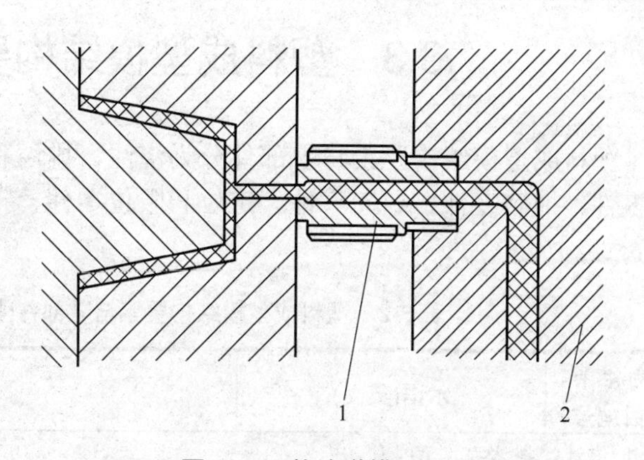

图 3-11　热流道模(二)

1—二级喷嘴；2—热流道板

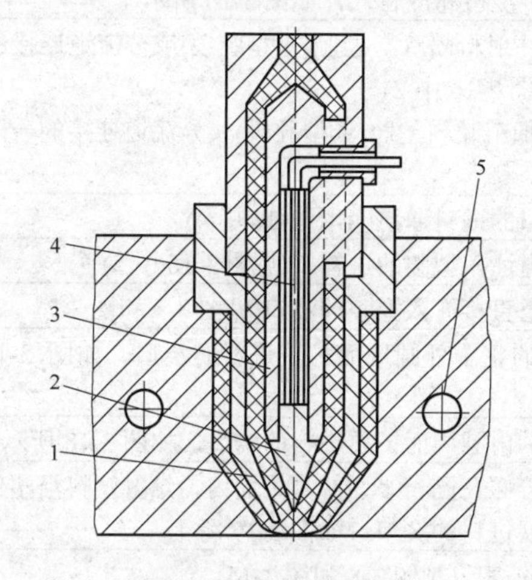

图 3-12　热流道模(三)

1—二级喷嘴；2～4—鱼雷形分流梭；5—加热管

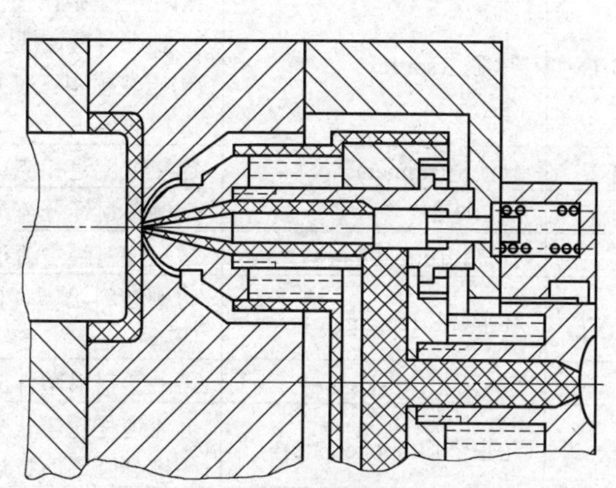

图 3-13　热流道模(四)

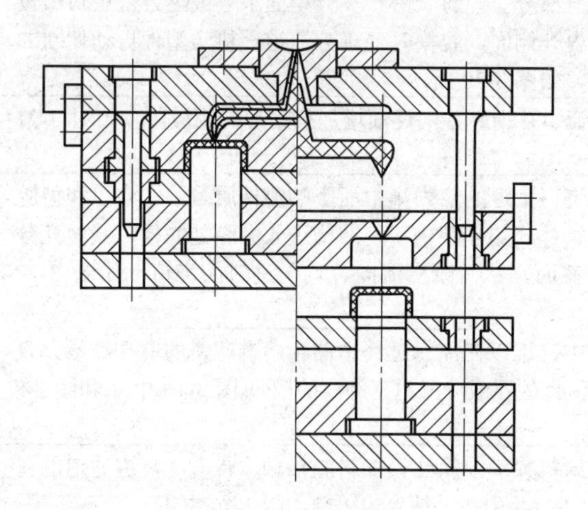

图 3-14　绝热流道模

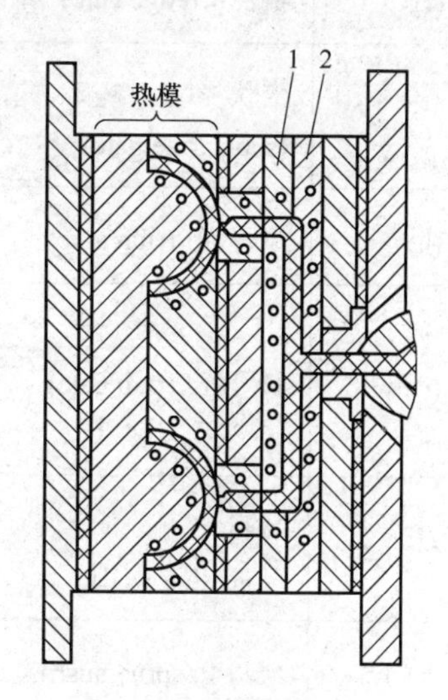

图 3-15　温流道模

1，2—温流道板

3.3 塑料成型模结构要素与零部件

塑料成型模结构要素与零部件分为浇注、排溢和分型、模具部件或成型零件、支承固定零件、抽芯零件、导向零件、定位和限位零件、推出零件、冷却和加热零件及模架等，如表 3-2 所示。

表 3-2 塑料成型模结构要素与零部件(摘自 GB/T 8846—2005)

标准条目编号	术语(英文)	定 义
3.1 浇注、排溢和分型		
3.1.1	浇注系统(feed system)	注射机喷嘴或压注模加料腔到型腔之间的进料通道，其中包括主流道、分流道、浇口和冷料穴，如图 3-16 所示
3.1.1.1	主流道(sprue)	(a)注射模中，使注射机喷嘴与型腔(单型腔模)或分流道连接的一段进料通道(见图 3-16 中 2) (b)压注模中，使加料腔与型腔(单型腔模)或分流道连接的一段进料通道
3.1.1.2	分流道(runner)	连接主流道和浇口的进料通道(见图 3-16 中 4)
3.1.1.3	浇口(gate)	熔融塑料经分流道注入型腔的进料口(见图 3-16 中 5)
(a)	直浇口(direct gate)	熔融塑料经主流道直接注入型腔的浇口(见图 3-5 和图 3-7)
(b)	环形浇口(ring gate)	熔融塑料沿塑件的整个外圆周而扩展进料的浇口，如图 3-17 所示
(c)	盘形浇口(disk gate)	熔融塑料沿塑件的内圆周而扩展进料的浇口，如图 3-18 所示
(d)	轮辐浇口(spoke gate)	分流道呈轮辐状分布在同一平面或圆锥面内，熔融塑料沿塑件的部分圆周而扩展进料的浇口，如图 3-19 所示
(e)	点浇口(pin-point gate)	截面形状如针点的浇口(见图 3-8 和图 3-14)
(f)	侧浇口(edge gate)	设置在模具的分型面处，从塑件的内或外侧进料，截面为矩形的浇口(见图 3-4 和图 3-6)
(g)	潜伏浇口 (submarine gate)	分流道的一部分呈倾斜状潜伏在分型面下方或上方，进料口设置于塑件内外侧面，脱模时便于分流道凝料与塑件自动切断的点状浇口，如图 3-20 所示
(h)	扇形浇口(fan gate)	宽度从分流道往型腔方向逐渐增加呈扇形的侧浇口，如图 3-21 所示
(i)	护耳浇口(tab gate)	为避免在浇口附近的应力集中而影响塑件质量，在浇口和型腔之间增设护耳式的小凹槽，使凹槽进入型腔处的槽口截面充分大于浇口截面，从而改变流向、均匀进料的浇口，如图 3-22 所示
3.1.1.4	冷料穴 (cold-slug well)	浇注系统中，用以在注射过程中储存熔融塑料的前端冷料，直接对着主流道的孔或分流道延伸段的槽(见图 3-16 中 3 和图 3-8 中 2)
3.1.1.5	浇口套(sprue bush)	直接与注射机喷嘴或压注模加料腔接触，带有主流道通道的衬套零件(见图 3-4 中 4、图 3-5 中 22、图 3-16 中 1)
3.1.1.6	浇口镶块(gate insert)	为提高使用寿命，而对浇口采用的可更换的耐磨金属镶块，如图 3-23 所示

续表

标准条目编号	术语(英文)	定　义
3.1.1.7	分流锥(spreader)	设在主流道内使塑料分流并平缓改变流向，一般带有圆锥头的圆柱形零件
3.1.1.8	流道板(runner plate)	为开设分流道而专门设置的板件
3.1.1.9	热流道板 (hot runner plate)	热流道模中，开设分流道并设置加热与控温元件，以使流道内的热塑性塑料始终保持熔融状态的板状或柱状零件 (见图 3-10 中 2、图 3-11 中 2、图 3-24)
3.1.1.10	温流道板 (warm-runner plate)	温流道模中，开设分流道并通过适当的温度控制，以使流道内热固性塑料始终保持熔融状态的板状或柱状零件，如图 3-15 中 1、2 所示
3.1.1.11	二级喷嘴 (secondary nozzle)	为热流道板(柱)向型腔直接或间接提供进料通道的喷嘴(见图 3-10 中 3、图 3-11 中 1、图 3-12 中 1)
3.1.1.12	鱼雷形分流梭(torpedo)	设置在热流道模浇口套或二级喷嘴内，起分流和加热作用的鱼雷形状的组合体，包括鱼雷头、鱼雷体和管式加热器(见图 3-12 中 2～4)
3.1.1.13	管式加热器 (cartridge heater)	设置在热流道板或鱼雷体的管形加热元件(见图 3-12 中 5)
3.1.1.14	热管(heat tube)	缩小热流道和浇口之间温差的高效导热元件。也可以用于模具的冷却系统，如图 3-25、图 3-26 所示
3.1.1.15	阀式浇口(valve gate)	设置在热流道二级喷嘴内，利用阀门控制进料口开启与关闭的浇口形式，如图 3-13 所示
3.1.1.16	加料腔 (loading chamber)	(a)压缩模中，指型腔开口端用来装料的延续部分 (b)压注模中，指装料并使之加热的腔体零件(见图 3-4 中 3)
3.1.1.17	柱塞 force plunger)	压注模中，传递机床压力，使加料腔内的塑料通过浇注系统注入型腔的圆柱形零件(见图 3-4 中 2)
3.1.2	溢料槽 (flash groove)	(a)压缩模中，为排除过量的塑料而在适当位置开设的排溢沟槽(见图 3-2 中 20) (b)注射模中，为避免在塑件上产生熔接痕而在相应位置开设的排溢沟槽
3.1.3	排气槽(air vent)	为排出型腔内的气体而在适当位置开设的气流通槽
3.1.4	分型面(parting line)	从模具中取出塑件和浇注系统凝料的可分离的接触表面
3.1.4.1	水平分型面 (horizontal parting line)	与压机或注射机工作台面平行的模具的分型面
3.1.4.2	垂直分型面(vertical parting line)	与压机或注射机工作台面垂直的模具的分型面

续表

标准条目编号	术语(英文)	定　义
3.2 模具部件和成型零件		
3.2.1	定模 (fixed half of a mould)	安装在注射机固定工作台面上的模具部分
3.2.2	动模(moving half of a mould)	安装在注射机移动工作台面上的模具部分
3.2.3	上模(upper half of a mould)	压缩模和压注模中，安装在压力机上工作台面的模具部分
3.2.4	下模(lower half of a mould)	压缩模和压注模中，安装在压力机下工作台面的模具部分
3.2.5	型腔(cavity)	合模时，用来填充塑料，以成型塑件的空间(见图 3-16 中 6)
3.2.6	凹模(cavity plate)	成型塑件外表面的凹状零件(见图 3-2 中 3、图 3-3 中 1、图 3-5 中 2、图 3-6 中 2、图 3-9 中 3)
3.2.7	镶件(insert)	当成型零件有易损或难以整体加工的部位时，与主体件分离制造并镶嵌在主体件上的局部成型零件(见图 3-6 中 1、图 3-9 中 1)
3.2.8	活动镶块 (movable insert)	根据工艺和结构要求，需随塑件一起脱模后从塑件上分离取出的局部成型零件(见图 3-7 中 1)
3.2.9	拼块(split)	按设计和工艺要求，用以拼合成凹模或型芯的若干分离制造的零件
3.2.9.1	凹模拼块(cavity split)	用以拼合成凹模的分离制造的成型零件
3.2.9.2	型芯拼块(core split)	用以拼合型芯的分离制造的成型零件
3.2.10	型芯(core)	成型塑件内表面的凸状零件(见图 3-2 中 5、图 3-4 中 5、图 3-5 中 13 和 14、图 3-9 中 4)
3.2.11	侧型芯(side core)	成型塑件的侧孔、侧凹或侧台，可手动或随滑块在模内作抽拔、复位运动的型芯(见图 3-2 中 17)
3.2.12	螺纹型芯(threaded core)	成型塑件内螺纹的零件(见图 3-2 中 17)
3.2.13	螺纹型环 (threaded ring cavity)	成型塑件外螺纹的零件
3.2.14	凸模(punch)	半溢式压缩模与不溢式压缩模中，承受与传递压力机压力，与凹模有配合段，直接接触塑料，成型塑件内表面或上、下端面的零件(见图 3-2 中 2 和 6、图 3-3 中 2 和 3)
3.2.15	嵌件(inlay)	成型过程中，埋入塑件中的金属或其他材质的零件(见图 3-3 中 5)

续表

标准条目编号	术语(英文)	定　义
3.3 支承固定零件		
3.3.1	定模座板 (clamping plate of the fixed half)	使定模固定在注射机固定工作台面上的板件(见图 3-5 中 1)
3.3.2	动模座板 (clamping plate of the moving half)	使动模固定在注射机移动工作台面上的板件(见图 3-3 中 9)
3.3.3	上模座板 (upper clamping plate)	使上模固定在压机上工作台面上的板件(见图 3-2 中 1、图 3-4 中 1)
3.3.4	下模座板 (lower clamping plate)	使下模固定在压机下工作台面上的板件(见图 3-2 中 13、图 3-4 中 11)
3.3.5	凹模固定板 cavity-retainer plate)	用于固定凹模的板件零件(见图 3-4 中 13)
3.3.6	型芯固定板(core-retainer plate)	用于固定型芯的板状零件(见图 3-5 中 5、图 3-6 中 4)
3.3.7	凸模固定板 (punch-retainer plate)	用于固定凸模的板状零件(见图 3-3 中 4)
3.3.8	模套(chase bolster)	使成型零件定位并紧固在一起的框套形零件(见图 3-2 中 18、图 3-27 中 2)
3.3.9	支撑板(support plate)	防止成型零件和导向零件轴向移动并承受成型压力的板件(见图 3-2 中 8、图 3-4 中 12、图 3-5 中 6)
3.3.10	垫块(spacer)	调节模具闭合高度，形成推出机构所需空间的块状零件 (见图 3-2 中 11、图 3-4 中 8、图 3-5 中 7)
3.3.11	支架(mould base leg)	使动模能固定在压机或注射机上的 L 形垫块
3.3.12	支撑柱(support pillar)	为增强动模的刚度而设置的支撑板和动模座板之间，起支承作用的柱形零件(见图 3-4 中 10)
3.3.13	模板(mould plate)	组成模具的板类零件的统称
3.4 抽芯零件		
3.4.1	斜导柱(angle pin)	倾斜于分型面装配，随着模具的开闭，驱动滑块产生往复移动的圆柱形零件(见图 3-5 中 21)
3.4.2	滑块(slide)	沿导向结构滑动，带动侧型芯完成抽芯和复位动作的零件
3.4.3	侧型芯滑块 (side core-slide)	侧型芯与滑块由整体材料制成一体的滑动零件(见图 3-5 中 19)
3.4.4	滑块导板 (slide guide strip)	与滑块的导滑面配合，起导轨作用的板件
3.4.5	楔紧块(wedge block)	带有楔角，用于合模时楔紧滑块的零件(见图 3-5 中 20)

续表

标准条目编号	术语(英文)	定　义
3.4.6	斜槽导板 (finger guide plate)	具有斜导槽，用以使滑块随槽作抽芯和复位运动的板状零件(见图 3-28 中 1)
3.4.7	弯销(angular cam)	随着模具的开闭，使滑块作抽芯、复位动作的矩形截面的弯杆零件(见图 3-29 中 1)
3.4.8	斜滑块 (angled sliding split)	与斜面配合滑动，往往兼有成型、推出和抽芯作用的拼块(见图 3-27 中 1)
3.5 导向零件		
3.5.1	导柱(guide pillar)	与导套(或孔)滑动配合，保证模具合模导向和确定动模、定模相对位置的圆柱形零件
3.5.1.1	带头导柱 (headed guide pillar)	带有轴向定位台阶，固定段与导向段具有同一基本尺寸、不同公差带的导柱(见图 3-6 中 6)
3.5.1.2	带肩导柱 (shouldered guide pillar)	带有轴向定位台阶，固定段基本尺寸大于导向段的导柱(见图 3-5 中 3)
3.5.2	推板导柱 (ejector guide pillar)	与推板导套滑动配合，用于推出机构导向的圆柱形零件(见图 3-2 中 12、图 3-5 中 17)
3.5.3	拉杆导柱 (limit guide pillar)	开模分型时，导向并限制某一模板仅在规定的距离内移动的导柱(见图 3-30 中 4)
3.5.4	导套(guide bush)	与导柱滑动配合，保证模具合模导向和确定动模、定模相对位置的圆套形零件
3.5.4.1	直导套 (straight guide bush)	不带轴向定位台阶的导套
3.5.4.2	带头导套 (headed guide bush)	带有轴向定位台阶的导套(见图 3-2 中 7、图 3-5 中 4)
3.5.5	推板导套 (ejector guide bush)	与推板导柱滑动配合，用于推出机构导向的圆套形零件(见图 3-2 中 15、图 3-5 中 16)
3.6 定位和限位零件		
3.6.1	定位圈(locating ring)	确定模具在注射机上的安装位置，保证注射机喷嘴与模具浇口套对中的定位零件(见图 3-5 中 23)
3.6.2	定位元件 (locating element)	利用相互配合的锥面或直面，使动模、定模精确合模定位的组件(见图 3-31)
3.6.3	复位杆(return pin)	借助模具的闭合动作，使推出机构复位的杆件(见图 3-5 中 8)
3.6.4	限位钉(stop pin)	对推出机构起支承和调整作用，并防止其在复位时受异物阻碍的零件(见图 3-2 中 10、图 3-5 中 12)

续表

标准条目编号	术语(英文)	定　义
3.6.5	限位块(stop block)	(a)起承压作用并调整、限制凸模行程的块状零件(见图 3-2 中 19) (b)限制滑块抽芯后最终位置的块状零件(见图 3-5 中 18)
3.6.6	定距拉杆(limit bolt)	开模分型时，限制某一模板仅在规定的距离内移动的杆件(见图 3-4 中 15、图 3-30 中 1)
3.6.7	定距拉板(limit plate)	开模分型时，限制某一模板仅在规定的距离内移动的板件(见图 3-8 中 1)
3.7 推出零件		
3.7.1	推杆(ejector pin)	用于推出塑件或浇注系统凝料的杆件
3.7.1.1	圆柱头推杆(ejector pin with a cylindrical head)	头部带有圆柱形轴向定位台阶的推杆(见图 3-4 中 7)
3.7.1.2	带肩推杆(shouldered ejector pin)	带有圆柱形轴向定位台阶，固定段直径大于工作段直径的推杆(见图 3-2 中 9)
3.7.1.3	扁推杆(flat ejector pin)	工作截面为矩形的推杆
3.7.2	推管(ejector sleeve)	用于推出塑件的管状零件(见图 3-5 中 15)
3.7.3	推块(elector pad)	型腔的组成部分并在开模时把塑件从型腔内推出的块状零件(见图 3-32 中 1)
3.7.4	推件板(stripper plate)	用于推出塑件的板状零件(见图 3-6 中 3、图 3-30 中 5)
3.7.5	推件环(stripper ring)	起局部或整体推出塑件作用的环形或盘形零件
3.7.6	推杆固定板(ejector retainer plate)	用以固定推出和复位零件以及推板导套的板件(见图 3-2 中 16、图 3-5 中 10)
3.7.7	推板(ejector plate)	支承推出和复位零件，直接传递机床推出力的板件(见图 3-2 中 14、图 3-4 中 9、图 3-5 中 11)
3.7.8	连接推杆(ejector tie rod)	连接推件板与推杆固定板，传递推出力的杆件
3.7.9	拉料杆(sprue puller pin)	开模分型时拉住浇注系统凝料，头部带有侧凹形状的杆件(见图 3-6 中 5)
3.7.9.1	钩形拉料杆(z-shaped sprue puller)	头部形状为钩形的拉料杆
3.7.9.2	球头拉料杆(sprue puller with a ball head)	头部形状为球形的拉料杆
3.7.9.3	圆锥头拉料(sprue puller with a conical head)	头部形状为倒圆锥形的拉料杆
3.7.10	分流道拉料杆(runner puller)	将埋入分流道的一端制成某种侧凹形状，用以保证开模时拉住分流道凝料的杆件(见图 3-30 中 3)

续表

标准条目编号	术语(英文)	定 义
3.7.11	推料板 (runner stripper plate)	随开模分型，推出浇注系统凝料的推板(见图 3-30 中 2)
3.8 冷却和加热		
3.8.1	冷却通道 (cooling channel)	为控制模具温度而设置的通过冷却循环介质的通道(见图 3-25、图 3-26 中 2)
3.8.2	隔板(plug baffle)	为改变循环介质的流向而在模具冷却通道内设置的板件
3.8.3	加热板(heater plate)	为保证塑件成型温度而设置有加热机构的板件(见图 3-2 中 8)
3.8.4	隔热板(thermal insulating sheet)	防止热量散失的板件
3.9 模架		
3.9.1	注射模模架 (injection mould base)	注射模中，由模板和导向件等基础零件组成，但未加工型腔的组合体
3.9.2	标准模架 (standard mould base)	结构、形式和尺寸都标准化、系列化并具有一定互换性的零件成套组合而成的模架

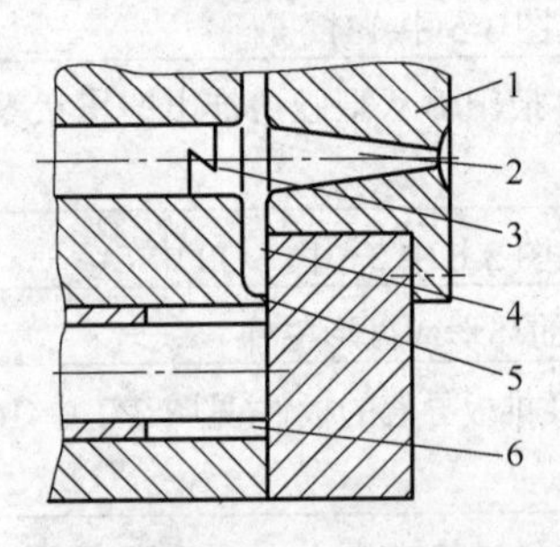

图 3-16　浇注系统

1—浇口套；2—主流道板；3—冷料穴；4—分流道；5—浇口；6—型腔

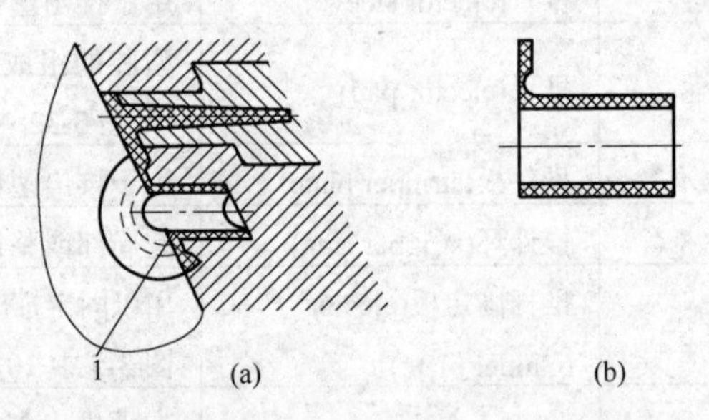

图 3-17　环形浇口

1—环形浇口

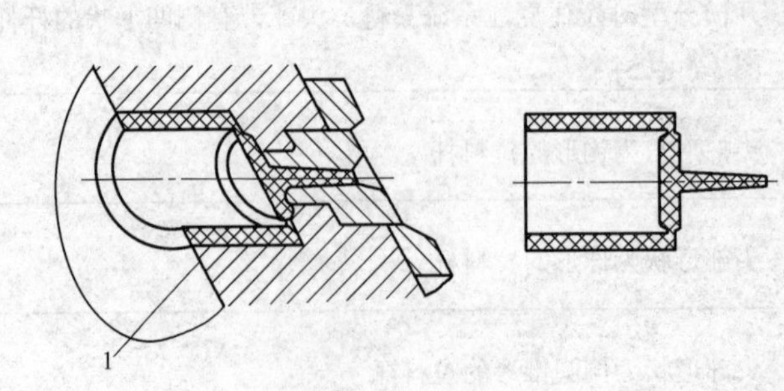

图 3-18　盘形浇口

1—盘形浇口

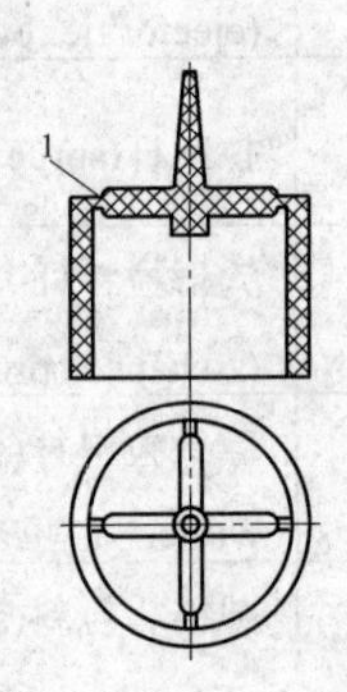

图 3-19　轮辐式浇口

1—轮辐式浇口

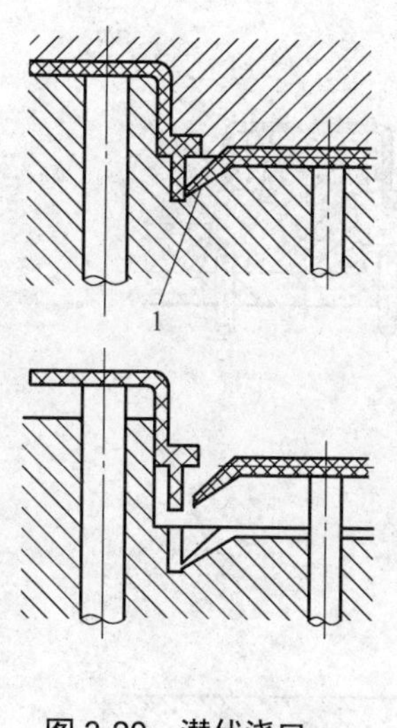

图 3-20　潜伏浇口

1—潜伏浇口

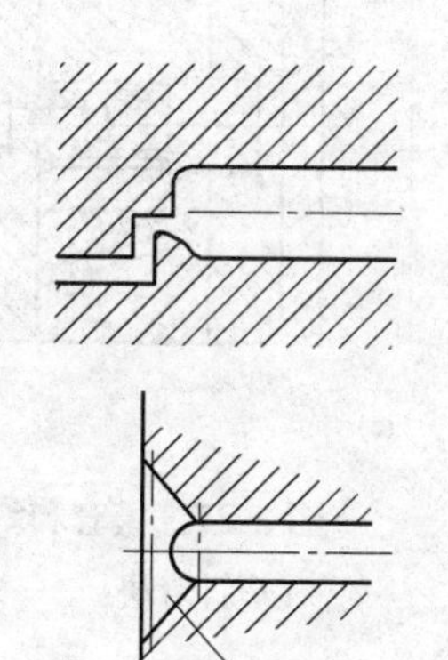

图 3-21　扇形浇口

1—扇形浇口

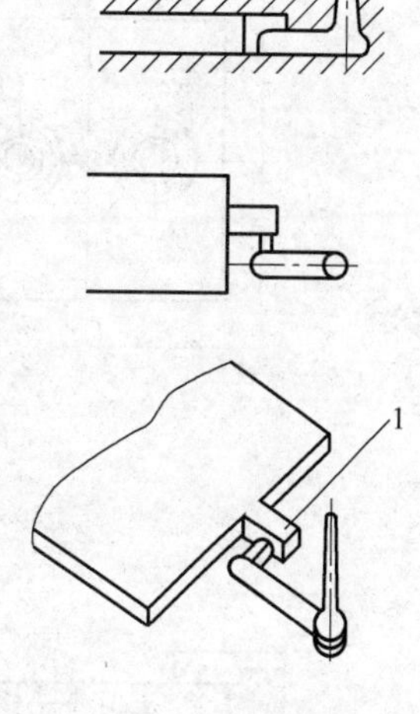

图 3-22　护耳浇口

1—护耳浇口

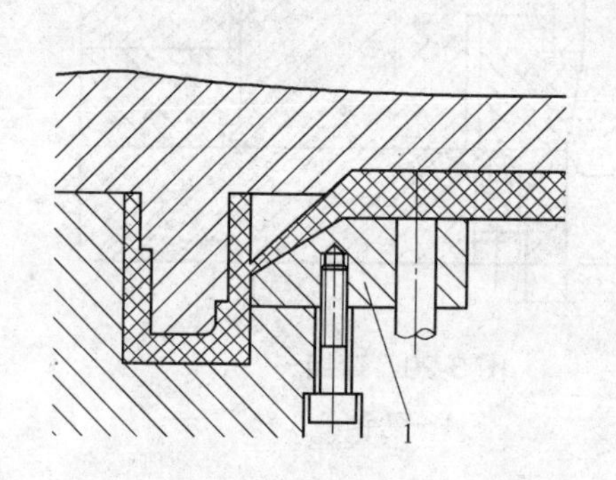

图 3-23　浇口镶块

1—浇口镶块

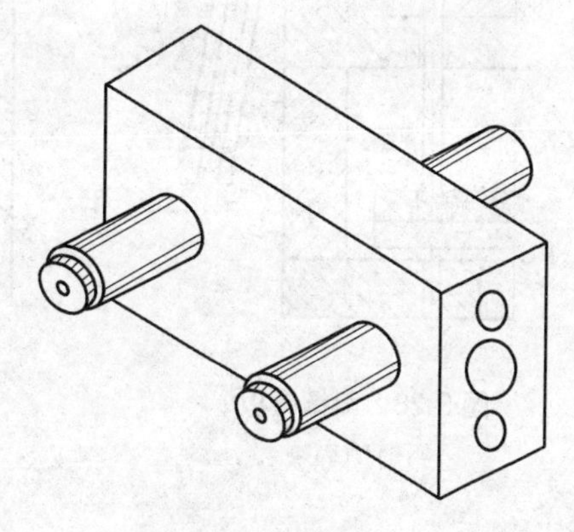

图 3-24　热流道板

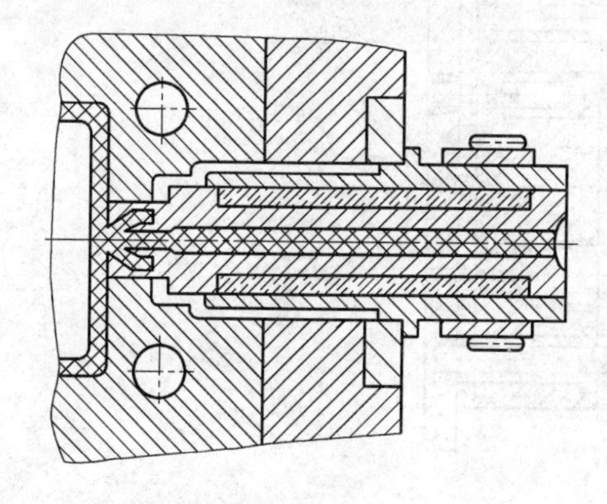

图 3-25　热管(一)

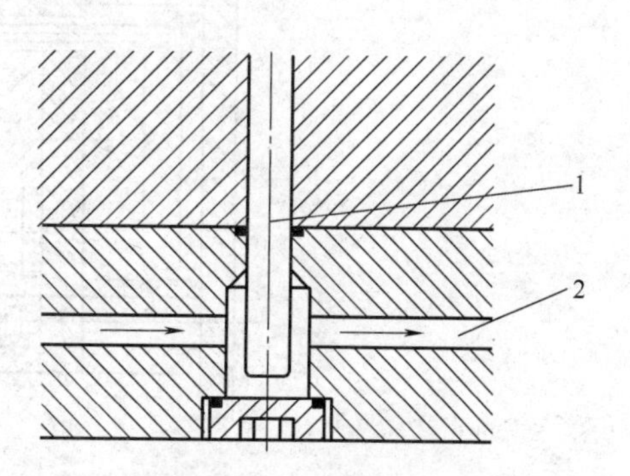

图 3-26　热管(二)

1—热管；2—冷却通道

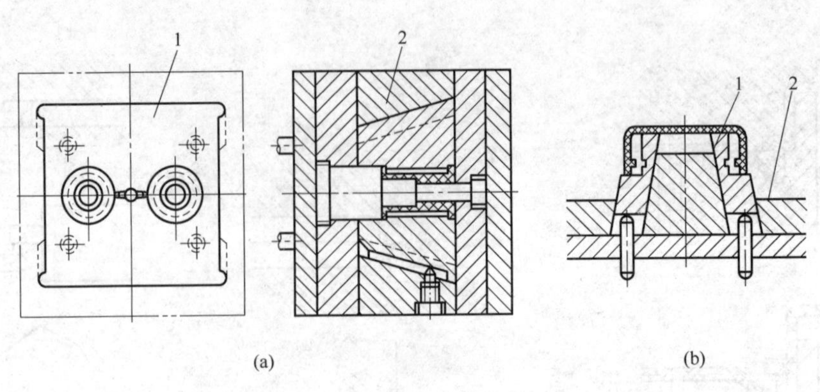

图 3-27　模套和斜滑块

1—斜滑块；2—模套

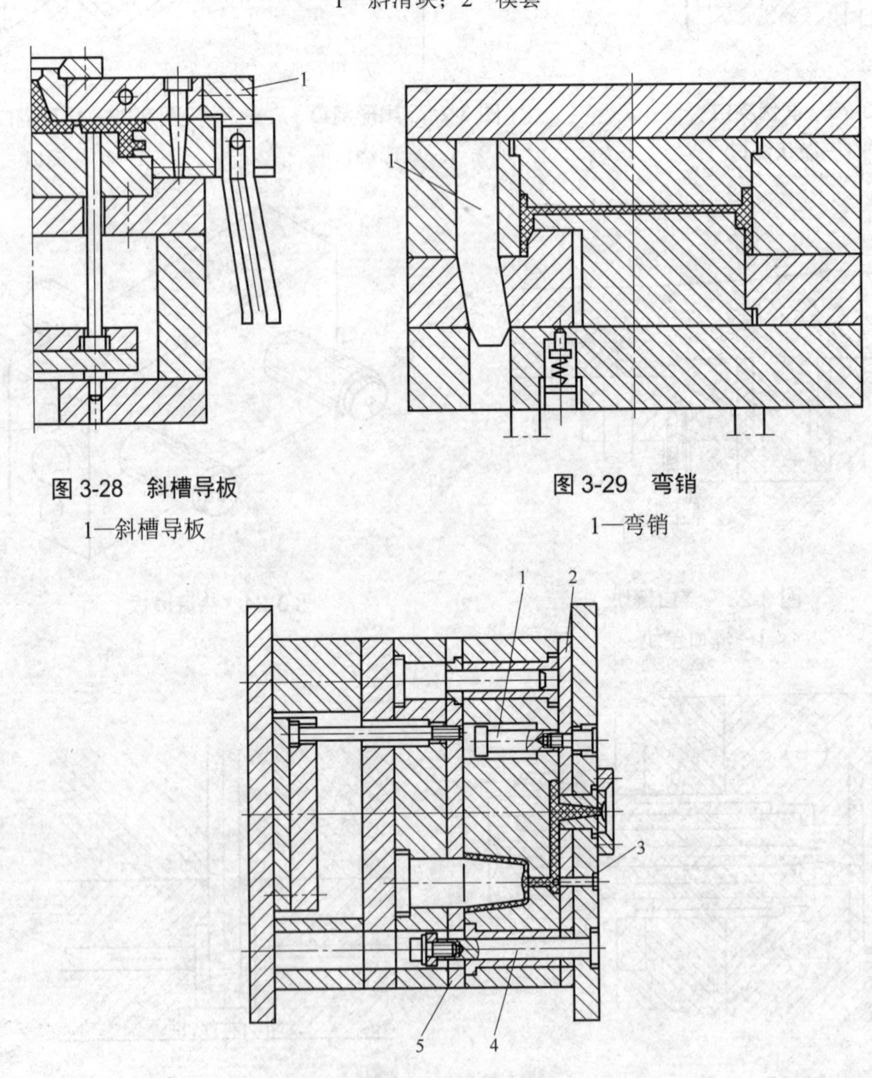

图 3-28　斜槽导板

1—斜槽导板

图 3-29　弯销

1—弯销

图 3-30　拉杆导柱

1—定距拉杆；2—推料板；3—分流道拉料杆；4—拉杆导柱；5—推件板

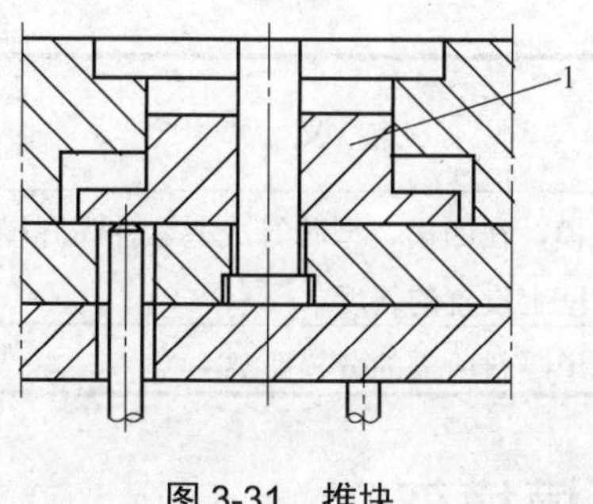

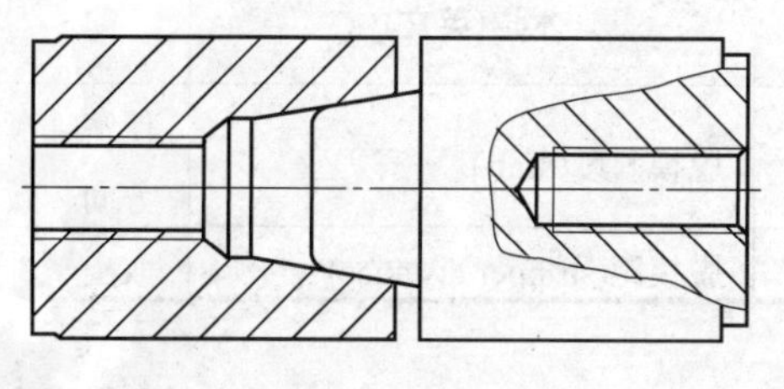

图 3-31　推块

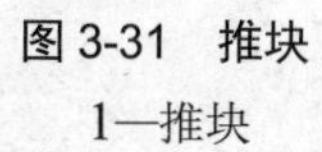

1—推块

图 3-32　定位元件

3.4　塑料成型模主要设计要素

塑料成型模主要设计要素包括注射能力、收缩率、注射压力、锁模力和成型压力等，如表 3-3 所示。

表 3-3　塑料成型模设计要素

标准条目编号	术语(英文)	定　义
4.1	注射能力(shot capacity)	在一个成型周期中，注射机对给定塑料的最大注射容量或质量
4.2	收缩率(shrinkage)	在室温下，模具型腔与塑件对应线性尺寸之差和模具型腔对应线性尺寸之比
4.3	注射压力(injection pressure)	注射机使熔融塑料注入模具型腔时所需施加的压力
4.4	锁模力(locking force)	合模成型时，使动模、定模相互紧密闭合而需施加的力
4.5	成型压力(moulding pressure)	压机施加在塑件投影面积上的压力
4.6	型腔压力(internal mould pressure)	在注射压力下的熔融塑料对型腔表面的压力
4.7	开模力(mould opening force)	使模具开模分型所需的力
4.8	脱模力(ejection force)	使塑件从模内脱出所需的力
4.9	抽芯力(core-pulling force)	成型塑件中抽拔出侧型芯所需的力
4.10	抽芯距(core pulling distance)	侧型芯从成型位置抽拔至不妨碍塑件取出的位置时，侧型芯或滑块所需移动的距离
4.11	闭合高度(mould shut height)	模具处于闭合状态下的总高度
4.12	最大开距(maximum open daylight)	注射机或压机的动模与定模安装板之间可打开的最大距离
4.13	投影面积(projected area)	模具型腔、浇注系统及溢流系统在垂直于锁模力方向上投影的面积总和

续表

标准条目编号	术语(英文)	定　义
4.14	脱模斜度(draft)	使塑件顺利脱模，在凹模、型芯等成型零件与开模或抽拔方向一致的侧壁上设置的斜度
4.15	脱模距(stripper distance)	取出塑件和流道凝料所需的分模距离

3.5　塑料注射模模架

注射模模架已形成标准系列，旧国标中与生产实际有脱节现象，因此大部分企业没有按国标进行生产，特别是塑料模具发达地区，如珠三角、长三角的模具企业。珠三角基本是以龙记模架、圣都模架等企业标准来供应市场的。针对这种情况，国家于 2007 年发布了新的模架与零部件标准，对模架和零件的尺寸规格作了全面的修改，比较符合当前国内模具行业的生产实际。

3.5.1　塑料注射模模架新旧标准差别

《塑料注射模模架》(GB/T 12555—2006)代替《塑料注射模大型模架》(GB/T 12555.1—1990)和《塑料注射模中的小型模架》(GB/T 12556.1—1990)。《塑料注射模模架》(GB/T 12555—2006)国家标准相对于旧的国家标准而言，主要有以下几项变化。

(1) 将 GB/T 12555.1—1990 和 GB/T 12556.1—1990 合并为一个标准。

(2) 增加了“前言”和“规范性引用文件”。

(3) 模架组成零件的名称增加了常用的点浇口型图例。

(4) 将基本型结构分为直浇口型和点浇口型两种。

(5) 将直浇口基本型分为 A、B、C、D 4 种，点浇口基本型分为 DA、DB、DC、DD 4 种。

(6) 根据生产实际，对模架的组合尺寸作了较大的调整。

(7) 将原分系列、规格的表格作了合并。

(8) 增加了模架结构的类型，列举了 36 种模架结构。

(9) 将导柱、导套的安装形式放在附录 B，并增加了结构类型。

(10) 新标准的附录 A、附录 B 为规范性附录。

《塑料注射模模架》(GB/T 12555—2006)标准规定了塑料注射模模架的组合形式、尺寸与标记，适用于塑料注射模模架。

3.5.2　模架组成零件的名称

塑料注射模模架以其在模具中的应用方式，分为直浇口与点浇口两种形式，其组成零件的名称分别见图 3-33 和图 3-34。

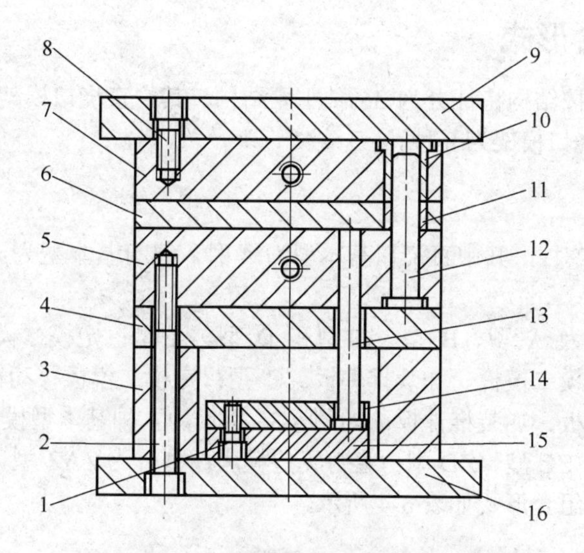

图 3-33　直浇口模架组成零件名称

1，2，8—内六角螺钉；3—垫块；4—支撑板；5—动模板；6—推件板；7—定模板；9—定模座板；10—带头导套；11—直导套；12—带头导柱；13—复位杆；14—推杆固定板；15—推板；16—动模座板

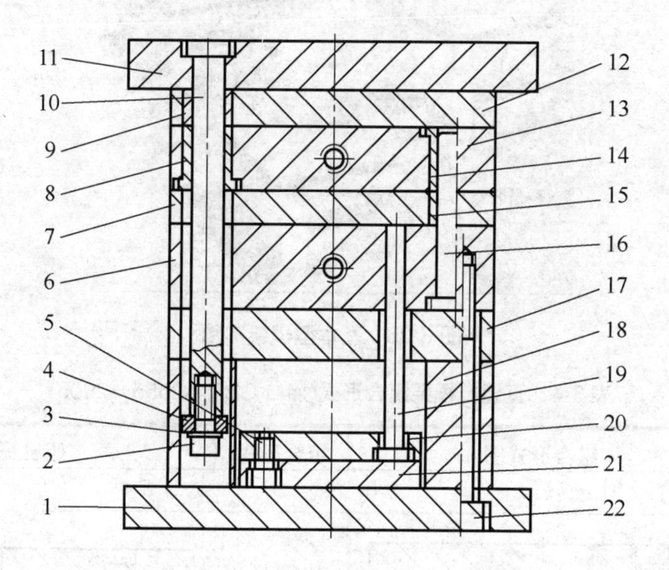

图 3-34　点浇口模架组成零件名称

1—动模座板；2，5，22—内六角螺钉；3—弹簧垫圈；4—挡环；6—动模板；7—推件板；8，14—带头导套；9，15—直导套；10—拉杆导柱；11—定模座板；12—推料板；13—定模板；14—带头导套；16—带头导柱；17—支撑板；18—垫块；19—复位杆；20—推杆固定板；21—推板

3.5.3 模架组合形式

塑料注射模模架按结构特征分为 36 种主要结构，其中直浇口模架为 12 种、点浇口模架为 16 种、简化点浇口模架为 8 种。

1. 直浇口模架

直浇口模架为 12 种，其中直浇口基本型为 4 种、直身基本型为 4 种、直身无定模座板型为 4 种。

直浇口基本型分为 A 型、B 型、C 型和 D 型。A 型：定模二模板、动模二模板。B 型：定模二模板、动模二模板、加装推件板。C 型：定模二模板、动模一模板。D 型：定模二模板、动模一模板、加装推件板。如图 3-35 所示为 4 种基本型模架实物。直身基本型分为 ZA 型、ZB 型、ZC 型、ZD 型；直身无定模座板型分为 ZAZ 型、ZBZ 型、ZCZ 型和 ZDZ型。直浇口模架组合形式如表 3-4 所示。

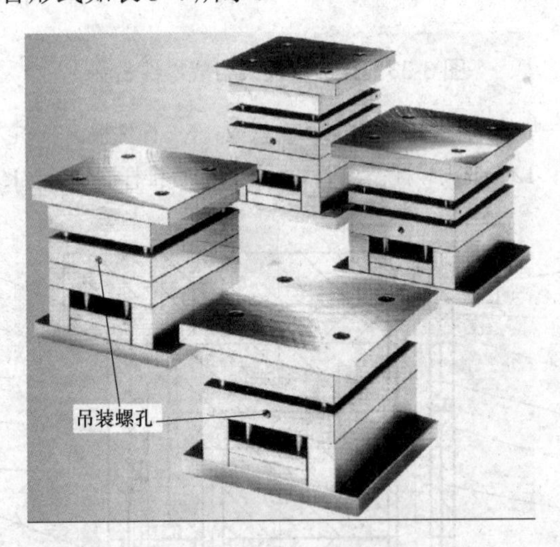

图 3-35 基本型模架实物

表 3-4 直浇口模架组合形式(摘自 GB/T 12555—2006)

组合形式	组合形式图	组合形式	组合形式图
直浇口基本型模架			
A 型	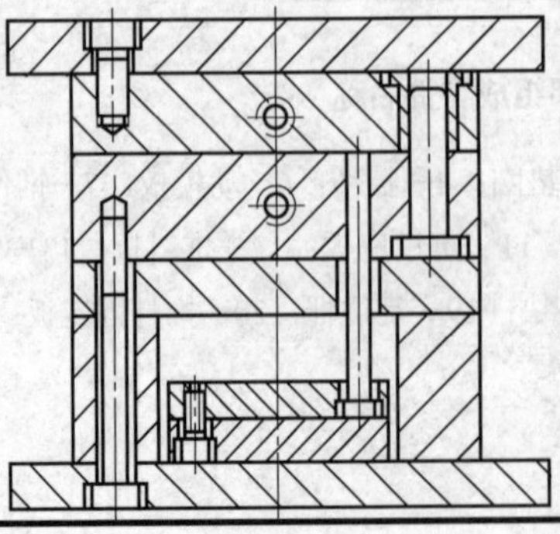	C 型	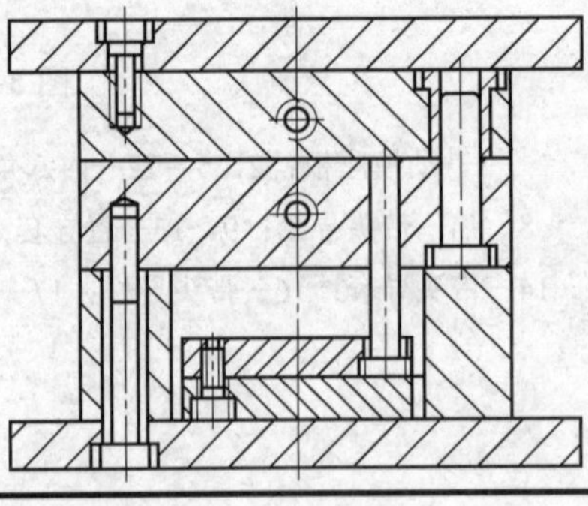

续表

组合形式	组合形式图	组合形式	组合形式图
B 型	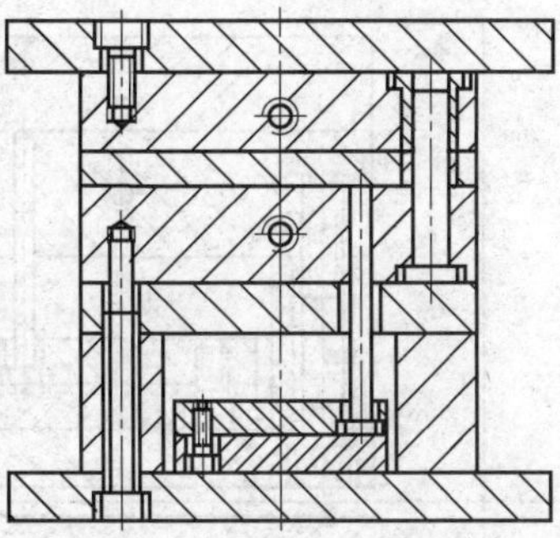	D 型	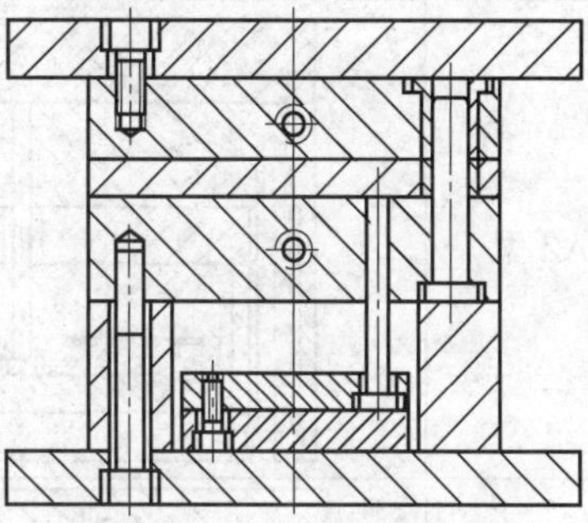
直浇口直身基本型模架			
ZA 型	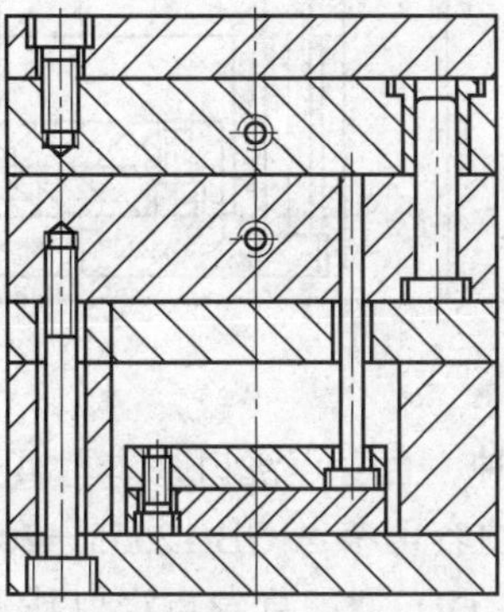	ZC 型	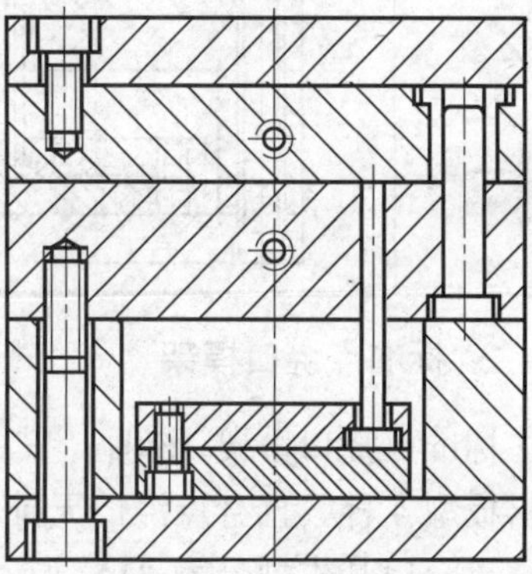
ZB 型	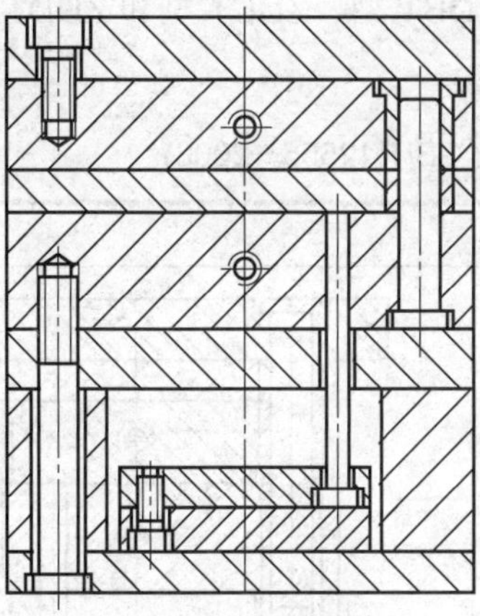	ZD 型	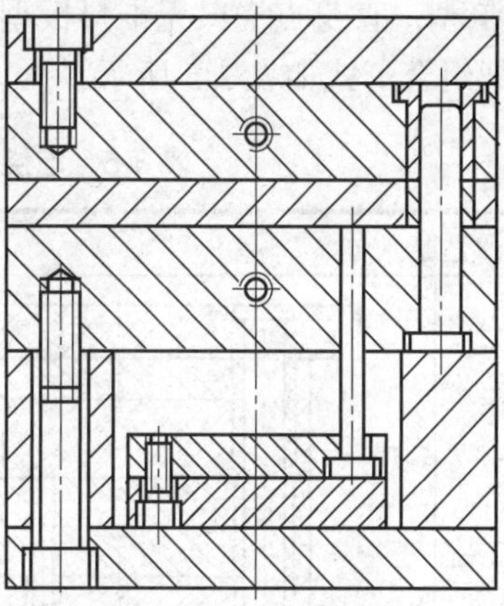

续表

组合形式	组合形式图	组合形式	组合形式图
直浇口直身无定模座板模架			
ZAZ 型	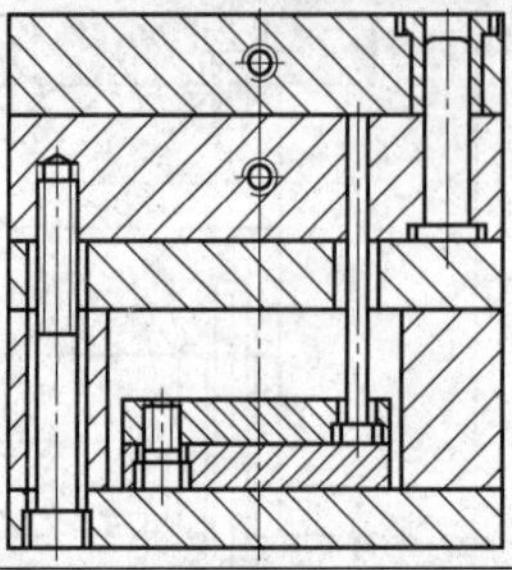	ZCZ 型	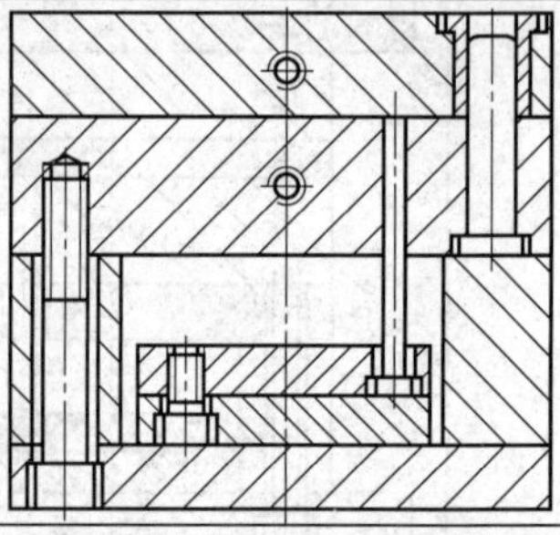
ZBZ 型	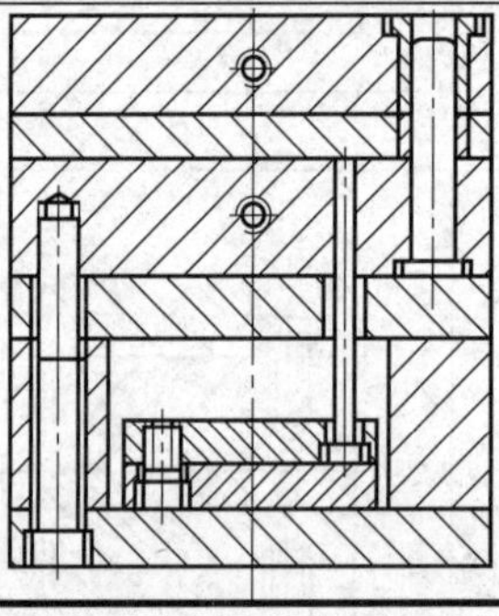	ZDZ 型	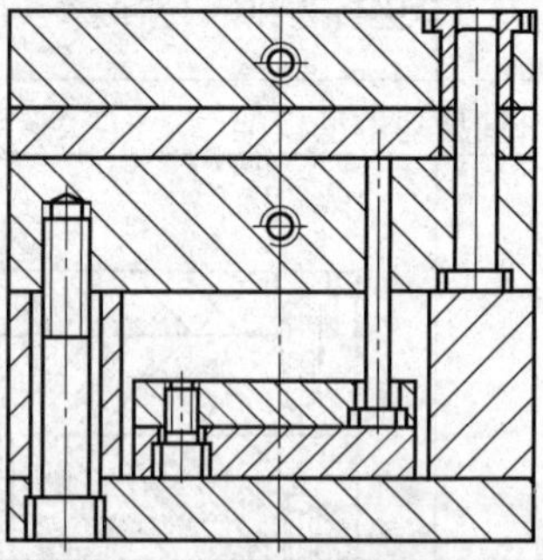

2. 标准点浇口模架

标准点浇口模架 16 种，其中点浇口基本型 4 种、直身点浇口基本型 4 种、点浇口无推料板型 4 种、直身点浇口无推料板型 4 种，具体内容可参考 GB/12555—2006。

点浇口基本型分为 DA 型、DB 型、DC 型和 DD 型；直身点浇口基本型分为 ZDA 型、ZDB 型、ZDC 型和 ZDD 型；点浇口无推料板型分为 DAT 型、DBT 型、DCT 型和 DDT 型；直身点浇口无推料板型分为 ZDAT 型、ZDBT 型、ZDCT 型和 ZDDT 型。点浇口模架组合形式如表 3-5 所示。

表 3-5　点浇口模架组合形式(摘自 GB/T 12555—2006)

点浇口基本型			
DA 型	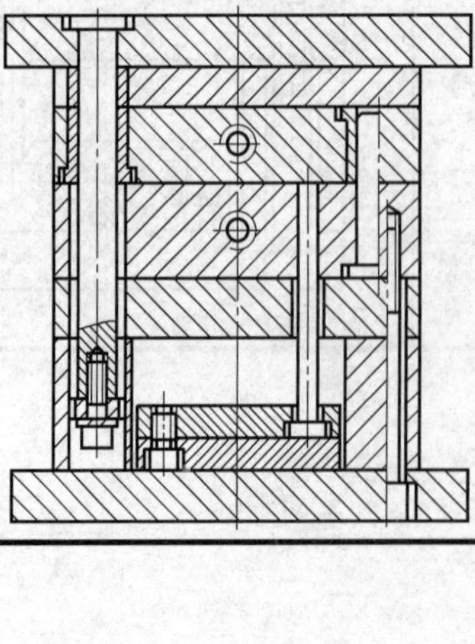	DC 型	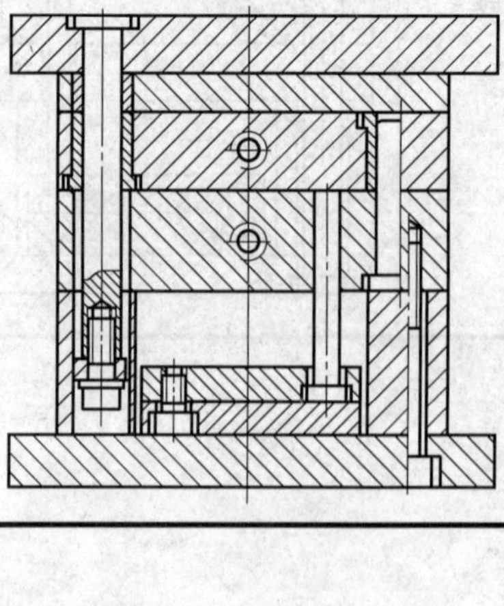

续表

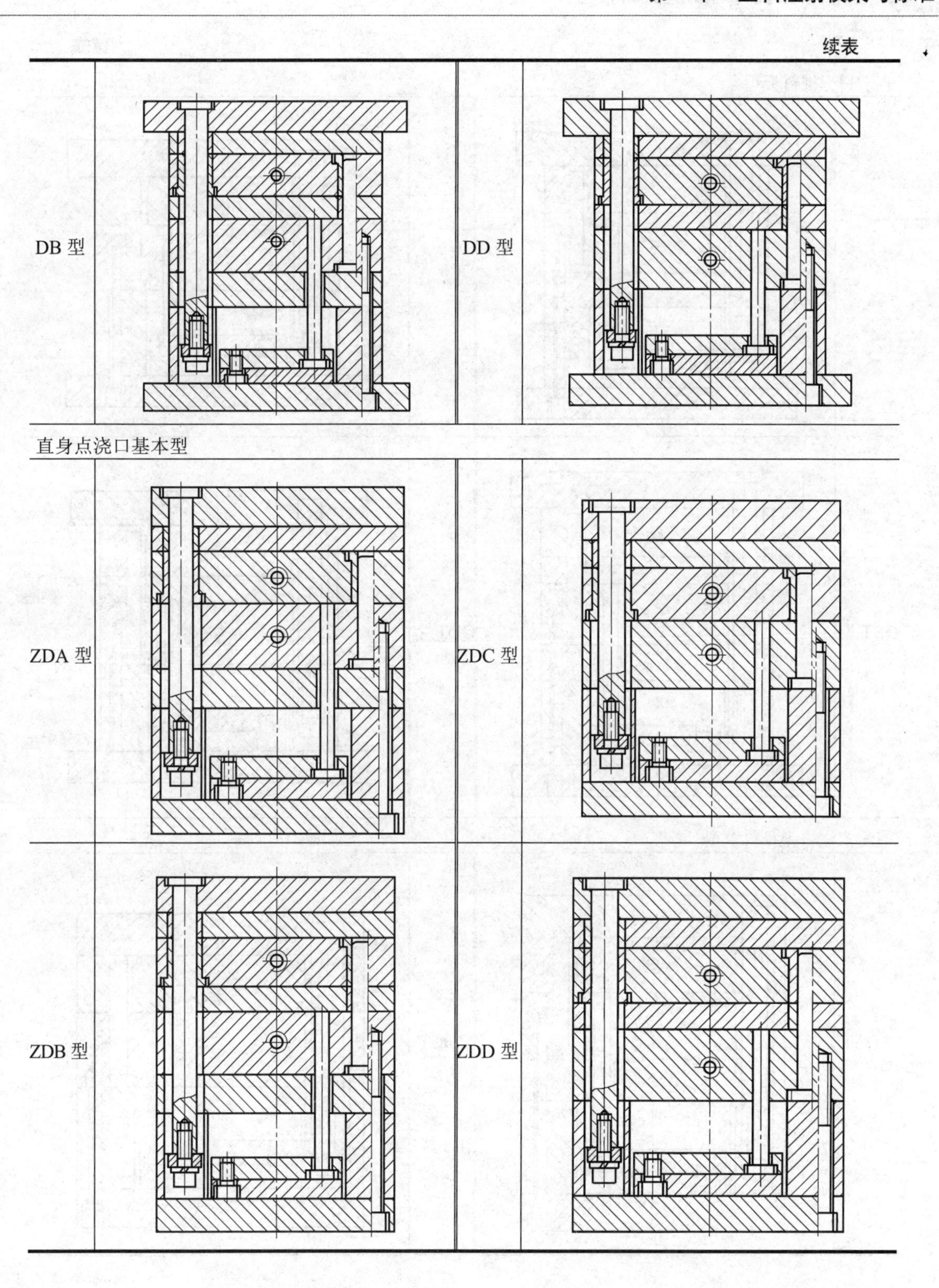

续表

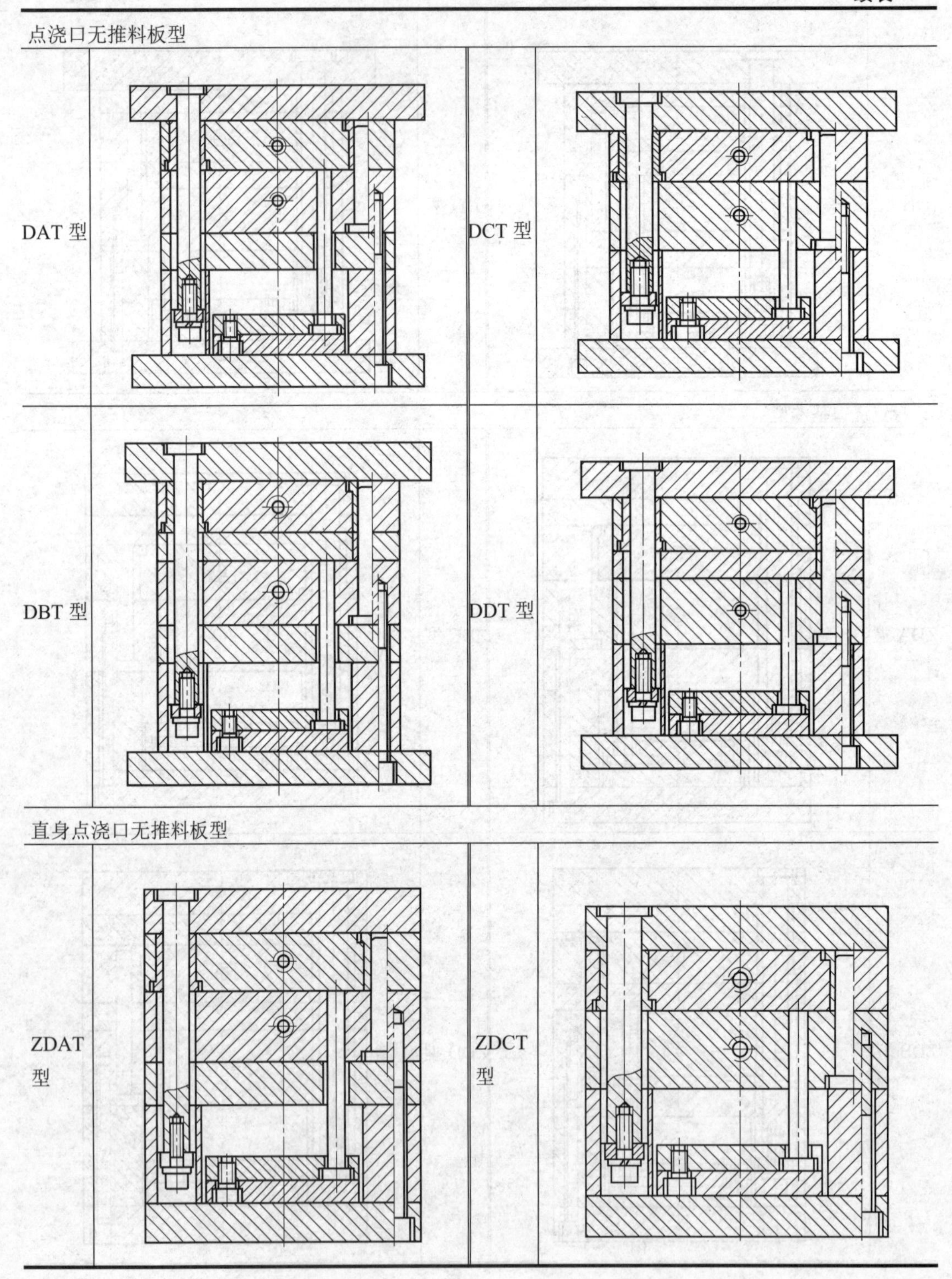

点浇口无推料板型			
DAT 型		DCT 型	
DBT 型		DDT 型	
直身点浇口无推料板型			
ZDAT 型		ZDCT 型	

续表

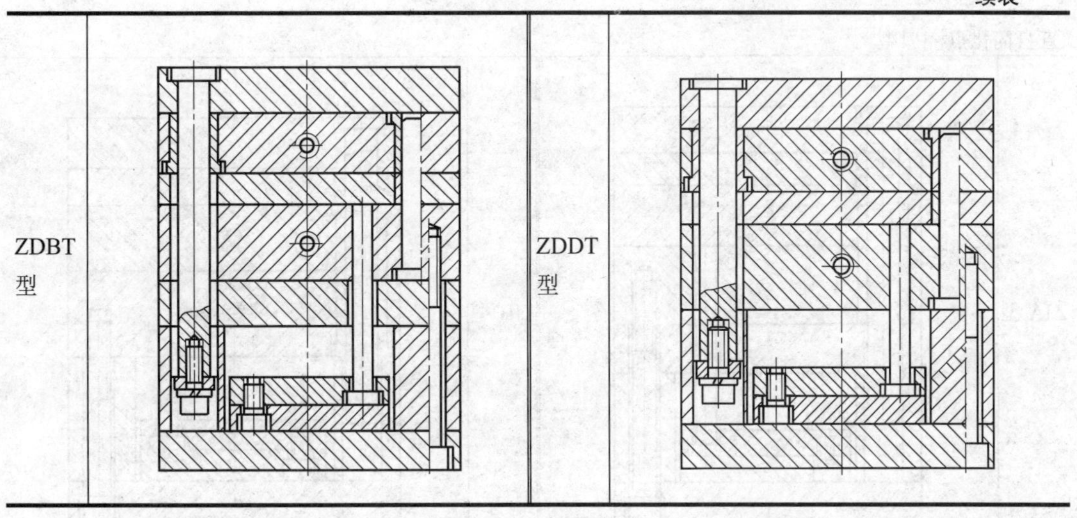

3. 简化点浇口三板模架

在简化点浇口三板模架中流道推板导柱兼合模导柱。而简化点浇口三板模架动模无推件板，不适用于推件板推出塑件的结构；当精度和寿命要求较高时亦不适用。

简化点浇口三板模架有 8 种，其中简化点浇口基本型 2 种，即 JA 型和 JB 型；直身简化点浇口型 2 种，即 ZJA 和 ZJB 型；简化点浇口无推料板型 2 种，即 JAT 型和 JBT 型；直身简化点浇口无推料板型 2 种，即 ZJAT 型和 ZJBT 型。简化点浇口三板模架组合形式如表 3-6 所示。

表 3-6 简化点浇口模架组合形式(摘自 GB/T 12555—2006)

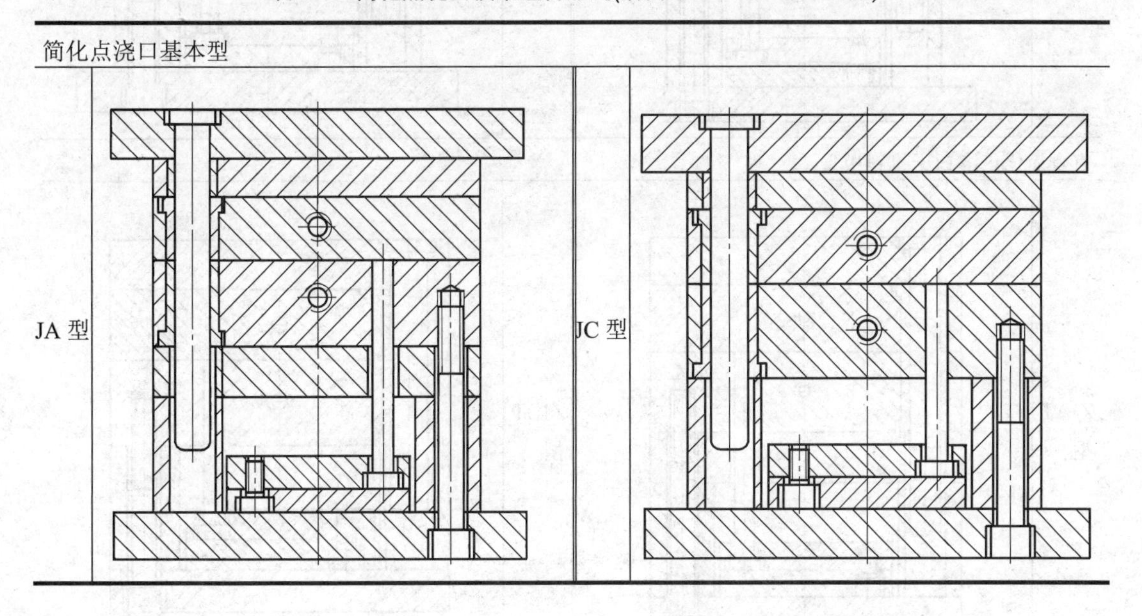

续表

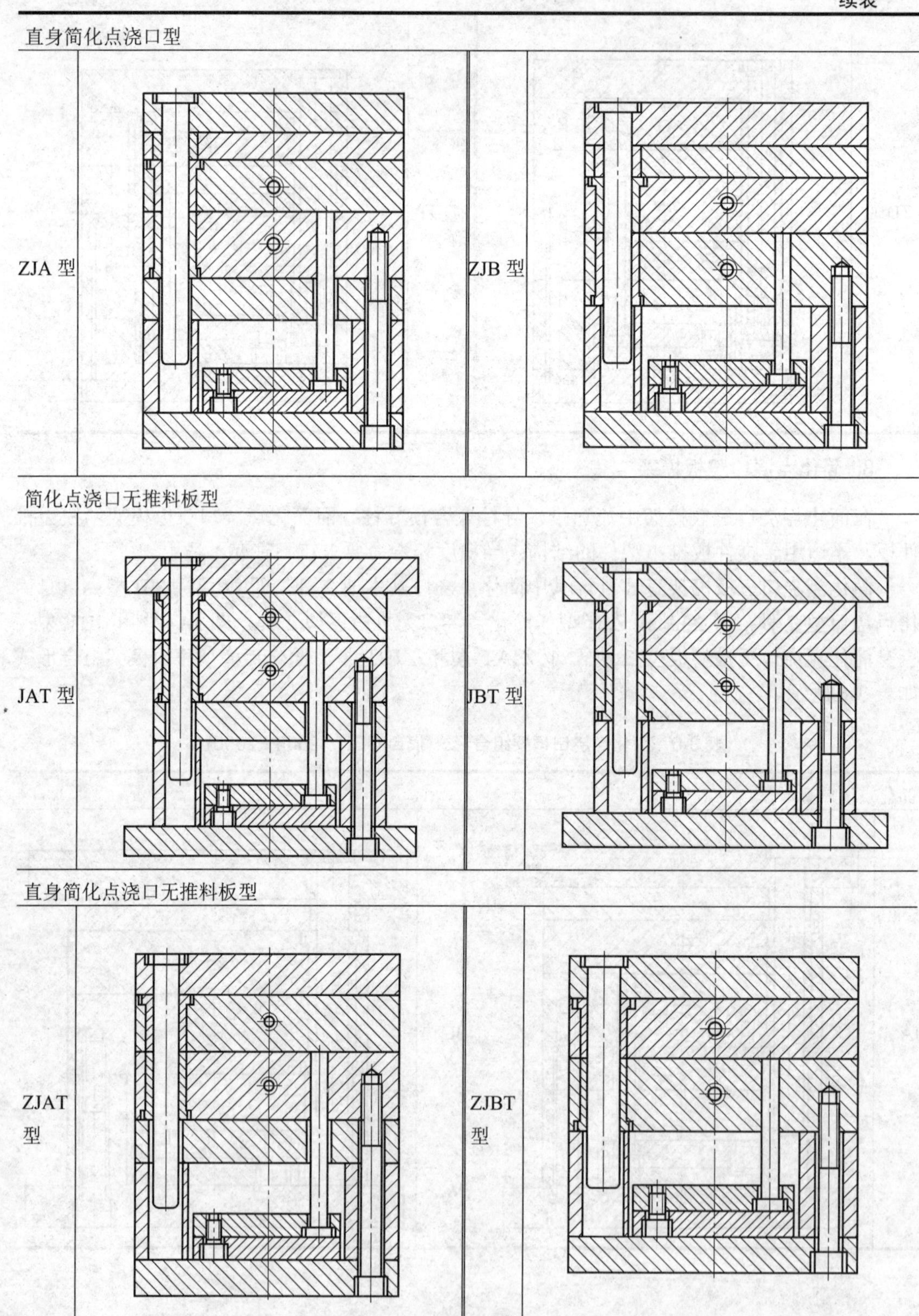
直身简化点浇口型
ZJA 型
ZJB 型
简化点浇口无推料板型
JAT 型
JBT 型
直身简化点浇口无推料板型
ZJAT 型
ZJBT 型

3.5.4　模架导向件与螺钉安装形式

根据使用要求，模架中的模架导向件与螺钉可以有不同的安装形式，《塑料注射模模架》(GB/T 12555—2006)国家标准中的具体规定有以下 5 条。

(1) 根据模具使用要求，模架中的导柱和导套可以分为正装与反装两种形式，如图 3-36 所示。

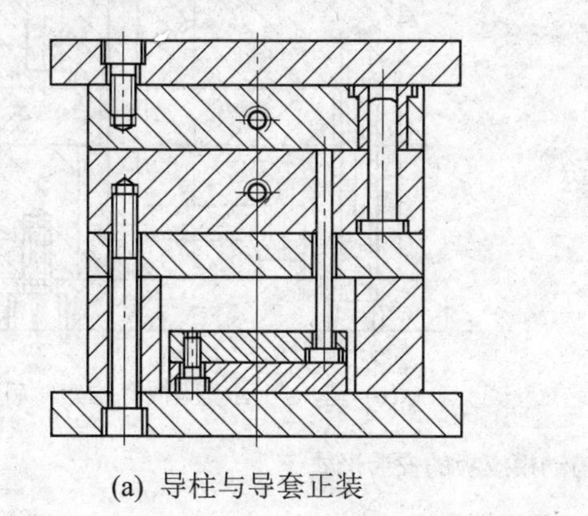

(a) 导柱与导套正装

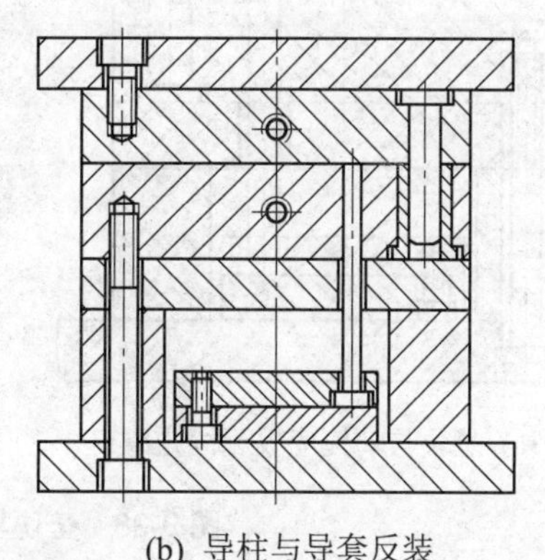

(b) 导柱与导套反装

图 3-36　导柱、导套正装与反装

(2) 根据模具使用要求，模架中的拉杆导柱可以分为装在内侧与装在外侧两种形式，如图 3-37 所示。

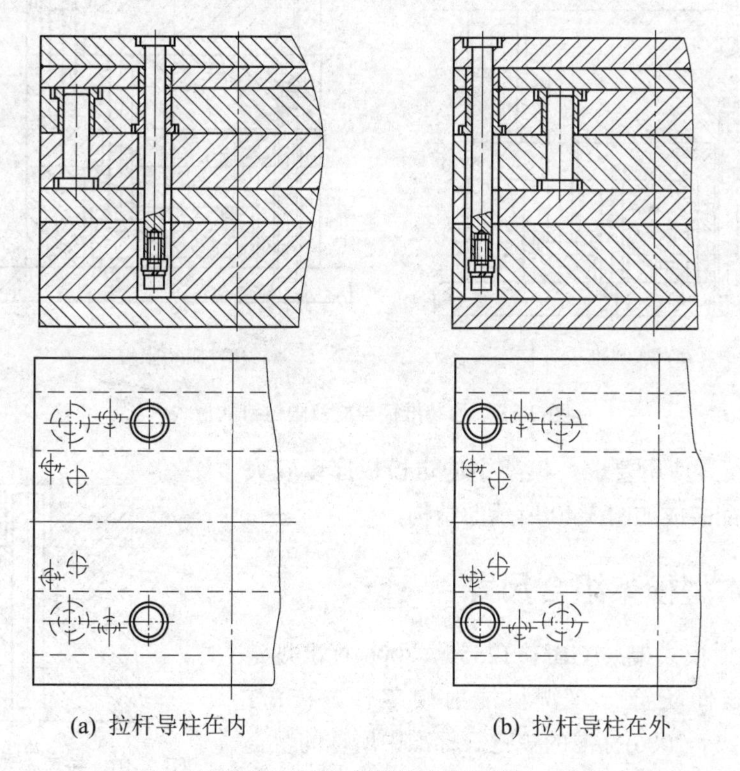

(a) 拉杆导柱在内　　(b) 拉杆导柱在外

图 3-37　拉杆导柱安装形式

(3) 根据模具使用要求，模架中的垫块可以增加螺钉单独固定在动模座板上，如图 3-38

所示。

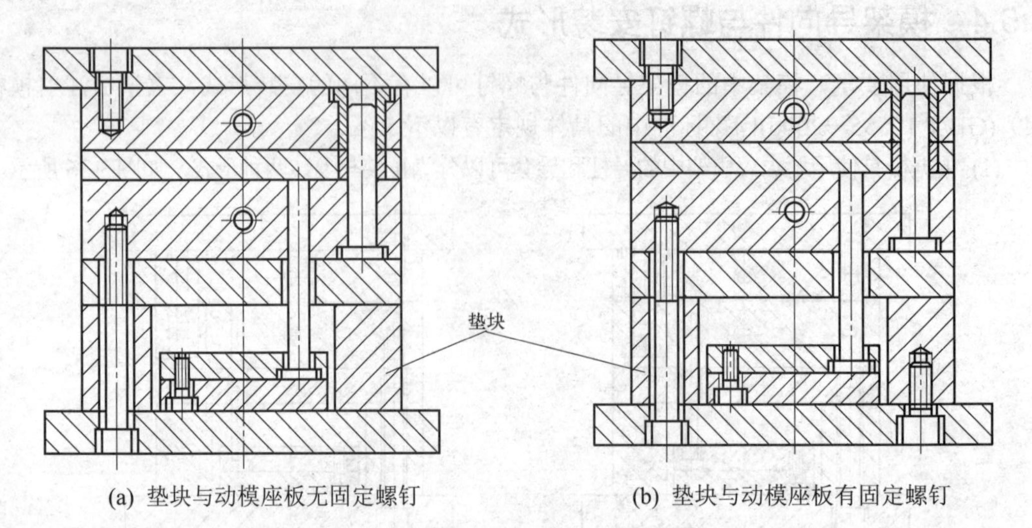

(a) 垫块与动模座板无固定螺钉　　(b) 垫块与动模座板有固定螺钉

图 3-38　垫块与动模座板的安装形式

(4) 根据模具使用要求，模架中的推板可以加装推板导柱及限位钉，如图 3-39 所示。

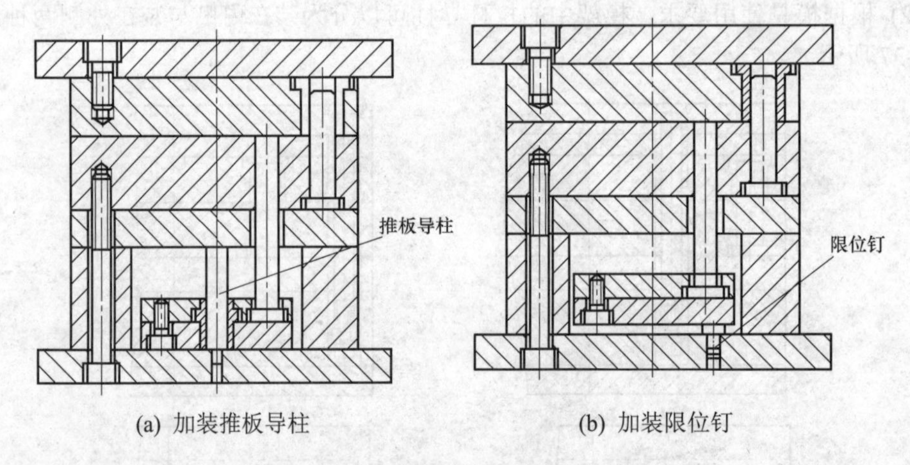

(a) 加装推板导柱　　(b) 加装限位钉

图 3-39　加装推板导柱及限位钉的形式

(5) 根据模具使用要求，模架中的定模板厚度较大时，导套可以配装成如图 3-40 所示的结构。

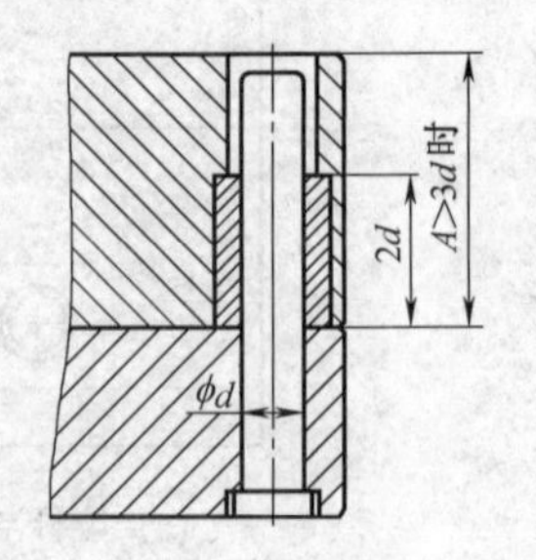

图 3-40　较厚定模板导套结构

3.5.5　基本型模架组合尺寸

《塑料注射模模架》(GB/T 12555—2006)标准规定组成模架的零件应符合《塑料注射模零件》(GB/T 4169.1～4169.23—2006)标准的规定。标准中所称的组合尺寸为零件的外形尺寸、孔径和孔位尺寸。

基本型模架组合尺寸如表 3-7 所示。

表 3-7　基本型模架组合(摘自 GB/T 12555－2006)

单位：mm

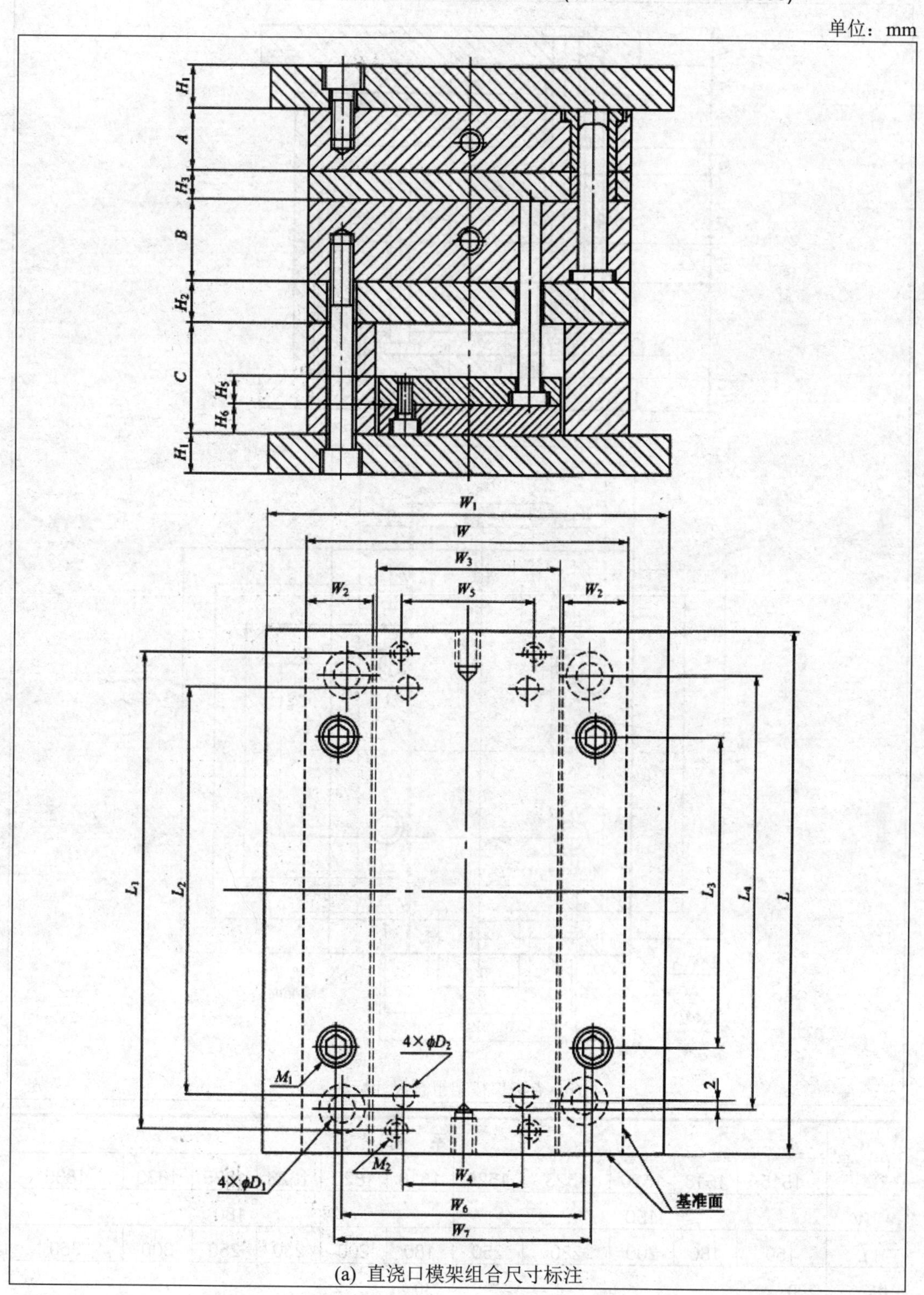

(a) 直浇口模架组合尺寸标注

续表

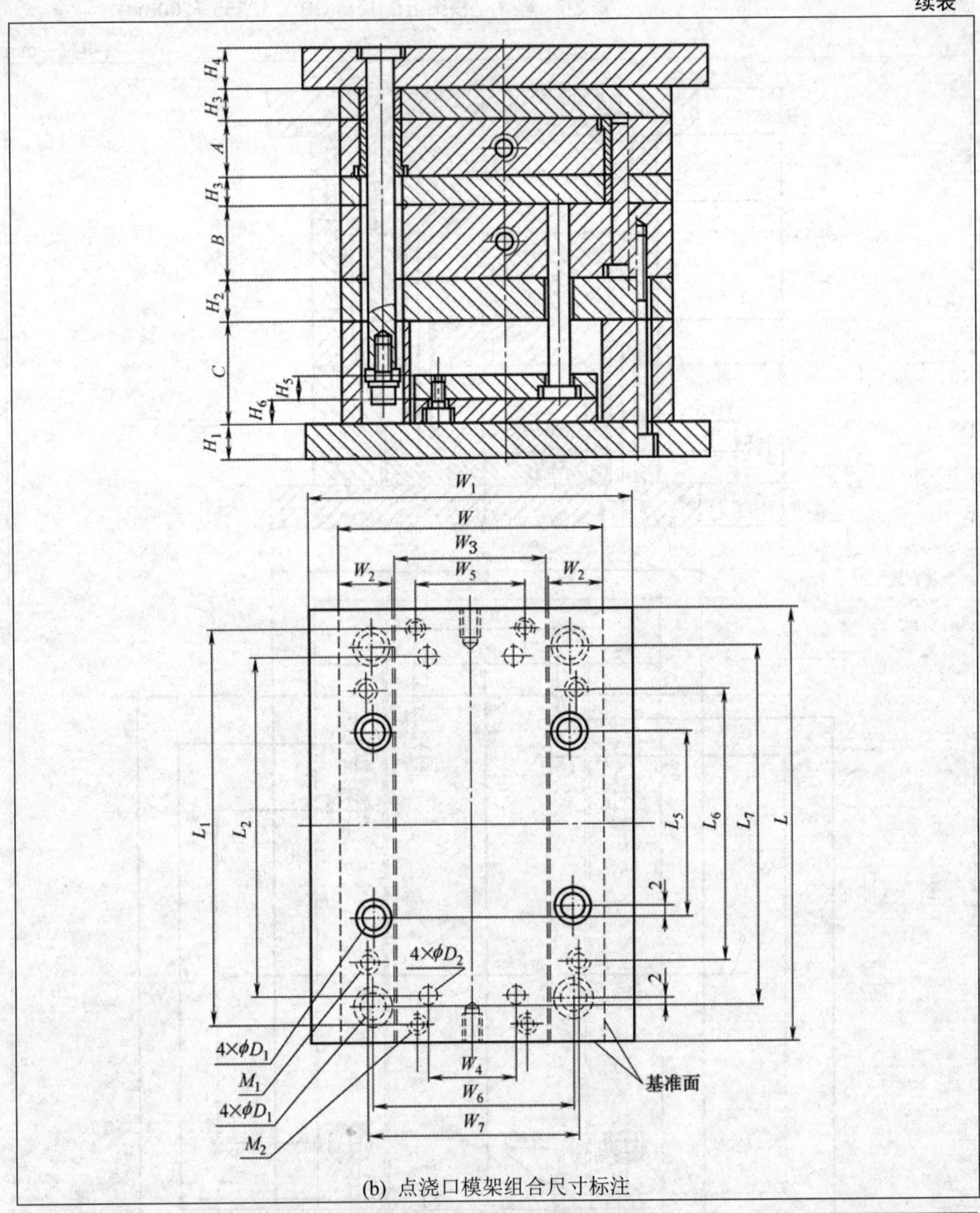

(b) 点浇口模架组合尺寸标注

代 号	系 列										
	1515	1518	1520	1523	1525	1818	1820	1823	1825	1830	1835
W	150					180					
L	150	180	200	230	250	180	200	230	250	300	350
W_1	200					230					
W_2	28					33					

续表

W_3	90					110					
A、B	20、25、30、35、40、45、50、55、60、70、80					20、25、30、35、40、45、50、55、60、70、80					
C	50、60、70					60、70、80					
H_1	20					20					
H_2	30					30					
H_3	20					20					
H_4	25					30					
H_5	13					15					
H_6	16					20					
W_4	48					68					
W_5	72					90					
W_6	114					134					
W_7	120					145					
L_1	132	162	182	212	232	160	180	210	230	280	330
L_2	114	144	164	194	214	138	158	188	208	258	308
L_3	56	86	106	136	156	64	84	114	124	174	224
L_4	114	144	164	194	214	134	154	184	204	254	304
L_5	—	52	72	102	122	—	46	76	96	146	196
L_6	—	96	116	146	166	—	98	128	148	198	248
L_7	—	144	164	194	214	—	154	184	204	254	304
D_1	16					20					
D_2	12					12					
M_1	4×M10					4×M12				6×M12	
M_2	4×M6					4×M8					

代　号	系　列											
	2020	2023	2025	2030	2035	2040	2323	2325	2327	2330	2335	2340
W	200						230					
L	200	230	250	300	350	400	230	250	270	300	350	400
W_1	250						280					

续表

W_2	38						43					
W_3	120						140					
A、B	25、30、35、40、45、50、55、60、70、80、90、100											
C	60、70、80						70、80、90					
H_1	25											
H_2	30						35					
H_3	20											
H_4	30											
H_5	15											
H_6	20											
W_4	84	80					106					
W_5	100						120					
W_6	154						184					
W_7	160						185					
L_1	180	210	230	280	330	380	210	230	250	280	330	380
L_2	150	180	200	250	300	350	180	200	220	250	300	350
L_3	80	110	130	180	230	280	106	126	144	174	224	274
L_4	154	184	204	254	304	354	184	204	224	254	304	354
L_5	46	76	96	146	196	246	74	94	112	142	192	242
L_6	98	128	148	198	248	298	128	148	166	196	246	296
L_7	154	184	204	254	304	354	184	204	224	254	304	354
D_1	20											
D_2	12	15					15					
M_1	4×M12			6×M12			4×M12		4×M14		6×M14	
M_2	4×M8											

代　号	系　列												
	2525	2527	2530	2535	2540	2545	2550	2727	2730	2735	2740	2745	2750
W	250							270					
L	250	270	300	350	400	450	500	270	300	350	400	450	500
W_1	300							320					
W_2	48							53					
W_3	150							160					
A、B	30、35、40、45、50、55、60、70、80、90、100、110、120												
C	70、80、90												

续表

H_1	25												
H_2	35							40					
H_3	25												
H_4	35												
H_5	15												
H_6	20												
W_4	110												
W_5	130							135					
W_6	194							214					
W_7	200							215					
L_1	230	250	280	330	380	430	480	246	276	326	376	426	476
L_2	200	220	250	298	348	398	448	210	240	290	340	390	440
L_3	108	124	154	204	254	304	354	124	154	204	254	304	354
L_4	194	214	244	294	344	394	444	214	244	294	344	394	444
L_5	70	90	120	170	220	270	320	90	120	170	220	270	320
L_6	130	150	180	230	280	330	380	150	180	230	280	330	380
L_7	194	214	244	294	344	394	444	214	244	294	344	394	444
D_1	25												
D_2	15			20									
M_1	4×M14			6×M14				4×M14			6×M14		
M_2	4×M8							4×M10					

代　号	系　列												
	3030	3035	3040	3045	3050	3055	3060	3535	3540	3545	3550	3555	3560
W	300							350					
L	300	350	400	450	500	550	600	350	400	450	500	550	600
W_1	350							450					
W_2	58							63					
W_3	180							220					
A、B	35、40、45、50、55、60、70、80、90、100、110、120、130							40、45、50、55、60、70、80、90、100、110、120、130					
C	80、90、100							90、100、110					
H_1	25		30					30					
H_2	45												
H_3	30							35					
H_4	45										50		
H_5	20												

续表

H_6	25												
W_4	134			128				164			152		
W_5	156							196					
W_6	234							284			274		
W_7	240							285					
L_1	276	326	376	426	476	526	576	326	376	426	476	526	576
L_2	240	290	340	390	440	490	540	290	340	390	440	490	540
L_3	138	188	268	288	338	388	438	178	224	274	308	358	408
L_4	234	284	334	384	434	484	534	284	334	384	424	474	524
L_5	98	148	198	244	294	344	394	144	194	244	268	318	368
L_6	164	214	264	312	362	412	462	212	262	312	344	394	444
L_7	234	284	334	384	434	484	534	284	334	384	424	474	524
D_1	30										35		
D_2	20			25									
M_1	4×M14	6×M14		6×M16				4×M16	6×M16				
M_2	4×M10												

代　号	系　列										
	4040	4055	4050	4055	4060	4070	4545	4550	4555	4560	4570
W	400						450				
L	400	450	500	550	600	700	450	500	550	600	700
W_1	450						550				
W_2	68						78				
W_3	260						290				
A、B	40、45、50、55、60、70、80、90、100、110、120、130、140、150						45、50、55、60、70、80、90、100、110、120、130、140、150、160、180				
C	100、110、120、130										
H_1	30	35									
H_2	50						60				
H_3	35						40				
H_4	50						60				
H_5	25										
H_6	30										
W_4	198						226				
W_5	234						264				
W_6	324						364				

续表

W_7	330						370				
L_1	374	424	474	524	574	674	424	474	524	574	674
L_2	340	390	440	490	540	640	384	434	484	534	634
L_3	208	254	304	354	404	504	236	286	336	386	483
L_4	324	374	424	474	524	624	364	414	464	514	614
L_5	168	218	268	318	368	468	194	244	294	344	444
L_6	244	294	344	394	444	544	276	326	376	426	526
L_7	324	374	424	474	524	624	364	414	464	514	614
D_1	35						40				
D_2	25						30				
M_1	6×M16										
M_2	4×M12										

代　号	系　列									
	5050	5055	5060	5070	5080	5555	5560	5570	5580	5590
W	500					550				
L	500	550	600	700	800	550	600	700	800	900
W_1	600					650				
W_2	88					100				
W_3	320					340				
A、B	50、60、70、80、90、100、110、120、130、140、150、160、180					70、80、90、100、110、120、130、140、150、160、180、200				
C	100、110、120、130					110、120、130、150				
H_1	35									
H_2	60					70				
H_3	40									
H_4	60					70				
H_5	25									
H_6	30									
W_4	256					270				
W_5	294					310				
W_6	414					444				
W_7	410					450				
L_1	474	524	574	674	774	520	570	670	770	870
L_2	434	484	534	634	734	480	530	630	730	830
L_3	286	336	386	486	586	300	350	450	550	650
L_4	414	464	514	614	714	444	494	594	694	794

续表

L_5	244	294	344	444	544	220	270	370	470	570
L_6	326	376	426	526	626	332	382	482	582	682
L_7	414	464	514	614	714	444	494	594	694	794
D_1	40					50				
D_2	30									
M_1	6×M16				8×M16	6×M20			8×M20	
M_2	4×M12				6×M12				8×M12	10×M12

代　号	系　列									
	6060	6070	6080	6090	60100	6565	6570	6580	6590	65100
W	600					650				
L	600	700	800	900	1000	650	700	800	900	1000
W_1	700					750				
W_2	100					120				
W_3	390					400				
A、B	70、80、90、100、110、120、130、140、150、160、180、200					70、80、90、100、110、120、130、140、150、160、180、200、220				
C	120、130、150、180									
H_1	35									
H_2	80					90				
H_3	50					60				
H_4	70					80				
H_5	25									
H_6	30									
W_4	320					330				
W_5	360					370				
W_6	494					544				
W_7	500					530				
L_1	570	670	770	870	970	620	670	770	870	970
L_2	530	630	730	830	930	580	630	730	830	930
L_3	350	450	550	650	750	400	450	550	650	750
L_4	494	594	694	794	894	544	594	694	794	894
L_5	270	370	470	570	670	320	370	470	570	670
L_6	382	482	582	682	782	434	482	582	682	782
L_7	494	594	694	794	894	544	594	694	794	894
D_1	50									

续表

D_2	30					
M_1	6×M20	8×M20	10×M20	6×M20	8×M20	10×M20
M_2	6×M12	8×M12	10×M12	6×M12	8×M12	10×M12

代　号	系　列								
	7070	7080	7090	70100	70125	8080	8090	80100	80125
W	700					800			
L	700	800	900	1000	1250	800	900	1000	1250
W_1	800					900			
W_2	120					140			
W_3	450					510			
A、B	70、80、90、100、110、120、130、140、150、160、180、200、220、250					80、90、100、110、120、130、140、150、160、180、200、220、250、280、300			
C	150、180、200、250								
H_1	40								
H_2	100					120			
H_3	60					70			
H_4	90					100			
H_5	25					30			
H_6	30					40			
W_4	380					420			
W_5	420					470			
W_6	580					660			
W_7	580					660			
L_1	670	770	870	970	1220	760	860	960	1210
L_2	630	730	830	930	1180	710	810	910	1160
L_3	420	520	620	720	970	500	600	700	950
L_4	580	680	780	880	1130	660	760	860	1110
L_5	324	424	524	624	874	378	478	578	828
L_6	452	552	652	752	1002	516	616	716	966
L_7	580	680	780	880	1130	660	760	860	1110
D_1	60					70			
D_2	30					35			
M_1	8×M20		10×M20	12×M20	14×M20	8×M24		10×M24	12×M24
M_2	6×M12	8×M12	10×M12			8×M16	10×M16		

续表

代号	系列									
	9090	90100	90125	90160	100100	100125	100160	125125	125160	125200
W	900				1000			1250		
L	900	1000	1250	1600	1000	1250	1600	1250	1600	2000
W_1	1000				1200			1500		
W_2	160				180			220		
W_3	560				620			790		
A、B	90、100、110、120、130、140、150、160、180、200、220、250、280、300、350				100、110、120、130、140、150、160、180、200、220、250、280、300、350、400					
C	180、200、250、300									
H_1	50				60			70		
H_2	150				160			180		
H_3	70				80					
H_4	100				120					
H_5	30				30、40			40、50		
H_6	40				40、50			50、60		
W_4	470				580			750		
W_5	520				620			690		
W_6	760				840			1090		
W_7	740				820			1030		
L_1	860	960	1210	1560	960	1210	1560	1210	1560	1960
L_2	810	910	1160	1510	900	1150	1500	1150	1500	1900
L_3	600	700	950	1300	650	900	1250	900	1250	1650
L_4	760	860	1110	1460	840	1090	1440	1090	1440	1840
L_5	478	578	828	1178	508	758	1108	758	1108	1508
L_6	616	716	966	1316	674	924	1274	924	1274	1674
L_7	760	860	1110	1460	840	1090	1440	1090	1440	1840
D_1	70				80					
D_2	35				40					
M_1	10×M24	12×M24		14×M24	12×M24		14×M24	12×M30	14×M30	16×M30
M_2	10×M16		12×M16		10×M16	12×M16		12×M16		

3.6 型号、系列、规格及标记

(1) 型号。每一组合形式代表一个型号。

(2) 系列。同一型号中，根据定、动模板的周界尺寸(宽×长)划分系列。

(3) 规格。同一系列中，根据定、动模板和垫块的厚度划分规格。

(4) 标记。按照《塑料注射模模架》(GB/T 12555—2006)标准规定的模架应有下列标记：

① 模架；②基本型号；③系列代号；④定模板厚度 *A*，以 mm 为单位；⑤动模板厚度 *B*，以 mm 为单位；⑥垫块厚度 *C*，以 mm 为单位；⑦拉杆导柱长度，以 mm 为单位；⑧标准代号，即 GB/T 12555—2006。

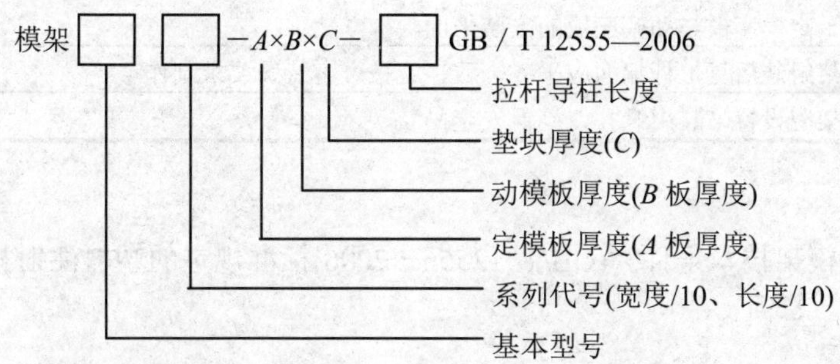

(5) 标记示例。①模板宽 200mm、长 250mm，*A*=50mm，*B*=40mm，*C*=70mm 的直浇口 A 型模架应标记为：模架 A2025－50×40×70，GB/T 12555—2006。②模板宽 300mm、长 300mm，*A*=50mm，*B*=60mm，*C*=90mm，拉杆导柱长度 200mm 的点浇口 DB 型模架应标记为：模架 DB 3030－50×60×90－200，GB/T 12555—2006。

3.7　塑料注射模模架技术条件(GB/T 12556—2006)

《塑料注射模模架技术条件》(GB/T 12556—2006)标准规定的塑料注射模模架的要求、检验、标志、包装、运输和储存，适用于塑料注射模架。

1. 要求

《塑料注射模模架技术条件》(GB/T 12556—2006)标准规定的塑料注射模模架的要求如表 3-8 所示。

表 3-8　塑料注射模模架要求

标准条目编号	内　容
3.1	组成模架的零件应符合 GB/T 4169.1～4169.23—2006 和 GB/T 4170—2006 的规定
3.2	组合后的模架表面不应有毛刺、擦伤、压痕、裂纹、锈斑
3.3	组合后的模架，导柱与导套及复位杆沿轴向移动应平稳，无卡滞现象，其紧固部分应牢固可靠
3.4	模架组装用紧固螺钉的力学性能应达到 GB/T 3098.1－2000 的 8.8 级
3.5	组合后的模架，模板的基准面应一致，并做明显的基准标记
3.6	组合后的模架在水平自重条件下，定模座板与动模座板的安装平面的平行度应符合 GB/T 1184—1996 中的 7 级规定
3.7	组合后的模架在水平自重条件下，其分型面的贴合间隙为： (1)模板长 400mm 以下，贴合间隙不大于 0.03mm； (2)模板长 400～631mm，贴合间隙不大于 0.04mm； (3)模板长 630～1000mm，贴合间隙不大于 0.06mm； (4)模板长 1000～2000mm，贴合间隙不大于 0.08mm

续表

标准条目编号	内　容
3.8	模架中导柱、导套的轴线对模板的垂直度应符合 GB/T 1184—1996 中的 5 级规定
3.9	模架在闭合状态时，导柱的导向端面应凹入它所通过的最终模板孔端面，螺钉不得高于定模座板与动模座板的安装平面
3.10	模架组装后复位杆端面应平齐一致，或按顾客特殊要求制作
3.11	模架应设置吊装用螺孔，确保安全吊装

2. 检验

《塑料注射模模架技术条件》(GB/T 12556—2006)标准规定的塑料注射模模架的检验如表 3-9 所示。

表 3-9　塑料注射模模架检验

标准条目编号	内　容
4.1	组合后的模架应按 3.1～3.11 的要求进行检查
4.2	检验合格后应做出检验合格标志，标志应包括检验部门、检验员、检验日期

3. 标志、包装、运输、储存

《塑料注射模模架技术条件》(GB/T 12556—2006)标准规定的塑料注射模模架的标志、包装、运输和储存如表 3-10 所示。

表 3-10　塑料注射模模架的标志、包装、运输和储存

标准条目编号	内　容
5.1	模架应挂、贴标志，标志应包括模架品种、规格、生产日期、供方名称
5.2	检验合格的模架应清理干净，经防锈处理后入库储存
5.3	模架应根据运输要求进行包装，应防潮、防止磕碰，保证在正常运输中完好无损

3.8　塑料注射模模架精度检查

塑料注射模模架精度检查如表 3-11 所示。

表 3-11　塑料注射模模架精度检查

序号	检查项目	检查方法	
		方　法	示意图
1	定模座板上平面对动模座板下平面的平行度	将组装后的模架放在测量平板上，用指示器沿定模座板周界对角线测量被测表面。根据被测表面大小可移动模架或指示器测量架，在被测表面内取指示器的最大与最小读数差作为被测模架的平行度误差	

续表

序号	检查项目	检查方法	
		方　法	示意图
2	导柱轴心线对模板的垂直度	将组装后的模架的定模板和推件板取下，动模部分放在测量平板上，为了简化测量步骤，可仅在相互垂直的两个方向(X、Y)上测量将已用圆柱角度尺寸校正的专用指示器在 X、Y 两个方向上测量，得出的读数即为该两个方向的垂直度误差 ΔX、ΔY，将两个方向垂直度误差合成即为导柱轴心线的垂直度误差，即 $\Delta=\sqrt{\Delta X^2+\Delta Y^2}$	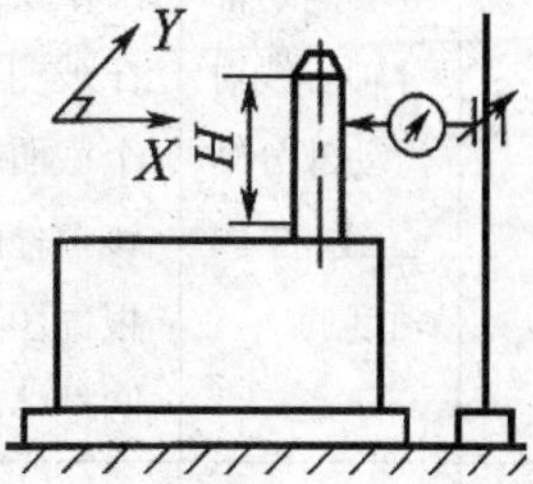
3	模架主要分型面的贴合间隙	在模架闭合状态下，用塞规测量主要分型面的贴合间隙，以其中最大值作为分型面的贴合间隙值	略
4	模架主要模板组装后基准面移位偏差	将组装后的模架放在测量平板上，专用指示器沿主要模板基准面移动，测得的误差即为位偏差	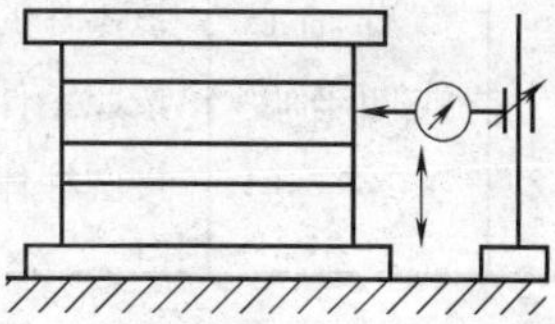
5	复位杆一致性	将组装后的模架的定模板和推件板取下，动模部分放在测量平板上，用指示器测量各复位杆端面及模板分型面。各复位杆的读数应一致。复位杆低于模板分型面的读数应满足：中小型模架不大于 0.2；大型模架不大于 0.5	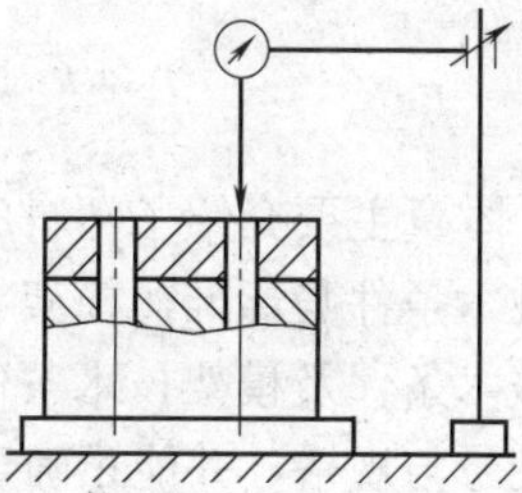
6	模板、定模座板、动模座板、垫块的平行度	将被测板件放在测量平板上，用测量仪器触及被测表面，沿其对角线测量被测表面，取指示器的最大与最小读数差作为平行度的误差值	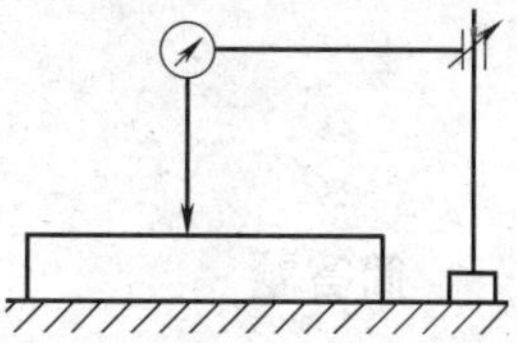
7	模板基准面垂直度	将模板的一个基准面置于测量平板上，专用指示器沿另一基准面垂直上下测量被测表面，在测量范围内的最大读数差值即为模板基准面垂直度误差	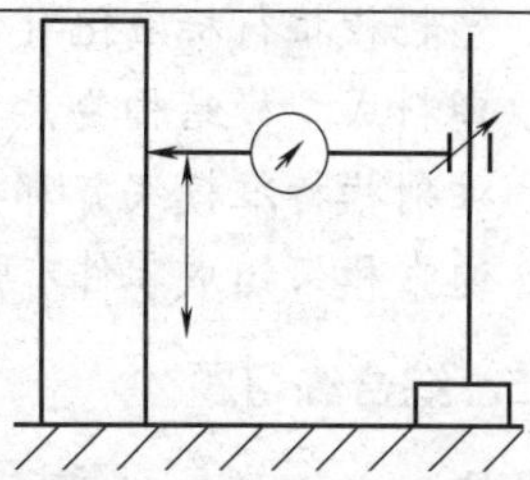

续表

序号	检查项目	检查方法	
		方　法	示意图
8	导套固定部分轴心线对滑动部分轴心线的同轴度	用圆度仪测量、调整被测零件，使其基准轴线与量仪的轴线同轴 在被测零件的基准要素和被测要素上测量若干个截面并记录轮廓图形，根据图形按定义求出该零件的同轴度误差 根据图形按照零件的功能要求也可用最大内接圆柱体的轴线求出同轴度误差	
9	导柱固定部分轴心线对滑动部分轴心线的同轴度	用圆度仪测量，调整被测零件，使其基准轴线与量仪的轴线同轴 在被测零件的基准要素和被测要素上测量若干个截面并记录轮廓图形，根据图形按定义求出该零件的同轴度误差 按照零件的功能要求也可对轴类零件用最小外接圆柱体的轴线求出同轴度误差	

本章小结

本章主要介绍了塑料成型模标准化，模具结构要素与零部件，模具主要设计要素，模架技术条件与标准，模架零件技术条件与标准。通过本章的学习，学习者应掌握塑料成型模技术条件及模架技术条件与标准，由塑料件能合理设计模具工作零件，进而正确选择模架型号与规格，并能正确查阅尺寸及绘制动、定模结构。

思考与练习

一、简答题

1. 塑料模推行标准化有什么重要意义？
2. 塑料成型模结构要素与零部件有哪些？
3. 注射模标准模架有哪些型号？
4. 通常模架组成零件有哪些？

二、综合练习题

如图 3-41 ~ 图 3-43 所示的塑件，试确定如图 3-41 所示的单分型面注射模、如图 3-42 所示的双分型面注射模、如图 3-43 所示的侧向抽芯注射模的凹模外形尺寸，并选择模架型号与规格，绘制动、定模板草图。

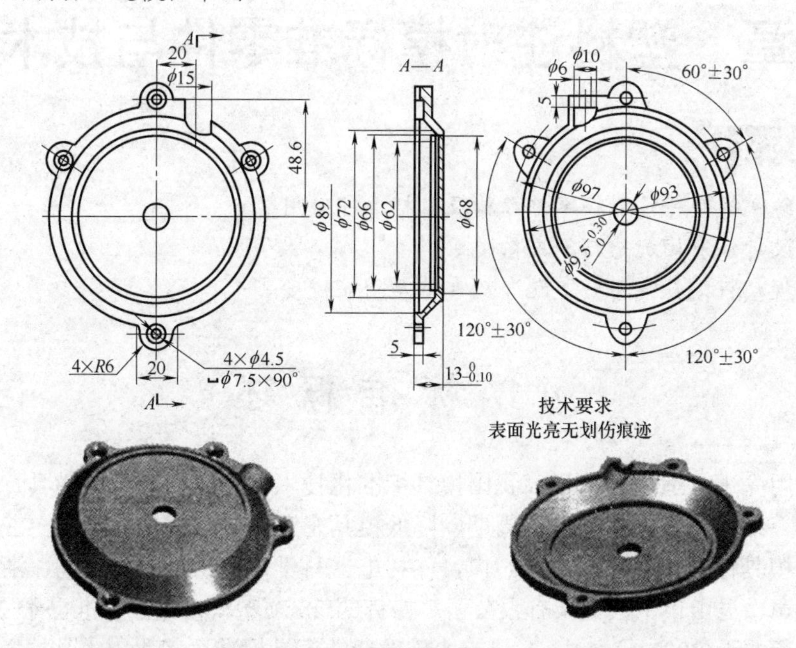

图 3-41　盒盖(材料：ABS)

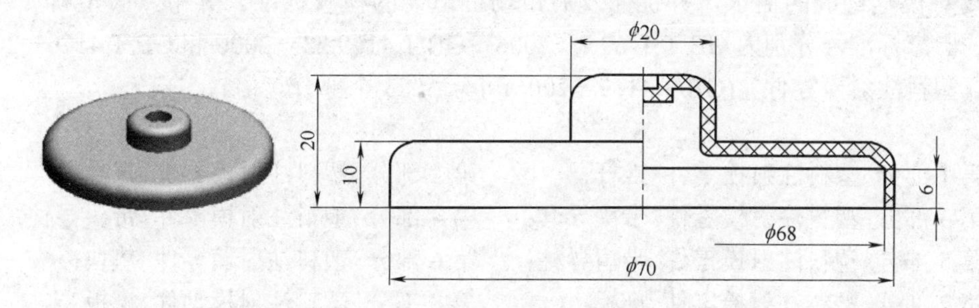

图 3-42　蜜饯盒盖(材料：PS)

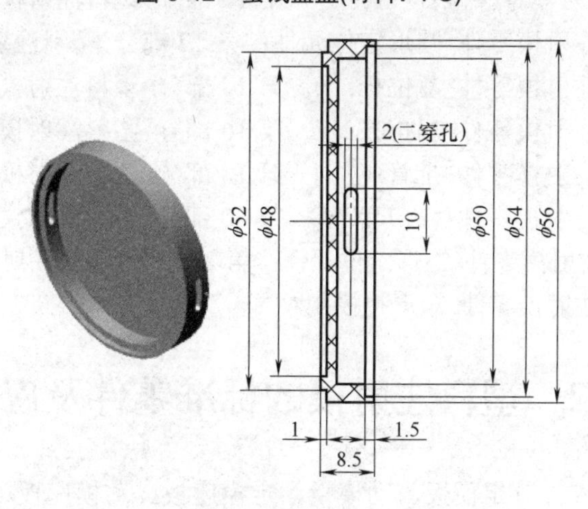

图 3-43　镜头盖(材料：PP)

第4章 塑料注射模标准零件与技术条件

技能目标

- 熟练掌握塑料注射模零件结构及其标准件选用
- 能设计注射模加热与冷却系统
- 掌握塑料模具常用公差配合及零件表面粗糙度

4.1 标准概述

为了采用先进、适用技术提高我国模具标准化技术水平，提高我国模具行业标准件的应用覆盖率，缩短模具企业的制造周期，降低模具企业的生产成本，提高企业的市场竞争力，由全国模具标准化技术委员会归口，桂林电器科学研究所、龙记集团、浙江亚轮塑料模架有限公司、昆山市中大模架有限公司等修订的28项塑料模国家标准已于2007年4月正式出版发行并于2007年4月1日起实施。新的模具标准适应我国模具技术的发展水平和市场对模具标准的需求，并优先发展市场上急需的模具标准。其中，《塑料注射模零件》的国家标准号分别为GB/T 4169.1—2006～GB/T 4169.23－2006和GB/T 4170—2006。

《塑料注射模零件》(GB/T 4169—2006)可分为23个部分。

第1部分 塑料注射模零件 推杆； 第2部分 塑料注射模零件 直导套；
第3部分 塑料注射模零件 带头导套； 第4部分 塑料注射模零件 带头导柱；
第5部分 塑料注射模零件 带肩导柱； 第6部分 塑料注射模零件 垫块；
第7部分 塑料注射模零件 推板； 第8部分 塑料注射模零件 模板；
第9部分 塑料注射模零件 限位钉； 第10部分 塑料注射模零件 支撑柱；
第11部分 塑料注射模零件 圆形定位元件；第12部分 塑料注射模零件 推板导套；
第13部分 塑料注射模零件 复位杆； 第14部分 塑料注射模零件 推板导柱；
第15部分 塑料注射模零件 扁推杆； 第16部分 塑料注射模零件 带肩推杆；
第17部分 塑料注射模零件 推管； 第18部分 塑料注射模零件 定位圈；
第19部分 塑料注射模零件 浇口套； 第20部分 塑料注射模零件 推杆导柱；
第21部分 塑料注射模零件 矩形定位元件；第22部分 塑料注射模零件 圆形拉模扣；
第23部分 塑料注射模零件 矩形拉模扣。

4.2 塑料注射模的标准零件及应用

塑料注射模标准零件有定模板、动模板、定模座板、动模座板、流道推板、推件板、垫块、推杆、复位杆、浇口套、定位圈、导柱、导套、限位钉、支撑柱、定距拉杆等。

4.2.1　推杆(GB/T 4169.1—2006)

GB/T 4169.1—2006 规定了塑料注射模用推杆的尺寸规格和公差，适用于塑料注射模所用的推杆，标准同时还给出了材料指南和硬度要求，并规定了推杆的标记。

推杆为直杆式，它可改制成拉杆或直接用作复位杆，也可作为推管的型芯使用等。

1) 推杆的尺寸规格

GB/T 4169.1—2006 规定的标准推杆如表 4-1 所示。

表 4-1　标准推杆(摘自 GB/T 4169.1—2006)

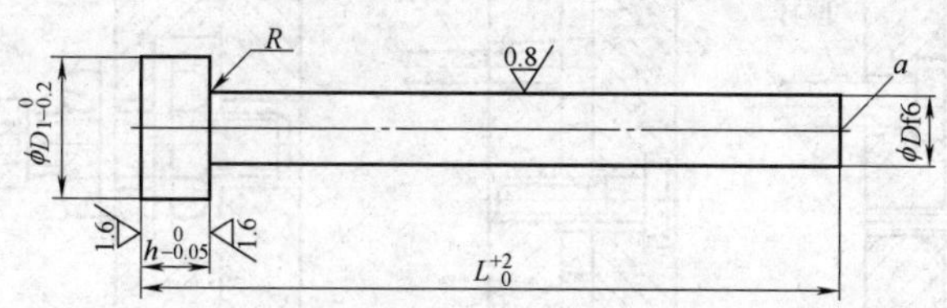

未注表面粗糙度 Ra6.3 μm 。

a 端面不允许留有中心孔，棱边不允许倒钝。

标记示例：直径 D=5mm，长度 L=80mm 的推杆，推杆 5mm×80mm，GB/T 4169.1—2006。

D	D_1	h	R	L												
				80	100	125	150	200	250	300	350	400	500	600	700	800
1	4	2	0.3	×	×	×	×	×								
1.2				×	×	×	×	×								
1.5				×	×	×	×	×								
2				×	×	×	×	×	×	×	×					
2.5	5			×	×	×	×	×	×	×	×	×				
3	6	3	0.5	×	×	×	×	×	×	×	×	×	×			
4	8			×	×	×	×	×	×	×	×	×	×	×		
5	10			×	×	×	×	×	×	×	×	×	×	×		
6	12	5	0.8		×	×	×	×	×	×	×	×	×	×		
7	12				×	×	×	×	×	×	×	×	×	×		
8	14				×	×	×	×	×	×	×	×	×	×	×	
10	16				×	×	×	×	×	×	×	×	×	×	×	
12	18	6			×	×	×	×	×	×	×	×	×	×	×	×
14					×	×	×	×	×	×	×	×	×	×	×	×
16	22						×	×	×	×	×	×	×	×	×	×
18	24	8					×	×	×	×	×	×	×	×	×	×
20	26						×	×	×	×	×	×	×	×	×	×
25	32	10	1				×	×	×	×	×	×	×	×	×	×

注：(1) 材料由制造者选定，推荐采用 4Cr5SiV1、3Cr2W8V。

(2) 硬度 50～55 HRC，其中固定端 30mm 范围内硬度为 35～45HRC。

(3) 淬火后表面可进行渗氮处理，渗氮层深度为 0.08～0.15mm，心部硬度 40～44HRC，表面硬度不小于 900HV。

(4) 其余应符合 GB/T 4170—2006 的规定。

2) 推杆的固定方法

推杆的固定方法如图 4-1 所示。如图 4-1(a)所示为轴肩垫板的连接方式，是最常用的固定方式。推杆与固定孔间应留双边 0.5～1mm 的间隙，装配时推杆轴线可作少许移动，以保证推杆与型芯固定板上的推杆孔之间的同心度，并建议钻孔时采用配合加工的方法。如图 4-1(b)所示是采用等厚垫圈垫在顶出固定板与垫板之间，这样可免去在固定板上加工凹坑。如图 4-1(c)所示的特点是推杆高度可以调节，螺母起固定锁紧作用。如图 4-l(d)所示是采用顶丝。如图 4-1(e)所示用于较细的推杆，以铆接的方法固定。如图 4-1(f)所示为用螺钉固定，用于较粗的推杆。

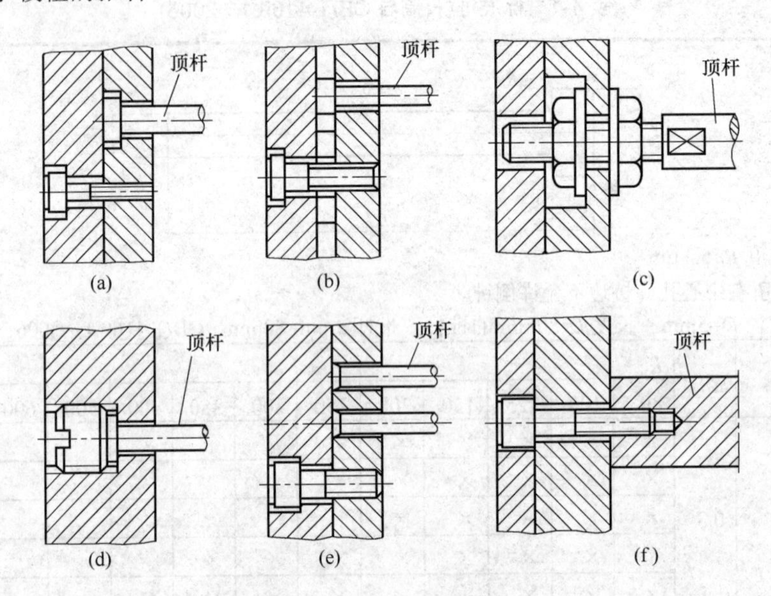

图 4-1　推杆的固定形式

3) 推杆与推杆孔的配合

推杆与推杆孔之间为滑动配合，一般应选用 H7/f8 或 H8/f8，其配合间隙兼有排气作用，但不应大于所用塑料的溢边间隙(视所用塑料的熔融黏度而定)，以防漏料。配合长度一般为推杆直径的 2～3 倍。推杆端面应精细抛光，因其已构成型腔的一部分。为了不影响塑件的装配和使用，推杆端面应高出型腔表面 0.05～0.1mm。

推杆顶出是应用最广泛的一种顶出形式，它几乎可以适用于各种形状塑件的脱模。但其顶出力作用面积较小，如设计不当，易发生塑件被顶坏的情况，而且还会在塑件上留下明显的顶出痕迹。

4.2.2　导套

1. 直导套(GB/T 4169.2—2006)

GB/T 4169.2—2006 规定了塑料注射模用直导套的尺寸规格和公差，适用于塑料注射模所用的直导套，标准同时还给出了材料指南和硬度要求，并规定了直导套的标记。

直导套主要使用于厚模板中，可缩短模板的镗孔深度，在浮动模板中使用较多。导套内孔的直径系列与导柱直径相同，标准中规定的直径范围 D=12～40mm。其长度的名义尺寸与模板厚度相同，实际长度尺寸比模板厚度短 1mm。

1) 直导套的尺寸规格

GB/T 4169.2—2006 规定的标准直导套如表 4-2 所示。

表 4-2　标准直导套(摘自 GB/T 4169.2—2006)

单位：mm

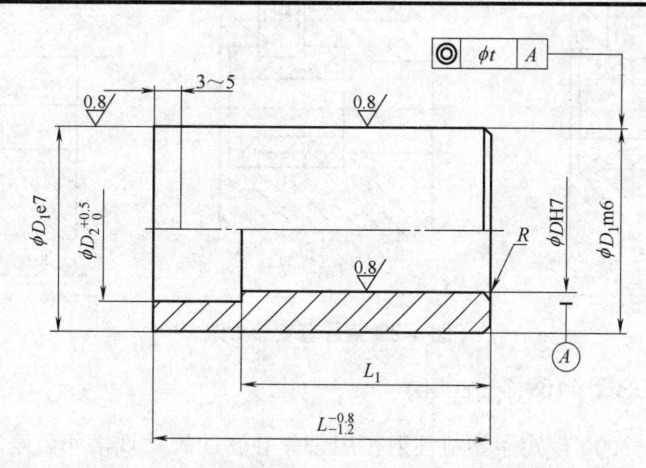

未注表面粗糙度 Ra3.2 μm；未注倒角 1mm×45°。

标记示例：直径 D=12mm、长度 L=15mm 的直导套，直导套 12mm×15mm GB/T 4169.2—2006。

D	12	16	20	25	30	35	40	50	60	70	80	90	100
D_1	18	25	30	35	42	48	55	70	80	90	105	115	125
D_2	13	17	21	26	31	36	41	51	61	71	81	91	101
R	1.5～2	3～4				5～6				7～8			
$L_1$①	24	32	40	50	60	70	80	100	120	140	160	180	200
L	15	20	20	25	30	35	40	40	50	60	70	80	80
	20	25	25	30	35	40	50	50	60	70	80	100	100
	25	30	30	40	40	50	60	60	80	80	100	120	150
	30	40	40	50	50	60	60	80	80	100	100	120	150
	35	50	50	60	60	80	100	100	120	120	150	200	
	40	60	60	80	80	100	120	120	150	150	200		

①当 $L_1>L$ 时，取 $L_1=L$。

注：(1) 材料由制造者选定，推荐采用 T10A、Gr15、20Cr。

(2) 硬度 52～56HRC。20Cr 渗碳 0.5～0.8mm，硬度 56～60HRC。

(3) 标注的形位公差应符合 GB/T 1184—1996 的规定，t 为 6 级精度。

(4) 其余应符合 GB/T 4170—2006 的规定。

2) 直导套的安装方法

导套安装时模板上与之配合的孔径公差按 H7 确定。导套长度取决于含导套的模板厚度，其余尺寸可视导套导向孔直径而定。直导套用于模板后面不带垫板的结构，可以采用以下几种方法固定到模板中，以防止脱出。

(1) 导套外圆柱面应加工出一凹槽，用螺钉固定，如图 4-2(a)所示。

(2) 导套外圆柱面局部应磨出一小平面，用螺钉固定，如图 4-2(b)所示。

(3) 导套侧向应开一小孔，用螺钉固定，如图 4-2(c)所示。

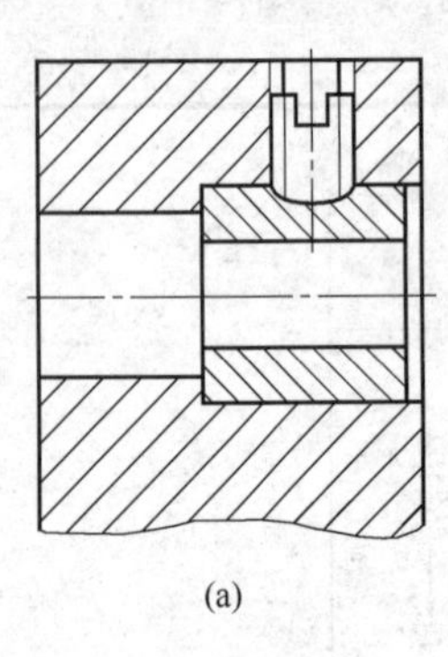
(a)

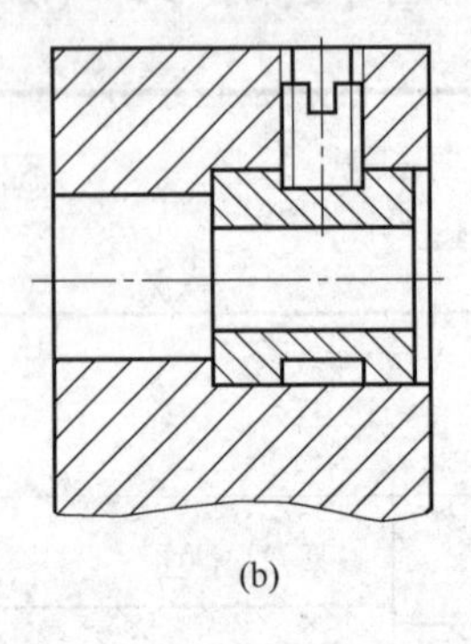
(b)

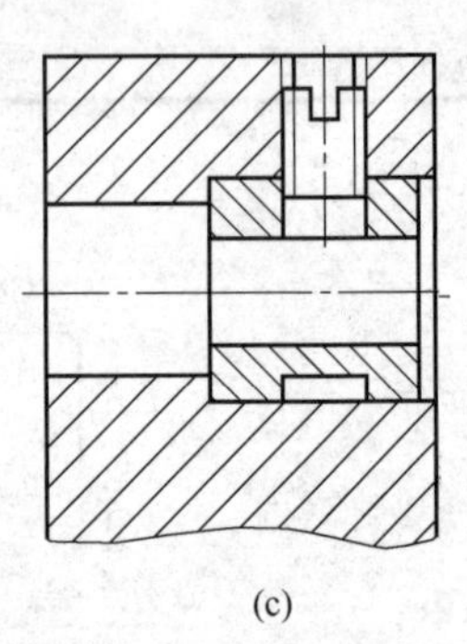
(c)

图 4-2　直导套安装方法

2. 带头导套(GB/T 4169.3—2006)

GB/T 4169.3—2006 规定了塑料注射模用带头导套的尺寸规格和公差，适用于塑料注射模所用的带头导套，标准同时还给出了材料指南和硬度要求，并规定了带头导套的标记。

导套内孔的直径系列与导柱直径相同，标准中规定的直径范围 D=12～100mm。其长度的名义尺寸与模板厚度相同，实际长度尺寸比模板厚度短 1mm。

1) 带头导套的尺寸规格

GB/T 4169.3—2006 规定的标准带头导套如表 4-3 所示。

表 4-3　标准带头导套(摘自 GB/T 4169.3—2006)

单位：mm

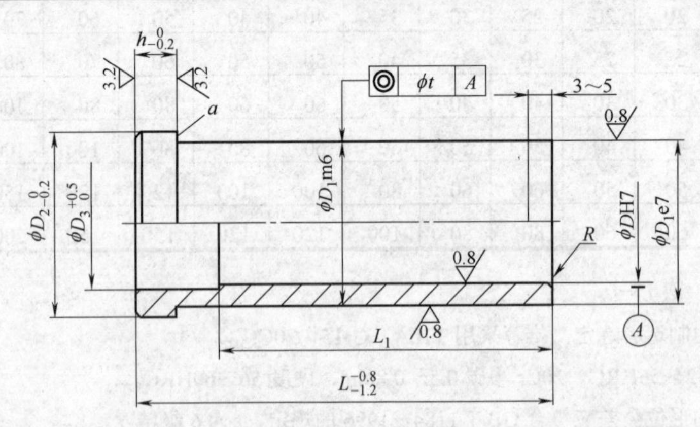

未注表面粗糙度 Ra6.3 μm；未注倒角 1mm×45°；a 处可选砂轮越程槽或 R 0.5～1mm 圆角。

标记示例：直径 D=12mm、长度 L=20mm 的带头导套，带头导套 12mm×20mm，GB/T　4169.3－2006。

D	12	16	20	25	30	35	40	50	60	70	80	90	100
D_1	18	25	30	35	42	48	55	70	80	90	105	115	125

续表

D_2		22	30	35	40	47	54	61	76	86	96	111	121	131
D_3		13	17	21	26	31	36	41	51	61	71	81	91	101
h		5	6	8		10			12	15			20	
R		1.5～2	3～4				5～6			7～8				
L_1[①]		24	32	40	50	60	70	80	100	120	140	160	180	200
L	20	×	×	×										
	25	×	×	×	×									
	30	×	×	×	×	×								
	35	×	×	×	×	×	×							
	40	×	×	×	×	×	×	×						
	45	×	×	×	×	×	×	×						
	50	×	×	×	×	×	×	×	×					
	60	×	×	×	×	×	×	×	×	×				
	70	×	×	×	×	×	×	×	×	×	×			
	80	×	×	×	×	×	×	×	×	×	×	×		
	90				×	×	×	×	×	×	×	×	×	
	100				×	×	×	×	×	×	×	×	×	×
	110					×	×	×	×	×	×	×	×	×
	120					×	×	×	×	×	×	×	×	×
	130						×	×	×	×	×	×	×	×
	140						×	×	×	×	×	×	×	×
	150							×	×	×	×	×	×	×
	160							×	×	×	×	×	×	×
	180								×	×	×	×	×	×
	200								×	×	×	×	×	×

注：(1) 材料由制造者选定，推荐采用 T10A、GCr15、20Cr。

(2) 硬度 52～56HRC。20Cr 渗碳 0.5～0.8mm，硬度 56～60 HRC。

(3) 标注的形位公差应符合 GB/T 1184—1996 的规定，t 为 6 级精度。

(4) 其余应符合 GB/T 4170—2006 的规定。

2) 带头导套安装方法

带头导套安装需要垫板，装入模板后覆以垫板即可，导套安装时模板上与之配合的孔径公差按 H7 确定，安装沉孔视带头导套直径可取为 D_2+(1～2)mm。带头导套长度取决于含导套的模板厚度，其余尺寸可视导套导向孔直径而定。

4.2.3　导柱

1. 带头导柱(GB/T 4169.4—2006)

GB/T 4169.4－2006 规定了塑料注射模用带头导柱的尺寸规格和公差，适用于塑料注射模所用的带头导柱，可兼作推板导柱。标准同时还给出了材料指南和硬度要求，并规定了带头导柱的标记。

带头导柱的功能为与导套配合使用，使模具在开模和闭合时起导向作用，使定模和动模相对处于正确位置，同时承受由于在塑料注射时，注射机运动误差所引起的侧压力，以保证塑件精度。

带头导柱是常用结构，形状可分为两段、两级。近头段为模板中的安装段，标准采用H7/m6 配合；远头段为滑动部分，与导套的配合为H7/f6。

1) 带头导柱的尺寸规格

GB/T 4169.4—2006 规定的标准带头导柱如表 4-4 所示。

表 4-4　标准带头导柱(摘自 GB/T 4169.4—2006)

单位：mm

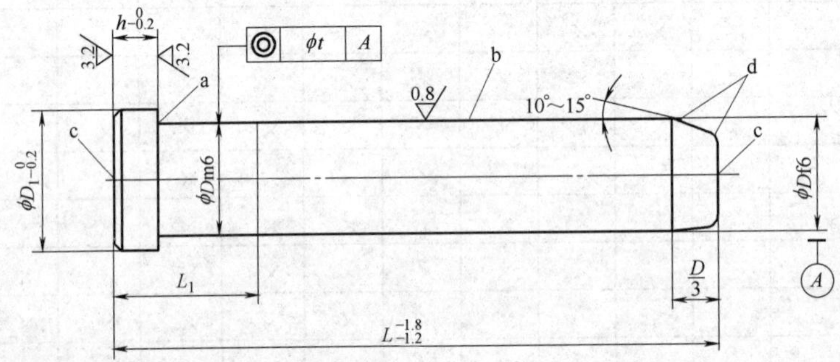

未注表面粗糙度 Ra6.3 μm；未注倒角 1mm×45°。

(1) 可选砂轮越程槽或 R0.5～1mm 圆角。

(2) 允许开油槽。

(3) 允许保留两端的中心孔。

(4) 圆弧连接，R2～R5mm。

标记示例：直径 D=12mm、长度 L=50mm，与模板配合长度 L_1=20mm 的带头导柱，带头导柱 12mm×50mm× 20mm，GB/T 4169.4—2006。

D		12	16	20	25	30	35	40	50	60	70	80	90	100
D_1		17	21	25	30	35	40	45	56	66	76	86	96	106
h		5	6		8			10	12	15			20	
L	50	×	×	×	×	×								
	60	×	×	×	×	×								
	70	×	×	×	×	×	×	×						
	80	×	×	×	×	×	×	×						
	90	×	×	×	×	×	×	×						
	100	×	×	×	×	×	×	×	×	×				
	110	×	×	×	×	×	×	×	×	×				
	120	×	×	×	×	×	×	×	×	×				
	130	×	×	×	×	×	×	×	×	×				

续表

L	140	×	×	×	×	×	×	×	×	×				
	150		×	×	×	×	×	×	×	×	×			
	160		×	×	×	×	×	×	×	×	×			
	180			×	×	×	×	×	×	×	×			
	200			×	×	×	×	×	×	×	×			
	220				×	×	×	×	×	×	×	×	×	×
	250				×	×	×	×	×	×	×	×	×	×
	280					×	×	×	×	×	×	×	×	×
	300					×	×	×	×	×	×	×	×	×
	320						×	×	×	×	×	×	×	×
	350						×	×	×	×	×	×	×	×
	380							×	×	×	×	×	×	×
	400							×	×	×	×	×	×	×
	450								×	×	×	×	×	×
	500								×	×	×	×	×	×
	550									×	×	×	×	×
	600									×	×	×	×	×
	650										×	×	×	×
	700										×	×	×	×
	750											×	×	×
	800											×	×	×

注：(1) 材料由制造者选定，推荐采用 T10A、GCr15、20Cr。

(2) 硬度 52～56 HRC。20Cr 渗碳 0.5～0.8mm，硬度 56～60HRC。

(3) 标注的形位公差应符合 GB/T 1184—1996 的规定，t 为 6 级精度。

(4) 其余应符合 GB/T 4170—2006 的规定。

2) 带头导柱尺寸的确定

导柱直径尺寸随模具分型面处模板外形尺寸而定，模板尺寸越大，导柱间的中心距应越大，所选导柱直径也应越大。除了导柱长度按模具结构确定外，导柱其余尺寸可视导柱直径而定。目前导柱直径与模架关系在标准中已经确定，供货商在提供模架时已制造并安装好，无须模具设计人员做出特别说明。

3) 带头导柱尺寸的安装

导柱可以安装在动模一侧，也可以安装在定模一侧，但更多的是安装在动模一侧。因为作为成型零件的主型芯多装在动模一侧，导柱与主型芯安装在同一侧，在模具装配、维修时可起保护作用。另外用推件板推出塑件时，可作为推件板导柱。

导柱安装时模板上与之配合的孔径公差按 H7 确定，安装沉孔直径视导柱直径可取 D_1+(1～2)mm。

导柱长度尺寸应能保证位于动、定模两侧的型腔和型芯开始闭合前导柱已经进入导孔的长度不小于导柱直径，如图 4-3 所示。

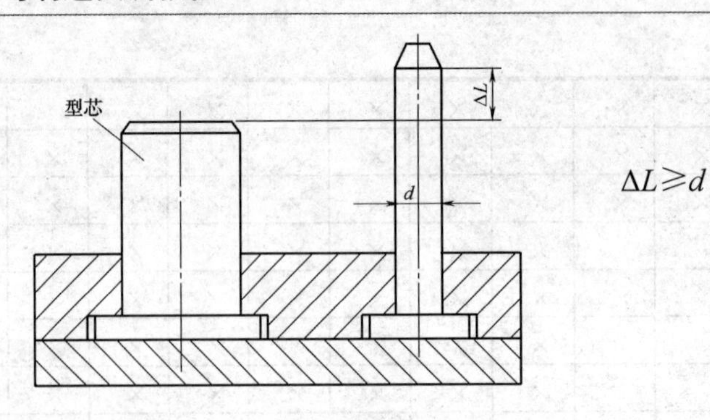

图 4-3　导柱长度

2. 带肩导柱(GB/T 4169.5—2006)

GB/T 4169.5－2006 规定了塑料注射模用带肩导柱的尺寸规格和公差，适用于塑料注射模所用的带肩导柱。标准同时还给出了材料指南和硬度要求，并规定了带肩导柱的标记。

带肩导柱的功能与带头导柱的功能相同，在模具开模和闭合时，起导向作用，以保证塑件精度。带头导柱用于塑件生产批量不大的模具，可以不用导套。带肩导柱为塑件中、大批量生产的精密模具，或导向精度要求高，必须采用导套的模具。

带肩导柱可分为 3 段。近头段为模板中的安装段，标准采用 H7/m6 配合；远头段为滑动部分，其与导套的配合为 H7/f6。

1) 带肩导柱的尺寸规格

GB/T 4169.5—2006 规定的标准带肩导柱如表 4-5 所示。

表 4-5　标准带肩导柱(摘自 GB/T 4169.5－2006)

单位：mm

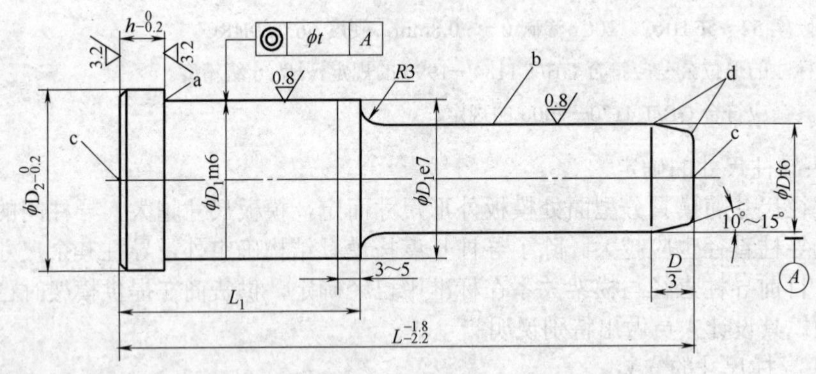

未注表面粗糙度 Ra6.3 μm；未注倒角 lmm×45°。

(1) 可选砂轮越程槽或 R0.5～lmm 圆角。

(2) 允许开油槽。

(3) 允许保留两端的中心孔。

(4) 圆弧连接，R2～R5mm。

标记示例：直径 D=16mm、长度 L=50mm，与模板配合长度 L_1=20mm 的带肩导柱，带肩导柱 16mm×50mm×20mm，GB/T 4169.5—2006。

续表

D		12	16	20	25	30	35	40	50	60	70	80
D_1		18	25	30	35	42	48	55	70	80	90	105
D_2		22	30	35	40	47	54	61	76	86	96	111
h		5	6	8		10			12	15		
L	50	×	×	×	×	×						
	60	×	×	×	×	×						
	70	×	×	×	×	×	×	×				
	80	×	×	×	×	×	×	×				
	90	×	×	×	×	×	×	×				
	100	×	×	×	×	×	×	×	×	×		
	110	×	×	×	×	×	×	×	×	×		
	120	×	×	×	×	×	×	×	×	×		
	130	×	×	×	×	×	×	×	×	×		
	140	×	×	×	×	×	×	×	×	×		
	150		×	×	×	×	×	×	×	×	×	
	160		×	×	×	×	×	×	×	×	×	
	180			×	×	×	×	×	×	×	×	
	200			×	×	×	×	×	×	×	×	
	220				×	×	×	×	×	×	×	×
	250				×	×	×	×	×	×	×	×
	280					×	×	×	×	×	×	×
	300					×	×	×	×	×	×	×
	320						×	×	×	×	×	×
	350						×	×	×	×	×	×
	380							×	×	×	×	×
	400							×	×	×	×	×
	450								×	×	×	×
	500								×	×	×	×
	550								×	×	×	×
	600								×	×	×	×
	650								×	×	×	×
	700									×	×	×
L_1		20,25,30,35,40,45,50,60,70,80,100,110,120,130,140,150,160,180,200										

注：(1) 材料由制造者选定，推荐采用 T10A、GCr15、20Cr。

(2) 硬度 52～56 HRC，20Cr 渗碳 0.5～0.8mm，硬度 56～60 HRC。

(3) 标注的形位公差应符合 GB/T 1184—1996 的规定，t 为 6 级精度。

(4) 其余应符合 GB/T 4170—2006 的规定。

2) 带肩导柱尺寸安装

带头导柱和带肩导柱滑动部位前端都应设计为锥形，便于合模导向。通常两种导柱工作部位都带有储油槽，目的是储存润滑油，延长润滑时间，减少磨损。

与带肩导柱配合的导套固定孔可以和导柱安装孔采用相同尺寸，便于配合加工并保证符合同轴度要求，如图 4-4 所示。带肩导柱除强度、刚度较好外，还有一个优点是当导柱工作部分因某些原因弯曲时，容易从模板中打出和更换。带肩导柱通常用在中大型模具中。

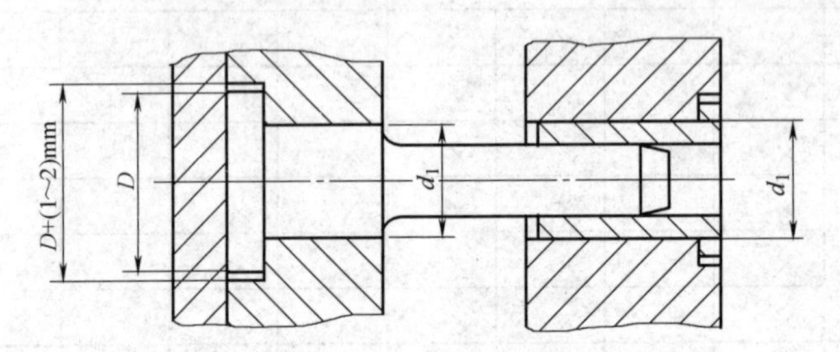

图 4-4　带肩导柱与导套安装

4.2.4　垫块(GB/T 4169.6—2006)

GB/T 4169.6—2006 规定了塑料注射模用垫块的尺寸规格和公差，适用于塑料注射模所用的垫块。标准同时还给出了材料指南，并规定了垫块的标记。

垫块的用途决定于推件的距离和调节模具的高度，选用时，其长度(*L*)方向一般应与模板长度方向一致。垫块的宽度(*W*)按同方向的模板宽度的 1/6～1/5 取值，经圆整后按优先数列取值分级。其范围为 *W*=28～220mm，宽度 *W* 的选用取决于模板名义尺寸。垫块的高度(*H*)主要取决于注射机行程和必需的推(顶)出距离，其高度值(*H*)与垫块宽度(*W*)按规定有 3～4 个档次供选用。

GB/T 4169.6—2006 规定的标准垫块尺寸规格和公差如表 4-6 所示。

表 4-6　标准垫块(摘自 GB/T 4169.6—2006)

单位：mm

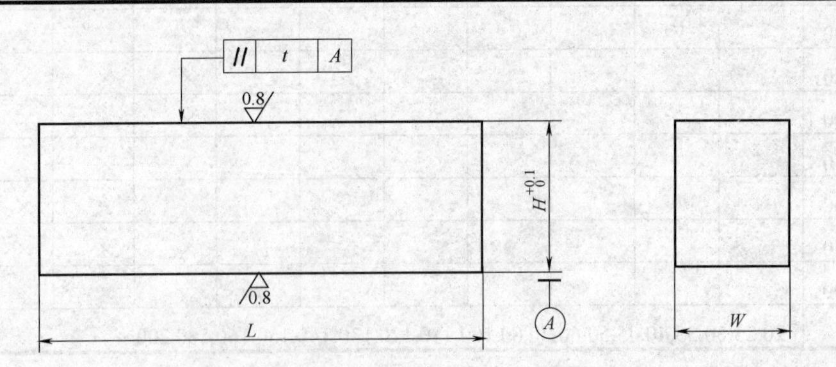

注表面粗糙度 *Ra*6.3 μm，全部棱边倒角 2mm×45°。

标记示例：宽度 *W*=28mm，长度 *L*=150mm，厚度 *H*=50mm 的垫块，垫块 28×150×50，GB/T 4169.6—2006。

续表

W	L							H													
								50	60	70	80	90	100	110	120	130	150	180	200	250	300
28	150	180	200	230	250			×	×	×											
33	180	200	230	250	300	350			×	×	×										
38	200	230	250	300	350	400			×	×	×										
43	230	250	270	300	350	400				×	×	×									
48	250	270	300	350	400	450	500			×	×	×									
53	270	300	350	400	450	500				×	×	×									
58	300	350	400	450	500	550	600				×	×	×								
63	350	400	450	500	550	600						×	×	×							
68	400	450	500	550	600	700							×	×	×						
78	450	500	550	600	700								×	×	×						
88	500	550	600	700	800								×	×	×						
100	550	600	700	800	900	1000								×	×	×					
120	650	700	800	900	1000	1250									×	×	×	×	×	×	
140	800	900	1000	1250													×	×	×	×	
160	900	1000	1250	1600															×	×	×
180	1000	1250	1600																×	×	×
220	1250	1600	2000																×	×	×

注：(1) 材料由制造者选定，建议采用 45 钢。

(2) 标注的形位公差应符合 GB/T 1184—1996 的规定，*t* 为 5 级精度。

(3) 其余应符合 GB/T　4170—2006 的规定。

4.2.5　推板(GB/T 4169.7—2006)

GB/T 4169.7—2006 规定了塑料注射模用推板的尺寸规格和公差，适用于塑料注射模所用的推板和推杆固定板。标准同时还给出了材料指南和硬度要求，并规定了推板的标记。

推板用于支承推出复位(杆)零件，传递注射机推出力，也可用作推杆固定板和热固性塑料压胶模、挤胶模和金属压铸模中的推板。

推板的宽度是由板面所能利用的最大投影面积、布置推杆位置和保证与垫块有一定活动间隙等因素所决定的，标准中宽度 *W* 为 90～790mm。

标准中规定，一种宽度(*W*)有两档或 3 档厚度值(*H*)，可以按使用要求选用推板和推杆固定板相同的厚度，也可选用不同厚度进行组合，但选用的推板厚度(*H*)一般应大于推杆固定板的厚度。

1) 推板的尺寸规格

GB/T 41697.7—2006 规定的标准推板如表 4-7 所示。

表 4-7　标准推板(摘自 GB/T 4169.7—2006)

单位：mm

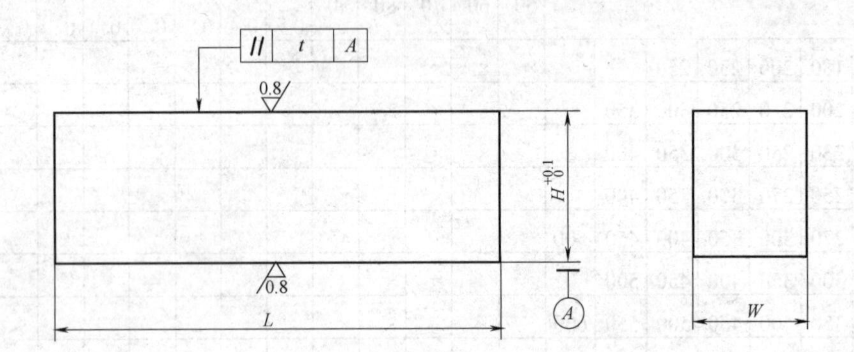

未注表面粗糙度 Ra6.3 μm，全部棱边倒角 2mm×45°。

标记示例：宽度 W=90mm，长度 L=150mm，厚度 H=13mm 的推板，推板 90mm×150mm×13mm，GB/T 4169.7—2006。

W	L							H							
								13	15	20	25	30	40	50	60
90	150	180	200	230	250			×	×						
110	180	200	230	250	300	350			×	×					
120	200	230	250	300	350	400			×	×	×				
140	230	250	270	300	350	400			×	×	×				
150	290	270	300	350	400	450	500		×	×	×				
160	320	300	350	400	450	500			×	×	×				
180	340	350	400	450	500	550	600			×	×	×			
220	390	400	450	500	550	600				×	×	×			
260	400	450	500	550	600	700					×	×	×		
290	450	500	550	600	700						×	×	×		
320	500	550	600	700	800						×	×	×	×	
340	550	600	700	800	900						×	×	×	×	
390	600	700	800	900	1000						×	×	×	×	
400	650	700	800	900	1000						×	×	×	×	
450	700	800	900	1000	1250						×	×	×	×	
510	800	900	1000	1250								×	×	×	×
560	900	1000	1250	1600								×	×	×	×
620	100	1250	1600									×	×	×	×
790	1250	1600	2000									×	×	×	×

注：(1) 材料由制造者选定，推荐采用 45 号钢。

(2) 硬度 28～32HRC。

(3) 标注的形位公差应符合 GB/T 1184—1996 的规定，t 为 6 级精度。

(4) 其余应符合 GB/T 4170—2006 的规定。

2) 推板的装配与应用

推板与顶杆固定板通过螺钉紧固在一起，一方面可支承推杆，另一方面可推出系统复位。推板、推杆固定板与垫块之间应留有 S=2～3mm 间隙，以防止推出时发生干涉，如图 4-5 所示。

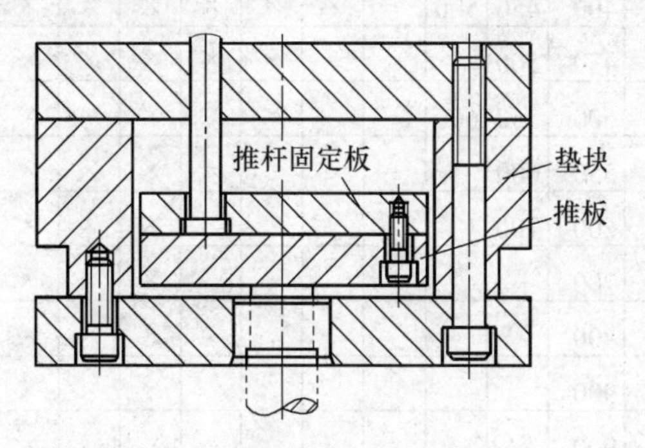

图 4-5　推板装配(图已更换)

4.2.6　模板(GB/T 4169.8—2006)

GB/T 4169.8—2006 规定了塑料注射模用模板的尺寸规格和公差，适用于塑料注射模所用的定模板、动模板、推件板、推料板、支撑板和定模座板与动模座板。标准同时还给出了材料指南和硬度要求，并规定了模板的标记。

GB/T 4169.8－2006 规定的 A 型标准模板(用于定模板、动模板、推件板、推料板、支撑板)如表 4-8 所示。

表 4-8　A 型标准模板(摘自 GB/T 4169.8—2006)

单位：mm

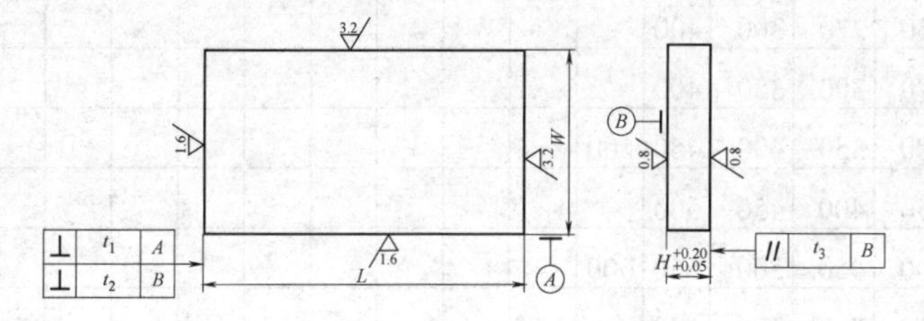

全部棱边倒角 2mm×45°。

标记示例：宽度 W=150mm，长度 L=150mm，厚度 H=20mm 的 A 型模板，模板 150mm×150mm×20mm，GB/T 41698—2006。

W	L							H												
								20	25	30	35	40	45	50	60	70	80	90	100	110
150	150	180	200	230	250			×	×	×	×	×	×	×	×	×	×			
180	180	200	230	250	270	350		×	×	×	×	×	×	×	×	×	×			
200	200	230	250	270	300	400		×	×	×	×	×	×	×	×	×	×	×	×	

续表

W	L							H												
								20	25	30	35	40	45	50	60	70	80	90	100	110
230	230	250	270	300	350	400		×	×	×	×	×	×	×	×	×	×	×	×	
250	250	270	300	350	400	450	500		×	×	×	×	×	×	×	×	×	×	×	×
270	270	300	350	400	450	500			×	×	×	×	×	×	×	×	×	×	×	×
300	300	350	400	450	500	550	600			×	×	×	×	×	×	×	×	×	×	×
350	350	400	450	500	550	600					×	×	×	×	×	×	×	×	×	×
400	400	450	500	550	600	700					×	×	×	×	×	×	×	×	×	×
450	450	500	550	600	700							×	×	×	×	×	×	×	×	×
500	500	550	600	650	800							×	×	×	×	×	×	×	×	×
550	550	600	700	700	900							×	×	×	×	×	×	×	×	×
600	600	700	800	800	900									×	×	×	×	×	×	×
650	650	700	800	900	1000										×	×	×	×	×	×
700	700	800	900	1000	1250										×	×	×	×	×	×
800	800	900	1000	1250												×	×	×	×	×
900	900	1000	1250	1600													×	×	×	×
1000	1000	1250	1600														×	×	×	×
1250	1250	1600	2000														×	×	×	×

W	L							H												
								120	130	140	150	160	180	200	220	250	280	300	350	400
150	150	180	200	230	250															
180	180	200	230	250	270	350														
200	200	230	250	270	300	400														
230	230	250	270	300	350	400														
250	250	270	300	350	400	450	500	×												
270	270	300	350	400	450	500		×												
300	300	350	400	450	500	550	600	×	×											
350	350	400	450	500	550	600		×	×											
400	400	450	500	550	600	700		×	×	×	×									
450	450	500	550	600	700			×	×	×	×	×	×							
500	500	550	600	700	800			×	×	×	×	×	×							
550	550	600	700	800	900			×	×	×	×	×	×	×						
600	600	700	700	900	1000			×	×	×	×	×	×	×						
650	650	700	800	900	1000			×	×	×	×	×	×	×	×					
700	700	800	900	1000	1250			×	×	×	×	×	×	×	×	×				
800	800	900	1000	1250				×	×	×	×	×	×	×	×	×	×	×		

续表

W	L							H												
								120	130	140	150	160	180	200	220	250	280	300	350	400
900	900	1000	1250	1600				×	×	×	×	×	×	×	×	×	×	×	×	
1000	1000	1250	1600					×	×	×	×	×	×	×	×	×	×	×	×	×
1250	1250	1600	2000					×	×	×	×	×	×	×	×	×	×	×	×	×

注：(1) 材料由制造者选定，推荐采用 45 号钢。

(2) 硬度 28～32HRC。

(3) 未注尺寸公差等级应符合 GB/T 1801—1999 中 js13 的规定。

(4) 未注形位公差应符合 GB/T 1184—1996 的规定，t_1、t_3 为 5 级精度，t_2 为 7 级精度。

(5) 其余应符合 GB/T 4170—2006 的规定。

GB/T 4169.8—2006 规定的 B 型标准模板(用于定模座板、动模座板)如表 4-9 所示。

表 4-9　B 型标准模板(摘自 GB/T 4169.8—2006)

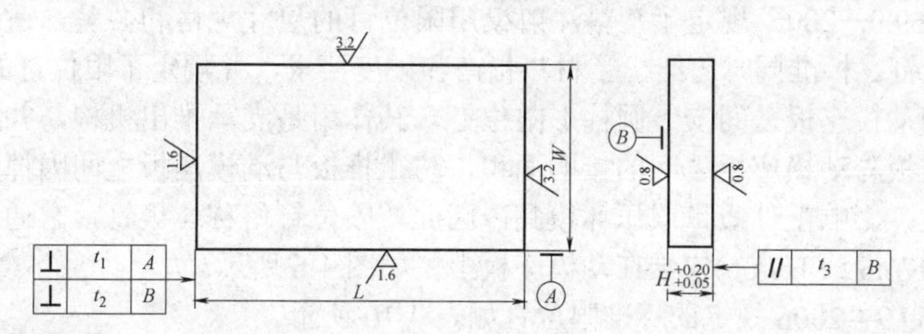

全部棱边倒角 2mm×45°。

标记示例：宽度 W=200mm，长度 L=150mm，厚度 H=20mm 的 B 型模板，模板 200mm×150mm×20mm，GB/T 4169.8—2006。

W	L							H												
								20	25	30	35	40	45	50	60	70	80	90	100	120
200	150	180	200	230	250			×	×											
230	180	200	230	250	300	350		×	×	×										
250	200	230	250	300	350	400		×	×	×										
280	230	250	270	300	400	400			×	×										
300	250	270	300	350	450	450	500		×	×	×									
320	270	300	350	400	500	500			×	×	×	×								
350	300	350	400	450	550	550	600		×	×	×	×	×							
400	350	400	450	500	600	600				×	×	×	×	×						
450	400	450	500	550	700	700				×	×	×	×	×						
550	450	500	550	600	800						×	×	×	×	×					
600	500	550	600	650	900						×	×	×	×	×					
650	550	600	700	700	900						×	×	×	×	×	×				
700	600	700	800	800	1000						×	×	×	×	×	×				
750	650	700	800	900	1250						×	×	×	×	×	×	×			

续表

W	L							H												
								20	25	30	35	40	45	50	60	70	80	90	100	120
800	700	800	900	1000	1600							×	×	×	×	×	×	×		
900	800	900	1000	1250								×	×	×	×	×	×	×	×	
1000	900	1000	1250	1600										×	×	×	×	×	×	
1200	1000	1250	1600												×	×	×	×	×	×
1500	1250	1600	2000													×	×	×	×	×

注：(1) 材料由制造者选定，推荐采用 45 号钢。

(2) 硬度 28～32HRC。

(3) 未注尺寸公差等级应符合 GB/T 1801—1999 中 js13 的规定。

(4) 未注形位公差应符合 GB/T 1184—1996 的规定，t_1 为 7 级精度，t_2 为 9 级精度，t_3 为 5 级精度。

(5) 其余应符合 GB/T 4170—2006 的规定。

4.2.7 限位钉(GB/T 4169.9—2006)

GB/T 4169.9—2006 规定了塑料注射模用限位钉的尺寸规格和公差，适用于塑料注射模所用的限位钉。标准同时还给出了材料指南和硬度要求，并规定了限位钉的标记。

在推板和动模座板之间安装圆柱形限位钉，其作用是支承推出机构，并用以调节推出距离，减小推板与动模座板之间的接触面积，防止推板与动模座板之间因掉入脏物使复位系统复位不良，影响塑件质量或压坏模具。因此，限位钉俗称垃圾钉，它通过较紧的过渡或过盈配合(H7/n6 或 H7/p6)安装在动模座板上，如图 4-6 所示。

GB/T 4169.9—2006 规定的标准限位钉如表 4-10 所示。

表 4-10 标准限位钉(摘自 GB/T 4169.9—2006)

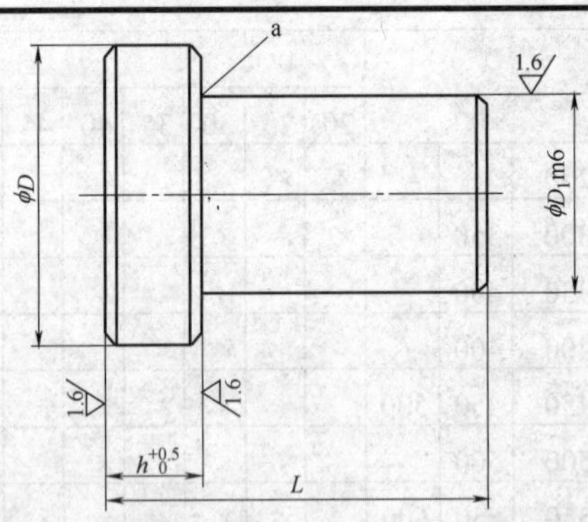

未注表面粗糙度 Ra6.3 μm；未注倒角 1mm×45°的 a 处可选砂轮越程槽或 R0.5～1mm 圆角。

标记示例：直径 D=16mm 的限位钉，限位钉 16，GB/T 4169.9—2006。

D	D_1	h	L
16	8	5	16
20	16	10	25

注：(1) 材料由制造者选定，推荐采用 45 号钢。

(2) 硬度 40～45HRC。

(3) 其余应符合 GB/T 4170—2006 的规定。

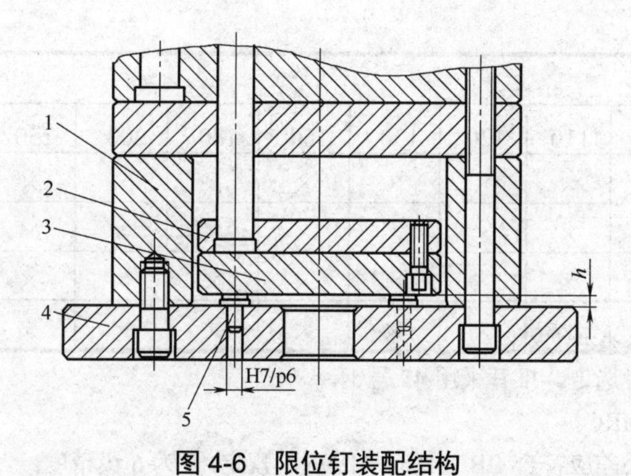

图 4-6　限位钉装配结构

1—垫块；2—推杆固定板；3—推板；4—动模座板；5—限位钉

4.2.8　支撑柱(GB/T 4169.10—2006)

GB/T 4169.10－2006 规定了塑料注射模用支撑柱的尺寸规格和公差，适用于塑料注射模所用的支撑柱。标准同时还给出了材料指南和硬度要求，并规定了支撑柱的标记。

1．支撑柱的尺寸规格

GB/T 4169.10—2006 规定的 A 型标准支撑柱如表 4-11 所示，B 型标准支撑柱如表 4-12 所示。

表 4-11　A 型标准支撑柱(摘自 GB/T 4169.10－2006)

单位：mm

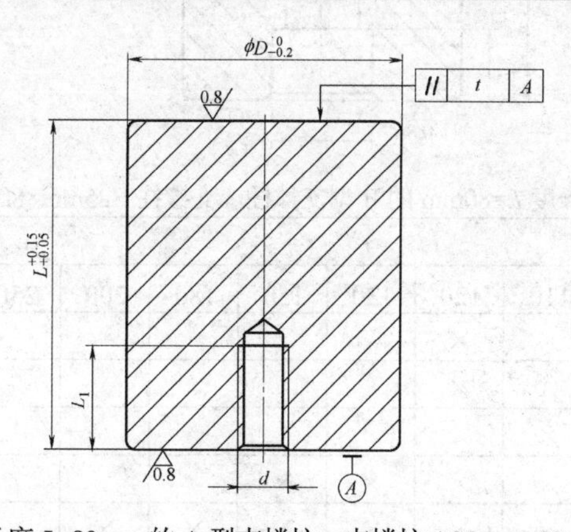

标记示例：直径 D=25mm、长度 L=80mm 的 A 型支撑柱，支撑柱 A25mm×80mm ，GB/T 4169.10—2006。

D	L											d	L_1
	80	90	100	110	120	130	150	180	200	250	300		
25	×	×	×	×	×							M8	15
30	×	×	×	×	×								
35	×	×	×	×	×	×							
40	×	×	×	×	×	×	×					M10	18

续表

D	L											d	L_1
	80	90	100	110	120	130	150	180	200	250	300		
50	×	×	×	×	×	×	×	×	×	×			
60	×	×	×	×	×	×	×	×	×	×	×	M12	20
80	×	×	×	×	×	×	×	×	×	×	×	M16	30
100	×	×	×	×	×	×	×	×	×	×	×		

注：(1) 材料由制造者选定，推荐采用 45 号钢。

(2) 硬度 28～32HRC。

(3) 标注的形位公差应符合 GB/T 1184—1996 的规定，t 为 6 级精度。

(4) 其余应符合 GB/T 4170－2006 的规定。

表 4-12　B 型标准支撑柱(摘自 GB/T 4169.10－2006)

单位：mm

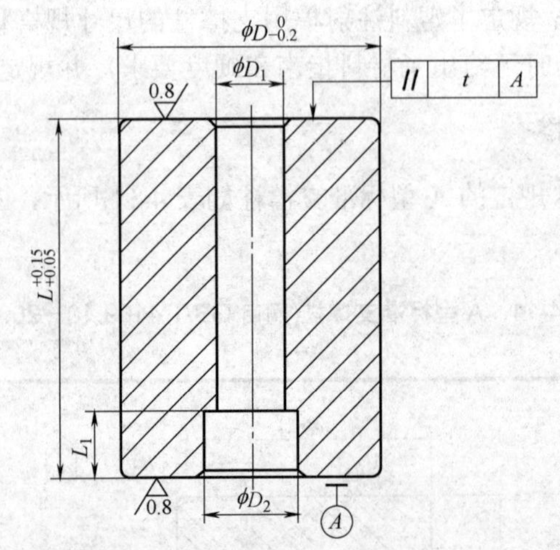

标记示例：直径 D=25mm、长度 L=80mm 的 B 型支撑柱，支撑柱 B25mm×80mm，GB/T 4169.10—2006。

D	L											D_1	D_2	L_1
	80	90	100	110	120	130	150	180	200	250	300			
25	×	×	×	×	×									
30	×	×	×	×	×							9	15	9
35	×	×	×	×	×	×								
40	×	×	×	×	×	×	×							
50	×	×	×	×	×	×	×	×	×	×		11	18	11
60	×	×	×	×	×	×	×	×	×	×	×	13	20	13
80	×	×	×	×	×	×	×	×	×	×	×	17	26	17
100	×	×	×	×	×	×	×	×	×	×	×			

注：(1) 材料由制造者选定，推荐采用 45 号钢。

(2) 硬度 28～32HRC。

(3) 标注的形位公差应符合 GB/T 1184—1996 的规定，t 为 6 级精度。

(4) 其余应符合 GB/T 4170－2006 的规定。

2．支撑柱的组合形式

支撑柱的组合形式如图 4-7 所示。

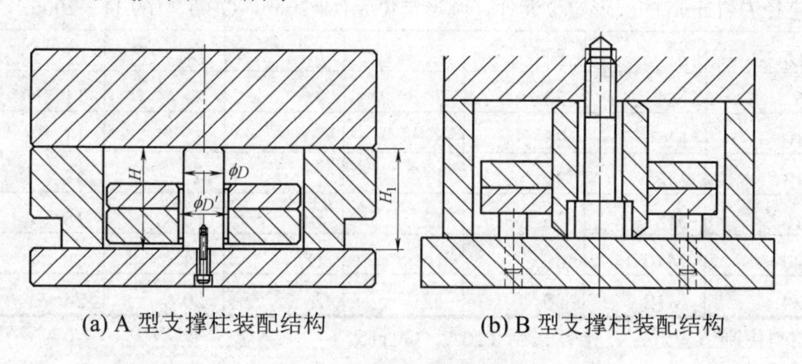

(a) A 型支撑柱装配结构　　(b) B 型支撑柱装配结构

图 4-7　支撑柱装配结构

4.2.9　定位元件

1．圆形定位元件(GB/T 4169.11—2006)

GB/T 4169.11—2006 规定了塑料注射模用圆形定位元件的尺寸规格和公差，适用于塑料注射模所用的圆形定位元件。标准同时还给出了材料指南和硬度要求，并规定了圆形定位元件的标记。

圆形定位元件主要用于动模、定模之间需要精确定位的场合，能够承受较大的侧向力。例如，在注射成型薄壁制品塑件时，为保证壁厚均匀，则需要使用该标准零件进行精确定位。对同轴度要求高的塑件，而且其型腔分别设在动模和定模之上时，也需要使用该标准零件进行精确定位，同时，其还具有增强模具刚度的效果。在模具中采用的数量视需要确定。

GB/T 4169.11—2006 规定的标准圆形定位元件如表 4-13 所示。

表 4-13　标准圆形定位元件(摘自 GB/T 4169.11—2006)

单位：mm

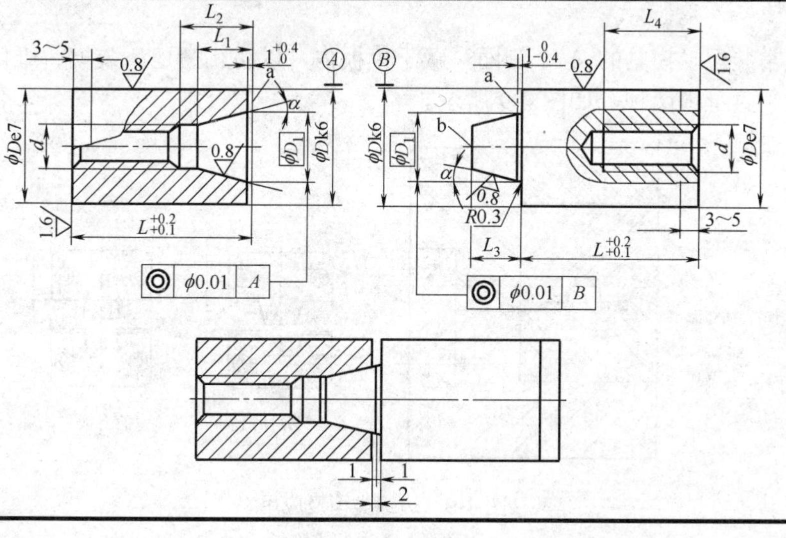

续表

未注表面粗糙度 $Ra6.3$ μm；未注倒角 1mm×45°的 a 处为基准面，b 处允许保留中心孔。 标记示例：直径 D=12mm 的圆形定位元件，圆形定位元件 12mm，GB/T 4169.11—2006。								
D	D_1	d	L	L_1	L_2	L_3	L_4	α(°)
12	6	M4	20	7	9	5	11	5
16	10	M5	25	8	10	6	11	5,10
20	13	M6	30	11	13	9	13	
25	16	M8	35	12	14	10	15	
30	20	M10	40	16	18	14	18	
35	24	M12	50	22	24	20	24	

注：(1) 材料由制造者选定，推荐采用 T10A、GCr15。
(2) 硬度 58～62HRC。
(3) 其余应符合 GB/T 4170—2006 的规定。

2. 锥面定位块

锥面定位块装配于动、定模板之间，使用数量 4 个，四边对称或对角布置效果最好，如图 4-8 所示。

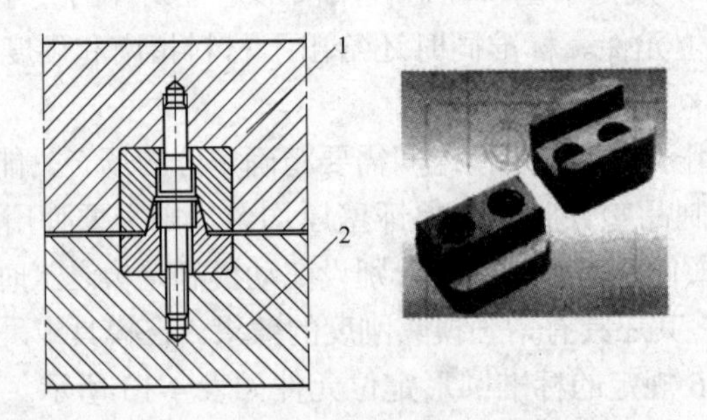

图 4-8　锥面定位块
1—定模板；2—动模板

3. 边锁

边锁通常装配于模具的 4 个侧面，藏于模板内，以防止搬运、装模、维修时碰坏。边锁有锥面锁和直身锁两种，如图 4-9 所示。

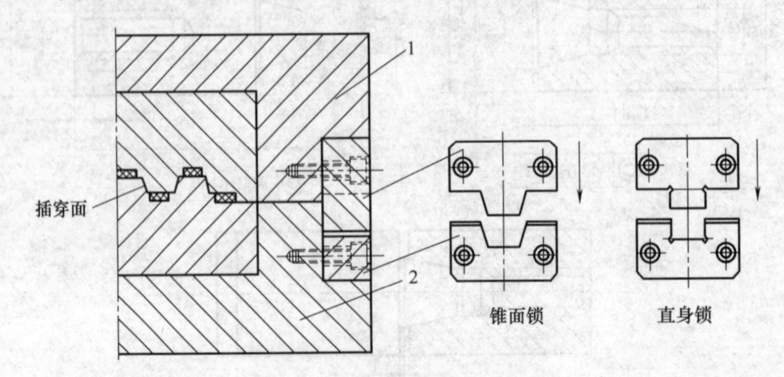

图 4-9　边锁类型及应用
1—定模板；2—动模板

4. 模具镶件之间的定位

在模具镶件之间定位，可以保证动、定模镶件和注射时的相互位置精度，如图 4-10 所示为动、定模镶件锥面定位。

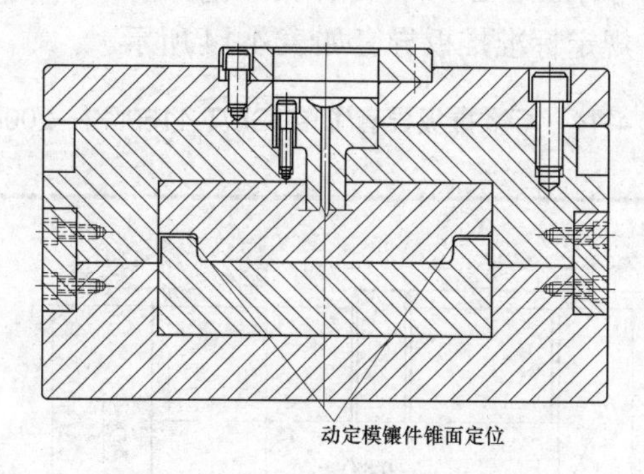

图 4-10　动、定模镶件锥面定位

5. 模架本身定位

即锥面定位块和锥面定位柱的组合形式用在中小型模具上。大型模具要承受较大的侧向力，通常应采用在模架本身的模板上加工出锥面的方式，定位效果更好。

如图 4-11 所示为圆形型腔两种锥面对合设计方案。方案(a)是型腔模板环抱型芯模板的结构，成型中在型腔内塑料的压力下型腔侧壁向外张开会使合模锥面出现间隙。方案(b)是型芯模板环抱型腔模板的结构，成型中合模锥面会贴得更紧，效果更好。锥面角度取较小值有利对合定位，但会增大所需开模阻力，锥面的单面斜角一般可在 7°～15°范围内选取。

对于方形(或矩形)型腔的锥面对合，型芯一侧的定位锥面可设计成镶件，镶拼到型芯模板上，如图 4-12 所示。这样的结构加工简单，也容易对塑件壁厚进行调整(通过对镶件锥面调整)，磨损后镶件又便于更换。

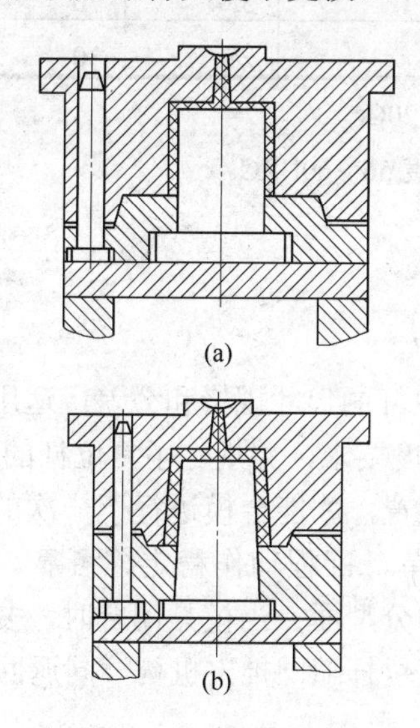

图 4-11　圆形型腔锥面定位结构

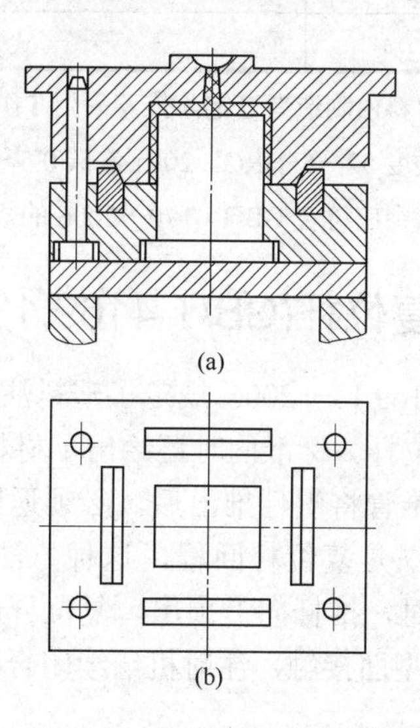

图 4-12　方形型腔锥面定位结构

4.2.10 推板导套(GB/T 4169.12—2006)

GB/T 4169.12—2006 规定了塑料注射模用推板导套的尺寸规格和公差，适用于塑料注射模所用的推板导套。标准同时还给出了材料指南和硬度要求，并规定了推板导套的标记。

GB/T 4169.12—2006 规定标准推板导套如表 4-14 所示。

表 4-14 标准推板导套(摘自 GB/T 4169.12—2006)

单位：mm

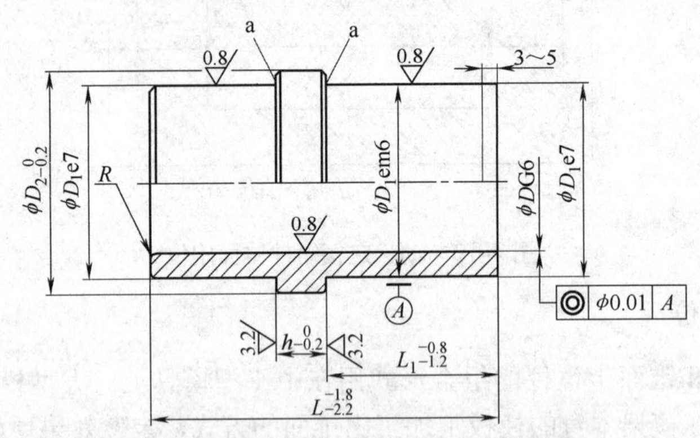

未注表面粗糙度 Ra6.3 μm，未注倒角 1mm×45°。a 处可选砂轮越程槽 R 0.5～1mm。

标记示例：直径 D=20mm 的推板导套，推板导套 20mm，GB/T 4169.12—2006。

D	12	16	20	25	30	35	40	50
D_1	18	25	30	35	42	48	55	70
D_2	22	30	35	40	47	54	61	76
H	4					6		
R	3～4					5～6		
L	28	35		45		55	70	90
L_1	13	15		20		25	30	40

注：(1) 材料由制造者选定，推荐采用 T10A、GCr15、20Gr。

(2) 硬度 52～56HRC，20Cr 渗碳 0.5～0.8mm，硬度 56～60HRC。

(3) 其余应符合 GB/T 4170－2006 的规定。

4.2.11 复位杆(GB/T 4169.13—2006)

GB/T 4169.13—2006 规定了塑料注射模用复位杆的尺寸规格和公差，适用于塑料注射模所用的复位杆。标准同时还给出了材料指南和硬度要求，并规定了复位杆的标记。

推杆或推管将塑件推出后，必须返回其原始位置，才能合模进行下一次的注射成型。最常用的方法是复位杆回程，这种方法经济、简单，回程动作稳定、可靠。其工作过程为：当开模时，推杆向上顶出，复位杆凸出模具的分型面；当模具闭合时，复位杆与定模侧的 A 板分型面接触，注射机继续闭合时，则使复位杆随同推出机构一同返回原始位置。

GB/T 4169.13—2006 规定的标准复位杆如表 4-15 所示。

表 4-15　标准复位杆(摘自 GB/T 4169.13—2006)

单位：mm

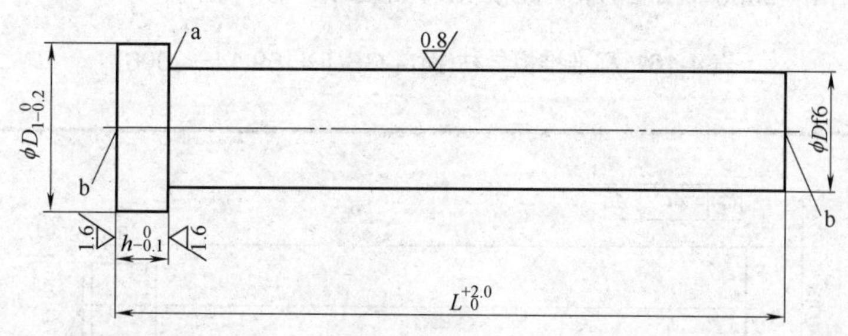

未注表面粗糙度 *Ra*6.3 μm，a 处可选砂轮越程槽或 *R* 0.5～1mm 圆角，b 端面允许留有中心孔。

标记示例：直径 *D*=10mm、长度 *L*=100mm 的复位杆，复位杆 10mm×100mm ，GB/T 4169.13—2006。

D	D_1	*h*	*L*									
			100	125	150	200	250	300	350	400	500	600
10	15	4	×	×	×	×						
12	17		×	×	×	×	×					
15	20		×	×	×	×	×	×				
20	25			×	×	×	×	×	×	×		
25	30	8			×	×	×	×	×	×	×	
30	35				×	×	×	×	×	×	×	×
35	40					×	×	×	×	×	×	×
40	45	10					×	×	×	×	×	×
50	55						×	×	×	×	×	×

注：(1) 材料由制造者选定，推荐采用 T10A、GCr15。

(2) 硬度 56～60HRC。

(3) 标注的形位公差应符合 GB/T 1184—1996 的规定，*t* 为 6 级精度。

(4) 其余应符合 GB/T 4170—2006 的规定。

4.2.12　推板导柱(GB/T 4169.14—2006)

GB/T 4169.14－2006 规定了塑料注射模用推板导柱的尺寸规格和公差，适用于塑料注射模所用的推板导柱。标准同时还给出了材料指南和硬度要求，并规定了推板导柱的标记。

对大型模具设置的推杆数量较多或由于塑件顶出部位面积的限制，推杆必须做成细长形时以及推出机构受力不均衡时(脱模力的总重心与机床推杆不重合)，顶出时推板可能发生偏斜，造成推杆弯曲或折断，此时应考虑设置导向装置，以保证推板移动时不发生偏斜。一般应采用推板导柱、导套来实现导向。

推出系统导柱除对推杆固定板和推板起导向定位作用外，还可承受推杆板的重量和推杆在推出过程中所承受的扭力，终极作用是减少复位杆、推杆、推管或斜顶杆等零件和动

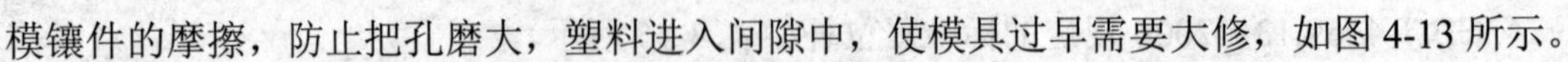

模镶件的摩擦，防止把孔磨大，塑料进入间隙中，使模具过早需要大修，如图 4-13 所示。

导柱与导套的配合长度不应小于 10mm。当动模垫板支承跨度过大时，导柱还可兼起辅助支承作用。

GB/T 4169.14－2006 规定的标准推板导柱如表 4-l6 所示。

表 4-16　标准推板导柱(摘自 GB/T 4169.14—2006)

单位：mm

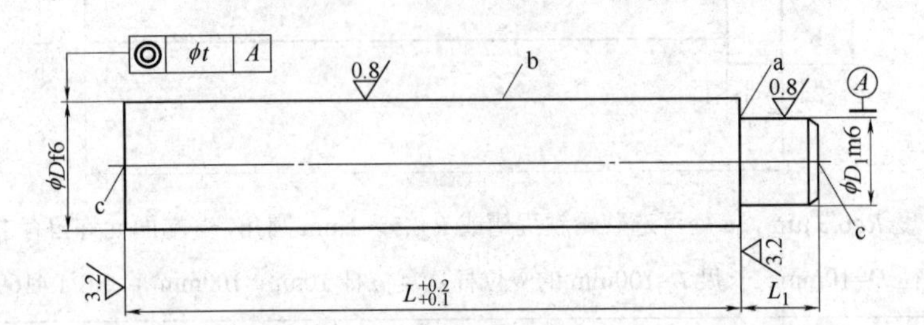

未注表面粗糙度 Ra6.3μm；未注倒角 1mm×45°，a 处可选砂轮越程槽或 R0.5～1mm 圆角，b 处允许开油槽，c 处允许保留两端的中心孔。

标记示例：直径 D=30mm、长度 L=100mm 的推板导柱，推板导柱 30mm×100mm，GB/T 4169.14－2006。

D		30	35	40	50
D_1		25	30	35	40
L_1		20	25	30	35
L	100	×			
	110	×	×		
	120	×	×		
	130	×	×		
	150	×	×	×	
	180		×	×	×
	200			×	×
	250			×	×
	300				×

注：(1) 材料由制造者选定，推荐采用 T10A、GCr15、20Gr。

(2) 硬度 56～60HRC，20Cr 渗碳 0.5～0.8mm，硬度 56～60HRC。

(3) 标注的形位公差应符合 GB/T 1184—1996 的规定，t 为 6 级精度。

(4) 其余应符合 GB/T 4170—2006 的规定。

推出系统导柱的另一种结构如图 4-14 所示，目前该结构为主流结构，应用较普遍。

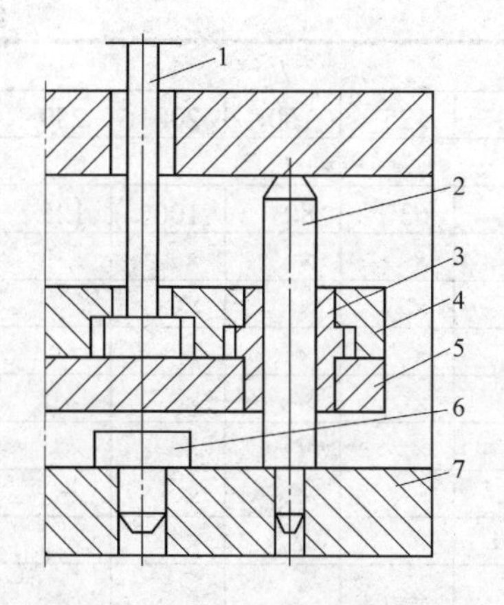

图 4-13　推板导柱与导套应用形式一

1—复位杆；2—推板导柱；3—推板导套；4—推杆固定板；5—推板；6—限位钉；7—动模座板

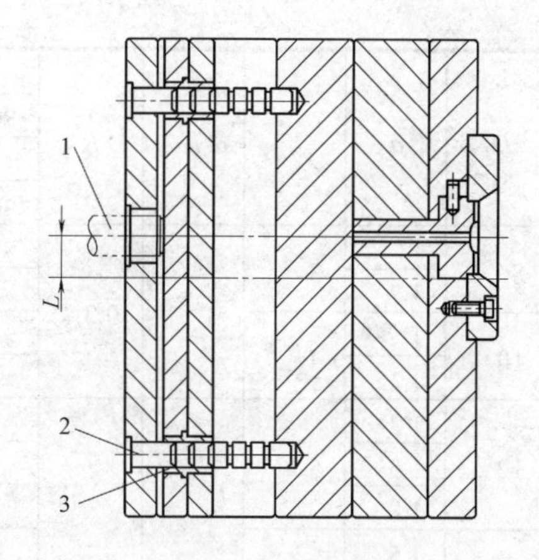

图 4-14　推板导柱与导套应用形式二

1—注射机顶杆；2—推板导柱；3—推板导套

4.2.13　扁推杆(GB/T 4169.15—2006)

GB/T 4169.15—2006 规定了塑料注射模用扁推杆的尺寸规格和公差，适用于塑料注射模所用的扁推杆。标准同时还给出了材料指南和硬度要求，并规定了扁推杆的标记。

GB/T 4169.15—2006 规定的标准扁推杆如表 4-17 所示。

表 4-17　标准扁推杆(摘自 GB/T 4169.15—2006)

单位：mm

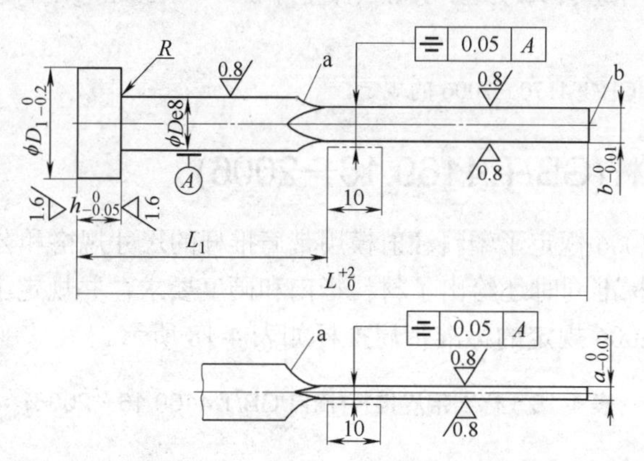

未注表面粗糙度 *Ra*6.3μm，a 处圆弧半径小于 10mm，b 端面不允许留有中心孔，棱边不允许倒钝。

标记示例：厚度 *a*=2mm、宽度 *b*=6mm、长度 *L*=80mm 的扁推杆，扁推杆 2mm×6mm×80mm，GB/T 4169.15—2006。

续表

D	D_1	a	b	h	R	L						
						80	100	125	160	200	250	300
						L_1						
						40	50	63	80	100	125	150
4	8	1	3	3	0.3	×	×	×	×	×		
		1.2				×	×	×	×	×		
5	10	1	4			×	×	×	×	×		
		1.2				×	×	×	×	×		
6	12	1.2	5				×	×	×	×	×	
		1.5					×	×	×	×	×	
		1.8					×	×	×	×	×	
8	14	1.5	6					×	×	×	×	
		1.8		5	0.5			×	×	×	×	
		2						×	×	×	×	
10	16	1.5	8						×	×	×	×
		1.8							×	×	×	×
		2							×	×	×	×
12	18	1.5	10							×	×	×
		1.8								×	×	×
		2		7	0.8					×	×	×
16	22	2	14							×	×	×
		2.5								×	×	×

注：(1) 材料由制造者选定，推荐采用 4Cr5MoSiV1、3Cr2W8V。

(2) 硬度 45～50HRC。

(3) 淬火后表面可进行渗碳处理，渗碳层深度为 0.08～0.15mm，心部硬度 40～44HRC，表面硬度不小于 900 HV。

(4) 其余应符合 GB/T 4170—2006 的规定。

4.2.14 带肩推杆(GB/T 4169.16—2006)

GB/T 4169.16—2006 规定了塑料注射模用带肩推杆的尺寸规格和公差，适用于塑料注射模所用的带肩推杆。标准同时还给出了材料指南和硬度要求，并规定了带肩推杆的标记。

GB/T 4169.16—2006 规定的标准带肩推杆如表 4-18 所示。

表 4-18　标准带肩推杆(摘自 GB/T 4169.16－2006)

单位：mm

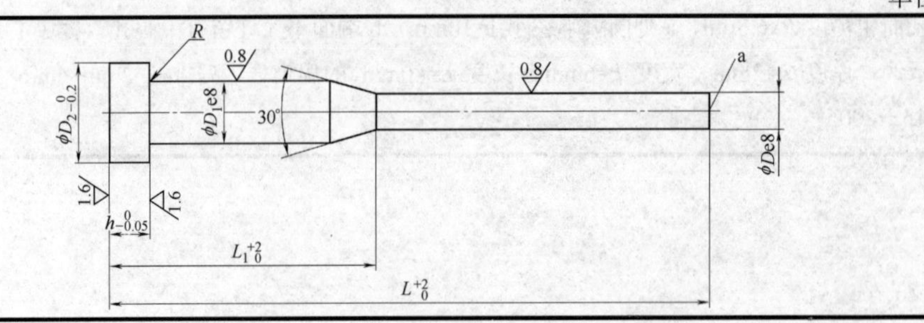

续表

未注表面粗糙度 *Ra*6.3μm，a 端面不允许留有中心孔，棱边不允许倒钝。

标记示例：直径 *D*=1mm、长度 *L*=80mm 的带肩推杆，带肩推杆 1mm×80mm，GB/T 4169.16—2006。

D	D_1	D_2	*h*	*R*	*L*								
					80	100	125	150	200	250	300	350	400
					L_1								
					40	50	63	75	100	125	150	175	200
1	2	4	2		×	×	×	×	×				
1.5					×	×	×	×	×				
2	3	6		0.3	×	×	×	×	×				
2.5			3		×	×	×	×	×				
3	4	8				×	×	×	×	×			
3.5	8	14				×	×	×	×	×			
4						×	×	×	×	×	×		
4.5			5			×	×	×	×	×	×		
5	10	16		0.8		×	×	×	×	×	×		
6							×	×	×	×	×	×	
8	12	18	7						×	×	×	×	
10	16	22								×	×	×	×

注：(1) 材料由制造者选定，推荐采用 4Cr5MoSiV1、3Cr2W8V。

(2) 硬度 45～50HRC。

(3) 淬火后表面可进行渗碳处理，渗碳层深度为 0.08～0.15mm，心部硬度 40～44HRC，表面硬度不小于 900 HV。

(4) 其余应符合 GB/T 4170—2006 的规定。

圆形推杆、扁推杆、带肩推杆的配合长度与装配如表 4-19 所示。

表 4-19　圆形推杆、扁推杆、带肩推杆的配合长度与装配

单位：mm

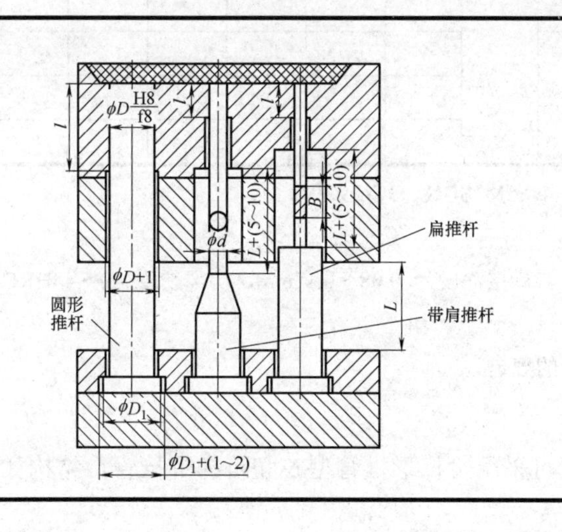

圆形推杆	
直径 *d*	配合长度 *l*
＞2.5～6	3*d*～4*d*
＞6～10	2*d*～3*d*
＞10	1.5*d*～2*d*
扁推杆	
宽度 *B*	配合长度 *l*
＞10	～4*B*
＞10～16	3*B*～4*B*
＞16	2*B*～3*B*

4.2.15 推管(GB/T 4169.17—2006)

GB/T 4169.17—2006 规定了塑料注射模用推管的尺寸规格和公差，适用于塑料注射模所用的推管。标准同时还给出了材料指南和硬度要求，并规定了推管的标记。

1) 推管的尺寸规格

GB/T 4169.17—2006 规定的标准推管如表 4-20 所示。

表 4-20 标准推管(摘自 GB/T 4169.17—2006)

单位：mm

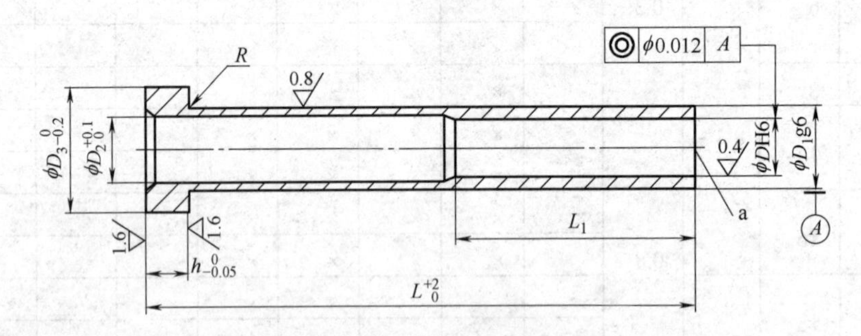

未注表面粗糙度 Ra6.3 μm，未注倒角 1mm×45°，a 端面棱边不允许倒钝。

标记示例：直径 D=5mm、长度 L=80mm 的推管，推管 5mm×80mm，GB/T 4169.17—2006。

D	D_1	D_2	D_3	h	R	L_1	L						
							80	100	125	150	175	200	250
2	4	2.5	8	3	0.3	35	×	×	×				
2.5	5	3	10				×	×	×				
3	5	3.5				45	×	×	×	×			
4	6	4.5	12	5	0.5		×	×	×	×	×	×	
5	8	5.5	14				×	×	×	×	×	×	
6	10	6.5	16					×	×	×	×	×	×
8	12	8.5	20	7	0.8			×	×	×	×	×	×
10	14	10.5	22					×	×	×	×	×	×
12	16	12.5	22						×	×	×	×	×

注：(1) 材料由制造者选定，推荐采用 4Cr5MoSiV1、3Cr2W8V。

(2) 硬度 45～50HRC。

(3) 淬火后表面可进行渗碳处理，渗碳层深度为 0.08～0.15mm，心部硬度 40～44HRC，表面硬度不小于 900 HV。

(4) 其余应符合 GB/T 4170—2006 的规定。

2) 阶梯形推管

当推管和推管型芯比较细长时，可采用阶梯形推管型芯和阶梯形推管，结构如图 4-15 所示。

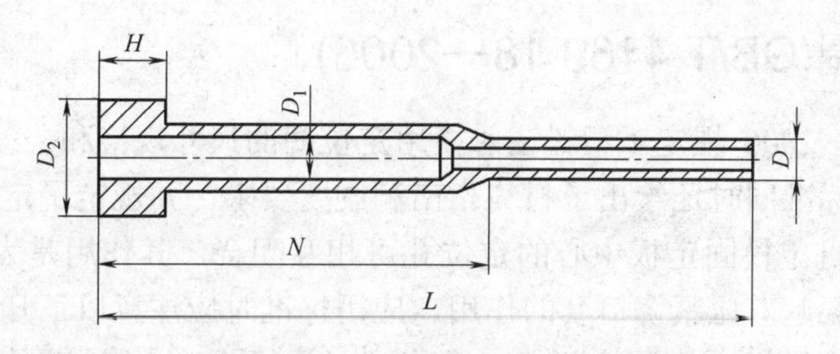

图 4-15　阶梯形推管结构

3) 推管的应用

推管适于环形、筒形塑件或塑件中心带孔部分的顶出，由于推管整个周边都接触塑件，推顶塑件力均匀，塑件不易变形，也不会留下明显的顶出痕迹。采用推管推出时，如果型芯和凹模同时设计在动模侧，可提高塑件的同心度。对于过薄的塑件(厚度小于1mm)，过薄的推管加工有一定难度，且易损坏，此时应尽量不要采用推管推出。

推管与推杆一样都可固定在推杆固定板上，而推管型芯可固定在动模座板上，相对于模架静止不动。推管在推出塑件的过程中与型芯产生滑动，完成内孔抽芯，如图 4-16(a)所示。

要求推管内、外表面都能顺利滑动。其滑动长度的淬火硬度为 50HRC 左右，且等于脱模行程与配合长度之和，再加上 5～6mm 余量。非配合长度上均应采用 0.5～1mm 的双面间隙。推管壁厚应在 1mm 以上。必要时采用阶梯推管，如图 4-16(b)所示。

中长型芯的推管用推杆推拉，如图 4-16(c)所示。该结构的型芯和推管可短些，而且推管型芯应避开注射机顶杆孔，但动模板因容纳脱模行程而增厚，应用较少。

当注射机顶杆顶出方向上塑件有深孔需用高型芯成型，此时要用推管推出塑件，而动模座上却有注射机顶杆孔，推管型芯无法固定在动模座上，如图 4-16(a)的情况。解决方法是采用方销固定推管型芯，如图 4-16(d)所示。模板上铣槽固定方销，推管上加工长槽避开方销，使推管能够顶出和复位，槽的长度应大于推出距离。方销固定推管型芯结构强度较弱，稳定性差，不宜用于受力大的推管。

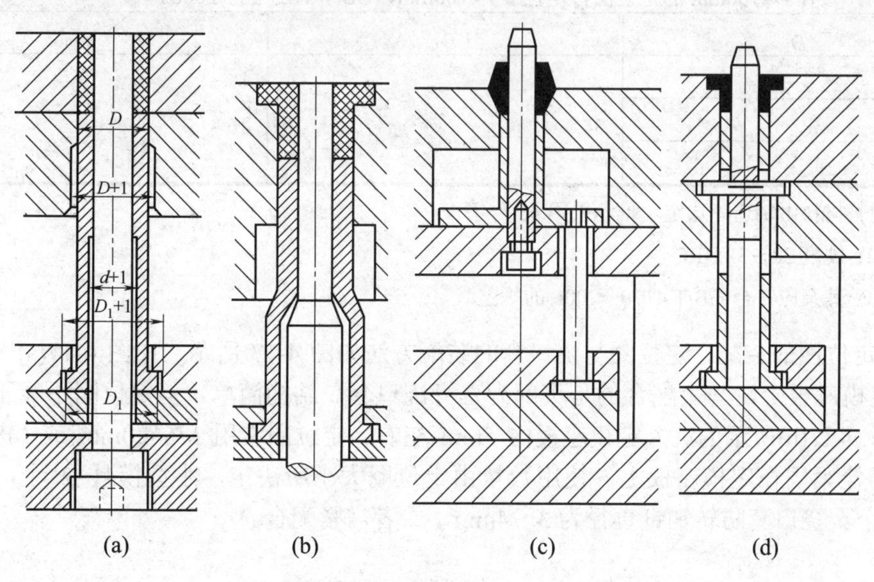

图 4-16　推管脱模结构形式

4.2.16 定位圈(GB/T 4169.18—2006)

GB/T 4169.18—2006 规定了塑料注射模用定位圈的尺寸规格和公差，适用于塑料注射模所用的定位圈。标准同时还给出了材料指南和硬度要求，并规定了定位圈的标记。

定位圈与注射机定模固定板中心的定位孔可相互配合，其作用是为了使主流道与喷嘴和机筒对齐，另外还起着压紧浇口套的作用。应用标准时应注意以下几点。

(1) 定位圈与注射机定模固定板上的定位孔之间采取比较松动的间隙配合方式，如 H11/h11 或 H11/b11。

(2) 对于小型模具，定位圈与定位孔的配合长度可取 8～10mm，对于大型模具则可取 10～15mm。

GB/T 4169.18—2006 规定的标准定位圈如表 4-21 所示。

表 4-21　标准定位圈(摘自 GB/T 4169.18—2006)

单位：mm

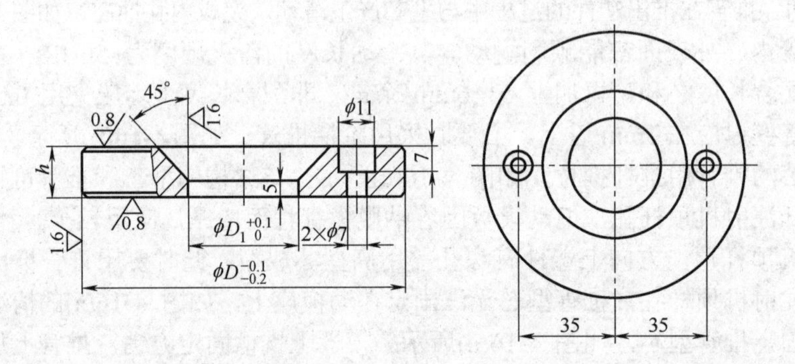

未注表面粗糙度 Ra6.3 μm，未注倒角 1mm×45°。

标记示例：直径 D=100mm 的定位圈，定位圈为 100mm，GB/T 4169.18—2006。

D	D_1	h
100	35	16
120		
150		

注：(1) 材料由制造者选定，推荐采用 45 号钢。

(2) 硬度 28～32 HRC。

(3) 其余应符合 GB/T 4170—2006 的规定。

(3) 定位圈的装配。定位圈与浇口套的装配方法如图 4-17 所示，如图 4-17(a)所示为直接装在定模座板上，与之配合的是头部为直身浇口套，结构简单，但定位圈不能压紧浇口套。如图 4-17(b)所示为沉入定模座板内 5mm 左右。定位圈常用 M6×20mm 或 M8×20mm 内六角螺栓紧固在定模座板上，使用数量由定位圈大小所决定，小型模具 2 个，大型模具 3～4 个。浇口套防转销钉直径为 3～4mm，二者需紧配合。

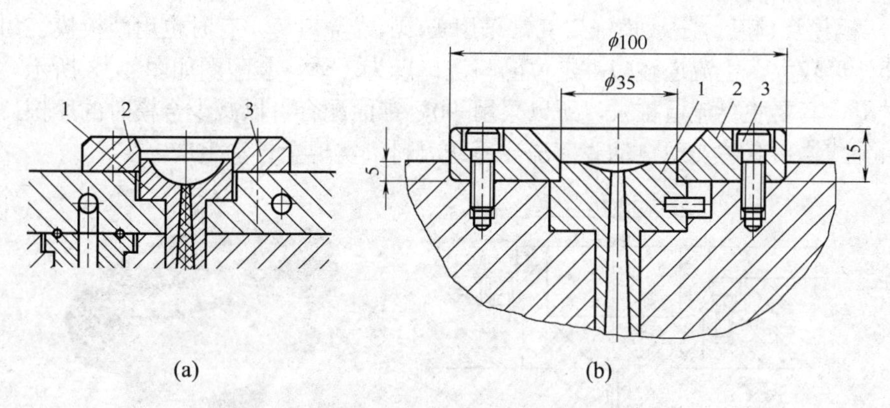

图 4-17　定位圈的装配

1—浇口套；2—定位圈；3—内六角螺钉

4.2.17　浇口套(GB/T 4169.19—2006)

GB/T 4169.19－2006 规定了塑料注射模用浇口套的尺寸规格和公差，适用于塑料注射模所用的浇口套。标准同时还给出了材料指南和硬度要求，并规定了浇口套的标记。

(1) GB/T 4169.19—2006 规定的标准浇口套如表 4-22 所示。

表 4-22　标准浇口套(摘自 GB/T 4169.19—2006)

单位：mm

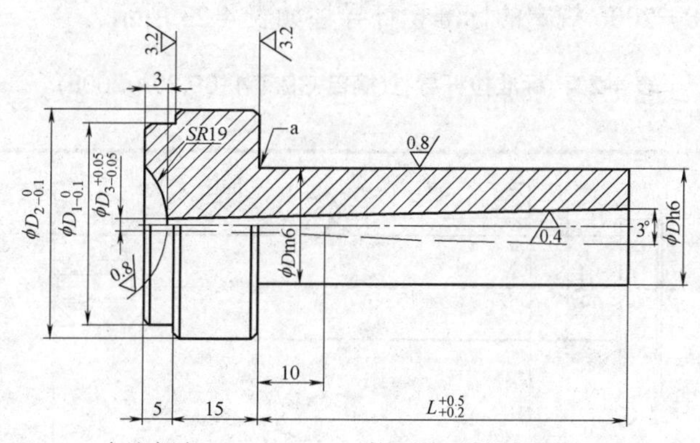

未注表面粗糙度 *Ra*6.3 μm；未注倒角 1mm×45°，a 处可选砂轮越程槽 *R*0.5mm～*R*1mm 圆角。

标记示例：直径 *D*=12mm、长度 *L*=50mm 的浇口套，浇口套 12mm×50mm，GB/T 4169.19－2006。

D	D_1	D_2	D_3	L		
				50	80	100
12	35	40	2.8	×		
16			2.8	×	×	
20			3.2	×	×	×
25			4.2	×	×	×

注：(1) 材料由制造者选定，推荐采用 45 号钢。

(2) 局部热处理，*SR*19mm 球面硬度 38～45HRC。

(3) 其余应符合 GB/T 4170—2006 的规定。

(2) 三板模浇口套。三板模浇口套常采用美(国)式浇口套，有时也用两板模浇口套。美式浇口套外形较大，主流道较短，定位圈与浇口套为一体，装配图如图 4-18 所示。注射完毕开模时浇口套要脱离流道推板，所以采用 90° 锥面配合，以减少合模时的摩擦，降低磨损。采用美式浇口套易实现自动脱落浇注系统凝料，实现全自动生产。

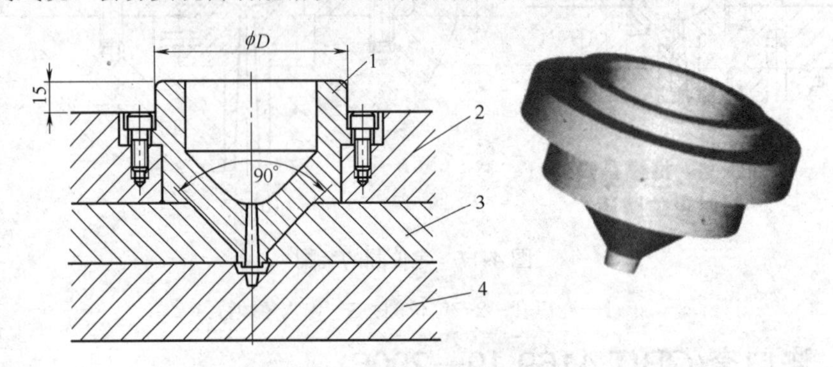

图 4-18　三板模浇口套及装配图

1—浇口套；2—定模座板；3—流道推板；4—定模板(B 板)

4.2.18　拉杆导柱(GB/T 4169.20—2006)

GB/T 4169.20—2006 规定了塑料注射模用拉杆导柱的尺寸规格和公差，适用于塑料注射模所用的拉杆导柱。标准同时还给出了材料指南和硬度要求，并规定了拉杆导柱的标记。

(1) GB/T 4169.20—2006 规定的标准拉杆导柱如表 4-23 所示。

表 4-23　标准拉杆导柱(摘自 GB/T 4169.20—2006)

单位：mm

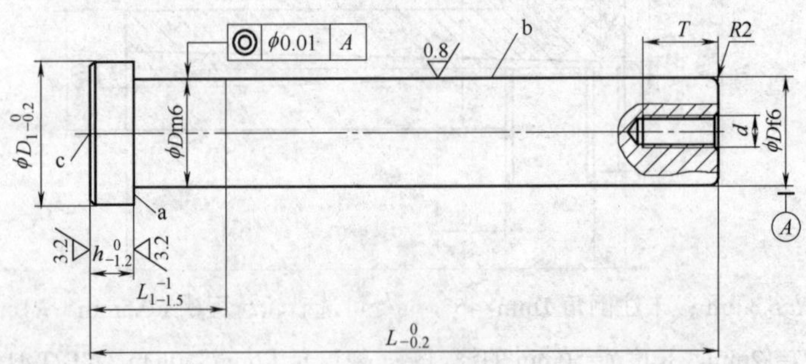

未注表面粗糙度 Ra6.3 μm；未注倒角 1mm×45°，a 处可选砂轮越程槽 R0.5mm～R1mm 圆角，b 表面允许开油槽，c 处允许保留中心孔。

标记示例：直径 D=16mm、长度 L=100mm 的拉杆导柱，拉杆导柱 16mm×100mm，GB/T 4169.20—2006。

D	16	20	25	30	35	40	50	60	70	80	90	100
D_1	21	25	30	35	40	45	55	66	76	86	96	106
H	8	10	12	4	16	18	20	25				
D	M10	M12	M14	M16				M20		M24		
T	25	30	35	40				50		60		

续表

L_1		25	30	35	45	50	60	70 80	90	100	120	140	150
L	100	×	×	×									
	110	×	×	×									
	120	×	×	×									
	130	×	×	×	×								
	140	×	×	×	×								
	150	×	×	×	×								
	160	×	×	×	×	×							
	170	×	×	×	×	×							
	180	×	×	×	×	×							
	190	×	×	×	×	×							
	200	×	×	×	×	×	×						
	210		×	×	×	×	×						
	220		×	×	×	×	×						
	230		×	×	×	×	×						
	240		×	×	×	×	×						
	250		×	×	×	×	×	×					
	260			×	×	×	×	×					
	270			×	×	×	×	×					
	280			×	×	×	×	×	×				
	290			×	×	×	×	×	×				
	300			×	×	×	×	×	×	×			
	320				×	×	×	×	×	×			
	340				×	×	×	×	×	×	×		
	360				×	×	×	×	×	×	×		
	380					×	×	×	×	×	×		
	400					×	×	×	×	×	×	×	×
	450						×	×	×	×	×	×	×
	500						×	×	×	×	×	×	×
	550							×	×	×	×	×	×
	600							×	×	×	×	×	×
	650									×	×	×	×
	700									×	×	×	×
	750									×	×	×	×
	800									×	×	×	×

注：(1) 材料由制造者选定，推荐采用 T10A、GCr15、20Gr。

(2) 硬度 56～60HRC，20Cr 渗碳 0.5～0.8mm，硬度 56～60HRC。

(3) 其余应符合 GB/T 4170—2006 的规定。

(2) 拉杆导柱其他形式。拉杆导柱其他形式如图 4-19 中Ⅰ型、Ⅱ型所示。

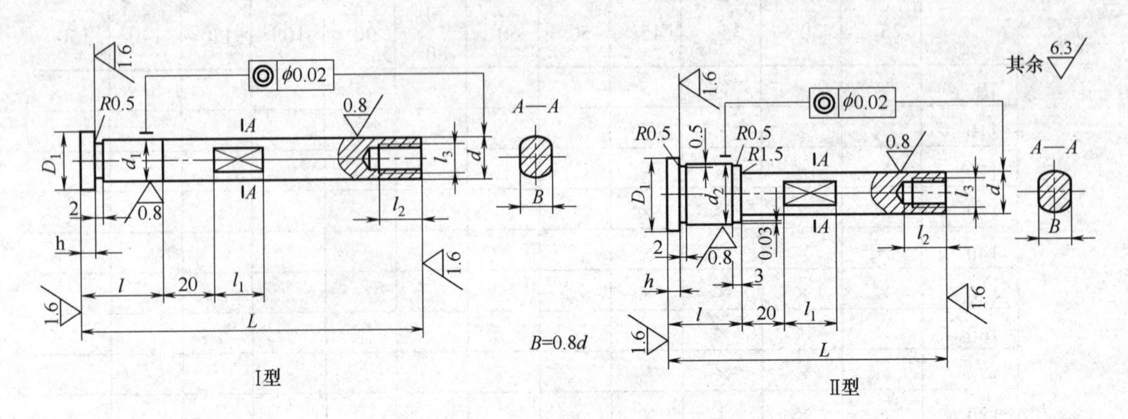

图 4-19 拉杆导柱其他形式

(3) 拉杆导柱在三板模中的应用。拉杆导柱用于三板模结构中，无论是在标准三板模架或简化三板模架中都有应用，其作用是除支承流道推板和定模板重量外，在开模和合模过程中可使其沿拉杆导柱滑动并对开模行程限位。装配结构如图 4-20 所示。

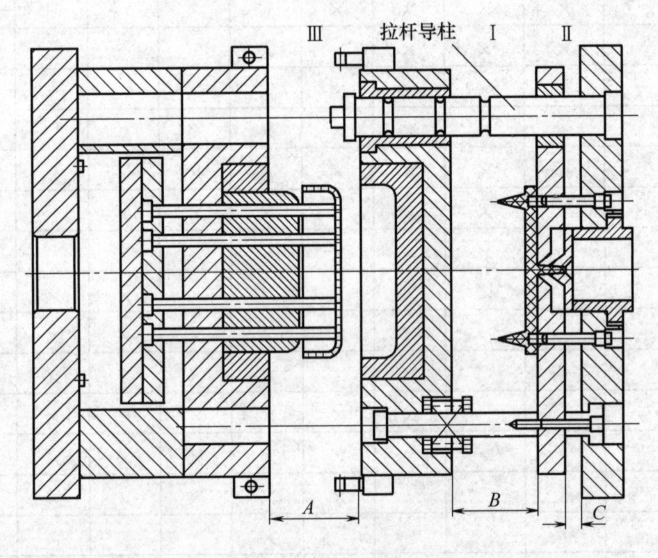

图 4-20 拉杆导柱装配结构

4.2.19 矩形定位元件(GB/T 4169.21—2006)

GB/T 4169.21－2006 规定了塑料注射模用矩形定位元件的尺寸和公差，适用于塑料注射模所用的矩形定位元件。标准同时还给出了材料指南和硬度要求，并规定了矩形定位元件的标记。

GB/T 4169.21—2006 规定的标准矩形定位元件如表 4-24 所示。

表 4-24　标准矩形定位元件(摘自 GB/T 4169.21—2006)

单位：mm

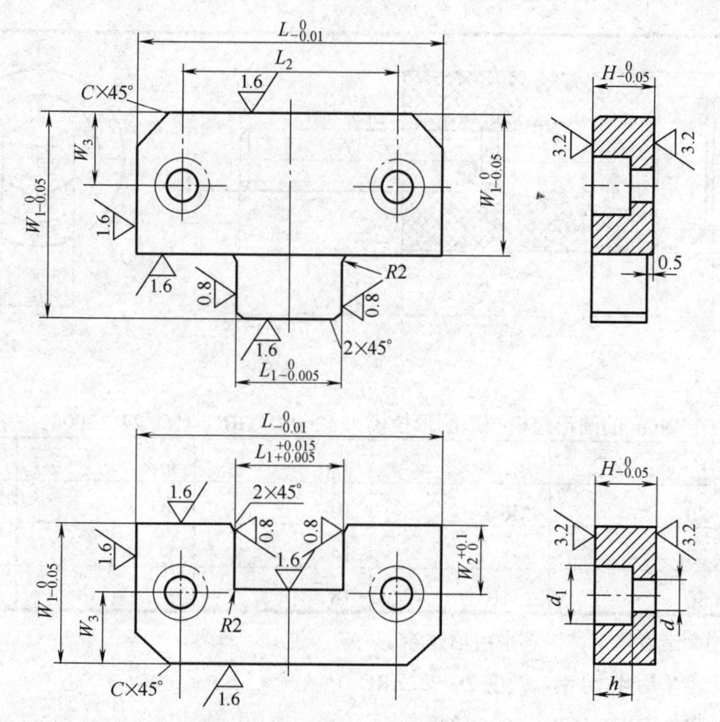

未注表面粗糙度 Ra6.3 μm；未注倒角 1mm×45°。

标记示例：长度 L=50mm 的矩形定位元件，矩形定位元件 50mm，GB/T 4169.21—2006。

L	L_1	L_2	W	W_1	W_2	W_3	C	d	D_1	H	h
50	17	34	30	21.5	8.5	11					
75	25	50	50	36	15	18					
100	35	70	65	45	21	22					
125	45	84	65	45	21	22					

注：(1) 材料由制造者选定，推荐采用 GCr15、9CrWMn。

(2) 凸件硬度 50～54HRC，凹件硬度 56～60HRC。

(3) 其余应符合 GB/T 4170—2006 的规定。

4.2.20　拉模扣

1. 圆形拉模扣(GB/T 4169.22—2006)

GB/T 4169.22—2006 规定了塑料注射模用圆形拉模扣的尺寸规格和公差，适用于塑料注射模所用的圆形拉模扣。标准同时还给出了材料指南和硬度要求，并规定了圆形拉模扣的标记。

GB/T 4169.22—2006 规定的标准圆形拉模扣如表 4-25 所示。圆形拉模扣(尼龙塞)，材料为尼龙，其拉出力一般，适用于中小型模具。一套模具根据大小可同时使用 4～6 个拉模扣。

表 4-25　标准圆形拉模扣(摘自 GB/T 4169.22—2006)

单位：mm

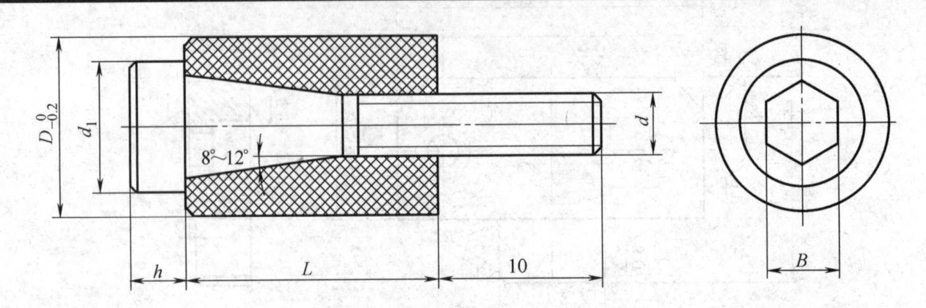

未注倒角 1mm×45°。

标记示例：直径 D=12mm 的圆形拉模扣，圆形拉模扣 12mm，GB/T 4169.22—2006。

D	L	d	d_1	h	B
12	20	M6	10	4	5
16	25	M8	14	5	6
20	30	M10	18	5	8

注：(1) 材料由制造者选定，推荐采用尼龙 66。

(2) 螺钉推荐采用 45 号钢，硬度 28～32HRC。

(3) 其余应符合 GB/T 4170—2006 的规定。

GB/T 4169.22－2006 规定的标准圆形拉模扣实物如图 4-21 所示，装配示意如图 4-22 所示。

图 4-21　圆形拉模扣实物

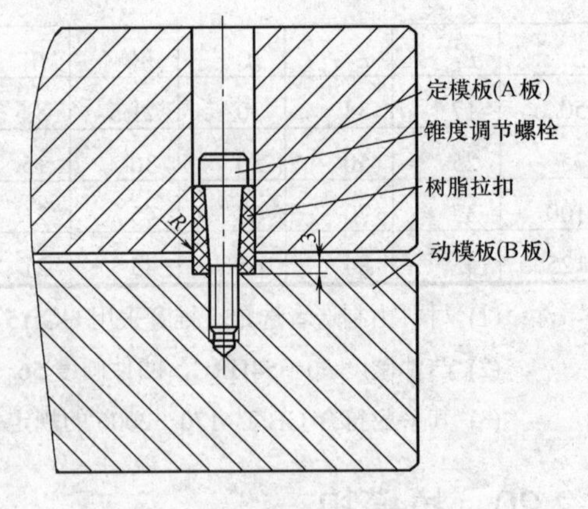

图 4-22　圆形拉模扣装配图

2. 矩形拉模扣(GB/T 4169.23—2006)

GB/T 4169.23—2006 规定了塑料注射模用矩形拉模扣的尺寸规格和公差，适用于塑料注射模所用的矩形拉模扣(又称弹簧拉扣)。标准同时还给出了材料指南和硬度要求，并规定了矩形拉模扣的标记。矩形拉模扣实物如图 4-23 所示。矩形拉模扣拉出力较大，适用于大、中型模具。一套模可同时使用 2～4 个矩形拉模扣。

图 4-23　矩形拉模扣实物

GB/T 4169.23—2006 规定的标准矩形拉模扣如表 4-26 所示。

表 4-26　标准矩形拉模扣(摘自 GB/T 4169.23—2006)

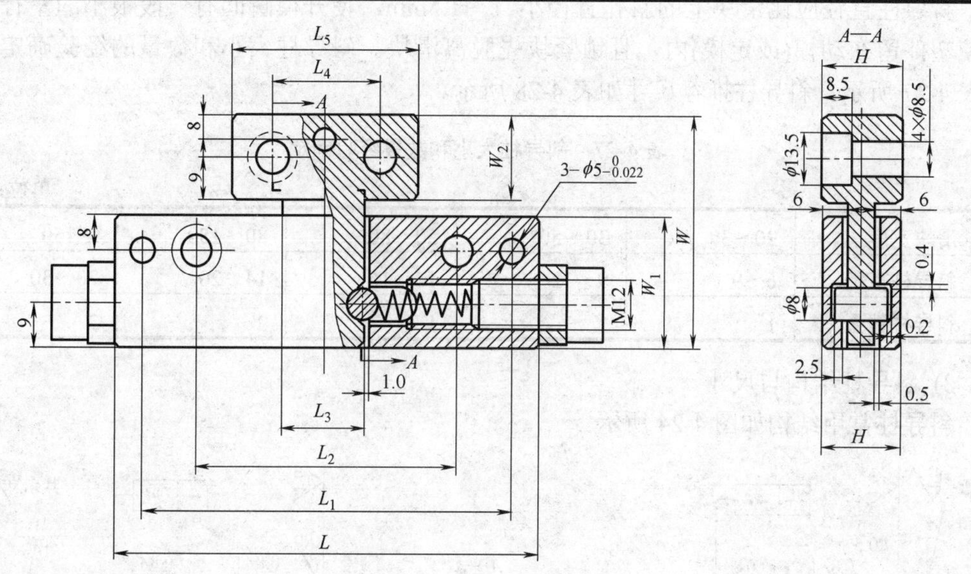

未注倒角 1mm×45°。

标记示例：宽度 W=52mm、长度 L=100mm 的矩形拉模扣，矩形拉模扣 52mm×100mm，GB/T 4169.23—2006。

W	W_1	W_2	L	L_1	L_2	L_3	L_4	L_5	H
52	30	20	100	85	60	20	25	45	22
80									
66	36	28	120	100	70	24	35	60	28
110									

注：(1) 材料由制造者选定，本体与插体推荐采用 45 号钢，顶销推荐采用 GCr15。

(2) 插体硬度 40～45HRC，顶销硬度 58～62HRC。

(3) 最大使用负荷应达到：L=100mm 为 10kN，L=120mm 为 12kN。

(4) 其余应符合 GB/T 4170－2006 的规定。

4.3 模具其他常用零配件

1. 斜导柱尺寸规格

1) 斜导柱的作用与工作原理

开模时动模部分向后移动，开模力通过斜导柱作用于侧滑块，迫使其在动模板的导滑槽内向外移动，直至斜导柱与滑块完全脱离，完成侧向抽芯动作。斜导柱侧向抽芯结束后，侧滑块应有准确定位，以确保下次合模时斜导柱能准确地插入滑块的斜孔中使滑块复位。

合模时，斜导柱首先应插入侧滑块斜孔中拨动滑块完成合模动作，最后锁紧块斜面锁紧侧滑块斜面，完成精确定位，确保滑块合模到位而避免零件出现飞边。

2) 斜导柱大小和数量的经验确定

斜导柱直径应比滑块上的斜孔直径小 1～1.5mm，使开模瞬间有一段很小的空行程，并使塑件留在动模(或定模)内，且锁紧块先脱离滑块。斜导柱大小和数量的经验确定方法如表 4-27 所示。斜导柱推荐尺寸如表 4-28 所示。

表 4-27 斜导柱大小和数量经验确定

单位：mm

滑块宽度	20～30	30～50	50～80	80～150	>150
斜导柱直径	6～9	9～12	12～16	14～20	20～30
斜导柱数量	1	1	1	2	2

3) 斜导柱结构与尺寸

斜导柱常用结构如图 4-24 所示。

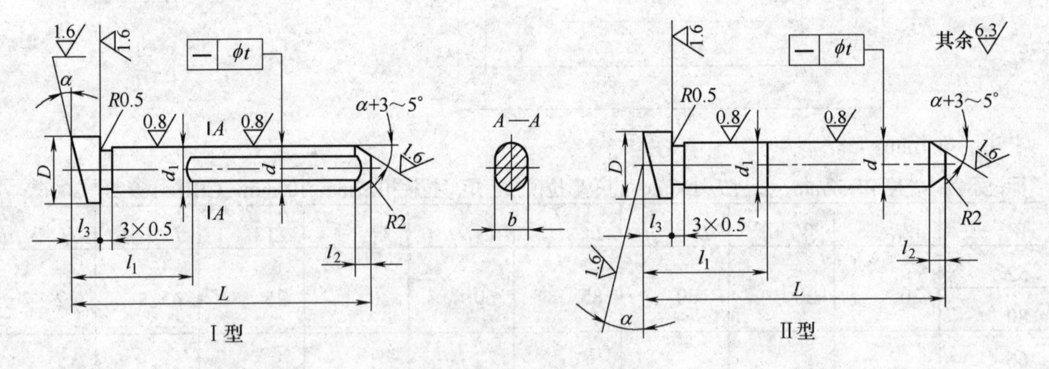

图 4-24 斜导柱结构

表 4-28 斜导柱推荐尺寸

材 料		T10A			热处理		54～58HRC		
d	尺寸	10	12.5	16	20	25	31.5	40	50
	极限	−0.1							
	偏差	−0.2							

续表

材　料		T10A			热处理		54～58HRC		
d_1	基本尺寸	10	12.5	16	20	25	31.5	40	50
	极限偏差	$^{+0.0190}_{+0.010}$	$^{+0.023}_{+0.012}$		$^{+0.028}_{+0.015}$		$^{+0.033}_{+0.017}$		
D		14	16	20	25	30	38	46	56
L_2		3	4	5		6		12	16
$L_3\ {}^{0}_{-0.1}$		8	9	11	13	15	18	23	27
L_4		6	7	8		10		13	15
$b\ {}^{0}_{-0.2}$		8.66	10.39	13.86	17.32	21.65	25.98	34.64	43.30
a 系列		10°　15°　18°　20°　22°　25°							
$L\ {}^{0}_{-2}$		11 ${}^{0}_{-0.1}$							
63		22	22						
80		22	22	30					
100		28	28	30	36				
125		28	28	30	36				
140			28	30	36				
160				40	36				
180				40	36	46			
200				40	46	46	46	63	
220				40	46	46	46	63	
250					46	46	46	71	
315							63	71	71
355							63	71	71
400							63	71	71
450							63	80	80
500								80	80

2. 定距螺钉

1) 定距螺钉的应用场合

(1) 用在带有推件板的注射模，限制推件板行程或防止推件板在推出过程中由于惯性作用会从导柱上脱落。

(2) 三板模中拉动流道推板或限制定模板行程。

2) 定距螺钉尺寸规格

定距螺钉尺寸规格如表 4-29 所示。

表 4-29　定距螺钉尺寸规格

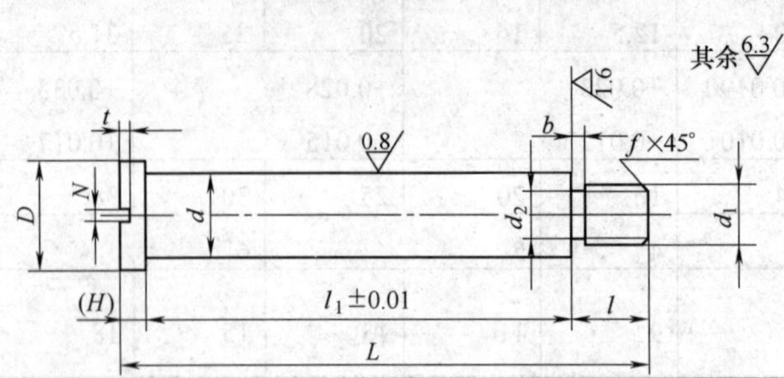

材料		45 钢			热处理		35～40			
D	d_1	l	d_2	b	H	D	N	t	f	L
5	M4	6	3	1	4	10	1.2	2	0.7	长度按需要设计
8	M6	6	4.5	1.5	5	12.5	1.5	2.5	1	
12	M8	12	6.2	2	7	18	2	3	1.3	
16	M10	16	7.8	3	8	22	2.5	3.5	1.5	
20	M12	20	9.5	4	8	26	2.5	3.5	1.8	
24	M16	24	13	4	9	30	3	4	2	
30	M20	32	16.4	5	10	36	3	4	2.5	

3. 拉料杆

拉料杆的作用是开模时将流道凝料留在预定的地方，如两板模中把主流道从定模浇口套中拉出，三板模中拉住浇注系统使其与塑件分离。

1) 拉料杆的结构与配合

拉料杆与推件板配合公差取 H9/f9(间隙应小于塑料的溢料值)，拉料杆固定部分配合公差取 H7/m6；表面粗糙度：配合部分 $Ra0.8\,\mu m$，安装部分 $Ra1.6\,\mu m$。

拉料的形式与结构多种多样，如图 4-25 所示。

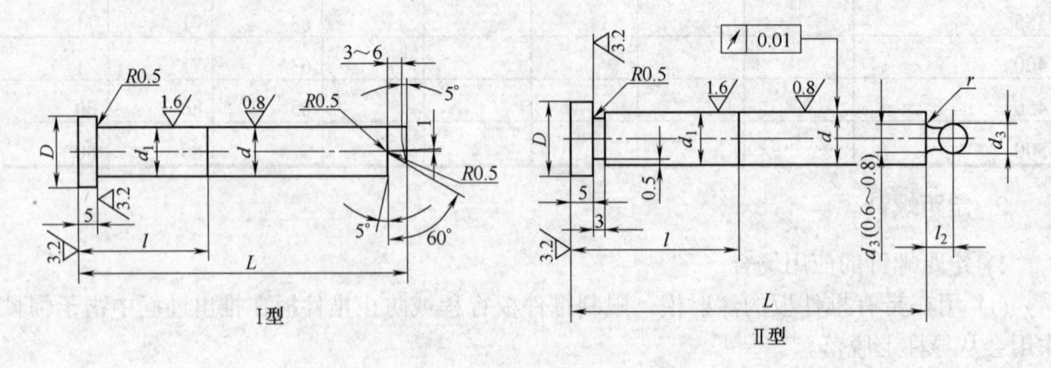

图 4-25　拉料杆的形式与结构

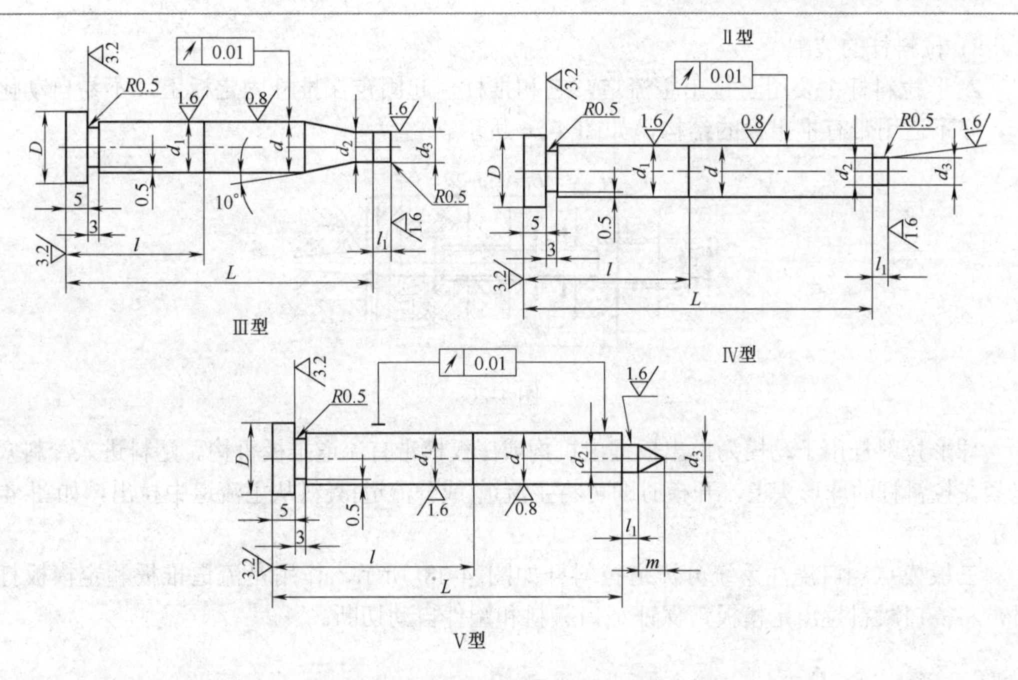

图 4-25　拉料杆的形式与结构(续)

2) 拉料杆的尺寸规格

拉料杆尺寸规格，如表 4-30 所示。

表 4-30　拉料杆尺寸规格

材　料		T10A		热处理	50～55HRC	
D(e8)	基本尺寸	5	6	8	10	12.5
	极限偏差	−0.020 −0.038	−0.025 −0.047		−0.032 −0.059	
d_1(n6)	基本尺寸	5	6	8	10	12.5
	极限偏差	+0.016 +0.008	+0.019 +0.010		+0.023 +0.012	
D		9	10	13	15	18
d_2		2.8	3	4	4.8	6.2
d_3		3.3	3.8	4.8	5.8	7.2
m		5	7	7	7	7
l_1		3	3	4	5	5
d_4		3	3.5	5	6	8
d_5		3.5	4	6	7	9
l_2		2	2.5	3.6	4.0	5.2
r		1.1	1.25	1.5	2	2.2
L、l		长度按需要确定				

3) 拉料杆的装配

Z 形拉料杆主要用于拉出主流道，它和推杆一起固定在推杆固定板上，不易自动化生产，亦不适用带有推出板的结构，如图 4-26 所示。

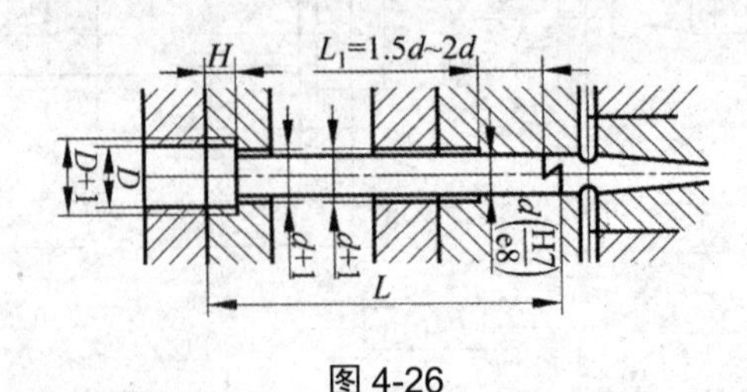

图 4-26

球形拉料杆用于动模为推出板推出机构或三板模带有流道推板机构。塑料进入冷料穴后包紧在拉料杆的球形头上，开模时即可将主流道(或分流道)凝料从主流道中拉出，如图 4-27 所示。

三板模点浇口浇注系统分流道拉料杆如图 4-28 所示，作用是流道推板和定模板打开时，将浇口凝料拉出定模板，保证浇口凝料和塑件自动切断。

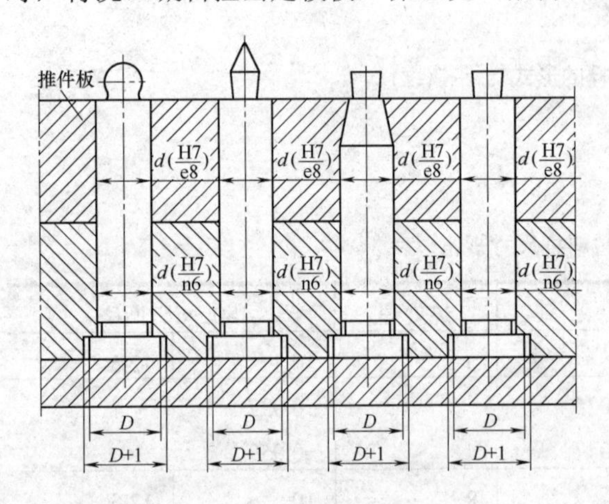

图 4-27　球形和其他形状拉料杆装配结构

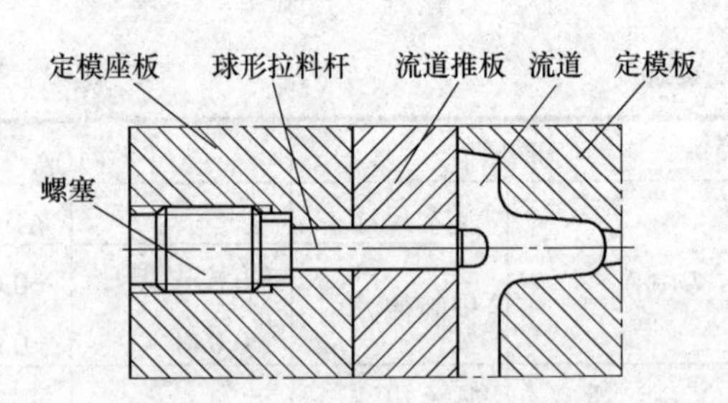

图 4-28　三板模流道拉料杆

4. 排气塞

塑料注射模具属于型腔模，在塑料的注射填充过程中，型腔内除空气外，还有塑料受热或凝固而产生的挥发性气体。在注射时型腔内气体要及时排出，在塑料凝固和推出过程中空气要及时进入，避免产生真空。因此，设计排气和引气系统是必须要考虑的。常用的排气或进气塞已标准化，根据产品大小可以购买，材料有不锈钢和黄铜，如图 4-29 所示。

图 4-29　排气塞

5. 气顶

利用压缩空气压力推出薄壁深腔、壳型塑件是一种简单有效的办法，但塑件顶部应是闭合状态，不允许有孔，否则漏气，难以推出塑件。若塑件有孔，应在孔口留厚度 0.5mm 左右的塑料薄壁用来封气，塑件脱模后切除。如图 4-30 所示，注射时锥面气阀靠弹簧的弹力而关闭，开模后通入$(49\sim58.8)\times10^4$Pa 的压缩空气，使弹簧压缩开启阀门，压缩空气进入塑件与型芯间，使塑件推出脱落。大型壳体类塑料模具通常不设推出机构，使用压缩空气推出，推出效果好，模具简单，应用广泛。

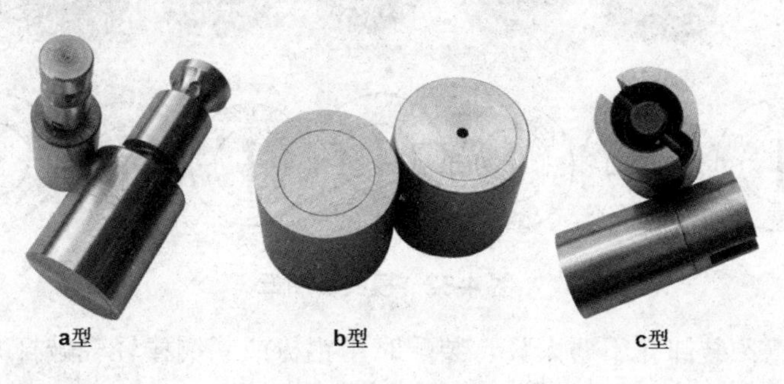

图 4-30　气顶

6. 滑块球头定位柱塞

带有侧滑块侧向抽芯的模具，开模后，当斜导柱和锁紧块离开滑块，滑块必须保持在运动终止的位置，不允许发生位移，否则合模时斜导柱将不能准确进入滑块孔内，导致模具被压坏，这就要求开模后滑块必须定位。定位的方法有多种，其中较简单可靠的是球头定位柱塞，已标准化，可根据需要购买，如图 4-31 所示。

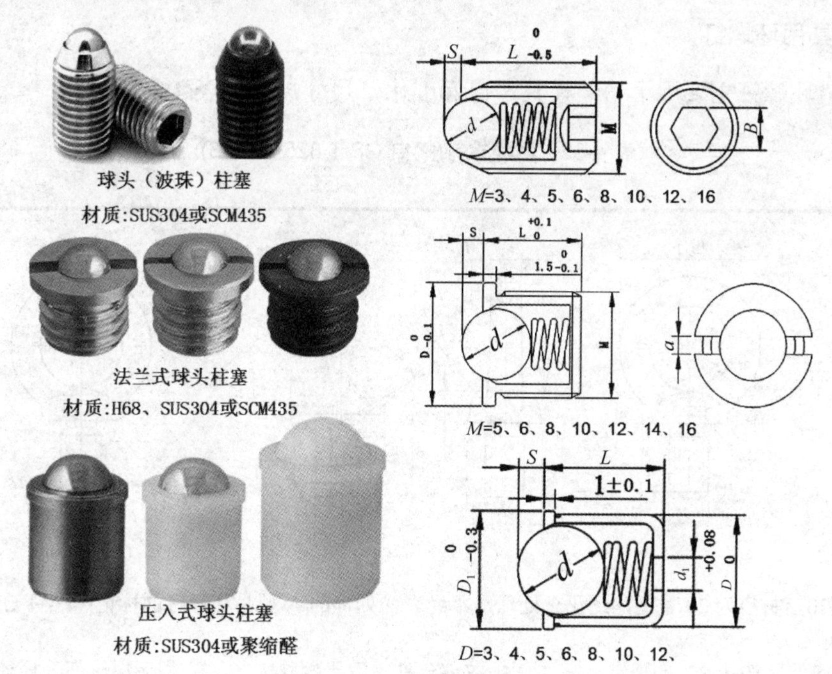

图 4-31　滑块球头定位柱塞

7. 模具日期章

模具日期章主要作用是区分塑件生产班次、日期，使塑料产品具有可追溯性，其形状如图 4-32 所示。其材料多用不锈钢制成或经表面镀铬。已形成标准件，安装容易，使用方便。开始生产前，转动中间指针，对准外圈数字，有“嗒嗒”定位声音。

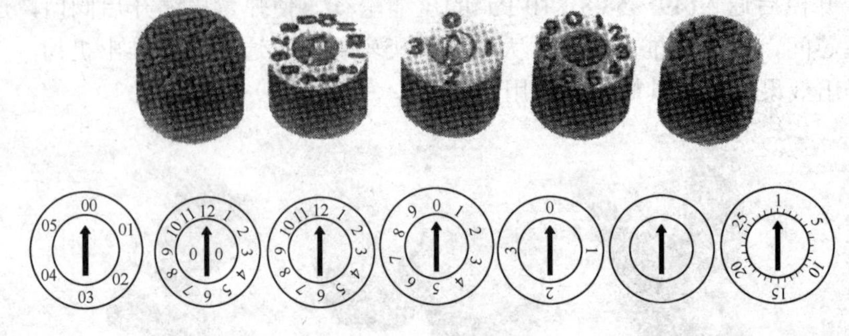

图 4-32　模具日期章

安装时应注意：装卸孔不要太紧，装配时用铝棒或紫铜棒轻轻敲打并注意字体方向以求产品美观，非必要情况不要拆卸。规格如表 4-31 所示。

表 4-31　模具日期章规格

单位：mm

	规　格
年、月、日、班次分开	ϕ6、ϕ8、ϕ10、ϕ12、ϕ16
年、月、日、班次合并	ϕ6、ϕ8、ϕ10、ϕ12、ϕ16

8. 模具吊环螺钉

模具吊环螺钉主要用于吊装模具，已标准化，尺寸规格如表 4-32 所示。

表 4-32　吊环螺钉(摘自 GB/T 825—1988)

单位：mm

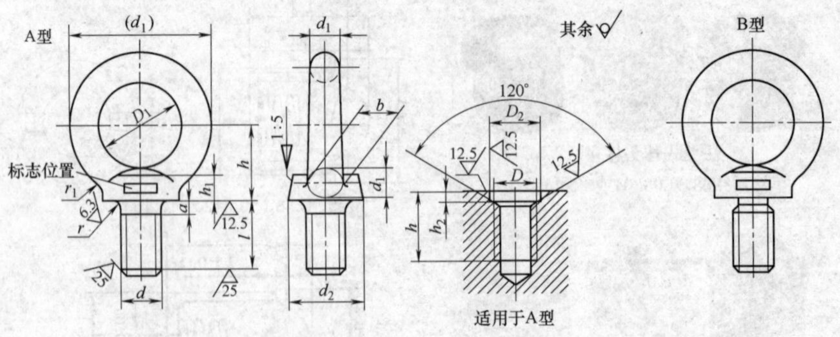

标记示例：

规格为 M20，材料为 20 号钢，经正火处理，不经表面处理的 A 型吊环螺钉的标记：螺钉 GB/T 825—1988 M20。

末端倒角或倒圆按 GB2 的规定，A 型无螺纹部分杆径等于螺纹大径，B 型无螺纹部分杆径等于螺纹小径。

续表

规格 d	M8	M10	M12	M16	M20	M24	M30	M36
d_1	9.1	11.1	13.1	15.2	17.4	21.4	25.7	30
D_1	20	24	28	34	40	48	56	67
d_2(公称)	21.1	25.1	29.1	35.2	41.4	49.4	57.7	69

9. 模具锁板

锁板的作用是在吊装和搬运模具的过程中，防止动、定模自动打开而出现安全事故，形状规格由模具生产厂确定。模具上机安装完毕，生产前必须拆除锁板。

4.4　模具加热与冷却系统

为便于设计塑料模具的加热与冷却系统，塑料、模具及加热元件等相关参数应有资料可查。

1. 常用塑料成型温度及模具温度

1) 常用热塑性塑料成型温度与模具温度

常用热塑性塑料成型温度与模具温度如表 4-33 所示，生产时可根据实际试模需要进行调整。

表 4-33　常用热塑性塑料成型温度与模具温度

塑料名称	成型温度/℃	模具温度/℃	塑料名称	成型温度/℃	模具温度/℃
LDPE	190～240	20～60	PS	170～280	20～70
HDPE	210～270	20～60	AS	220～280	40～80
PP	200～270	20～60	ABS	200～270	40～80
PA6	230～290	40～60	PMMA	170～270	20～90
PA66	230～290	40～80	硬 PVC	190～230	20～60
PA610	230～290	36～60	软 PVC	170～190	20～40
POM	180～220	26～120	PC	250～90	90～110

2) 塑料成型时放出的热量

确定模具冷却回路尺寸，主要是确定冷却回路所需总面积，而冷却面积要依据塑料在模具内释放的热量而定。单位质量的塑料在模具内释放的热量用 q 表示，如表 4-34 所示。

表 4-34　塑料成型时放出的热量

单位：10^5J/kg

塑料名称	q 值	塑料名称	q 值	塑料名称	q 值
ABS	3～4	CA	2.9	PP	5.9
AS	3.35	CAB	2.7	PA6	5.6
POM	4.2	PA66	6.5～7.5	PS	2.7
PAVC	2.9	LDPE	5.9～6.9	PTFE	5.0
丙烯酸类	2.9	HDPE	2.9	PVC	1.7～3.6
PMMA	2.1	PC	2.9	SAN	2.7～3.6

3) 单位质量模具加热所需的电功率

注射成型工艺要求模温在 110℃以上，大型模具及热流道模具生产前都需设计预热或加热装置。多数预热和加热装置都采用电加热，这就需要计算模具所需的电功率，利用热力学公式计算比较麻烦，设计中常使用经验公式：

$$P=qm$$

q 为单位质量模具所需的电功率，单位：W/kg；m 为需要加热的模具，单位：kg。

q 值如表 4-35 所示。

表 4-35　单位质量模具所需的电功率

单位：W/kg

模具类型	q 值	
	电加热棒	电加热圈
大型(>100kg)	35	60
中型(40～100kg)	30	50
小型(<40kg)	25	40

4) 冷却水物理系数 ϕ 值与水温的关系

冷却水物理系数 ϕ 值与水温的关系如表 4-36 所示。

表 4-36　水的 ϕ 值与其温度的关系

平均水温/℃	5	10	15	20	25	30	35	40	45	50
ϕ 值	6.16	6.60	7.06	7.50	7.95	8.40	8.84	9.28	9.66	10.05

2. 冷却水道密封圈及其选用

塑料模常用 O 形密封圈密封以防漏水，材料为天然橡胶或丁氰胶，结构如图 4-33 所示。

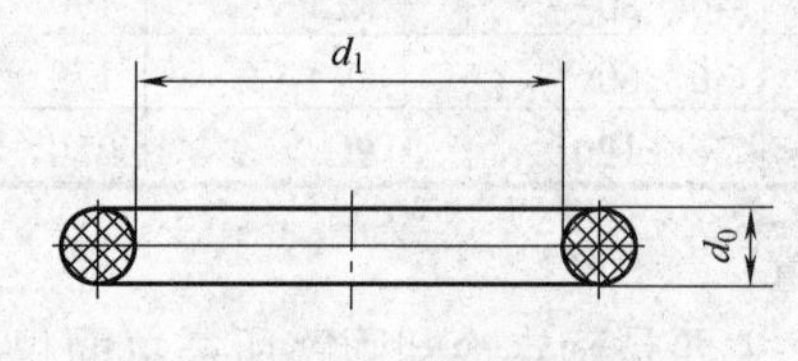

图 4-33　O 形密封圈

1) 对密封圈的性能要求

(1) 具有耐热性，在 120℃的热水或热油中不失效。

(2) 密封圈的软硬程度应符合国标要求。

2) 密封圈的规格

密封圈通常以“内孔直径×线径”表示。如内孔直径 25mm，线径 2.65mm，标记为“O 形圈 25×2.65—G—S—GB/T 3452.1—2005”，简化标记为 ϕ25mm×2.65mm。使用时可查阅 GB3452.1—2005 国家标准，表 4-37 列出了 O 形密封圈部分型号与规格。

表 4-37　液压气动 O 形密封圈(摘自 GB/T 3452.1—2005)

d_1		d_2					d_1		d_2				
尺寸	公差	1.8±0.08	2.65±0.09	3.55±0.10	5.3±0.13	7±0.15	尺寸	公差	1.8±0.08	2.65±0.09	3.55±0.1	5.3±0.13	7±0.15
18	0.25	×	×	×			35.5	0.38	×	×	×		
19		×	×	×			36.5		×	×	×		
20	0.26	×	×	×			37.5	0.39	×	×	×		
20.6		×	×	×			38.7	0.40	×	×	×		
21.4	0.27	×	×	×			40	0.41	×	×	×	×	
22.4	0.28	×	×	×			41.2	0.42	×	×	×	×	
23	0.29	×	×	×			42.5	0.43	×	×	×	×	
23.6		×	×	×			43.7	0.44	×	×	×	×	
24.3	0.30	×	×	×			45		×	×	×	×	
25		×	×	×			46.2	0.45	×	×	×	×	
25.8	0.31	×	×	×			47.5	0.46	×	×	×	×	
26.5		×	×	×			48.7	0.47	×	×	×	×	
27.3	0.32	×	×	×			50	0.48	×	×	×	×	
28		×	×	×			51.5	0.49		×	×	×	
29	0.33	×	×	×			53	0.50		×	×	×	
30	0.34	×	×	×			54.5	0.51		×	×	×	
31.5	0.35	×	×	×			56	0.52		×	×	×	
32.5	0.36	×	×	×			58	0.54		×	×	×	
33.5		×	×	×			60	0.55		×	×	×	
34.5	0.37	×	×	×			61.5	0.56		×	×	×	

注：“×”表示有这种规格。

3) 密封圈与密封槽的关系

如图 4-34 所示为密封槽的两种加工形式与密封圈的装配尺寸。

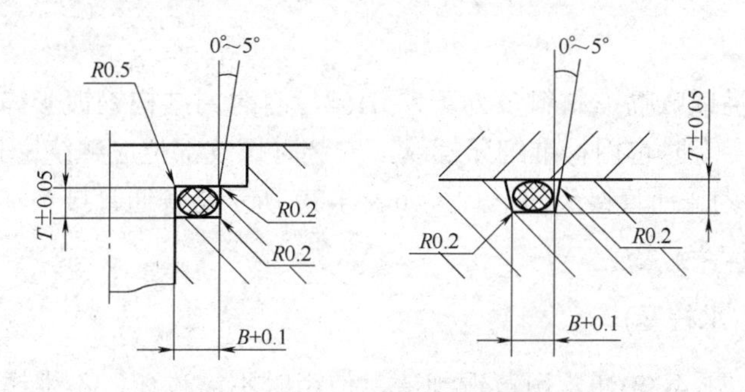

图 4-34　密封圈与密封槽的装配尺寸

常用密封圈的规格与密封槽的装配关系如表 4-38 所示。

表 4-38　密封圈规格与密封槽装配关系

单位：mm

d_1	d_2	$B\pm0.1$	$T\pm0.05$	d_1	d_2	$B\pm0.1$	$T\pm0.05$
6	1.8	2.2	1.4	16	2.65(1.8)	3.5	2.1
8	1.8	2.2	1.4	20	2.65(1.8；3.55)	3.5	2.1
10	1.8	2.2	1.4	25	2.65(1.8；3.55)	3.5	2.1
d_1	d_2	$B\pm0.1$	$T\pm0.05$	d_1	d_2	$B\pm0.1$	$T\pm0.05$
12.5	1.8(2.65)	2.2	1.4	30	3.55(1.8；2.65)	4.4	2.9
14	1.8(2.65)	2.2	1.4	100	5.3(2.65；3.55)	4.4	2.9

4) 密封设计时的注意事项

(1) 水孔经过两个镶件时，中间一定要加密封圈。

(2) 模具零件之间使用密封圈时，螺栓必须拧紧，保持较大的压力，以保证密封效果。

(3) 镶件端面需要密封时，高度方向的间隙要适当。间隙过大，压力不足，易漏水；间隙过小，密封圈易压坏或失去弹性，起不到密封作用。

(4) 密封槽加工尺寸要合适，表面要光滑，其规格如表 4-37 所示。

(5) 由于镶件多数呈不规则形状，因此密封槽加工也呈不规则形状，此时难以使用 O 形密封圈。解决办法是使用密封条，将密封条沿着密封槽形状铺设，接口处用刀切出 30° 斜面，然后用 502 快干胶粘牢。注意斜面应处于压合方向上，确保压紧，如图 4-35 所示。

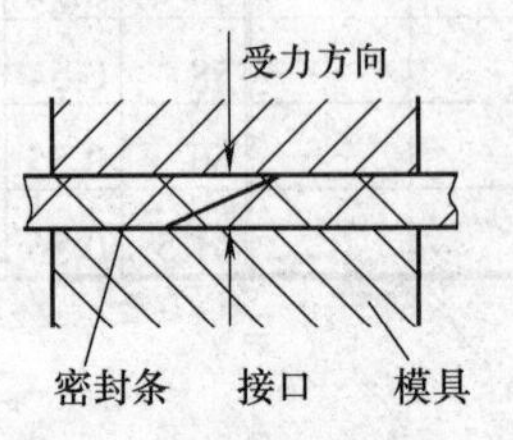

图 4-35　密封条的使用

3. 管接头

管接头又称水嘴或喉嘴，材料多为黄铜 H62，有时用结构钢镀彩锌。与模具连接处为管螺纹或锥管螺纹，有时也用标准细牙螺纹，安装时螺纹部位应缠绕密封带防止漏水。

如图 4-36 所示为普通管接头的形式，如表 4-39 所示是普通管接头常用规格。如图 4-37 所示为常用的快换接头。

4. 冷却水孔塞(水柱塞)

冷却水孔塞(见图 4-38)通常用黄铜制造，使用时不需攻牙、不生锈；可调整松紧，随意移动至水道中任何位置；不需密封带(止泄带)；一般工作温度为-5～+135℃，特殊工作温度-10～+280℃，形式如图 4-37 所示。规格如表 4-40 所示。

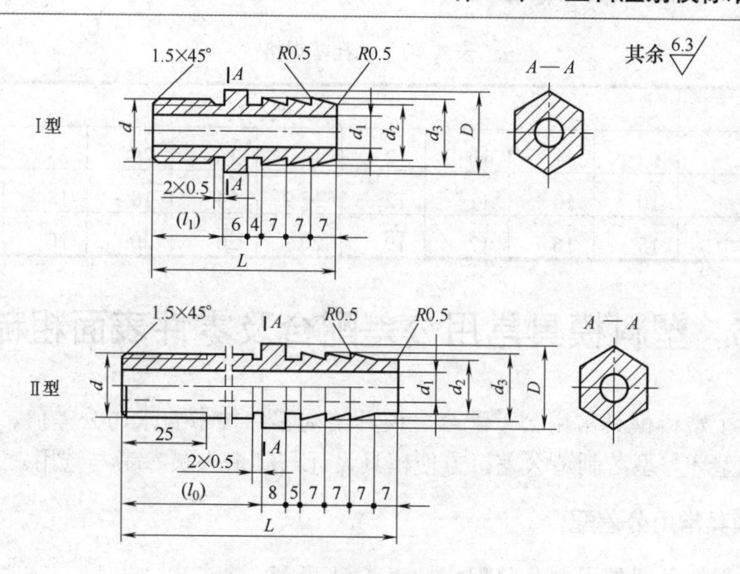

图 4-36　普通管接头的形式

表 4-39　普通管接头常用规格

单位：mm

材　料		45 钢、黄铜					
高压胶管直径	d	d_1	d_2	d_3	D	(l_1)	(l_0)、L
10	M10×1	ϕ4	ϕ8	ϕ11	ϕ14	14	按需要设计
13	M12×1.25	ϕ6	ϕ11	ϕ14	ϕ18		
16	M16×1.5	ϕ8	ϕ14	ϕ17	ϕ22	20	

黄铜快换接头

不锈钢快换接头

沉入式单头直通快换接头

图 4-37　快换接头

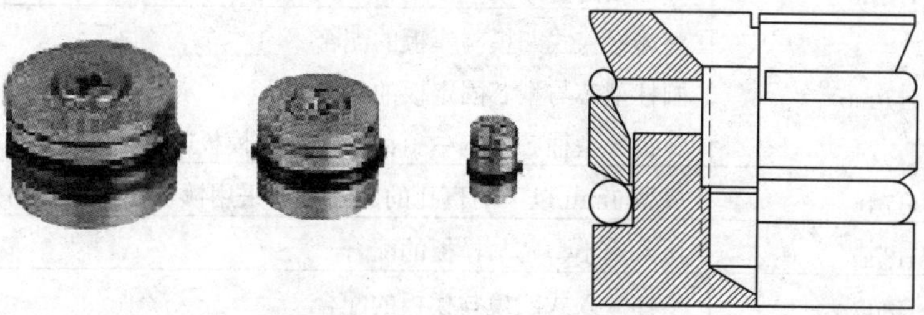

(a) 水孔塞实物

(b) 水孔塞结构

图 4-38　水孔塞

表 4-40　水孔塞规格

规格	尺寸									
外径/mm	6	8	10	12	14	16	20	23	25	30
长度/mm	10	10	11	12	12.9	14	18	18	19	19
承受压力/(kg/cm^3)	15	16	17	19	20	20	20	20	20	20

4.5　塑料模具常用公差配合及零件表面粗糙度

本节列选了塑料模具常用公差配合、模具结构零件技术要求与公差值、模具零件表面粗糙度、螺纹型环与型芯制造公差，方便模具设计与制造人员参考与选用。

1. 塑料模具常用公差配合

塑料模具零件之间常用的公差配合如表 4-41 所示。

表 4-41　塑料模具常用公差配合

配合性质		应用范围
间隙配合	H7/f7	螺纹型芯用于卧式注射机的模具上，或立式注射机的上模，采用弹性连接时，螺纹型芯与固定板间的配合 导柱工作部分的配合
	H8/f7	铆接式小型芯与模板的配合
	H7/f7、H8/f7	推杆与型腔板的配合
	H8/f8	用于下模的螺纹型芯与模板间的配合，低精度导柱工作部分的配合
	H8/f8、H8/f7	圆柱配合面固定螺纹型芯与模板间的配合 螺纹型环与模板的配合 斜销分型抽芯机构中滑块与导滑槽的配合
	H9/f9	整体嵌入式凹模与凹模具固定板的配合
过渡配合	H7/m6(m5)	导套或衬套与模座，小凸模、小凹模与模板的配合
	H7/js6	整体嵌入式凹模与模板的配合
过盈配合	H7/h6	导柱固定部分配合，导套外径的配合
	H7/m6	整体嵌入式凹模与模板的配合 圆柱型芯与型芯固定板的配合 斜销分型抽芯机构中斜销固定段与模板的配合
	H7/r6	成型 3mm 以下的盲孔的圆柱型芯采用镶嵌法与型芯固定板的配合
	H8/s7	压入式小型芯与模板的配合
	H8/t7	整体嵌入式凹模与模板的配合
	H11/a11	斜销分型抽芯机构中斜销与滑块的配合

2. 塑料模具结构零件技术要求与公差值

塑料模具结构零件技术要求与公差值如表 4-42 所示。

表 4-42　塑料模具结构零件技术要求与公差值

模具零件	部　位	技术要求	公差值	
模板	单板厚度	上下底面平行度	0.02/300mm 以下	
	组装厚度	上下底面平行度	0.02/300mm 以下	
	导向孔(导套、导柱安装孔)	直径精确	JIS　H7	
		动、定模上孔的位置度	±0.02mm 以下	
		与模板平面垂直度	0.02/100mm 以下	
	顶杆孔	直径精确	JIS　H7	
	复位杆孔	与模板平面垂直度	不大于 0.02mm/配合长度	
导柱	固定部分外径	直径精确、磨削加工	JIS k6、k7、m6	
	滑动部分外径	直径精确、磨削加工	JIS f7、e6	
	直线度	无弯曲	0.02/100mm 以下	
	硬度	淬火、回火	55～60HRC	
导套	固定部分外径	直径精确、磨削加工	JIS k6、k7、m6	
	滑动部分内径	直径精确、磨削加工	JIS　H7	
	内、外径关系	同轴度	0.01mm	
	硬度	淬火、回火	55～60HRC	
顶杆 复位杆	滑动部分	直径精确、磨削加工	ϕ2.5～5mm	-0.01～-0.02mm
			ϕ6～12mm	-0.015～-0.03mm
	直线度	无弯曲	0.01/100 以下	
	硬度	淬火、回火	55～60HRC	
顶杆固定板	顶杆安装孔	孔距与模板一致	+0.5～+1.0mm	
	复位杆安装孔			
抽芯机构	滑动配合部分	顺滑、无卡滞	JIS　H7/f7、H8/f7	
	硬度	淬火	50～55HRC	

3. 塑料模具零件表面粗糙度

塑料模具零件表面粗糙度如表 4-43 所示。

表 4-43　塑料模具零件表面粗糙度

表面粗糙度 *Ra*/μm	表面微观特征	加工方法	适用范围
0.025	超级镜面	超精研磨	透明塑料制件成型零件工作表面
0.08	镜面	精密研磨	对表面质量要求很高的塑料制件成型零件工作表面

续表

表面粗糙度 Ra/μm	表面微观特征	加工方法	适用范围
≤0.1	暗光泽面	精磨、研磨、普通抛光	对表面质量要求高的塑料制件成型零件工作表面
≤0.2	不可辨加工痕迹方向	精磨、研磨、珩磨	对表面质量要求较高的注射模成型零件工作表面
≤0.4	微辨加工痕迹方向	抛光、精铰、研磨、珩磨	注射模成型零件工作表面
0.4	微辨加工痕迹方向	精铰、精镗、磨、刮	导柱工作表面 推板导柱工作表面
≤0.8	可辨加工痕迹方向	车、镗、磨、电加工	主流道
0.8	可辨加工痕迹方向	车、镗、磨、电加工	导柱固定部分表面 导套内外圆柱表面 推杆、推管、推板工作表面 垫块工作表面 支撑柱工作表面 推板导柱工作表面
1.6	看不清加工痕迹	车、镗、磨、电加工	支撑柱端面 斜销分型抽芯机构中斜销工作表面
3.2	微见加工痕迹	车、刨、铣、镗	推杆、推管、推板、非工作表面

4. 塑料模具螺纹型环与型芯制造公差

一般情况下，收缩率的波动、模具制造公差及成型零件的磨损是影响塑件尺寸精度的主要原因。型腔、型芯的制造公差通常采用塑件公差的 1/4～1/3。螺纹型环与型芯制造公差如表 4-44 所示。

表 4-44　塑料模具螺纹型环与型芯制造公差

单位：mm

粗牙螺纹	螺纹直径	M3～M12	M14～M33	M36～M45	M46～M68
	中径制造公差	0.02	0.03	0.04	0.05
	大、小径制造公差	0.03	0.04	0.05	0.06
细牙螺纹	螺纹直径	M4～M22	M24～M52	M56～M68	—
	中径制造公差	0.02	0.03	0.04	—
	大、小径制造公差	0.03	0.04	0.05	—

5. 塑料模具螺纹型环和型芯上螺距的制造公差

塑料模具螺纹型环和型芯上螺距的制造公差如表 4-45 所示。

表 4-45　塑料模具螺纹型环和型芯上螺距的制造公差

单位：mm

螺纹直径	配合长度	制造公差
3～10	3～12	0.01～0.03
12～22	12～20	0.02～0.04
24～68	＞24	0.03～0.05

4.6　塑料溢料间隙值与注射模型腔厚度经验值

本节列选了常用塑料溢料值、矩形型腔壁厚经验值及圆形型腔壁厚经验值，方便模具设计人员参考与选用。

1. 常用塑料溢料值

由于塑料的流动性有差别，因此发生溢料时模具零件之间的间隙值也不同。塑料在成型过程中应避免发生溢料。模具零件配合面不产生溢料时允许的最大值用[δ]表示，如表 4-46 所示。

表 4-46　模具成型零件之间不发生溢料的间隙值

单位：mm

黏度特性	塑料品种	允许变形值[δ]
低黏度塑料	PA、PE、PP、POM	≤0.025～0.04
中等黏度塑料	PS、ABS、PMMA	≤0.05
高黏度塑料	PC、PSF、PPO	≤0.06～0.08

2. 矩形型腔壁厚经验值

虽然型腔壁厚计算较麻烦，但大型的、重要的模具一定要进行壁厚强度和刚度校核。而小型的、不重要的模具可依据经验值选用，如表 4-47 所示。

表 4-47　矩形型腔壁厚经验值

单位：mm

矩形型腔内壁短边 b	整体式型腔侧壁厚	镶拼式型腔	
		凹模壁厚 S_1	模套壁厚 S_2
40	25	9	22
＞40～50	25～30	9～10	22～25
＞50～60	30～35	10～11	25～28
＞60～70	35～42	11～12	28～35
＞70～80	42～48	12～13	35～40
＞80～90	48～55	13～14	40～45
＞90～100	55～60	14～15	45～50
＞100～120	60～72	15～17	50～60

续表

矩形型腔内壁短边 b	整体式型腔侧壁厚	镶拼式型腔	
		凹模壁厚 S_1	模套壁厚 S_2
>120～140	72～85	17～19	60～70
>140～160	85～90	19～21	70～80

3. 圆形型腔壁厚经验值

圆形型腔壁厚经验值如表4-48所示。

表4-48 圆形型腔壁厚经验值

单位：mm

圆形型腔内壁短边 b	整体式型腔侧壁厚	镶拼式型腔	
		凹模壁厚 S_1	模套壁厚 S_2
40	20	8	18
>40～50	25	9	22
>50～60	30	10	25
>60～70	35	11	28
>70～80	40	12	32
>80～90	45	13	35
>90～100	50	14	40
>100～120	55	15	45
>120～140	60	16	48
>140～160	65	17	52
>160～180	70	19	55
>180～200	73	21	58

注：以上型腔壁厚系淬硬钢数据，如用未淬硬钢，应乘以系数1.2～1.5。

4.7 内地与港台(珠三角)地区模具零件与加工设备术语对照表

国家标准规定的模具零件名称与珠三角、港台地区有较大差异，因此不管是内地还是珠三角地区的模具设计与制造人员，有必要了解不同地区的不同叫法，以方便交流、相互学习。表4-49列出了内地与港台(珠三角)地区模具零件与加工设备术语对照，以供参考。

表4-49 内地与港台(珠三角)地区模具零件与加工设备术语对照表

内　地	香港、台湾地区	内　地	香港、台湾地区
注射机	啤机	三板模	细水口模(简化细水口模)
二板模	大水口模	动模	后模(港)、公模(台)
定模	前模(港)、母模(台)	动模板	B板(港)、公模板(台)

续表

内　地	香港、台湾地区	内　地	香港、台湾地区
定板模	A 模(港)、母模板(台)	三板模和二板模动、定模导柱	边钉(港)或导承销(台)
三板模流道板导柱	水口边(港)、长导柱(台)	凸模	后模镶件(Core)(港)或公模仁(台)
凹模	前模镶件 Cavity(港)或母模仁(台)	圆型芯	镶针(港)或型芯(台)
型芯	镶可(Core)(港)或入子(台)	推杆板导柱	中托边(EGP)
推杆板导套	中托司(EGB)	带法兰导套	托司(或杯司)
直身导套	直司(GP)	流道推板	水口推板(水口板)
推杆固定板	面针板(或顶针面板)	支撑板	托板
定位圈	定位器(Loc.Ring)(水口圈)	动模座板	底板(港)或下固定板
定模座板	面板(港)或上固定板(台)	推板	后顶板
分型面	分模面(P.L 面)	浇口套	唧嘴(港)或灌嘴(台)
垫块	方铁	支撑柱	撑头(SP.)
限位钉	垃圾钉(Stp.)	螺栓	螺丝(Scrow)
弹簧	弹弓(Sping)	销钉	管钉
复位杆	回(位)针 R.P	侧向滑块	行位(Slider)
锲紧块	铲基(或锁紧块)	斜导柱	斜边
侧抽芯	滑块入子(台)	斜推杆	斜顶(港)、斜方(台)
斜滑块	弹块(港)、胶杯(台)	推管(推管型芯)	司筒(司筒针)
推杆	顶针(E.J.PIN)	加强筋	骨位
定距分型机构	开闭器	浇口	入水(或水口)
侧浇口	大水口	点浇口	细水口
潜伏式浇口	潜水(港)、隧道浇口(台)	热射嘴	热唧嘴
冷却水	运水	型腔布置	排位
分模隙	排气槽	脱模斜度	啤把
限位块	管位	间隙	虚位
塑料注射模具	塑胶模(注射模)	水管接头	水喉
内六角螺钉	杯头螺丝	虎口钳	批士
电极	铜公	飞边	披锋(Flash)
配研	飞(fit)模	熔接痕	夹水纹(Weld Line)
抛光	省模	蚀纹	咬花
电火花放电间隙	火花位	填充不足	啤不满(Short Shot)

续表

内　地	香港、台湾地区	内　地	香港、台湾地区
打电火花	电蚀	银纹	水花(Silver Streak)
数控铣	电脑锣	止口	两塑料件接合处扣位(子扣)
铣床	锣床	倒扣	塑件局部无法脱模结构或模具变形
收缩凹陷	缩水(Sink Mark)		

本 章 小 结

本章主要介绍了塑料注射模的标准零件及应用，模具其他常用零配件，模具加热与冷却系统，塑料模具常用公差配合及零件表面粗糙度，塑料溢料间隙值与注射模型腔厚度经验值，内地与港台(珠三角)地区模具零件与加工设备术语对照。

通过本章的学习，学习者应掌握塑料注射模的标准零件及应用，能合理选择模具标准零件，并能正确查阅标准零件尺寸。

思考与练习

简答题

1. 简述推杆的类型、作用、使用场合及固定方法。
2. 简述导柱、导套的形式与安装方法。
3. 简述限位钉与支撑柱的作用。
4. 常用的定位元件有哪些？各使用在什么场合？
5. 简述推出系统导向装置的作用，在什么情况下推出系统应采用导向装置。
6. 简述推管类型、作用、使用场合及固定方法。
7. 简述定位圈、浇口套的作用与安装方法。
8. 简述拉模扣的类型、作用及使用场合。
9. 简述拉料杆的结构类型与装配形式。
10. 简述密封设计时的注意事项。

第 5 章　塑料注射模具典型结构

技能目标

- 熟练掌握注射模具的基本结构特点及工作原理
- 掌握注射模具的典型结构特点及工作原理

塑件多种多样，变化万千，而塑料注射模具基本结构不外乎两板模、三板模、层叠模、多色注射旋转模、带有侧向抽芯机构、定模顶出机构、热流道注射模等几种，万变不离其宗，掌握其典型结构是模具设计师和模具钳工的必备技能。

本章提供了 23 套塑料注射模具典型结构，具有典型性和代表性，可供初学者设计模具时参考。

图 1	模具名称	盒盖注射模	结构特点	两板模、侧浇口	塑件材料	PS

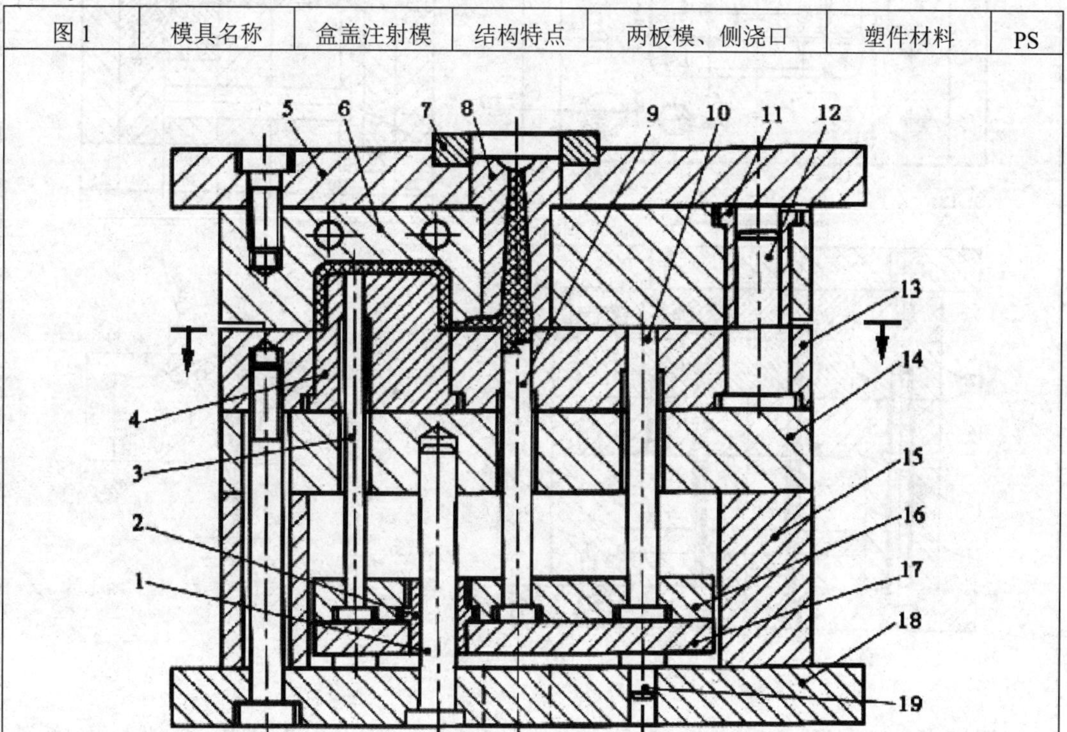

1—推出机构导柱；2—推出机构导套；3—推杆；4—动模型芯；5—定模座板；6—定模型腔板(A 板)；7—定位圈；8—浇口套(唧嘴)；9—拉料杆；10—复位杆；11—导套；12—导柱；13—动模板(B 板)；14—支撑板；15—垫块；16—推杆固定板；17—推杆底板(推板)；18—动模座板；19—支承钉(限位钉、垃圾钉)

模具特点：该塑件较简单，模具采用两板模结构，浇口采用侧浇口。开模时 Z 形拉料杆 9 拉出主流道。采用推杆推出塑件。推出机构装有导柱导套使其推出平稳，防止歪斜，模具寿命大幅度提高。

图 2	模具名称	盖柄注射模	结构特点	两板模、侧浇口	塑件材料	PP

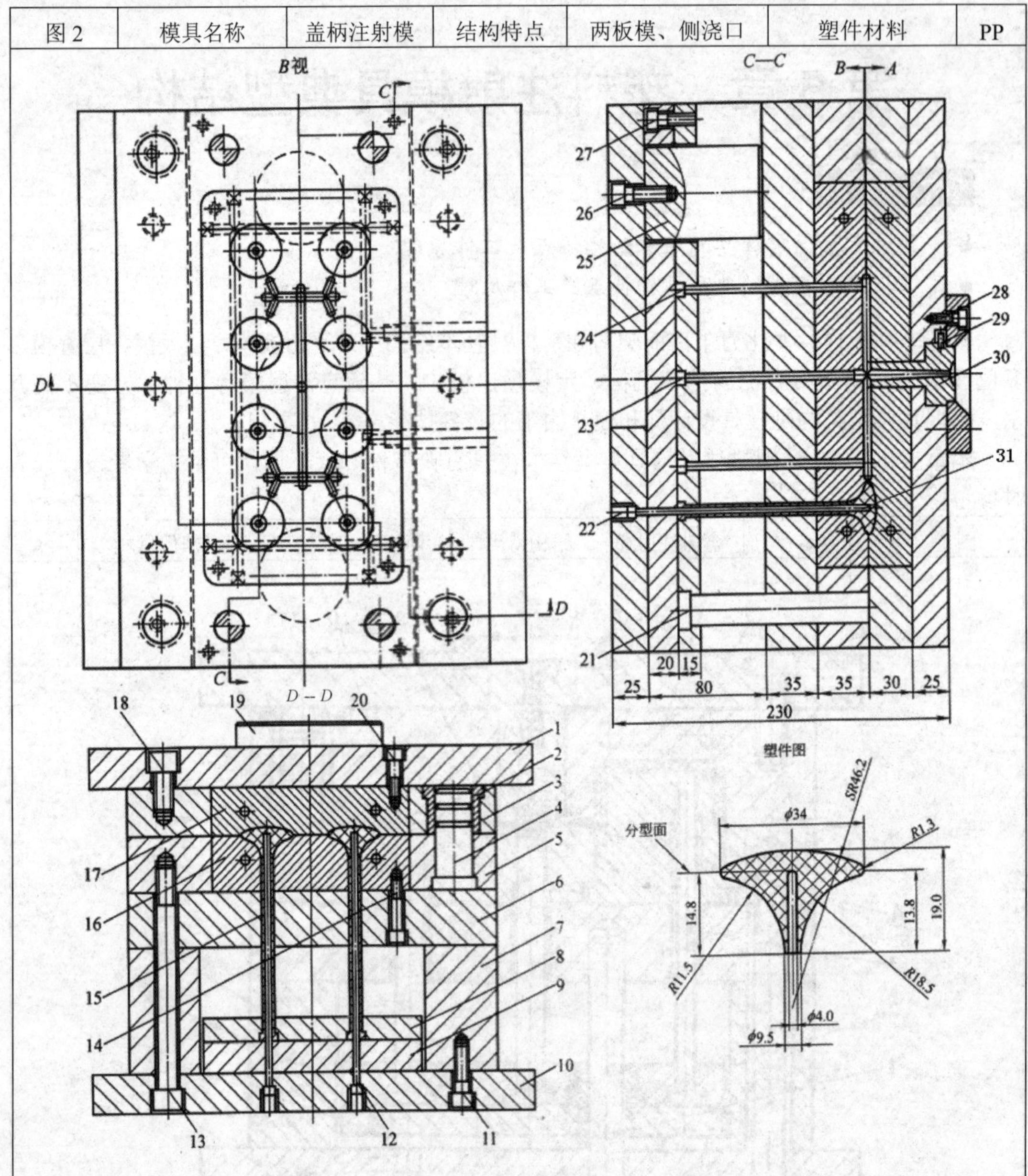

1—定模座板；2—导套；3—定模板；4—导柱；5—动模板；6—支撑板；7—垫块；8—推杆固定板；9—推板；10—动模座板；11、13、14、18、20、26、27、28—内六角螺钉；12、31—推管型芯；15—推管；16—动模镶件；17—定模镶件；19—定位圈；21—复位杆；22—顶丝；23、24—推杆；25—支撑柱；29—销钉；30—浇口套

模具特点:该塑件较简单，模具采用两板模结构，浇口采用侧浇口，一模 8 腔，塑件内孔采用推管型芯成型；塑件推出采用推管推出；动定模成型镶件均采用井字形冷却水道。

图 3	模具名称	桶盖注射模	结构特点	两板模、直接浇口	塑件材料	PP

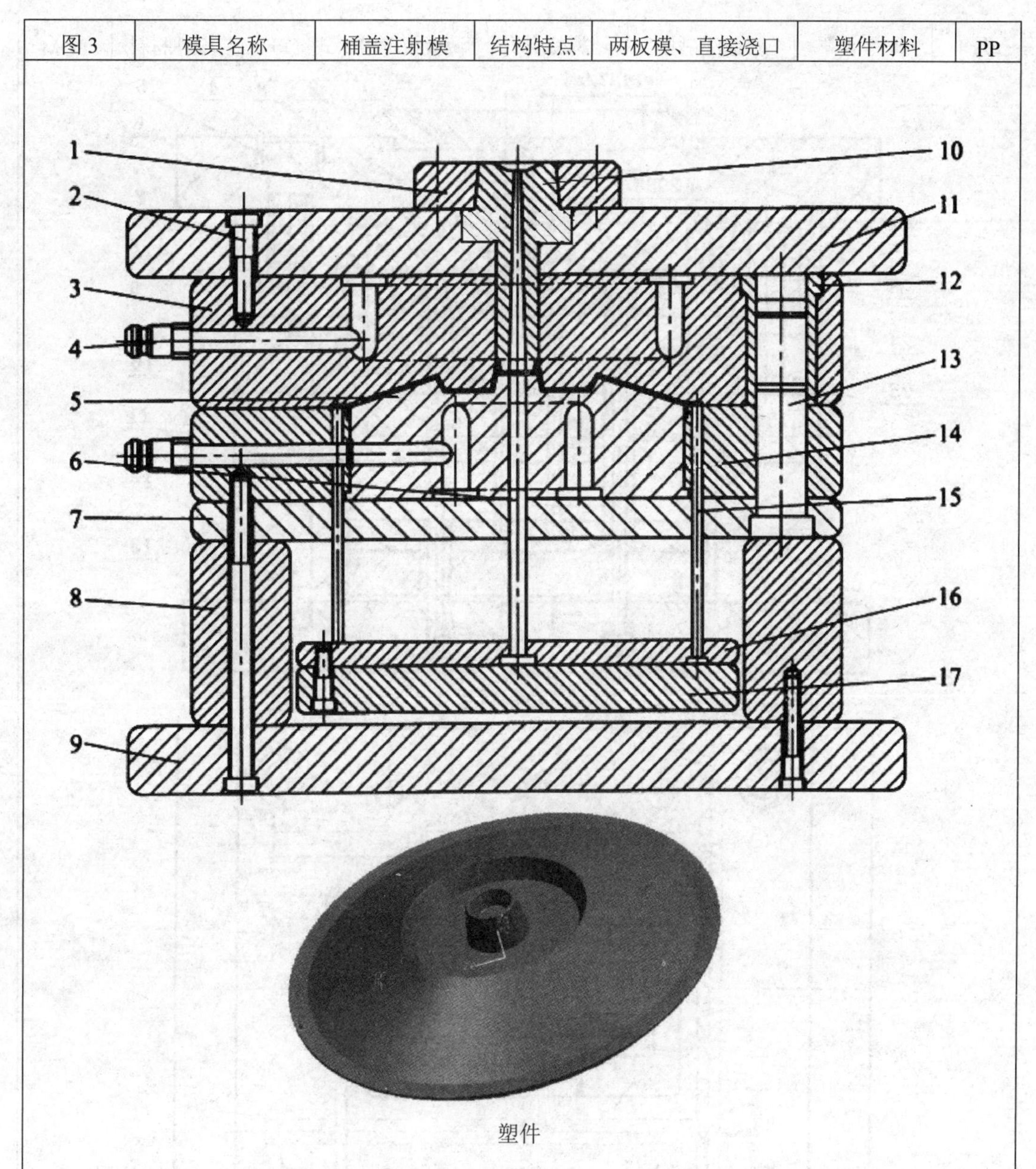

塑件

1—定位圈；2—内六角螺钉；3—定模板；4—快换水嘴；5—动模型芯；6—推杆；7—支撑板；8—垫块；9—动模座板；10—浇口套；11—定模座板；12—导套；13—导柱；14—动模板；15—推杆；16—推杆固定板；17—推板

模具特点：该模浇注系统直接浇口，一模一腔。浇口套兼具成型作用。动、定模镶件均采用冷却效果好的环形分布水井隔片式冷却水道。推出机构采用推杆推出。

图 4	模具名称	端盖注射模	结构特点	两板模、潜伏式浇口	塑件材料	POM

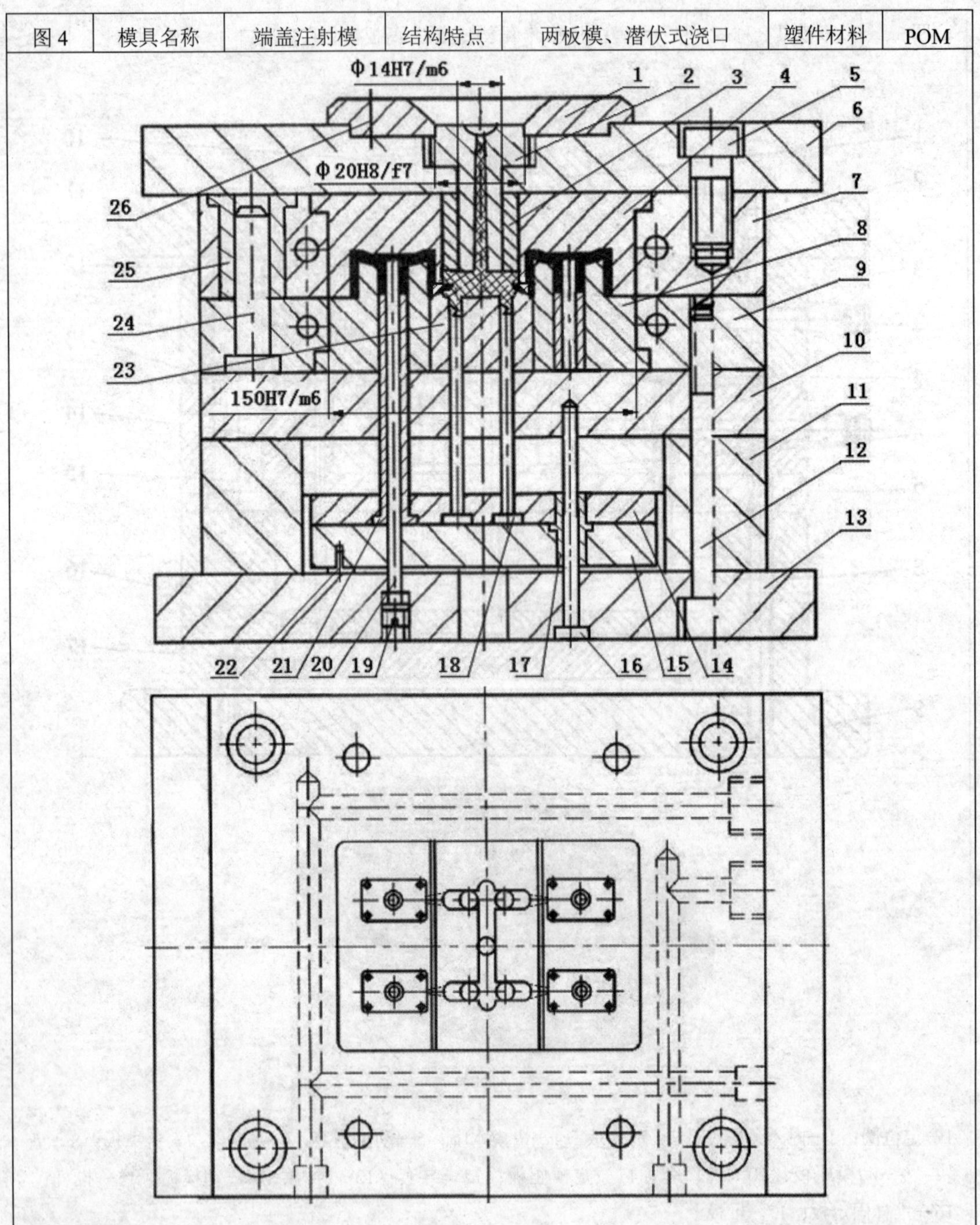

1—定位圈；2—浇口套；3—衬套；4—定模镶件；5、12、26—内六角螺钉；6—定模座板；7—定模板；8—动模镶件；9—动模板；10—支撑板；11—垫块；13—动模座板；14—推杆固定板；15—推板；16—推板导柱；17—推板导套；18—推杆；19—顶丝；20 推管型芯；21—推管；22—限位钉；23—Z 形拉料杆；24—导柱；25—导套

模具特点：该模采用潜伏式浇口，一模四腔。开模时 Z 形拉料杆拉出主流道。推出机构采用推杆与推管联合推出。

图 5	模具名称	yoyo 球玩具注射模	结构特点	两板模、侧浇口	塑件材料	ABS

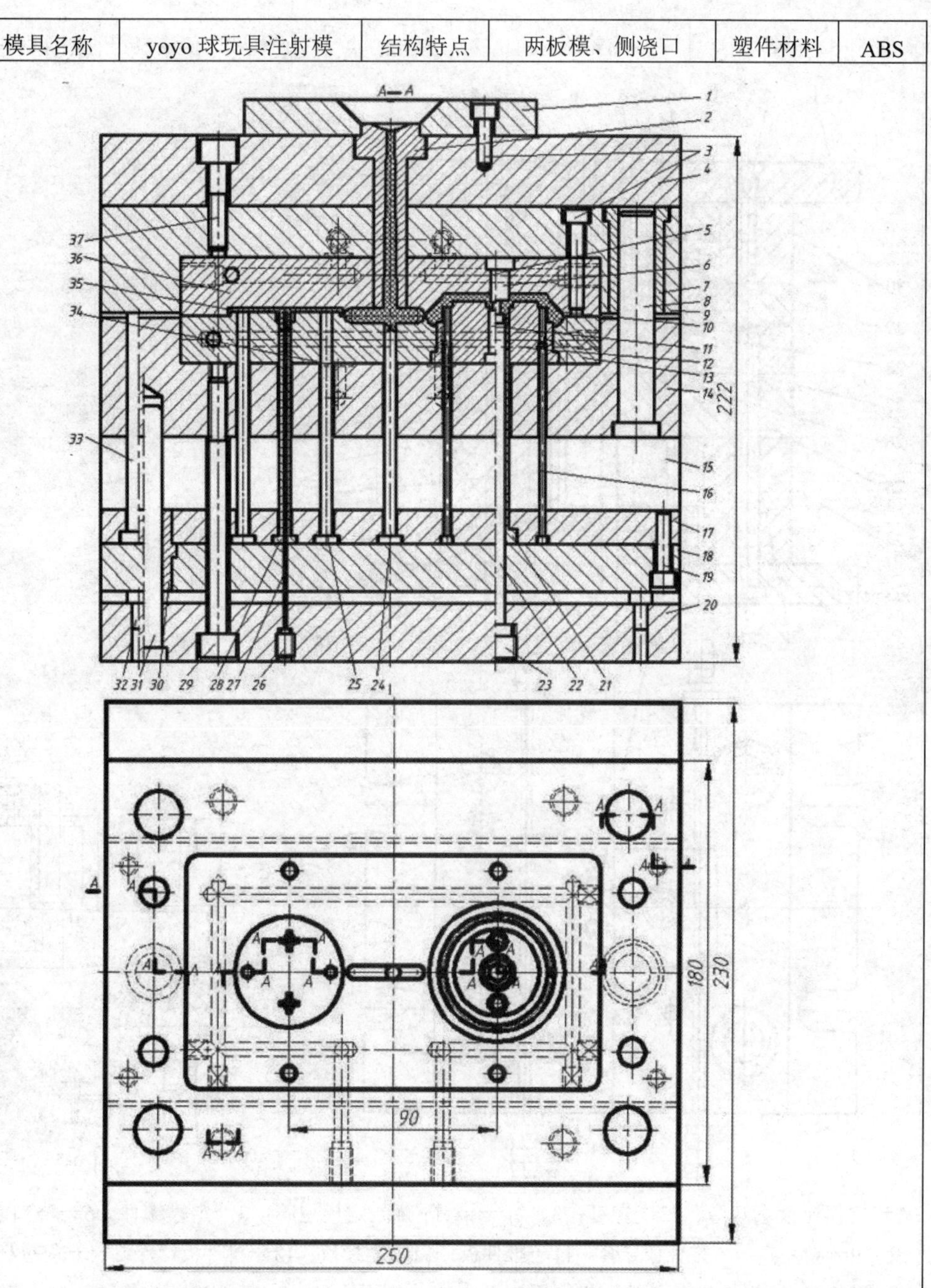

1—定位圈；2—浇口套；3、19、29、37—内六角螺钉；4—定模座板；5、6—定模小型芯；7—导套；8—导柱；9—定模板；10、35—塑件；11、12—动模小型芯；13—动模镶件；14—动模板；15—垫块；16、25—推杆；17—推杆固定板；18—推板；20—动模座板；21、28—推管；22、27—推管型芯；23、26—顶丝；24—Z 形拉料杆；30—推板导套；31—推板导柱；32—限位钉；33—复位杆；34—O 形密封圈；36—定模镶件

模具特点：该模采用侧浇口，一模二腔。开模时 Z 形拉料杆拉出主流道。塑件采用推杆与推管联合推出方式。

图 6	模具名称	齿轮注射模	结构特点	两板模、侧浇口	塑件材料	PA

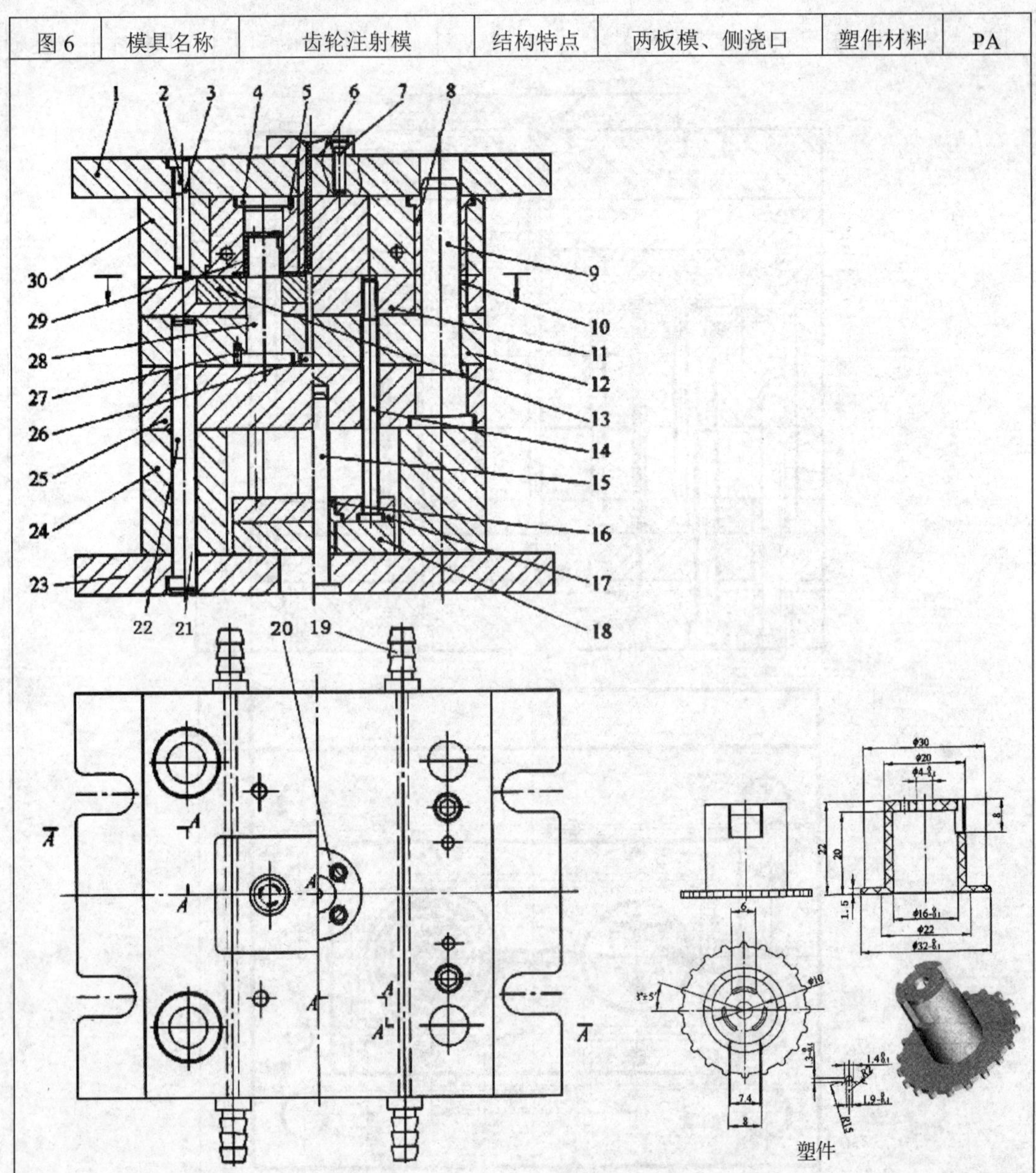

1—定模座板；2、7、22—螺钉；3、21—销钉；4—定模型芯；5—定模镶件；6—浇口套；8—导套；9—导柱；10—推件板导套；11—推件板；12—动模板；13—推件板镶件；14—复位杆；15—推板导柱；16—推板导套；17—推杆固定板；18—推板；19—水嘴；20—定位圈；23—动模座板；24—垫块；25—支撑板；26—拉料杆；27—防转销钉；28—动模型芯；29—塑件；30—定模板

模具特点：该模采用侧浇口，一模二腔。开模时球形拉料杆 21 拉出主流道。推出机构采用推件板推出。

图 7a	模具名称	压盖注射模	结构特点	两板模、镶件环形冷却水道	塑件材料	POM

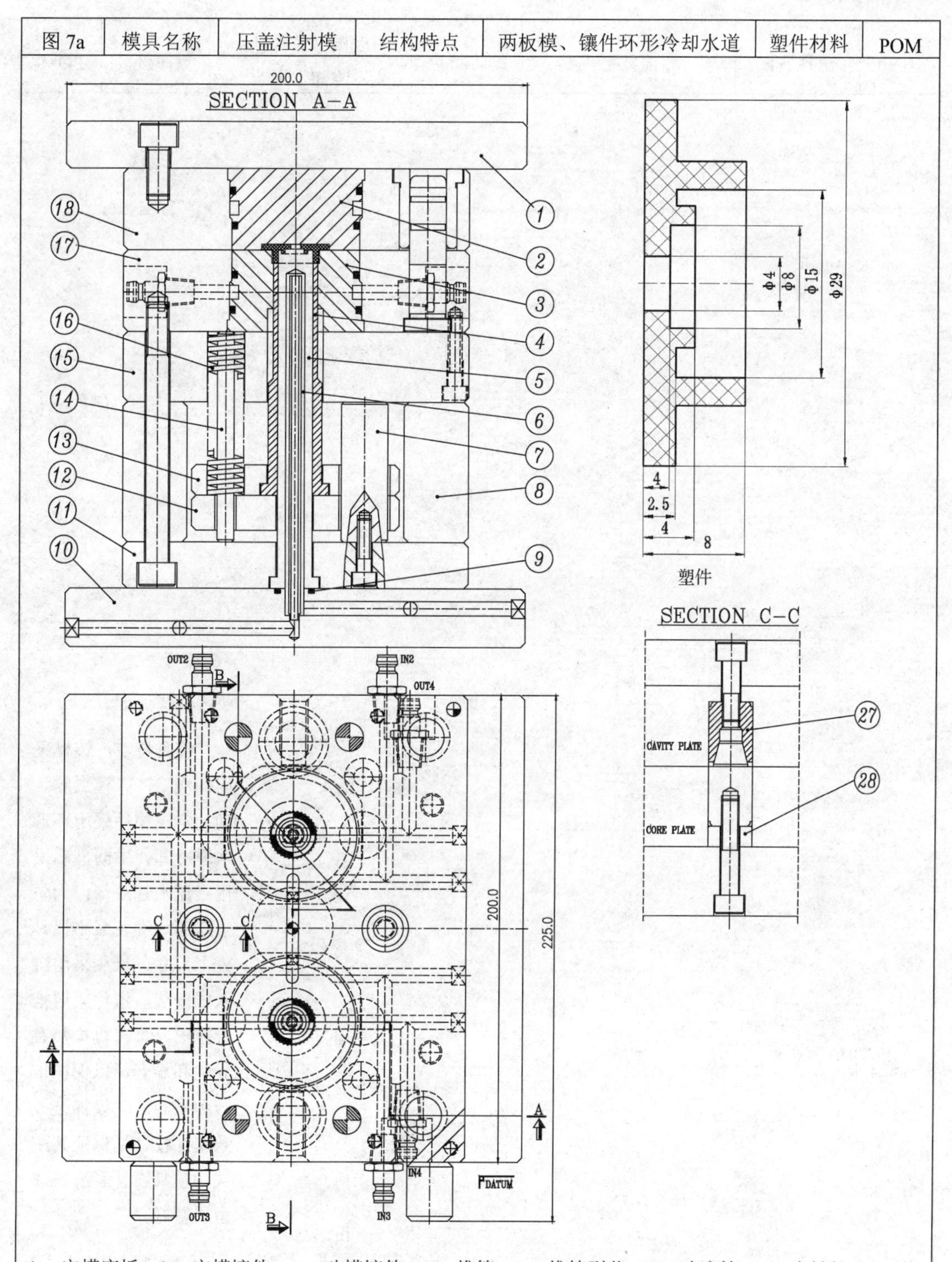

1—定模座板；2—定模镶件；3—动模镶件；4—推管；5—推管型芯；6—喷流管；7—支撑柱；8—垫块；9—O 形密封圈；10—动模座板；11—推管型芯固定板；12—推板；13—推杆固定板；14—弹簧芯轴；15—支撑板；16—复位弹簧；17—动模板；18—定模板；19—支脚；20—定位圈；21—浇口套；22—推板导套；23—推板导柱；24—快换水嘴；25—限位块；26—复位杆；27、28—定位锥

图 7b	模具名称	压盖注射模	结构特点	两板模、镶件环形冷却水道	塑件材料	POM

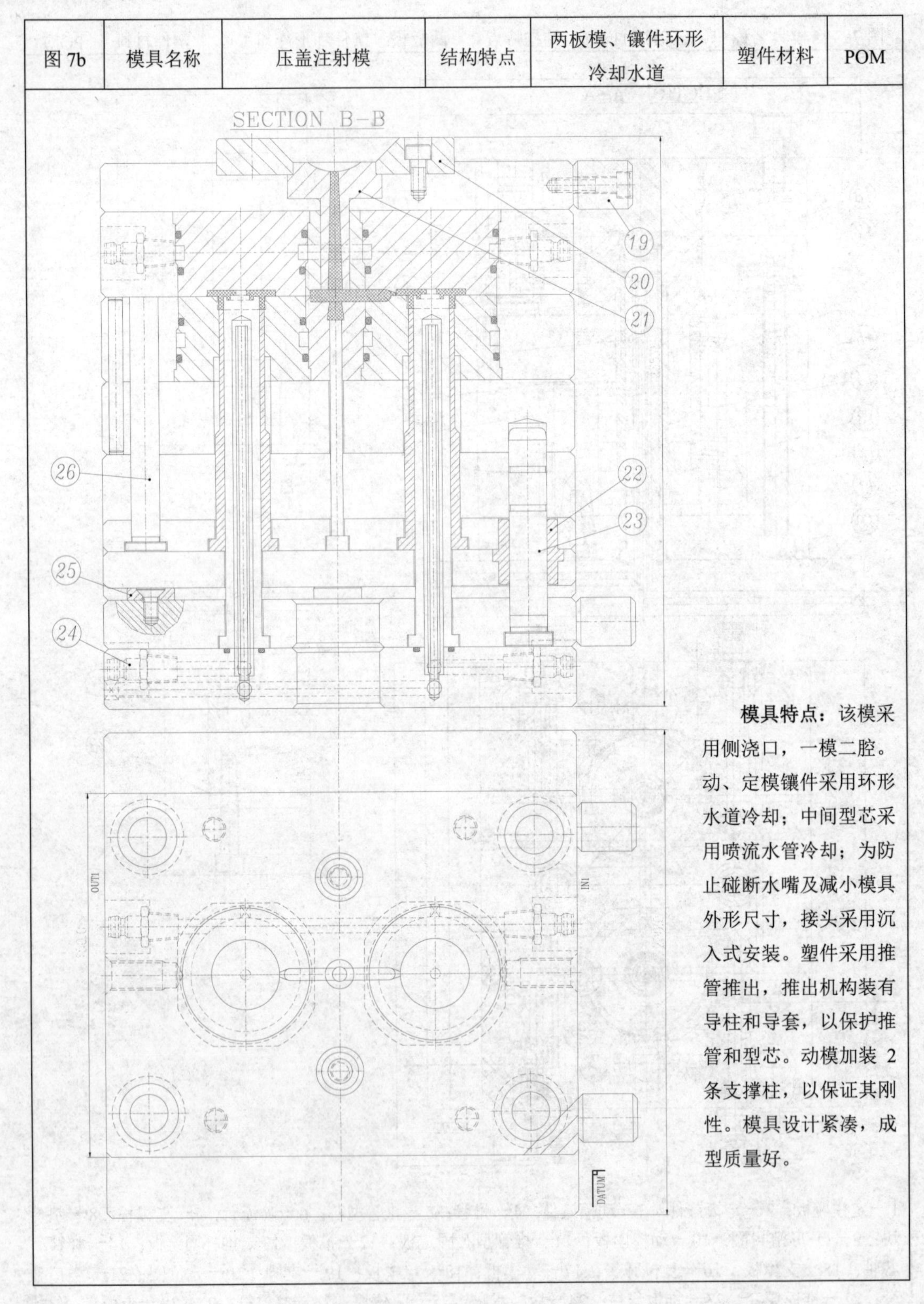

模具特点：该模采用侧浇口，一模二腔。动、定模镶件采用环形水道冷却；中间型芯采用喷流水管冷却；为防止碰断水嘴及减小模具外形尺寸，接头采用沉入式安装。塑件采用推管推出，推出机构装有导柱和导套，以保护推管和型芯。动模加装 2 条支撑柱，以保证其刚性。模具设计紧凑，成型质量好。

图 8	模具名称	洗衣机波轮注射模	结构特点	两板模、直接浇口	塑件材料	PP

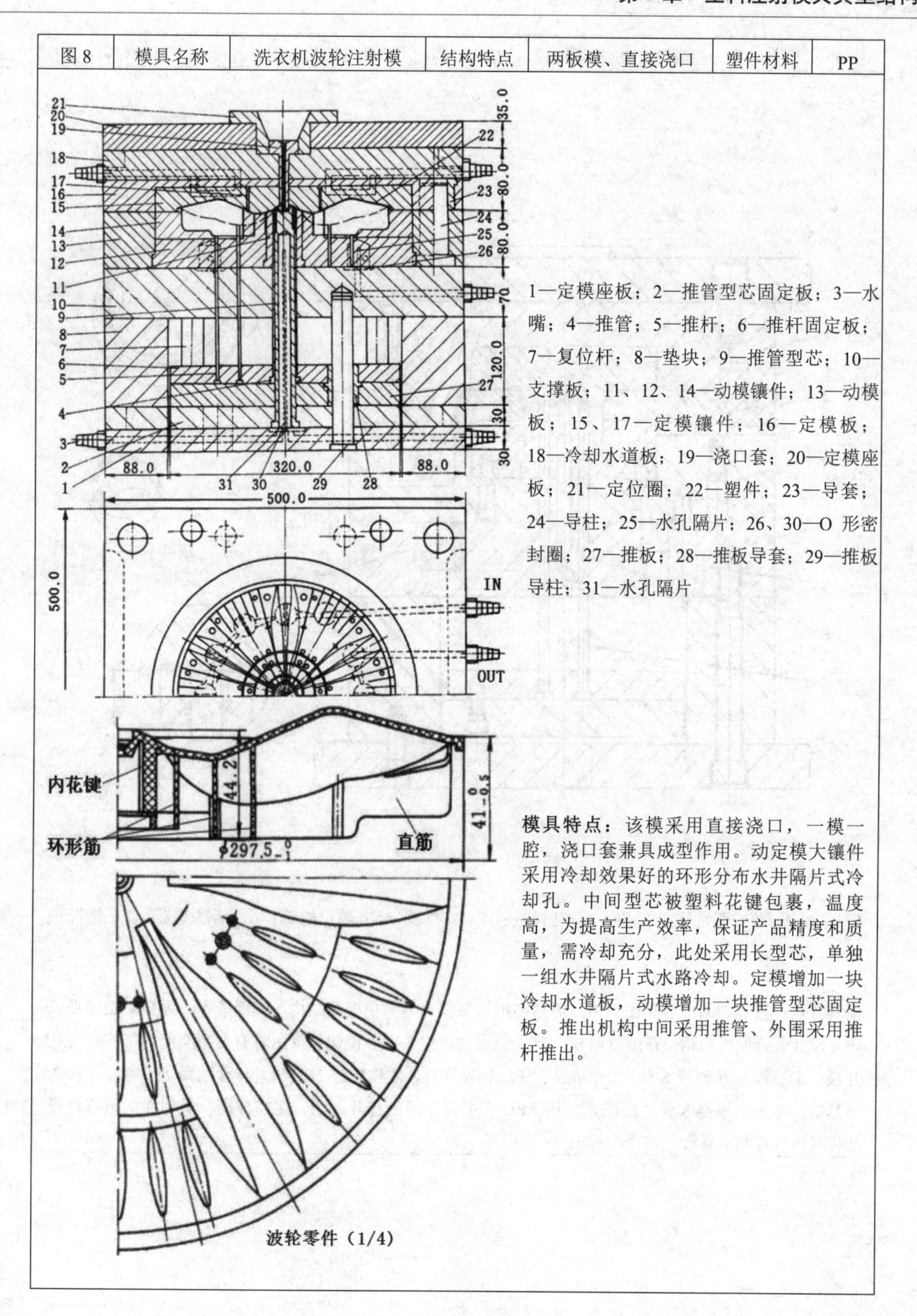

1—定模座板；2—推管型芯固定板；3—水嘴；4—推管；5—推杆；6—推杆固定板；7—复位杆；8—垫块；9—推管型芯；10—支撑板；11、12、14—动模镶件；13—动模板；15、17—定模镶件；16—定模板；18—冷却水道板；19—浇口套；20—定模座板；21—定位圈；22—塑件；23—导套；24—导柱；25—水孔隔片；26、30—O 形密封圈；27—推板；28—推板导套；29—推板导柱；31—水孔隔片

波轮零件（1/4）

模具特点：该模采用直接浇口，一模一腔，浇口套兼具成型作用。动定模大镶件采用冷却效果好的环形分布水井隔片式冷却孔。中间型芯被塑料花键包裹，温度高，为提高生产效率，保证产品精度和质量，需冷却充分，此处采用长型芯，单独一组水井隔片式水路冷却。定模增加一块冷却水道板，动模增加一块推管型芯固定板。推出机构中间采用推管、外围采用推杆推出。

图 9	模具名称	强行推出机构注射模	结构特点	塑件有倒扣、强行脱模	塑件材料	PE

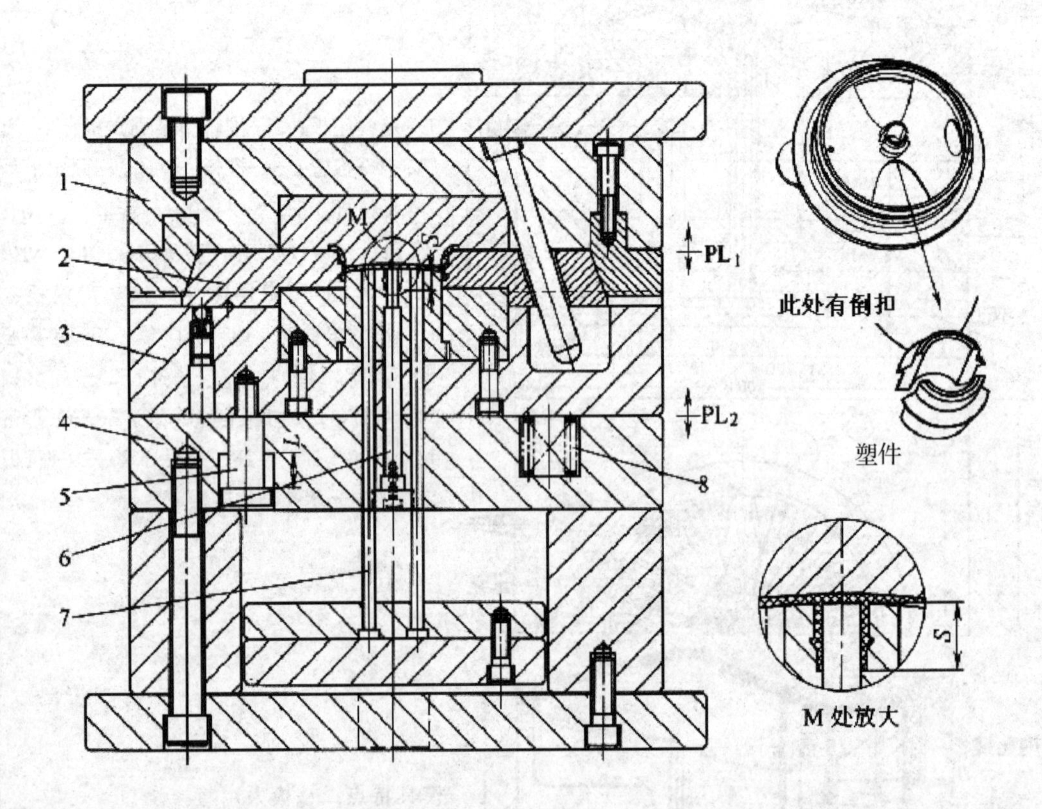

1—定模板；2—侧滑块与型芯；3—动模板；4—支撑板；5—限位螺钉；6—活动型芯；7—推杆；8—弹簧

模具特点：模具制品中心存在倒扣，需抽芯机构脱模。为简化模具结构，降低成本，缩短制造周期，该处设计强行脱模机构。在强行脱模之前，必须抽出型芯 6，使塑件推出时有变形空间。工作原理：开模时定模板 3 在弹簧 8 作用下，先从“PL_2”处推开，限位螺钉 5 限制其移动距离 *L*，型芯 6 脱离制品后，随着动模继续移动，模具再从“PL_1”主分型面处打开，动、定模分离。最后注射机顶杆推动模具推杆将制品强行从凹模中推出。

图 10	模具名称	皮带轮注射模	结构特点	两板模、侧抽芯	塑件材料	PA

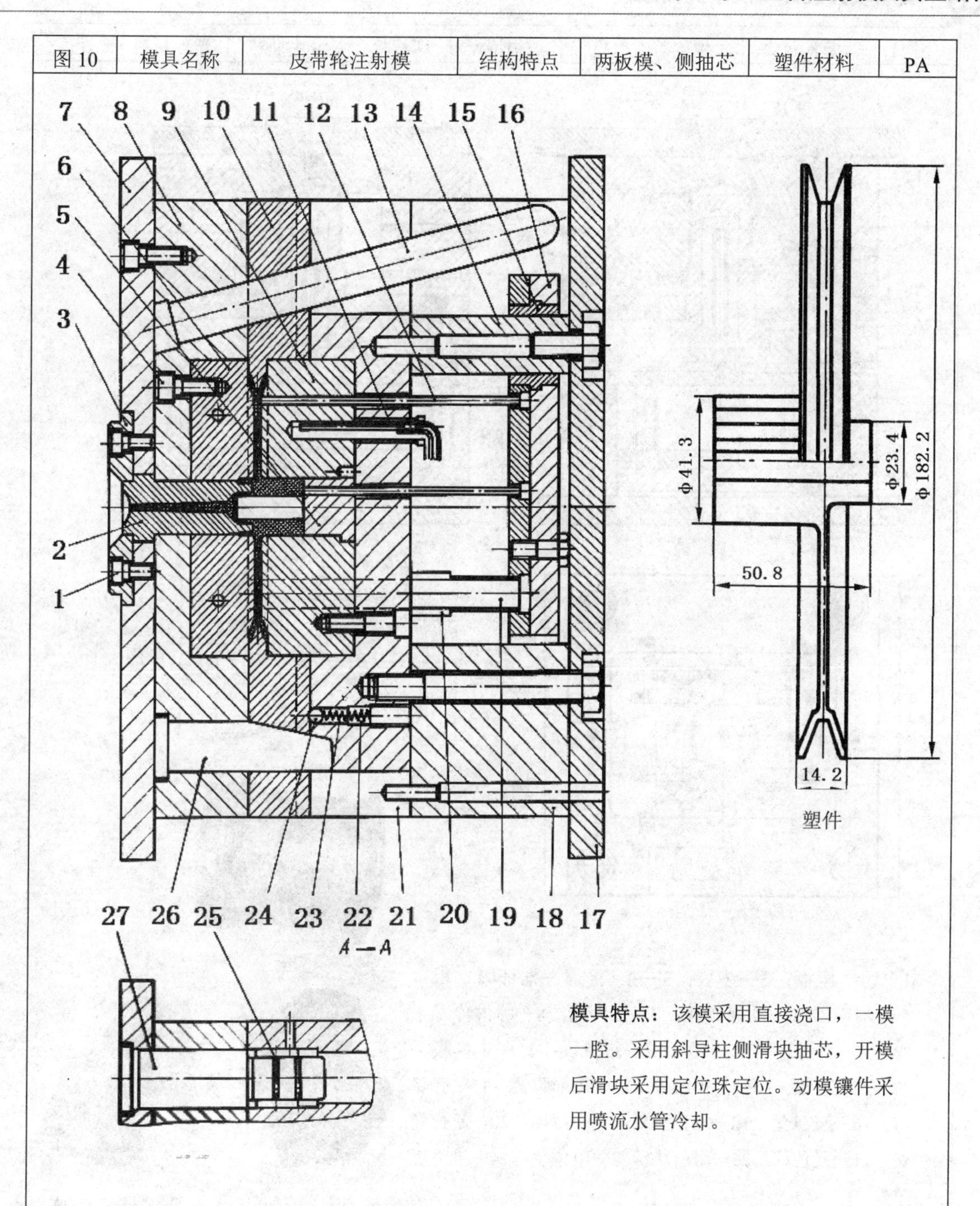

模具特点：该模采用直接浇口，一模一腔。采用斜导柱侧滑块抽芯，开模后滑块采用定位珠定位。动模镶件采用喷流水管冷却。

1、4—内六角螺钉；2—浇口套；3—定位圈；5—动模型芯；6—定模镶件；7—定模座板；8—定模板；9—动模镶件；10—侧滑块；11—喷流水管；12—推杆；13—斜导柱；14—推板导柱；15—推板导套；16—推板与推杆固定板；17—动模座板；18—垫块；19—复位杆；20—定距垫块；21—动模板；22、23、24—定位珠组件；25—导套；26—锁紧块；27—导柱

图 11	模具名称	螺旋盖注射模	结构特点	两板模、斜滑块抽芯	塑件材料	PC

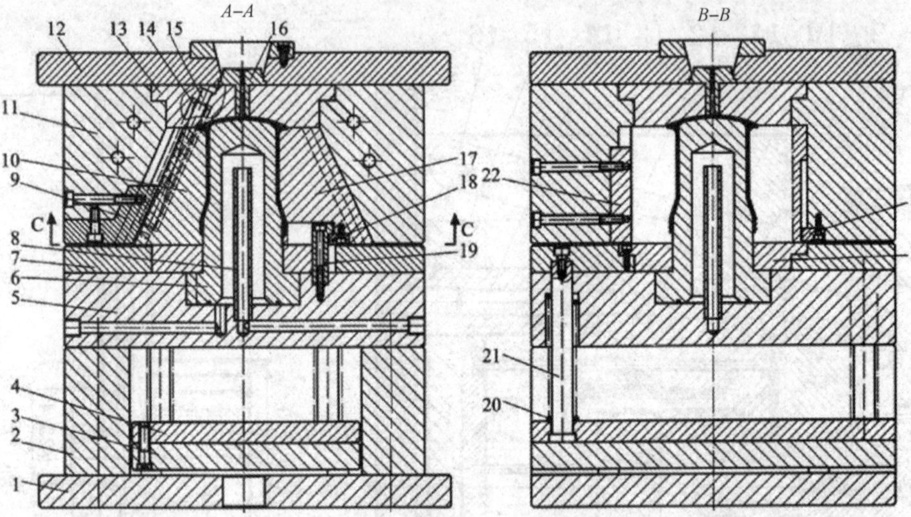

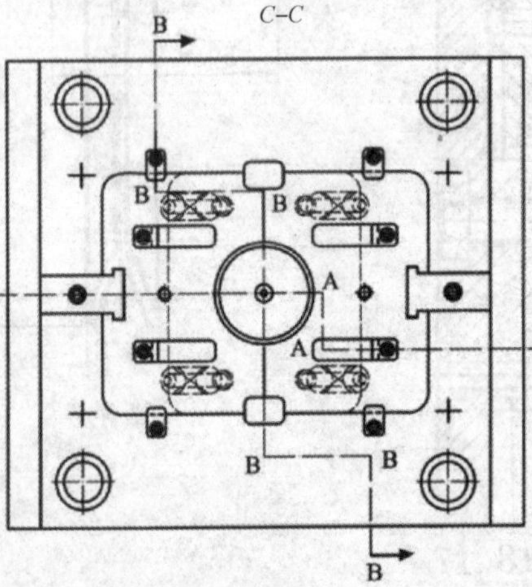

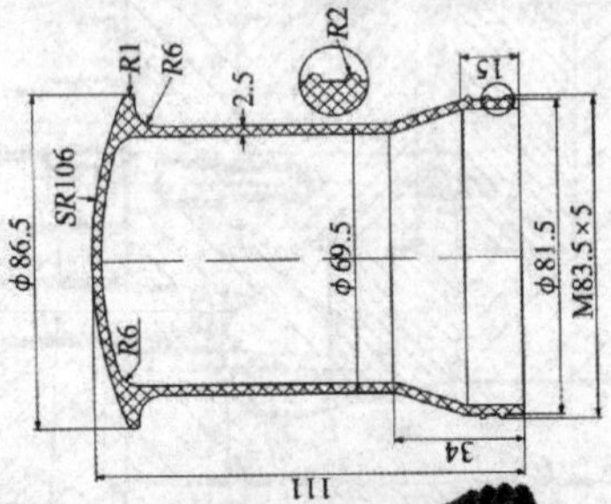

塑件

(a) 凹模斜滑块底面 　　(b) 凹模斜滑块侧面

1—动模座板；2—垫块；3—推板；4—推杆固定板；5—动模板；6—动模镶件；7—推件板；8—喷淋冷却水管；9—斜滑块导轨；10、17—斜滑块；11—定模板；12—定模座板；13—定模镶件；14—矩形弹簧；15—弹簧芯；16—浇口套；18—拉扣镶件；19—拉扣；20—复位弹簧；21—复位杆；22—耐磨块；23—限位块；24—推件板镶件

模具特点：该模采用直接浇口，一模一腔。外螺纹采用斜滑块抽芯，斜滑块依靠导轨 9 导向，开模时通过拉扣 18、19 拉出斜滑块。滑块底部设有弹簧，以防开模后滑块因重力作用而下沉，造成合模时压坏拉扣。推出机构

图12	模具名称	花形盒盖注射模	结构特点	三板模、点浇口	塑件材料	PP

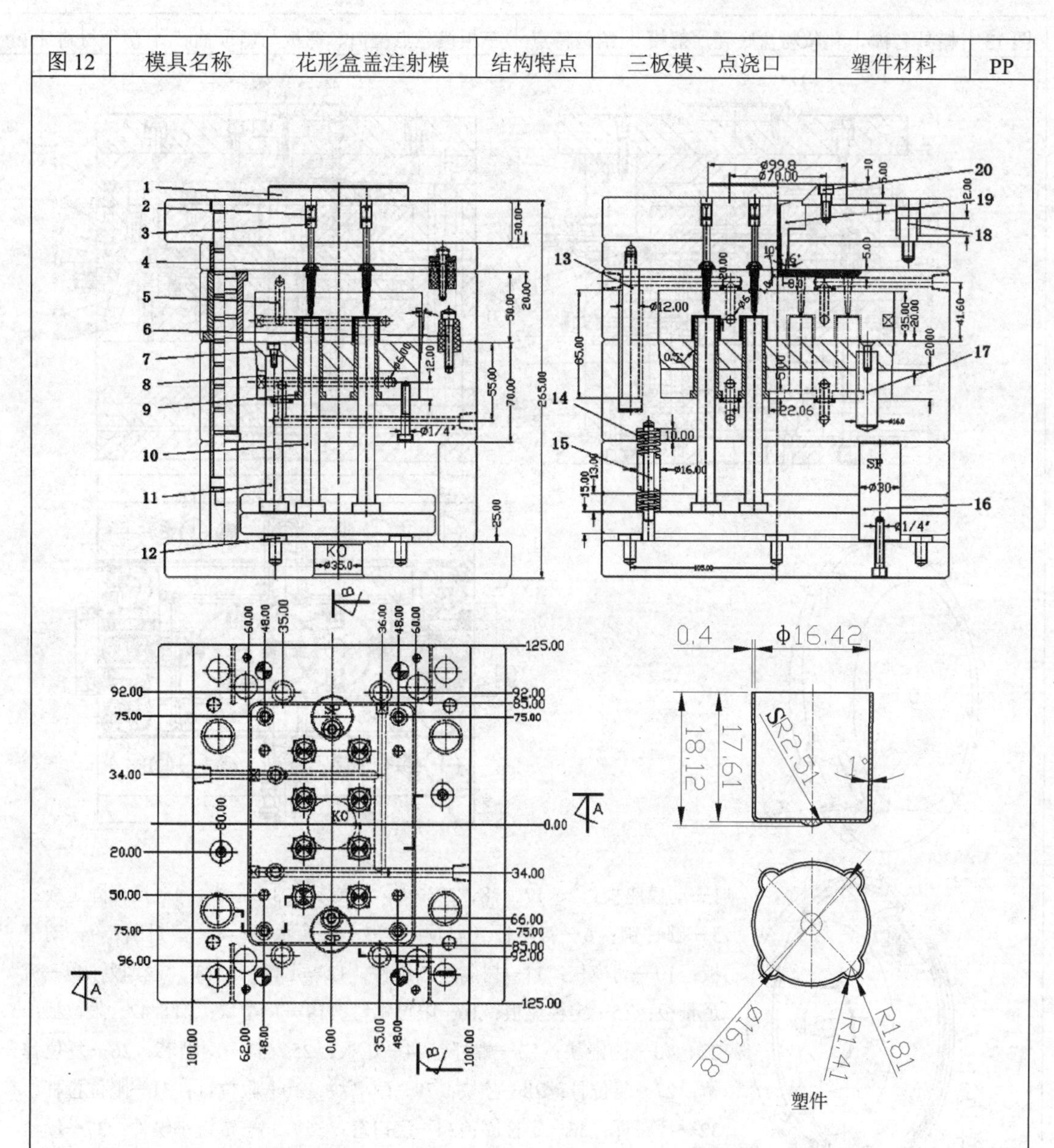

1—定位圈；2—顶丝；3—球形拉料杆；4—橡胶弹性组件；5—定模仁；6—树脂拉扣组件；7—沉入式推件板；8—型芯固定板；9—动模型芯；10—推杆；11—复位杆；12—垃圾钉；13—流道板拉杆；14—复位弹簧；15—弹簧芯轴；16—支撑柱；17—推件板导柱；18—限位螺钉；19—浇口套；20—内六角螺钉

模具特点：该模为三板模，采用点浇口，一模八腔。开模时，在橡胶弹性组件4与树脂拉扣组件6的联合作用下定模板被拉开，塑件随定模板移动，此时在球形拉料杆3的作用下，浇注系统不能随塑件一起移动，点浇口处被拉断，塑件与浇注系统分离。定模板随动模继续移动到一定位置后，流道板拉杆13拉动流道推板，把浇注系统从球形拉料杆3上推出，此时在限位螺钉18与流道板拉杆13共同作用下，定模板停止移动，动定模分开，塑件留在动模。动模行程到位后，注塑机顶杆推动模具推出机构中的顶杆10与沉入式推件板7把塑件从模具中推出。

图 13	模具名称	化妆粉盒底壳注射模	结构特点	三板模、点浇口、弯板与斜顶抽芯	塑件材料	PP

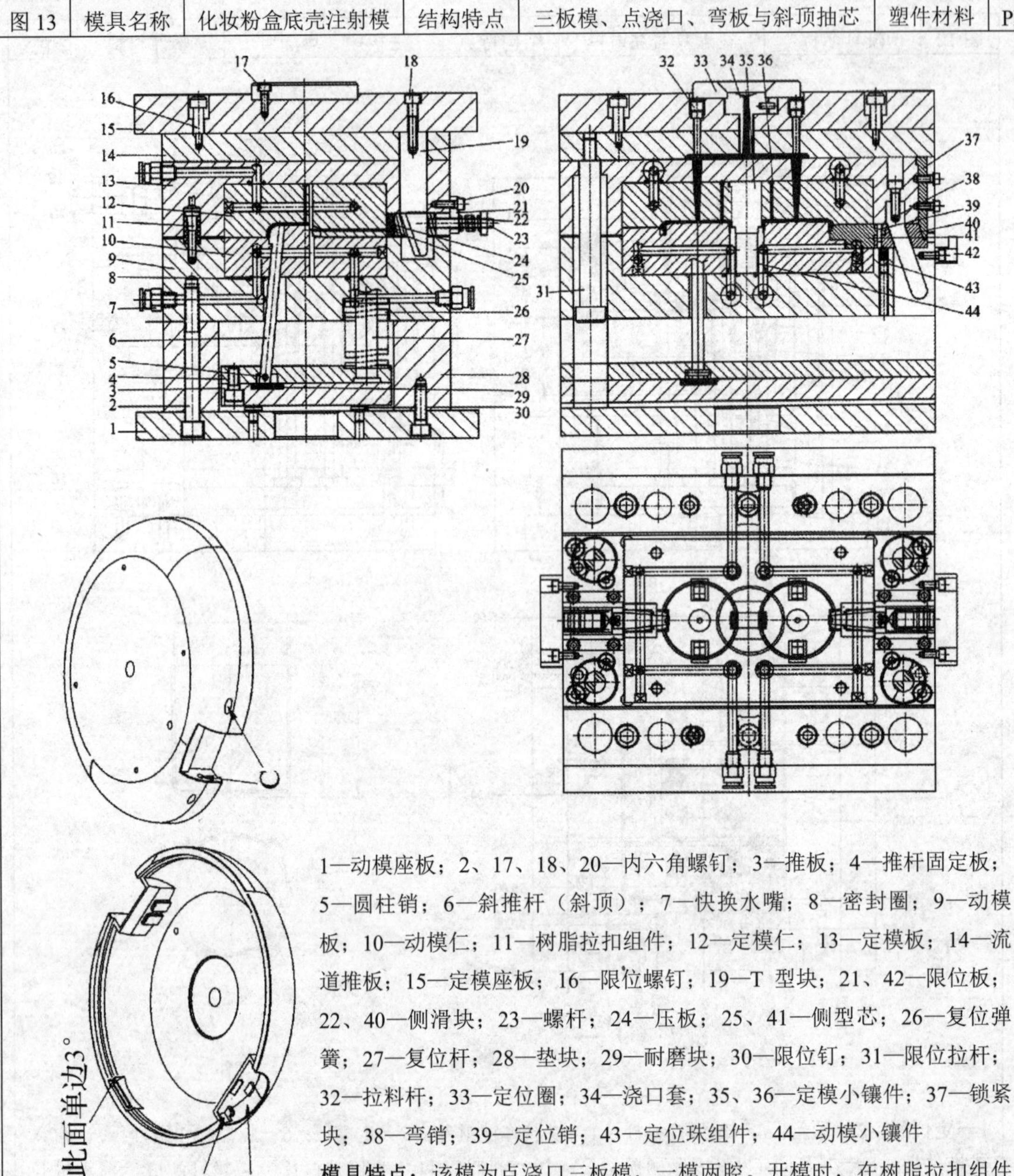

1—动模座板；2、17、18、20—内六角螺钉；3—推板；4—推杆固定板；5—圆柱销；6—斜推杆（斜顶）；7—快换水嘴；8—密封圈；9—动模板；10—动模仁；11—树脂拉扣组件；12—定模仁；13—定模板；14—流道推板；15—定模座板；16—限位螺钉；19—T 型块；21、42—限位板；22、40—侧滑块；23—螺杆；24—压板；25、41—侧型芯；26—复位弹簧；27—复位杆；28—垫块；29—耐磨块；30—限位钉；31—限位拉杆；32—拉料杆；33—定位圈；34—浇口套；35、36—定模小镶件；37—锁紧块；38—弯销；39—定位销；43—定位珠组件；44—动模小镶件

模具特点：该模为点浇口三板模，一模两腔。开模时，在树脂拉扣组件 11 的作用下定模板被拉开，塑件随定模板移动，在球形拉料杆 32 的作用下，点浇口被拉断，塑件与浇注系统分离。定模板随动模继续移动到一定位置后，拉杆 31 拉动流道推板 14，把浇注系统从球形拉料杆 32 上推出，此时在限位杆 31 与限位螺钉 16 共同作用下，定模板停止移动，动定模分开，塑件留在动模内。动模行程到位后，注塑机顶杆推动模具推出机构中斜推杆、推杆，把塑件从模具中推出。

图 14	模具名称	汽车拉手斜抽芯注射模	结构特点	中心浇口、T 型块斜抽芯	塑件材料	ABS

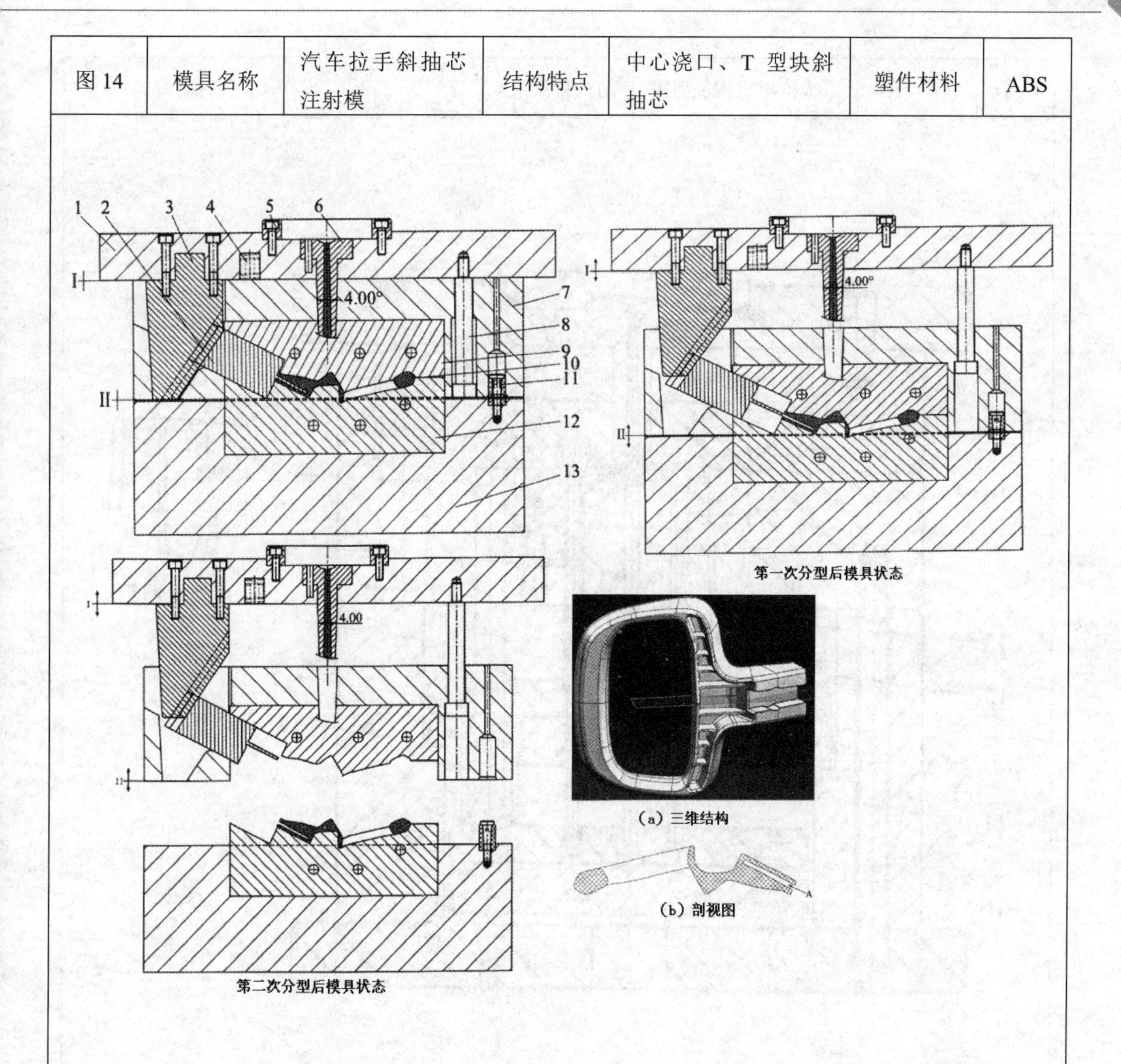

1—定模座板；2—滑块；3—T 型块；4—弹簧；5—定位圈；6—浇口套；7—定模板；8—限位拉杆；9—定模镶件；10—塑件；11—树脂拉扣组件；12—动模镶件；13—动模板

模具特点：该模为两板模，浇口形式为中心进料。模具开模时在拉扣 11 作用下，定模随动模一起运动，滑块 2 在 T 型块作用下完成斜向抽芯。定模板 7 行程到一定位置时，在限位拉杆 8 作用下停止运动，动、定模分离。

图 15	模具名称	二级推出机构注射模	结构特点	双推板，二级推出、强行脱模	塑件材料	PA

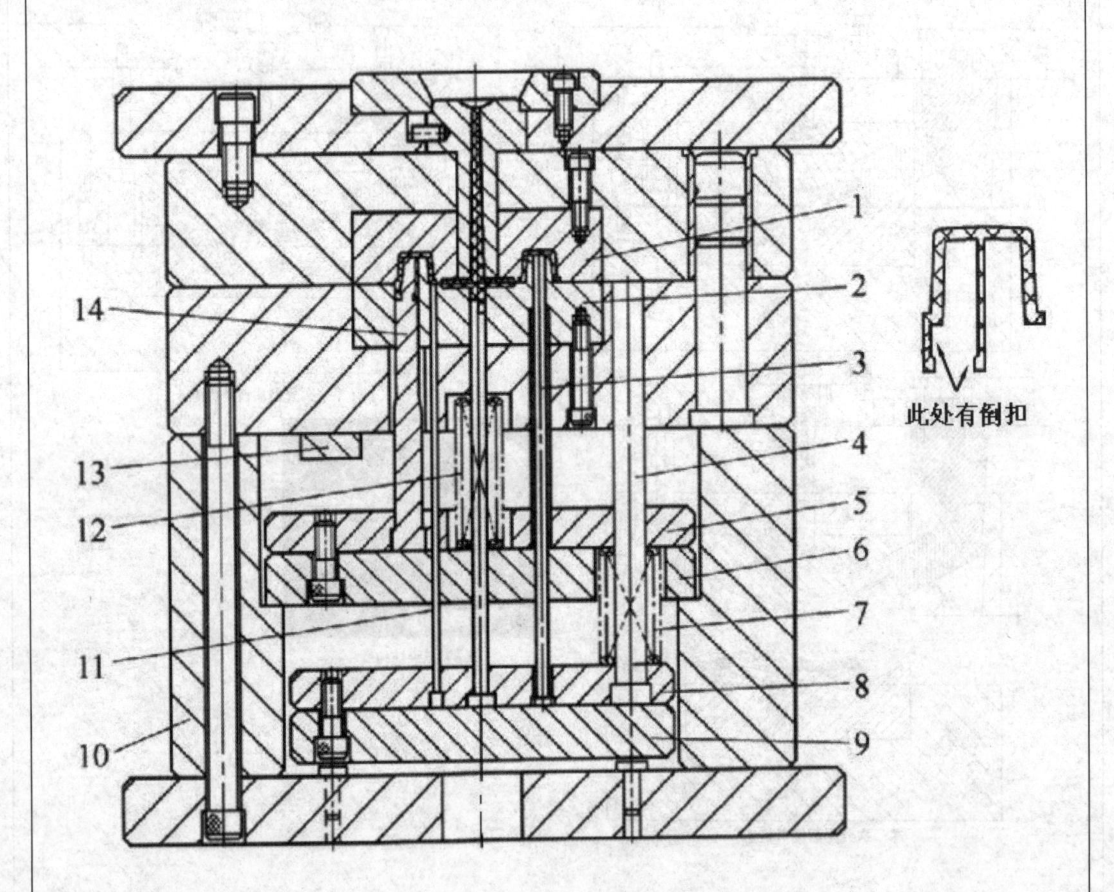

1—定模镶件；2—动模镶件；3—推杆；4—复位杆；5—型芯固定板；6—前推板；7—复位弹簧；8—推杆固定板；9—后推板；10—垫块；11—推杆；12—复位弹簧；13—限位挡块；14—活动型芯

模具特点：图示塑件存在倒扣，需抽芯机构脱模，为简化模具结构，降低成本，缩短制造周期，需要设计强行脱模机构。该模具弹簧 7 的弹力应大于弹簧 12 的弹力。模具合模注射时，前推板 5、6 组件装有复位杆，以确保在预定的图示位置，克服弹簧 7 的弹力。注射保压、冷却完毕，注射机开模行程到位后推出机构推动前、后推件板组，把塑件从型芯和型腔中推出，保证塑件倒扣部位强行推出时有变形空间。继续推出前推件板组碰到限位挡块 13 时停止运动，注射机推出机构继续推动后推件板组 8、9 及推杆 3、22，将制品从活动型芯 14 上强行推出。

图 16	模具名称	药瓶盖注射模	结构特点	点浇口、螺旋条、强行推出	塑件材料	LDPE

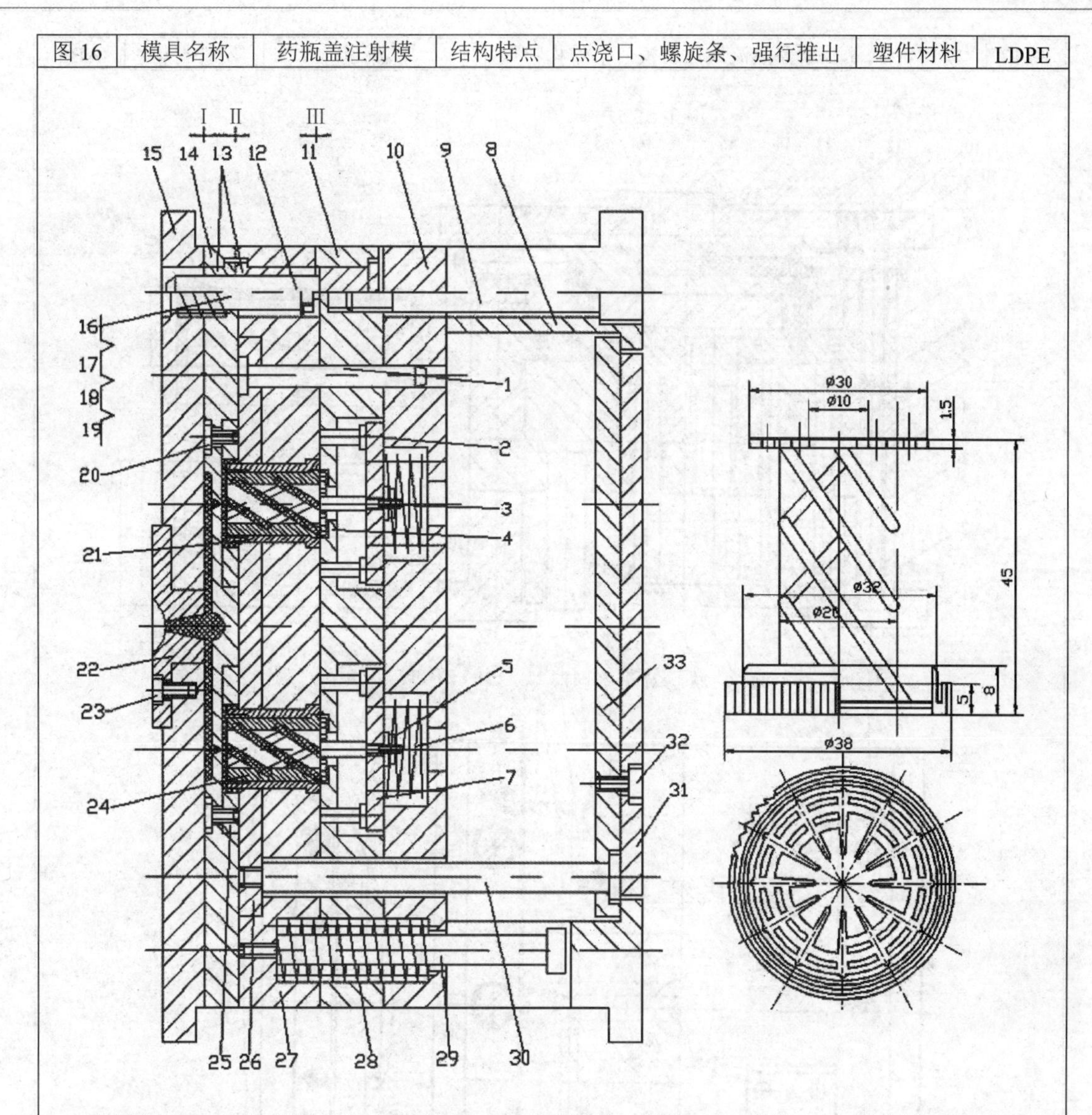

1—小导柱；2—小复位杆；3—活动型芯；4—花板；5—垫圈；6—弹簧；7—复位板；8—垫块；9、20、23、32—内六角螺钉；10—支撑板；11—动模板；12—导柱；13—导套；14—定模板；15—定模座板；16、17、18、19—定距拉杆、弹簧、垫圈、螺母；21—外型套；22—浇口套；24—内螺旋形套；25—型腔镶件；26—推件板镶件；27—推件板；28—弹簧；29—定距拉杆；30—复位杆；31—推板；33—推杆固定板

模具特点：该塑件是一种特殊药瓶盖，由外盖、连接条和内盖组成，合拢瓶盖后，内盖与连接条压住药片防止震碎。连接条为三头螺纹，导程为 40mm。开模时，在弹簧 17 作用下Ⅰ—Ⅰ分型面先打开，而分流道两端设有拉料穴，点浇口先被拉断，流道凝料留在定模座板 15 上，开模后需人工取走。当定模板 14 随动模运动时活动型芯 3 受小推板 7 和弹簧 6 作用而保持不动，而移动到一定位置时定距拉杆 16 限制其移动，此时在弹簧 28 作用下模具从Ⅱ—Ⅱ分型面打开，塑件花盘脱离花板 4，当动模板 11 移动 3～5mm 时接触小复位杆 2，带动小推板 7 和活动型芯 3 一起移动，活动型芯 3 从螺旋套 24 和华盘中脱出。当Ⅱ-Ⅱ分型面移动 50mm 左右时，支撑板 10 被限位拉杆 29 限位，Ⅲ-Ⅲ分型面被打开，制品留在小推件板 26 上，推件板强行把塑件从螺旋套推出。

图 17	模具名称	罩盖热流道注射模	结构特点	热流道	塑件材料	ABS

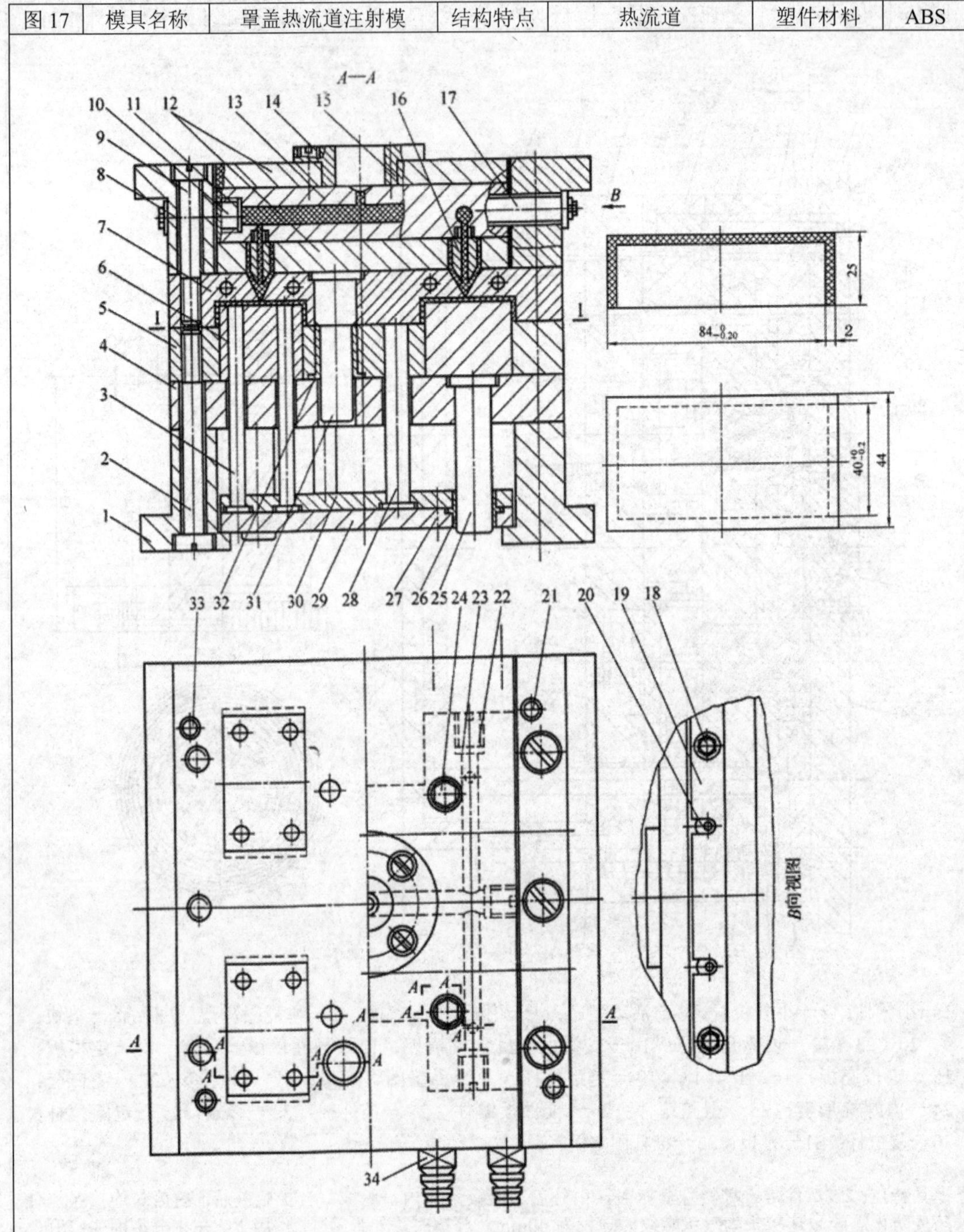

1—动模座板；2、9、14、18、24、27—内六角螺钉；3—推杆；4—支撑板；5—动模板；6—动模仁；7—定模板；8—定模座板；10、22—螺塞；11—流道；12—隔热板；13—热流道板；15—定位圈；16—热射嘴；17—加热棒；19—挡板；20—接线柱；21、33—销钉；23—衬垫；25—推板导柱；26—推板导套； 28—复位杆；29—推板；30—推杆固定板；31—导柱；32—导套；34—水管接头

模具特点：此塑件较简单，为提高产品质量和生产效率，模具浇注系统采用热流道结构。

图 18	模具名称	洗衣机高波轮注射模	结构特点	热流道、斜滑块、定模推板	塑件材料	PP

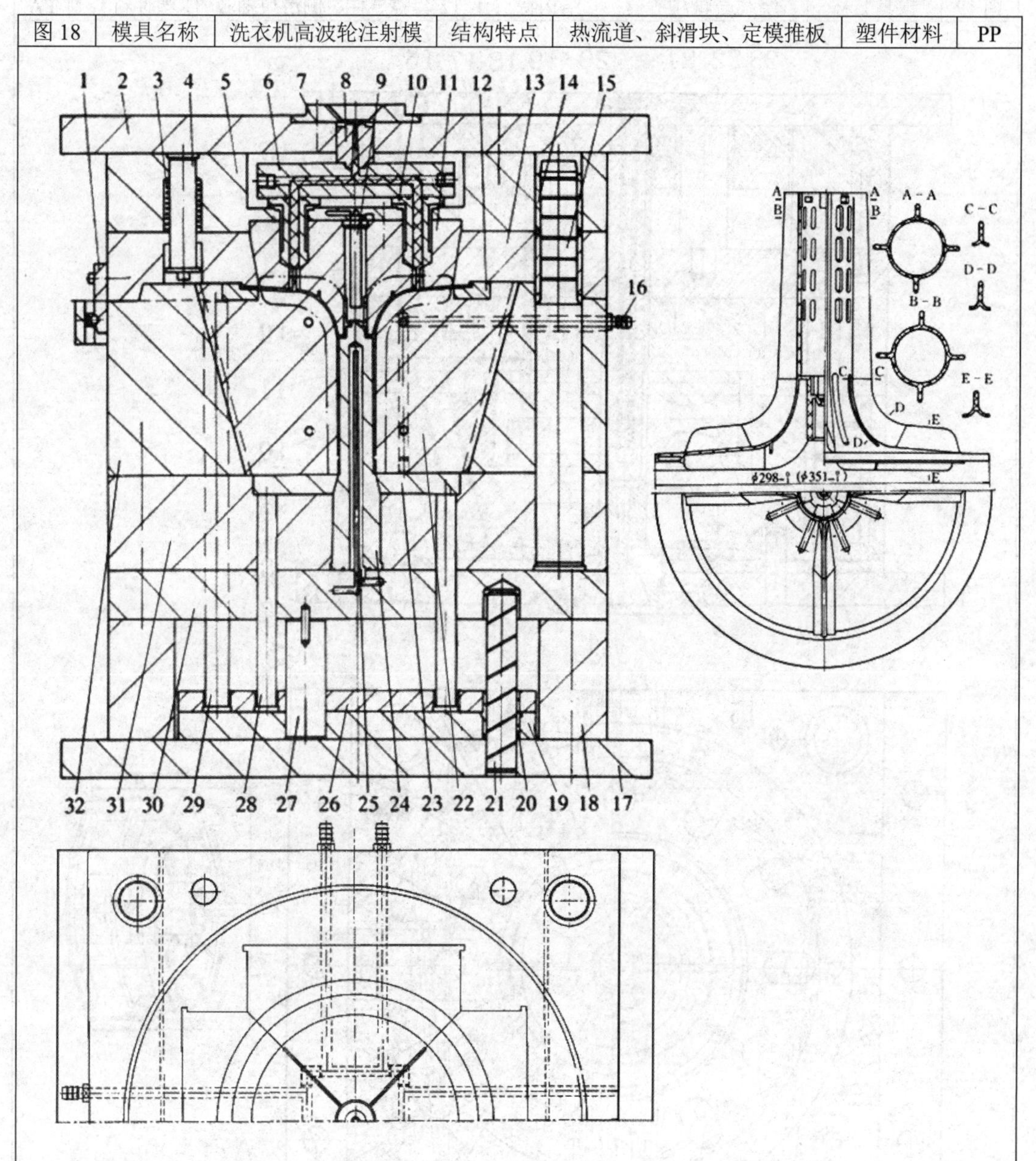

1—矩形拉模扣；2—定模座板；3—弹簧；4—小导柱兼限位杆；5—定模板；6—热流道板；7—定位圈；8—浇口套；9—水道密封圈；10—热射嘴；11—定模镶件；12—滑块镶件；13—推件板；14—导套；15—导柱；16—滑块冷却加长水嘴；17—动模座板；18—垫块；19—推板；20—导套；21—导柱；22—斜滑块；23—推块；24—动模型芯；25—隔水片；26—推杆固定板；27—支撑柱；28—推杆；29—复位杆；30—支撑板；31—动模板；32—动模框

模具特点：此塑件较高，结构复杂，四周有 32 个长孔及 4 条凸起拨水筋条，四个方向需采用 4 个斜滑块抽芯。为提高产品质量和生产效率，模具浇注系统采用热流道结构。模具注射、保压、冷却完毕后开模，推件板 13 在弹簧 3 和矩形拉模扣 1 的作用下，推动塑件脱离定模镶件 11，从而留在动模内。动模推出机构推动斜滑块 22 沿导轨斜向运动，一边推出塑件，一边完成侧向抽芯。

图 19	模具名称	绕线鼓轮注射模	结构特点	12 套斜导柱、侧滑块抽芯	塑件材料	PA

1—导套；2—导柱；3—定位圈；4—浇口套；5—斜导柱；6—定位珠组件；7—定模座板；8—绝热板；9—定模板；10—侧滑块；11—挡块；12—动模板；13—支撑板；14—垫块；15—动模座板；16—推杆固定板；17—推板；18—推杆；19—复位杆；20—型芯；21—推管；22—推板导柱；23—推板导套

模具特点：此塑件结构复杂，四周 12 个方向需要侧抽芯。模具设计了 12 套等角度分布（30°）斜导柱、侧滑块侧抽芯机构。推出机构采用推管和推杆联合推出。推管型芯细小，温度较高，单独采用一组水路冷却，以保证产品质量和生产效率。

图 20	模具名称	刷座注射模	结构特点	齿轮与齿条斜抽芯	塑件材料	PE

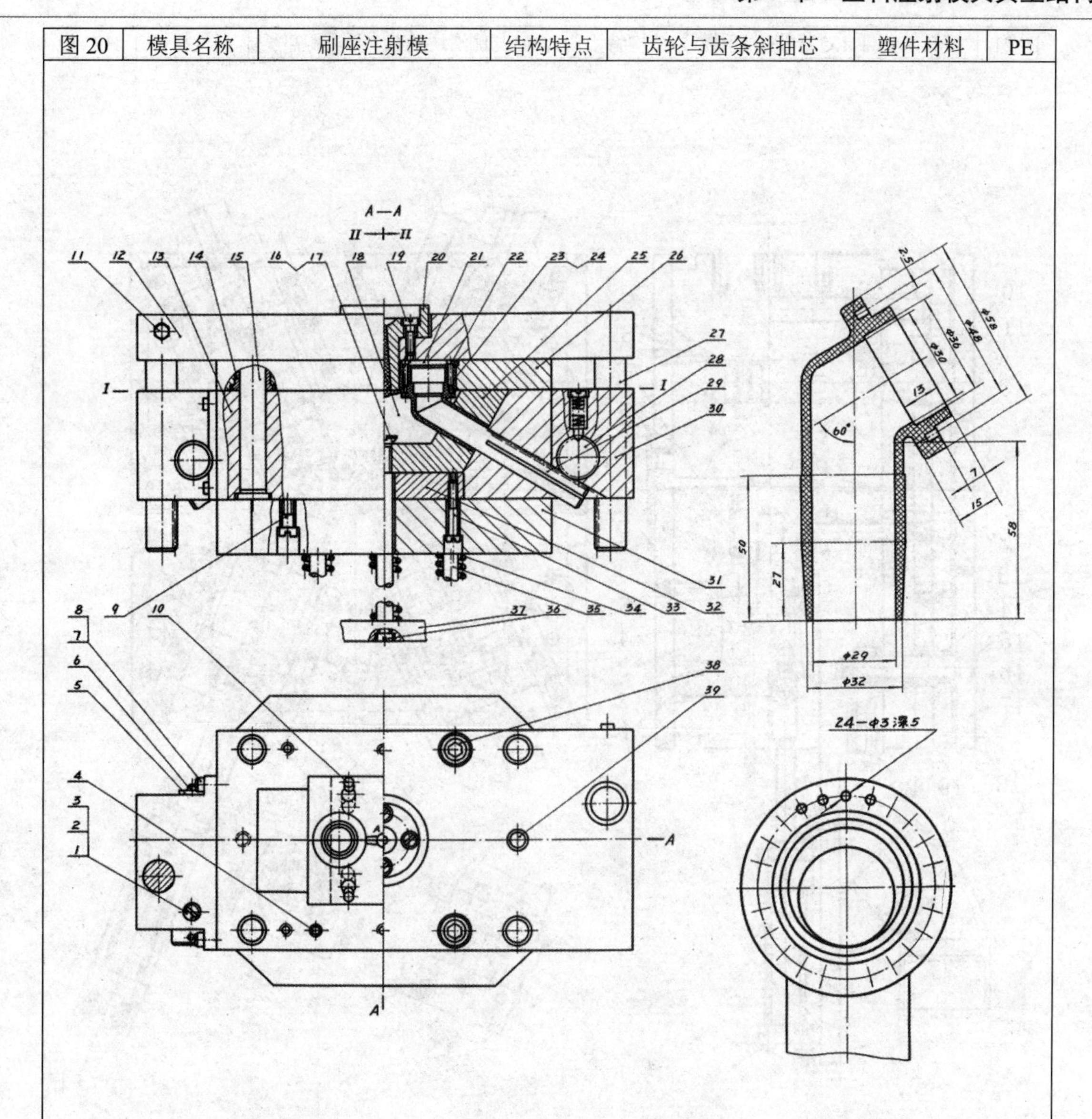

1—螺塞；2—弹簧；3—止转销；4、7、39—销钉；5—垫圈；6、8、9、11、16、19、36、38—螺钉；10—斜导柱；12—定模座板；13—模套；14—导套；15—导柱；17—定位键；18—组合凹模；20—浇口套；21—定模大型芯；22—定模小型芯；23—销子；24—型芯；25—凹模；26—定模板；27—齿条；28—齿轮；29—齿条型芯；30—齿轮固定板；31—动模固定板；32—垫板；33—限位螺钉；34—弹簧；35—推杆；37—推板

模具特点：此塑件为弯管件，采用组合式型芯，并用齿轮、齿条机构进行斜抽芯，使模具结构简化。开模时，模具从定模板 26 与模套 13 处分型，塑件从型芯 21、22 与 24 上脱出，留在动模上。同时，齿条 27 带动齿轮 28，齿轮 28 带动齿条型芯 29 完成斜抽芯。凹模 18 由推杆 35 从模套 13 中推出，沿斜导柱 10 向上运动，同时向外分开，脱出塑件。复位由弹簧 34 完成。

图 21	模具名称	135° 弯头注射模	结构特点	油缸与侧滑块抽芯、抽芯距离长	塑件材料	HPVC

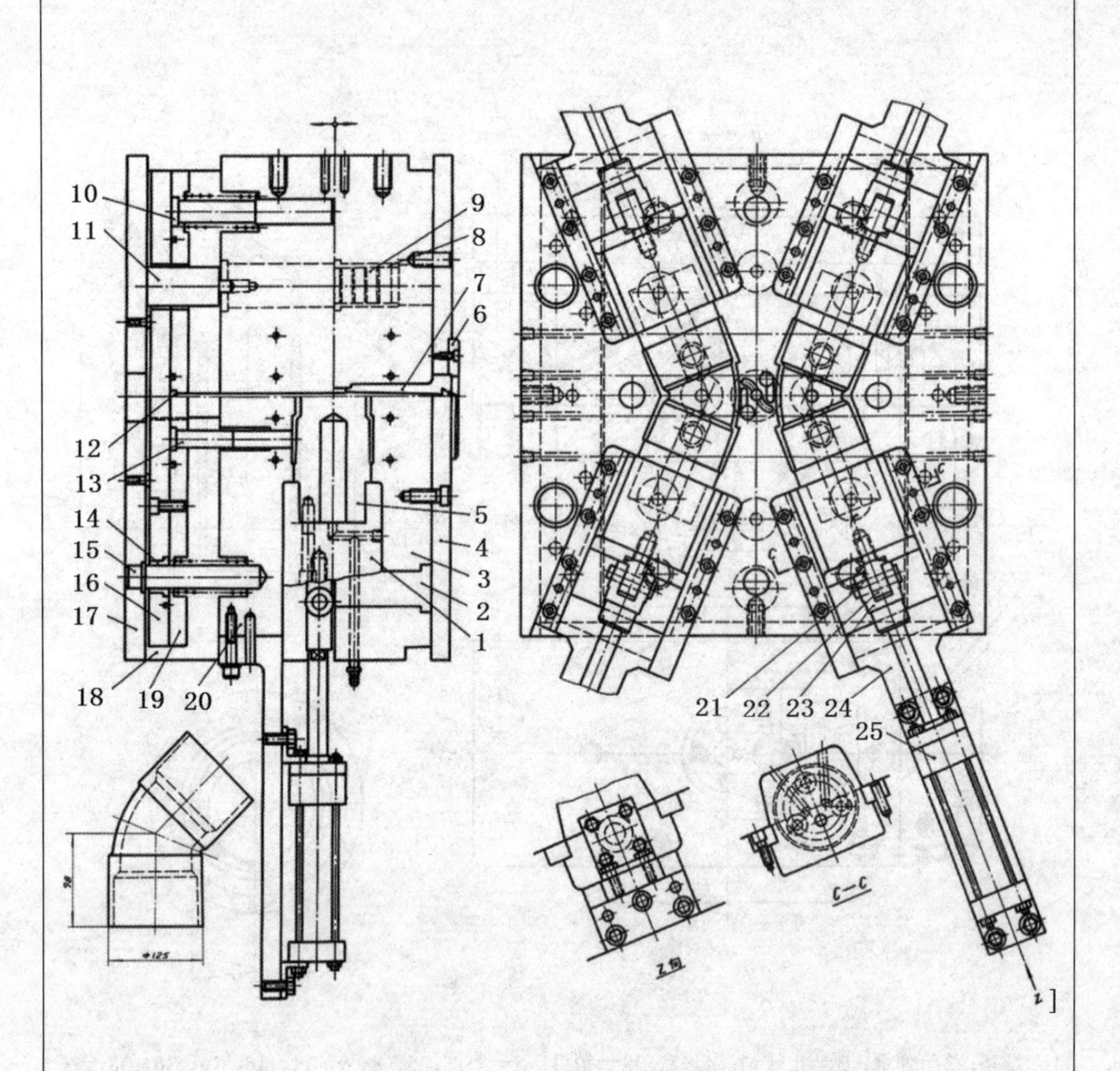

1—侧滑块；2—锁紧块；3—定模镶件；4—定模座板；5—侧型芯；6—定位圈；7—浇口套；8—导套；9—导柱；10—复位杆；11—支撑柱；12—拉料杆；13—推杆；14—推板导套；15—推板导柱；16—推板；17—动模座板；18—垫块；19—推杆固定板；20—动模板； 21—定位销；22—螺钉；23—活塞杆与侧滑块接头；24—油缸支座；25—油缸

模具特点：注塑成型后开模，液压油缸 25 抽出型芯 5，开模到位后，抽芯完毕，推杆 13 将塑件顶出。两个斜交侧型芯成型弯头内壁。采用液压油缸抽芯，抽芯距离长，抽芯力大，模具结构紧凑，安全可靠，可用较小的注塑机生产，经济性高。

图 22	模具名称	游标卡尺盒注射模	结构特点	塑料折叠合页、斜顶抽芯	塑件材料	PP

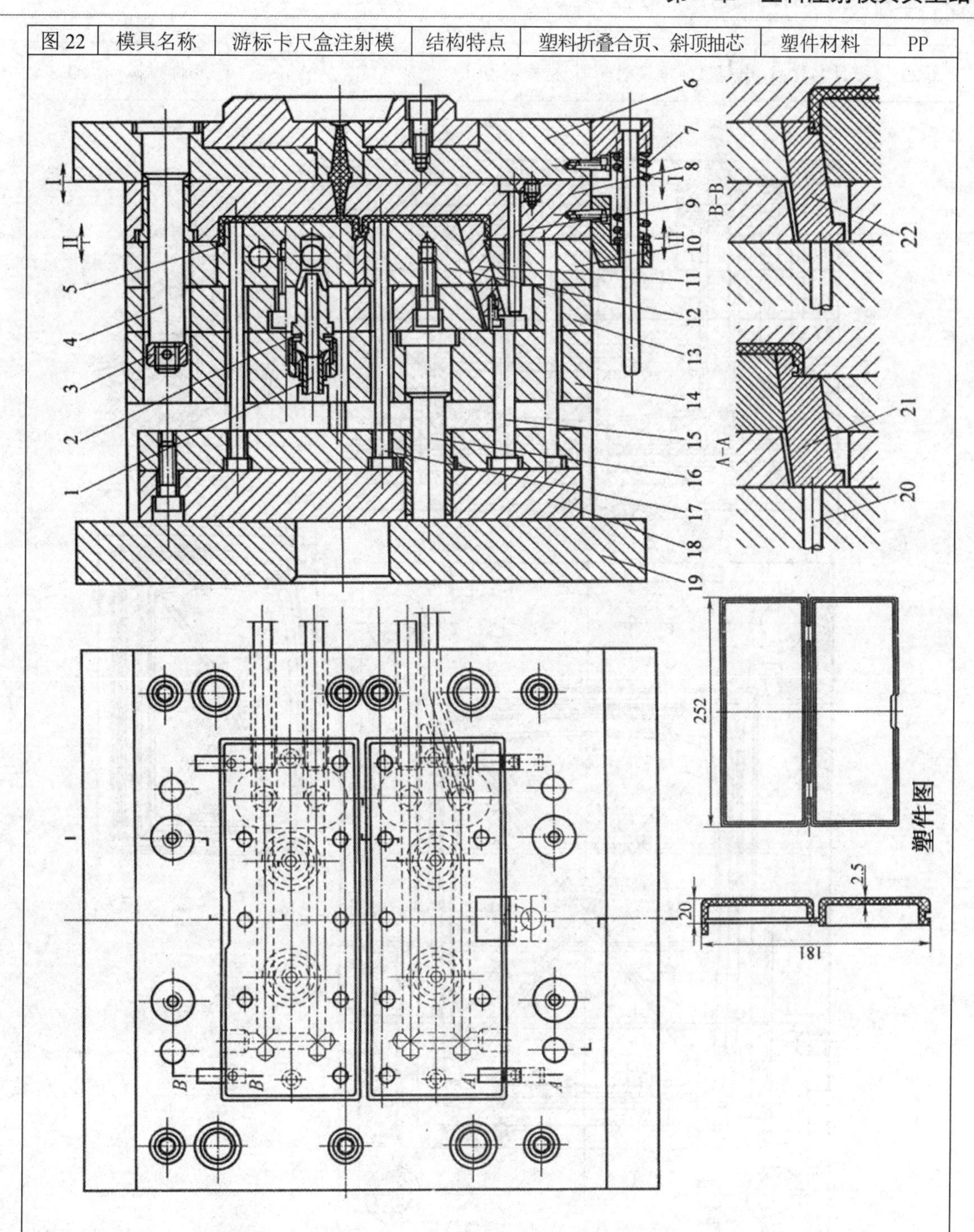

1—冷却水管；2—管接头；3—螺母；4—拉杆导柱；5—型芯；6—定模座板；7—弹簧；8—定模板；9—定模复位杆；10—动模板；11、21、22—斜顶Ⅰ、Ⅱ、Ⅲ；12—型芯；13—垫板；14—支撑板；15、17、20—推杆；16—导柱；18—推板；19—动模座板

模具特点：开模时，在弹簧 7 的作用下，首先沿 Ⅰ—Ⅰ 面分型，以便取出浇口，当限位螺母 3 对定模板 8 限位后，Ⅱ—Ⅱ 面分型打开。顶出时，由推杆 15、17、20 分别推动斜顶 11、21、22 和塑件，完成对制品各处侧凹的抽芯并顶出制品。复位杆 9 可使斜顶复位。

图 23	模具名称	电视机前框注射模	结构特点	中心四点进料、潜伏式浇口	塑件材料	ABS

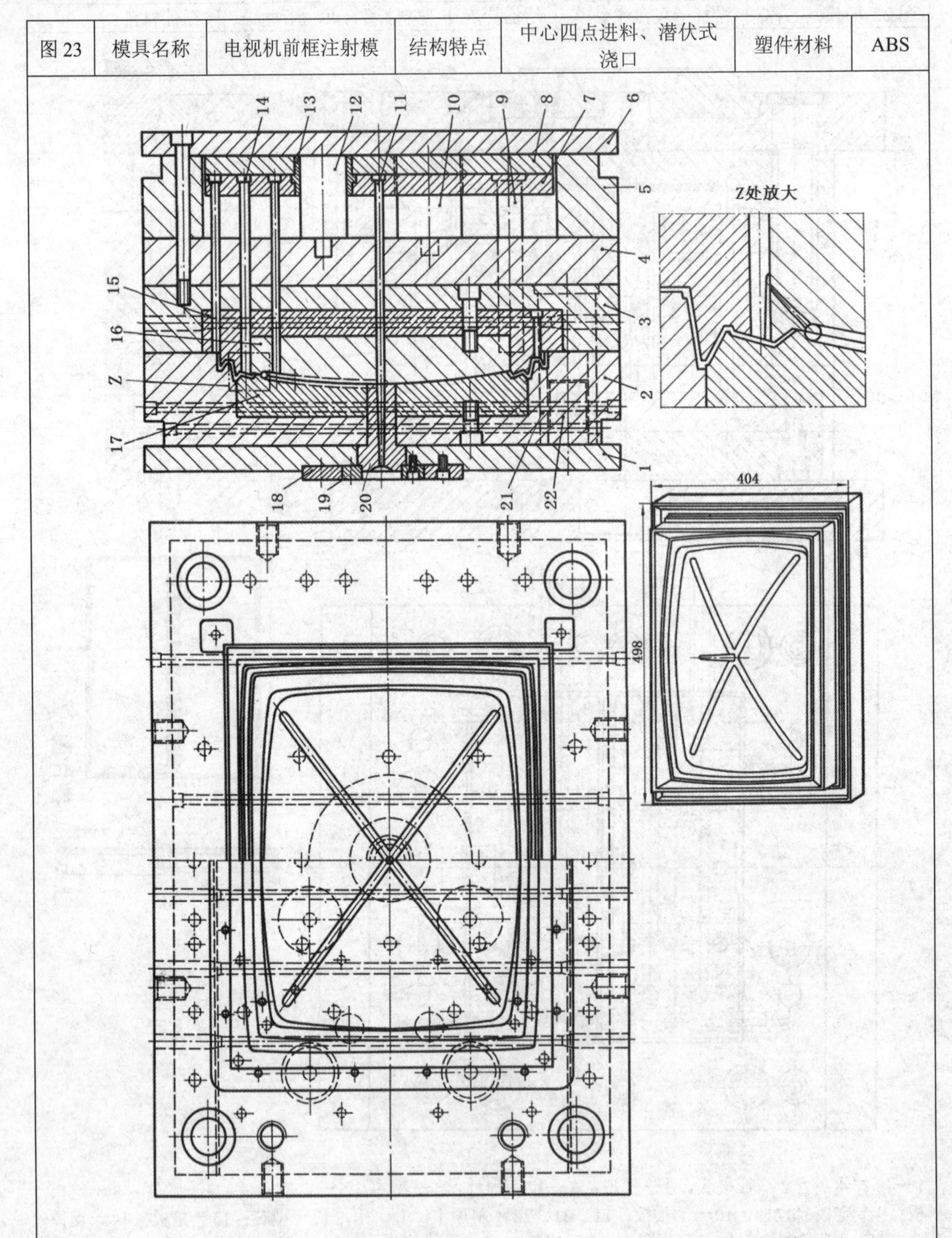

1—定模座板；2—定模板；3—动模板；4—支撑板；5—垫块；6—动模座板；7—推杆固定板；8—推板；9—复位杆；10—支撑柱；11—拉料杆；12—推板导柱；13—推板导套；14—推杆；15、16—动模镶件；17—定模镶件；18—定位圈；19—内六角螺钉；20—浇口套；21—导套；22—导柱

模具特点：直身模架，中心四点进料，潜伏式浇口，浇口自动切断。

本 章 小 结

本章提供了23套注射模具的典型结构，通过本章的学习，可以模仿特定模具结构，模拟设计一些简单零件的注射模具。

第 6 章　塑料注射模具设计课题

技能目标

- 能看懂书中所提供的典型塑件
- 能熟练分析塑料成型工艺
- 能设计中等复杂程度的注射模具

本章将提供塑件零件工程图与立体图以及相关的技术资料 43 套，便于学生和指导教师选定注射模具课程设计及毕业设计课题。原则上要求学生一人一题，独立完成，完成后的课题资料可作为“注射模具设计与制造综合实训”课程的考核依据。使学生在校学习期间能够系统地完成从模具设计到模具制造的学习任务，造就高素质技能型模具应用人才。

序号	塑件名称	塑件材料	生产批量(万件)
课题 1	电位器	阻燃 ABS	60
课题 2	外壳	PP	50

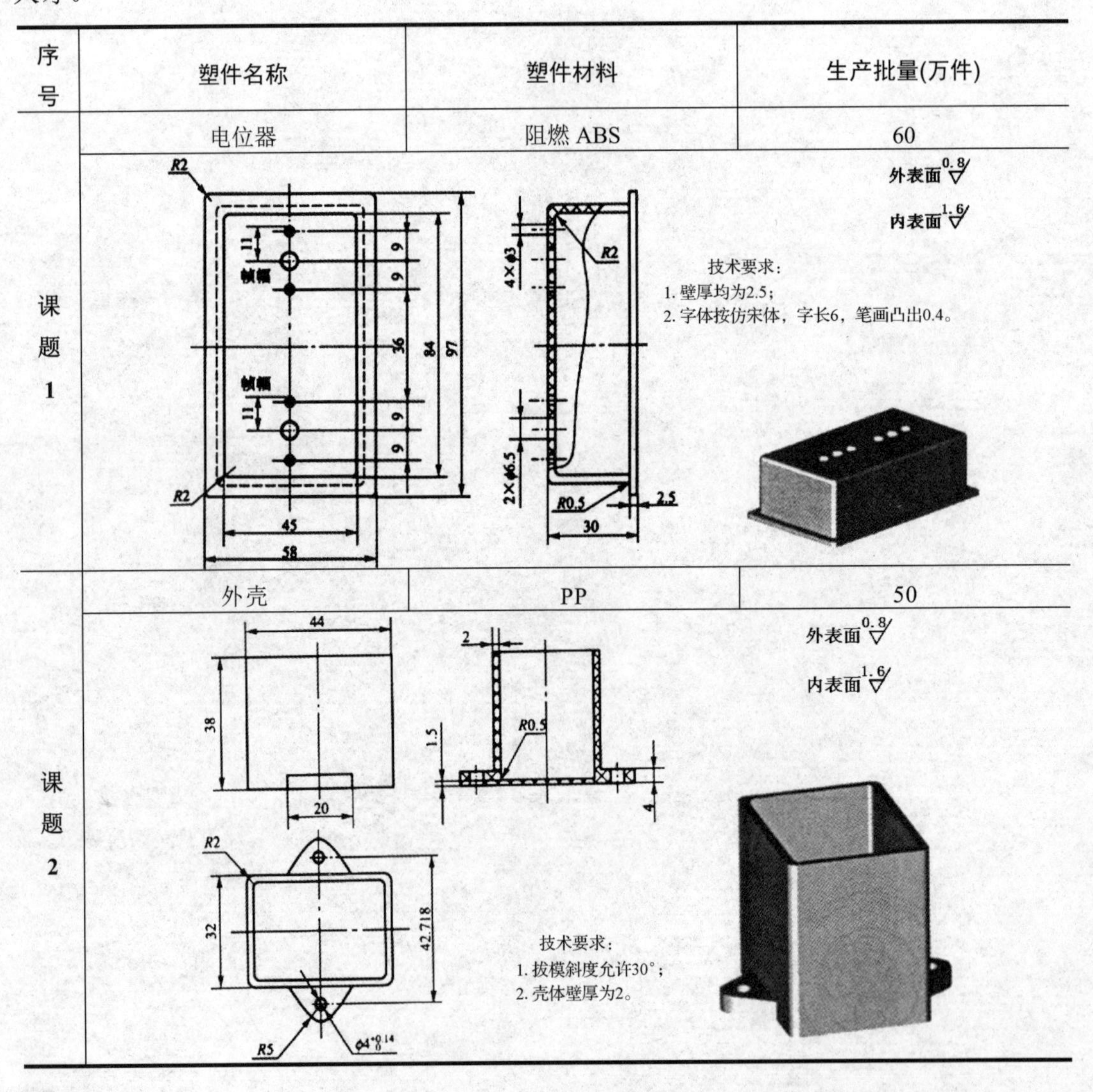

续表

序号	塑件名称	塑件材料	生产批量(万件)
课题3	底座	PC	50
	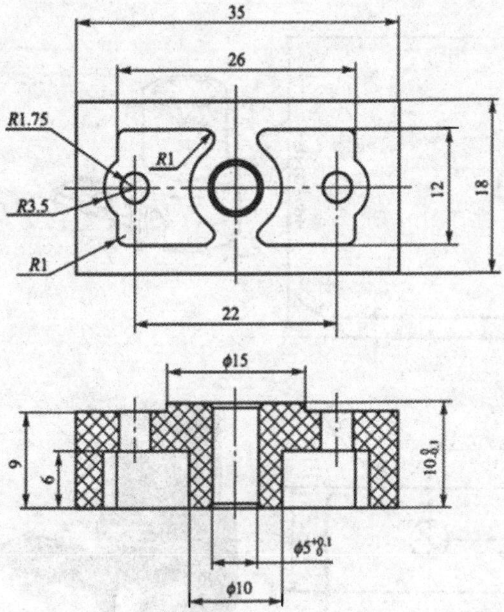 35 26 R1.75 R1 R3.5 R1 12 18 22 ϕ15 9 6 $10^{0}_{-0.1}$ $ϕ5^{+0.1}_{0}$ ϕ10 		
课题4	饭盒盖	PC	80
	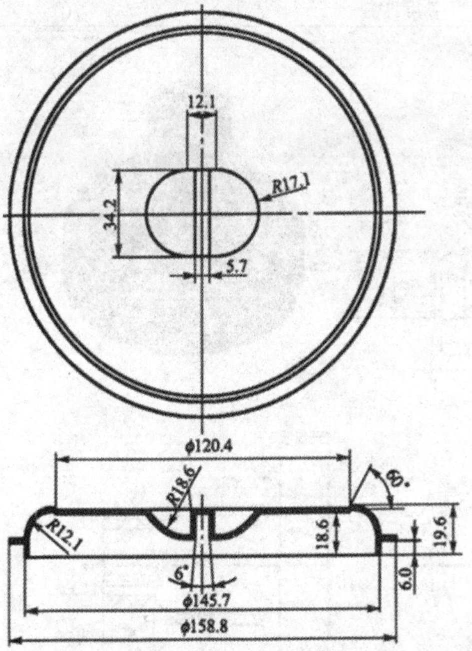 12.1 R17.1 34.2 5.7 ϕ120.4 R18.6 60° R12.1 18.6 19.6 6° 6.0 ϕ145.7 ϕ158.8 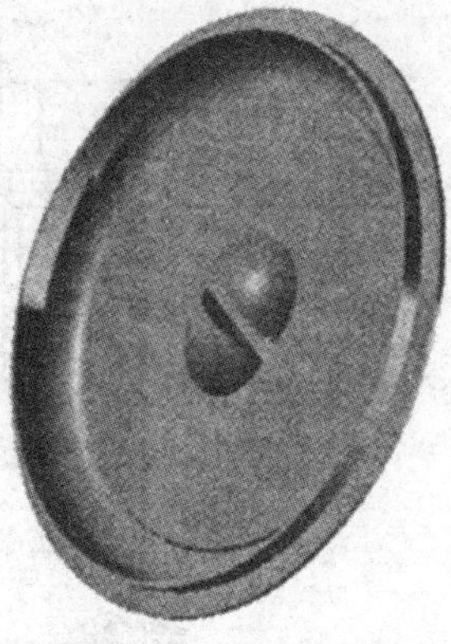 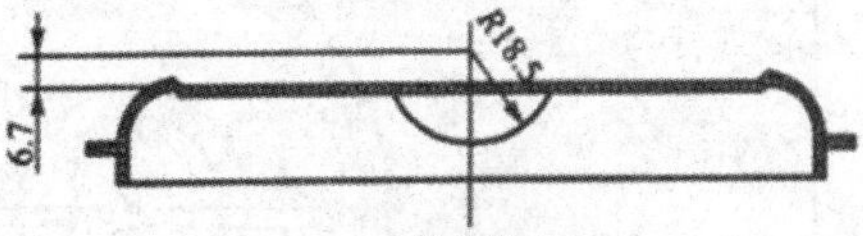 R18.5 6.7 技术要求: 1. PC 收缩率为 0.5%； 2. 壁厚均为 1.6。		

续表

序号	塑件名称	塑件材料	生产批量(万件)
课题5	连接座	POM	60
课题6	旋钮	密度 PE	70

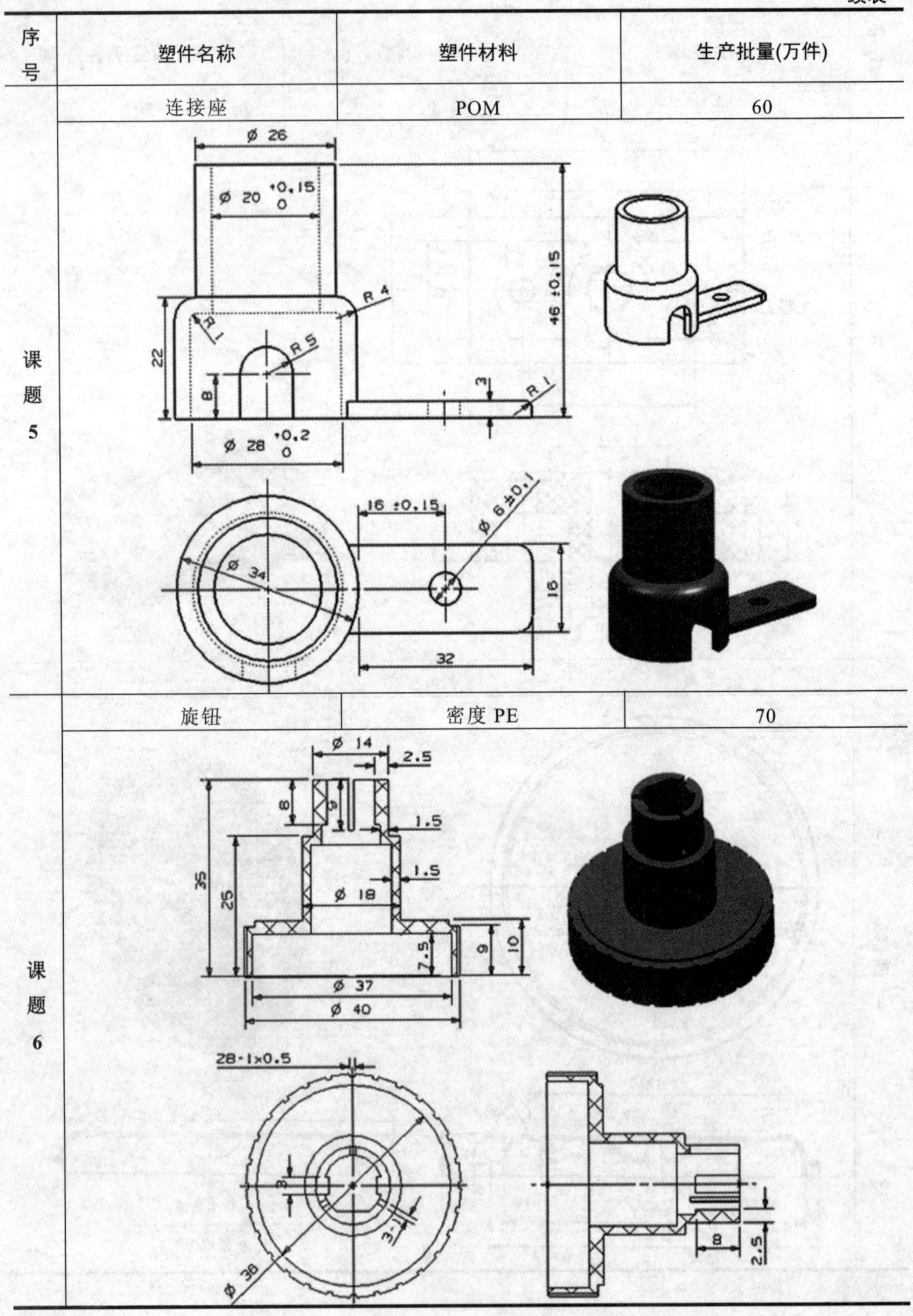

续表

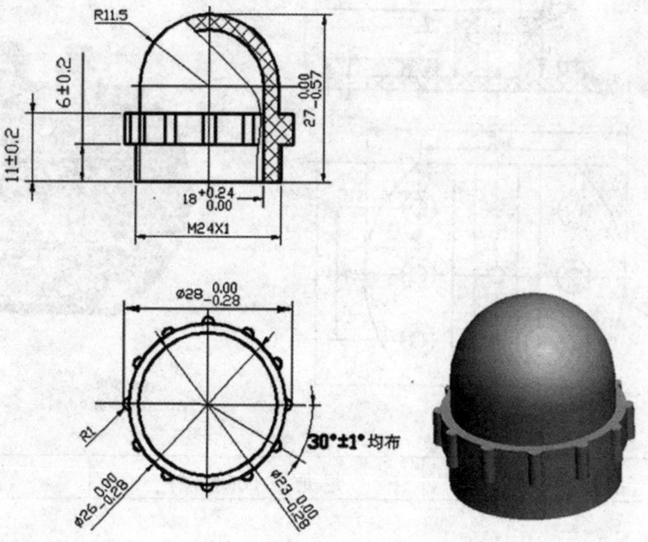

序号	塑件名称	塑件材料	生产批量(万件)
课题7	圆盖	PP	50
课题8	盖圈	PS	60

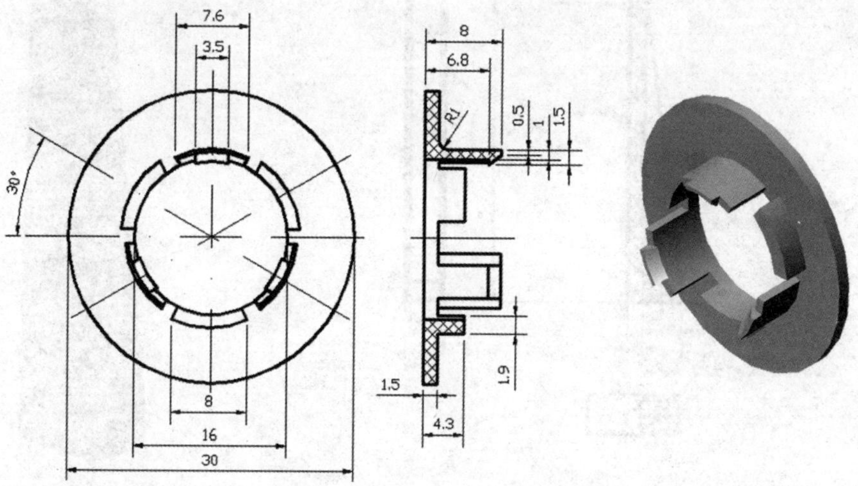

续表

序号	塑件名称	塑件材料	生产批量(万件)
课题9	垫块	ABS	40

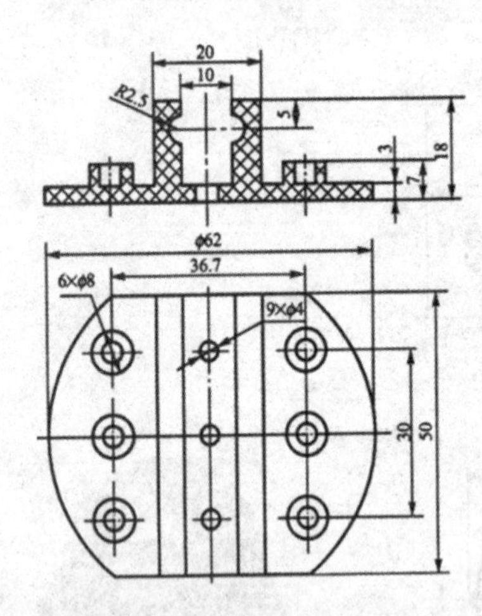

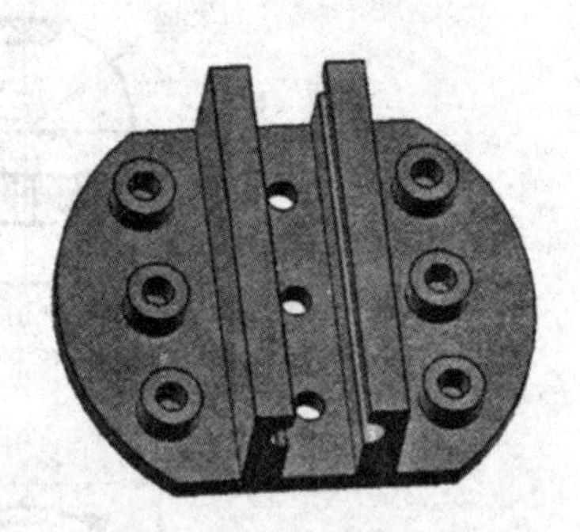

技术要求：
ABS收缩率为0.8%。

序号	塑件名称	塑件材料	生产批量(万件)
课题10	尼龙钩	尼龙 1010(增强)	40

续表

序号	塑件名称	塑件材料	生产批量(万件)
课题11	盖塞	PS	80
	可见外表面 1.6 φ12、R3、$4\times\phi6^{+0.14}_{0}$、C1、M30、φ34、φ20、7、17、24		
课题12	调压螺母	AS	40
	金属嵌件、M30X3、50		
课题13	椭圆形瓶盖	ABS	80
	Ø2、25、20、M12X4、40、22		

续表

序号	塑件名称	塑件材料	生产批量(万件)
课题14	电器外壳	POM	40
课题15	罩盖	PP	30

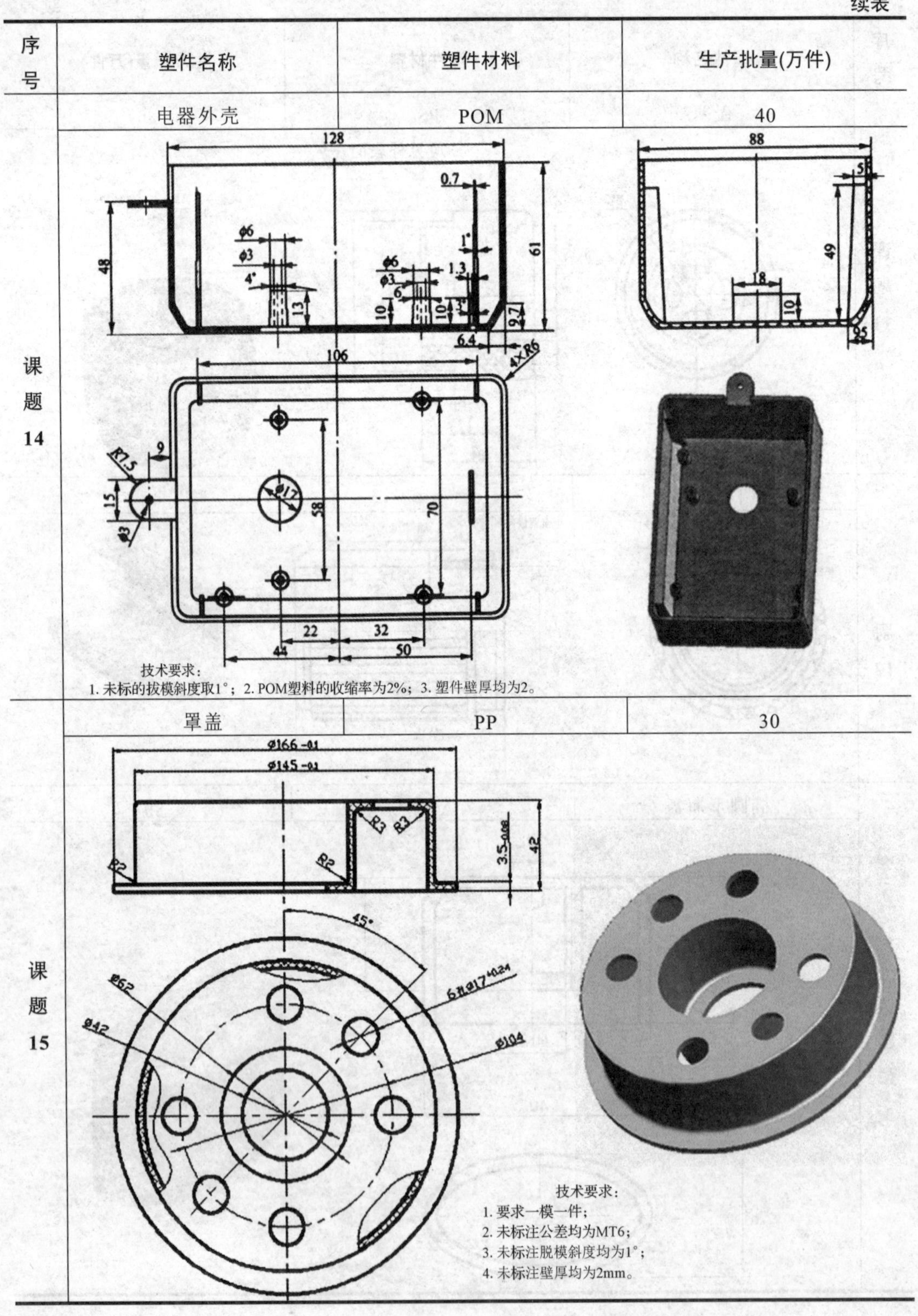

续表

序号	塑件名称	塑件材料	生产批量(万件)
课题16	电器插头	酚醛塑料	30
	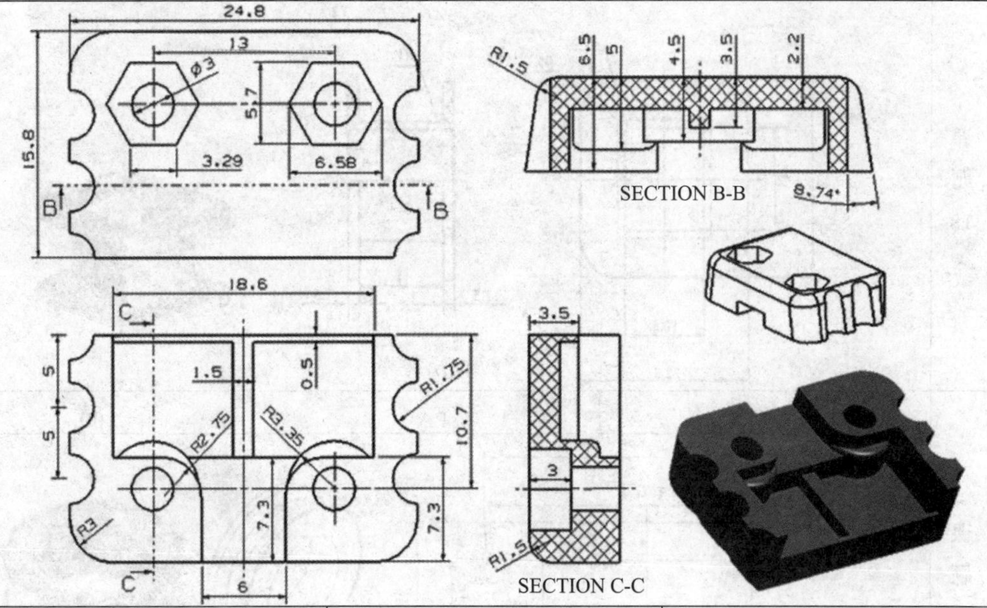 SECTION B-B SECTION C-C		
课题17	接头 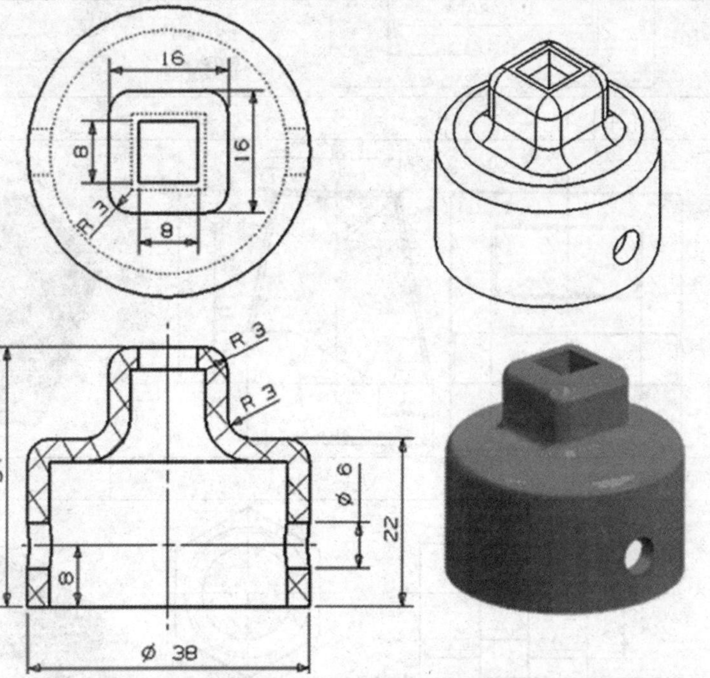	PPO	60

续表

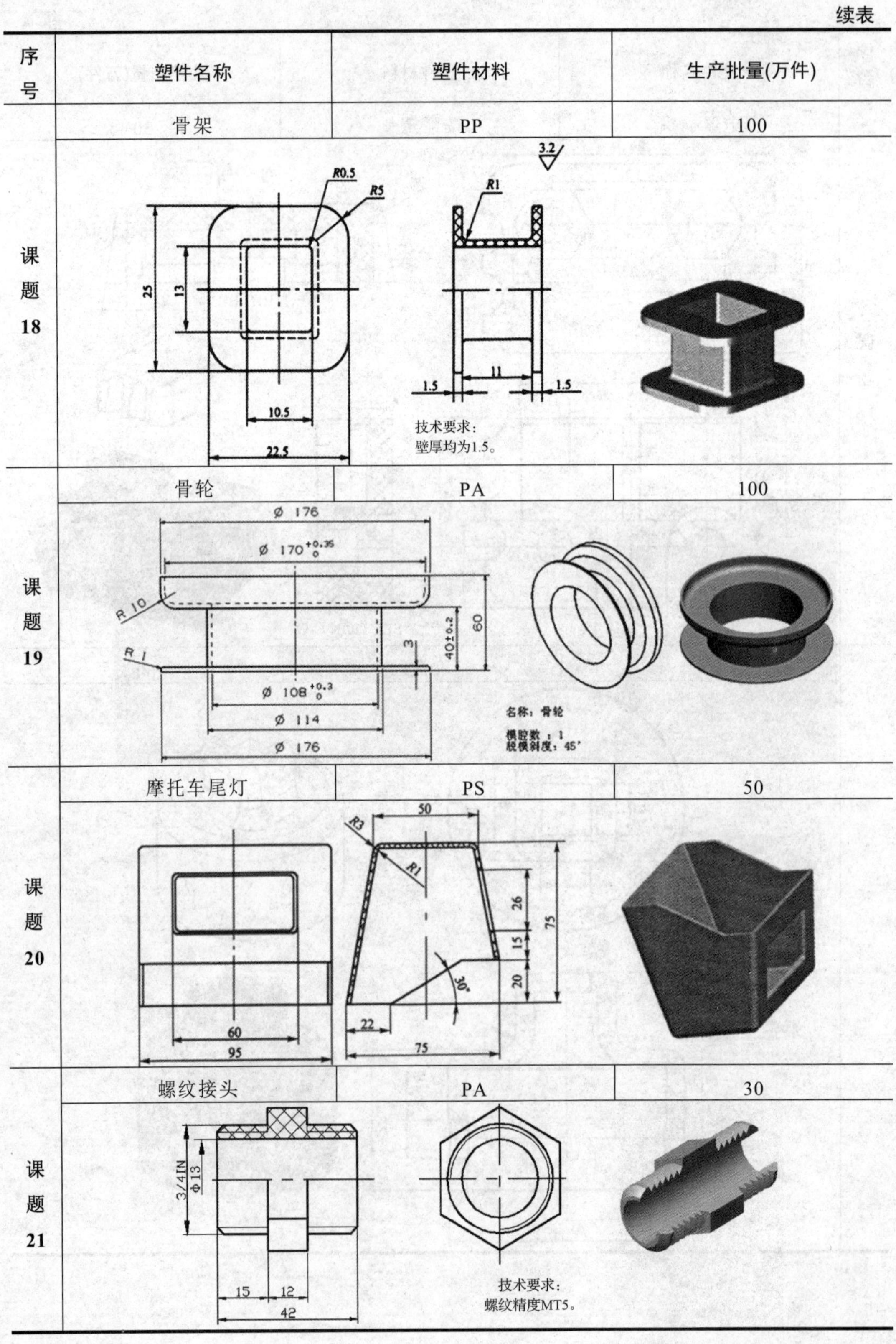

序号	塑件名称	塑件材料	生产批量(万件)
课题18	骨架	PP	100
课题19	骨轮	PA	100
课题20	摩托车尾灯	PS	50
课题21	螺纹接头	PA	30

续表

序号	塑件名称	塑件材料	生产批量(万件)
课题22	透气盖 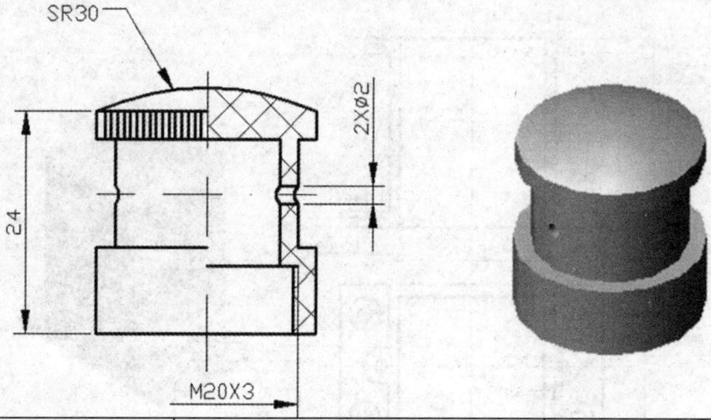	ABS	50
课题23	螺母 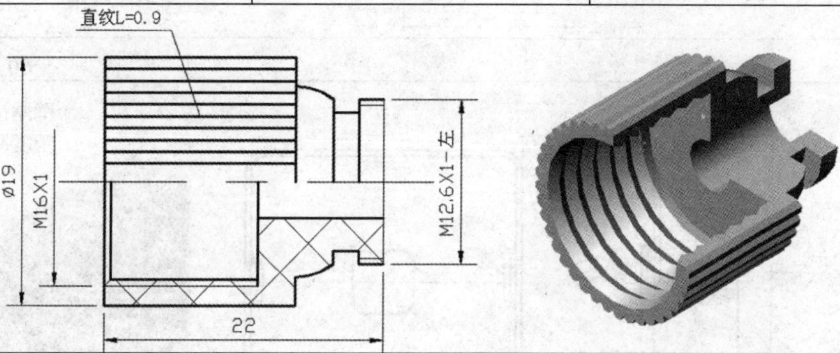	ABS	30
课题24	棉签盒体 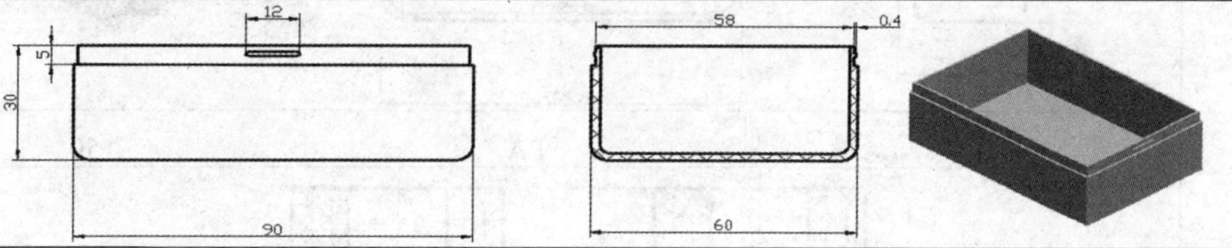	PS	50
课题25	棉签盒盖 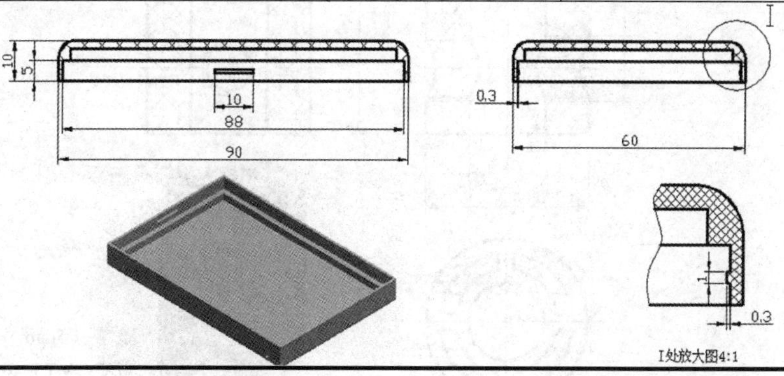	PS	50

续表

序号	塑件名称	塑件材料	生产批量(万件)
课题26	框架	ABS	50
	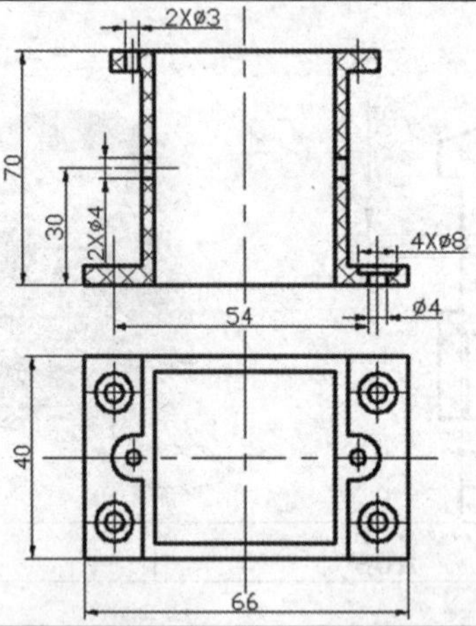  壁厚：2mm 精度：MT4		
课题27	方盒	PP	60
	壁厚：2mm 精度：MT4 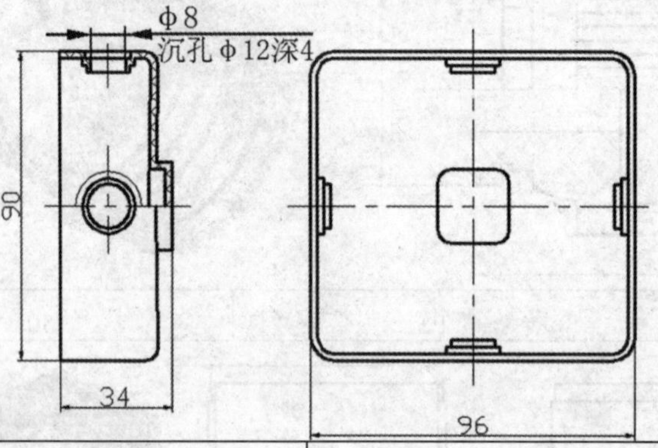 		
课题28	挂套	PA	50
	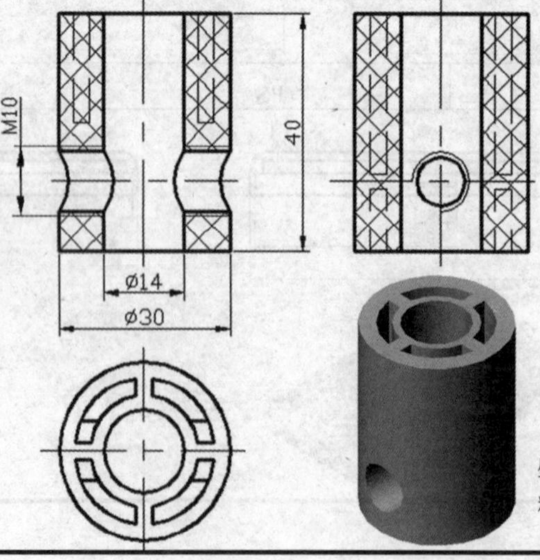 壁厚：1.5mm 精度：MT5		

续表

序号	塑件名称	塑件材料	生产批量(万件)
课题29	方套	ABS	80
	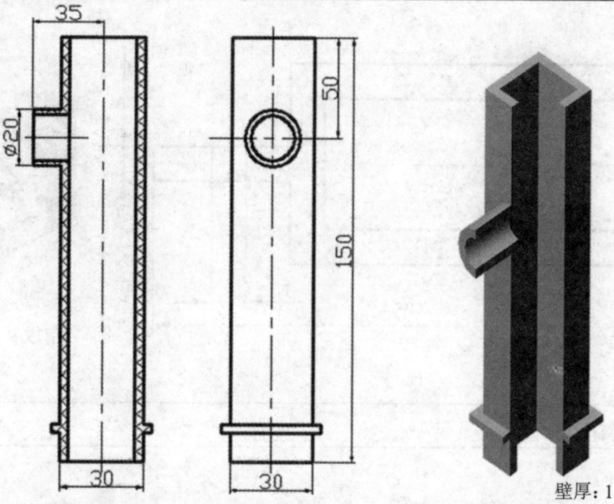 壁厚：1.5mm 精度：MT4		
课题30	镜头盖	ABS	100
	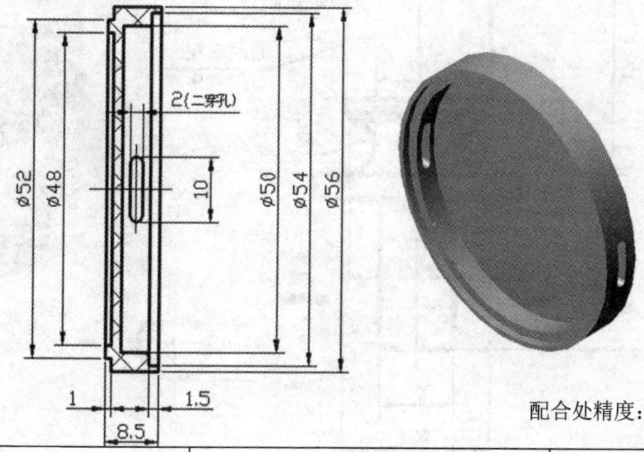 配合处精度：MT3		
课题31	轴承保持架 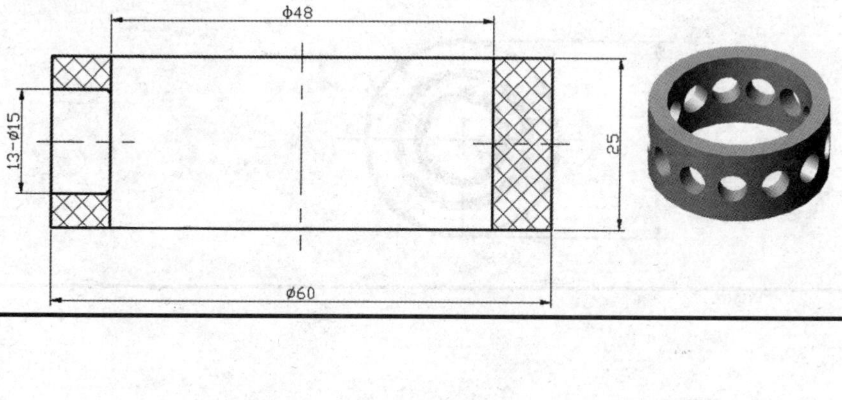	PA	100

续表

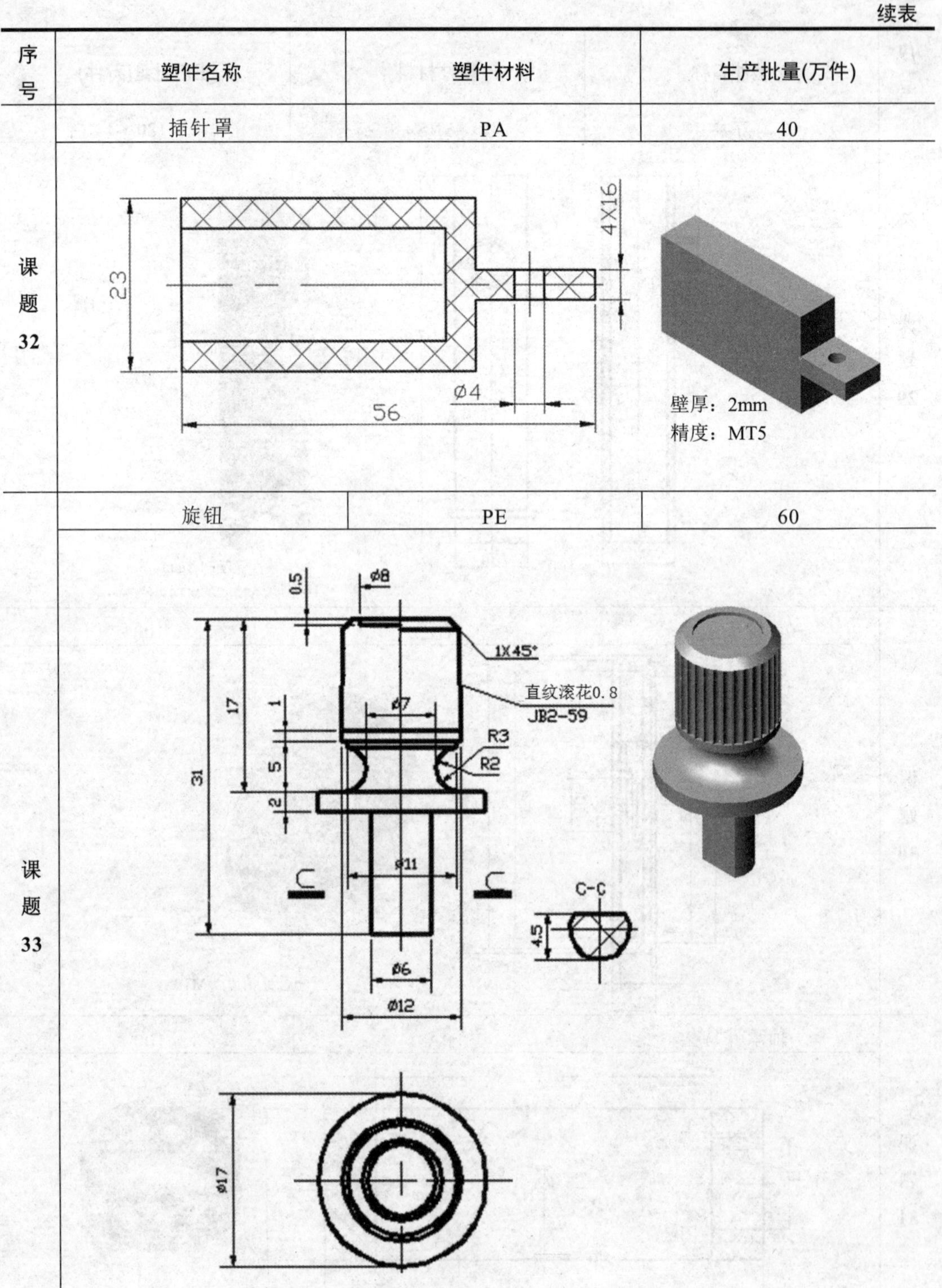

序号	塑件名称	塑件材料	生产批量(万件)
	插针罩	PA	40
课题32	壁厚：2mm 精度：MT5		
	旋钮	PE	60
课题33			

续表

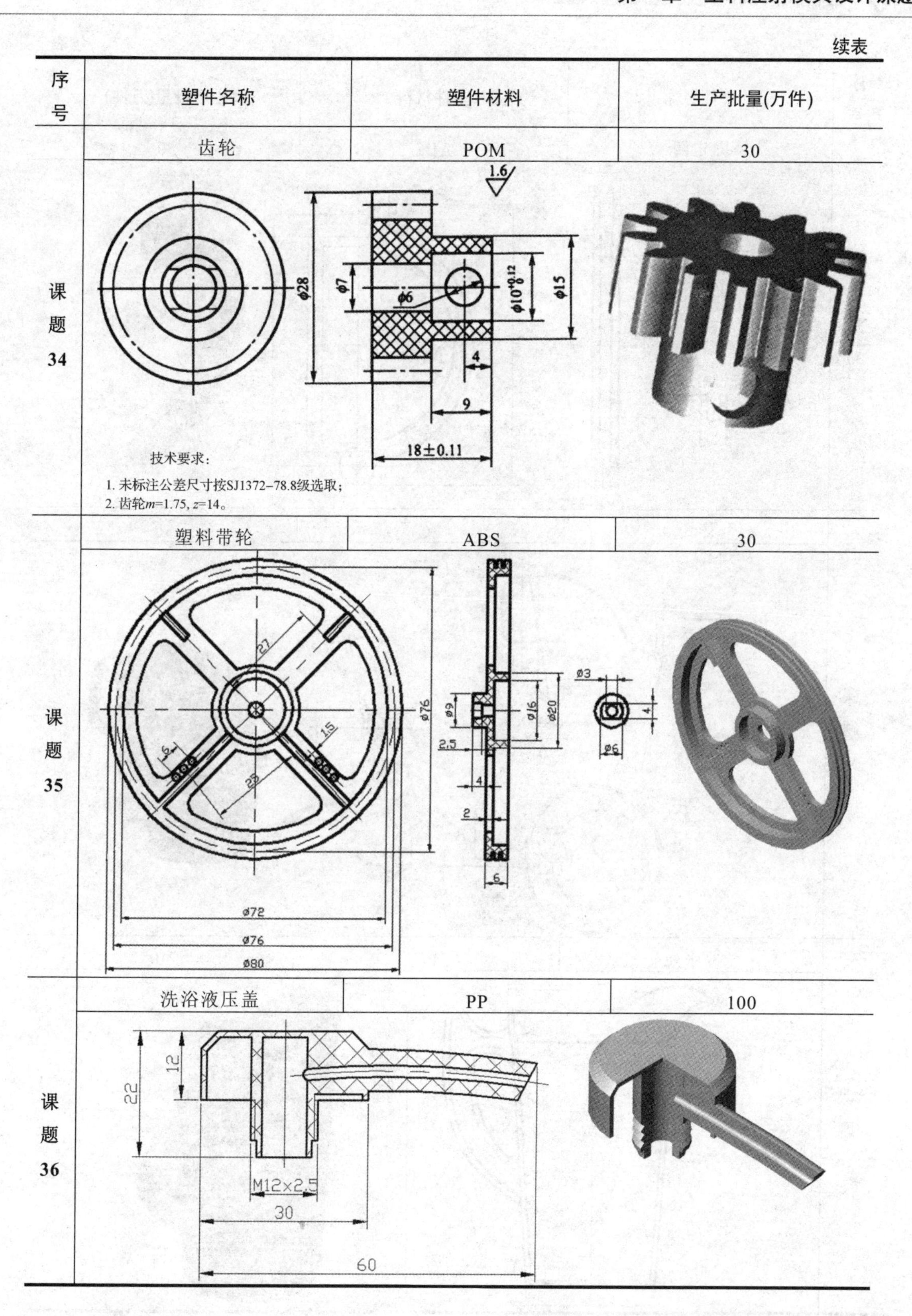

序号	塑件名称	塑件材料	生产批量(万件)
课题34	齿轮	POM	30
课题35	塑料带轮	ABS	30
课题36	洗浴液压盖	PP	100

续表

序号	塑件名称	塑件材料	生产批量(万件)
课题37	固定圈	ABS	50
	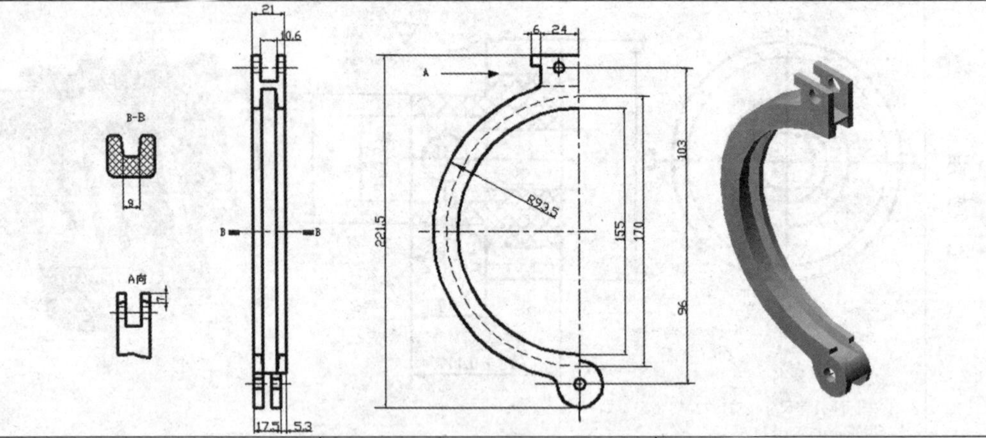		
课题38	杯托	PC	30
	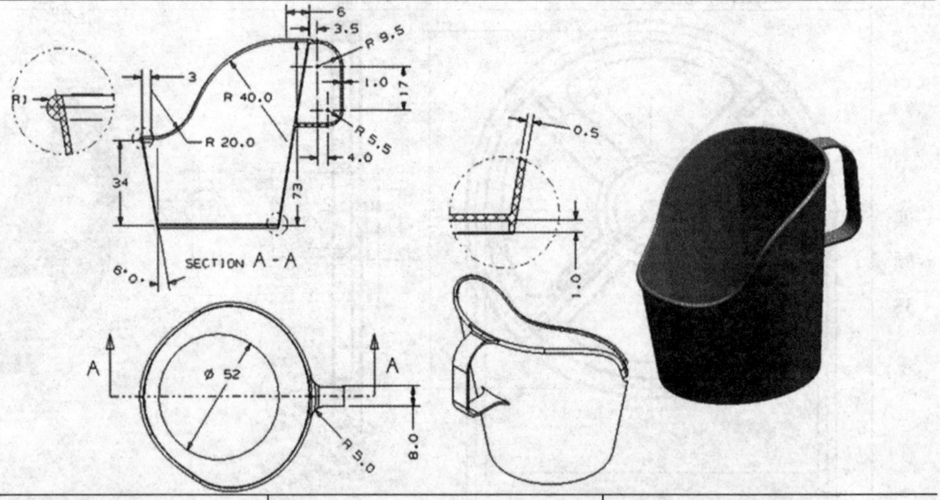		
课题39	冷水壶	PE	40
	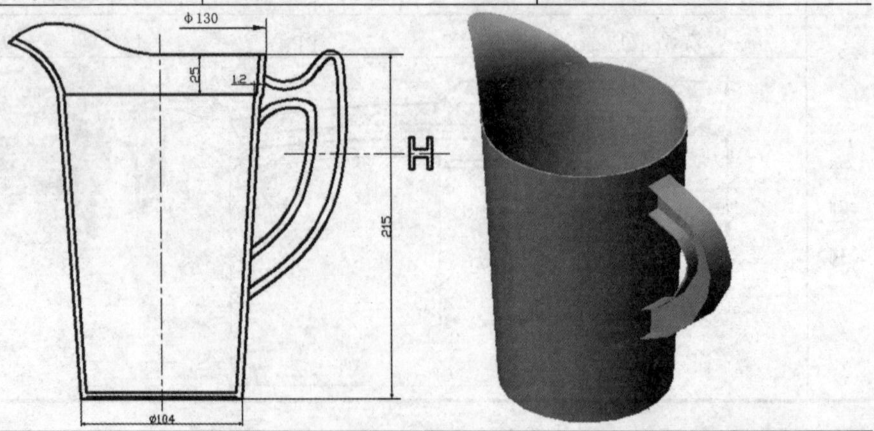		

续表

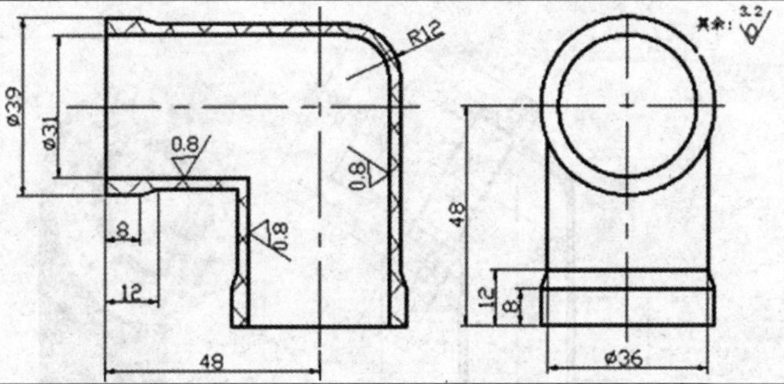

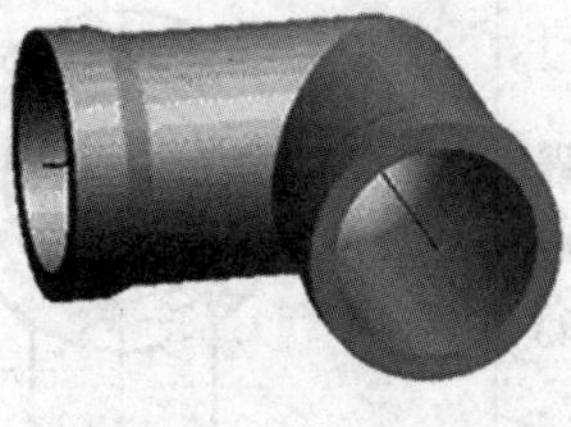

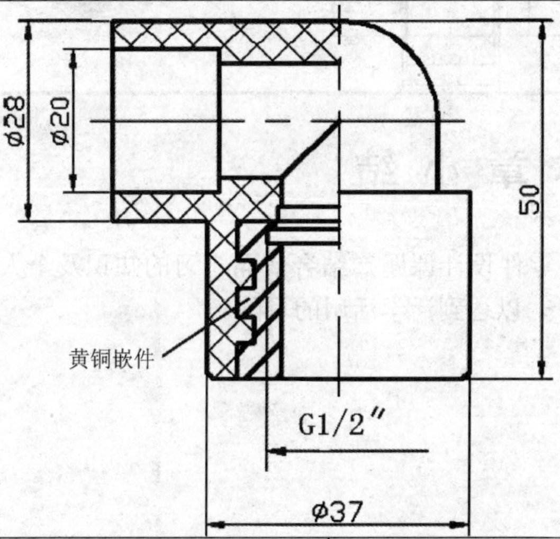

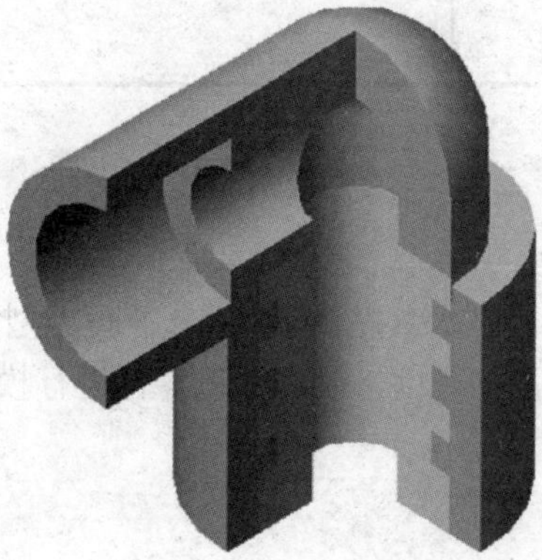

序号	塑件名称	塑件材料	生产批量(万件)
课题40	弯头	HPVC	80
课题41	带嵌件弯头	PP	50
课题42	三通管	HPVC	60

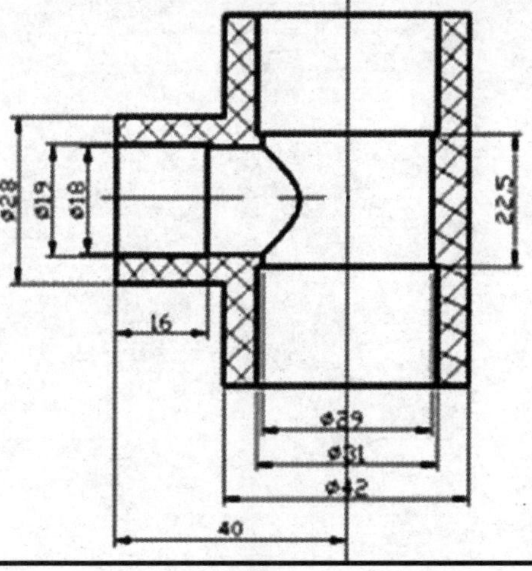

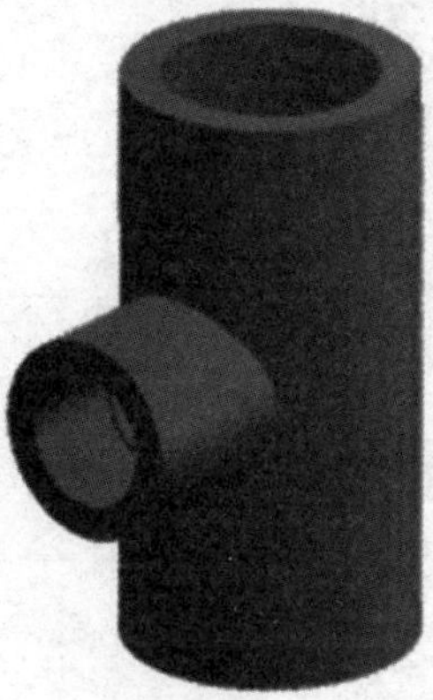

续表

序号	塑件名称	塑件材料	生产批量(万件)
课题43	刷座 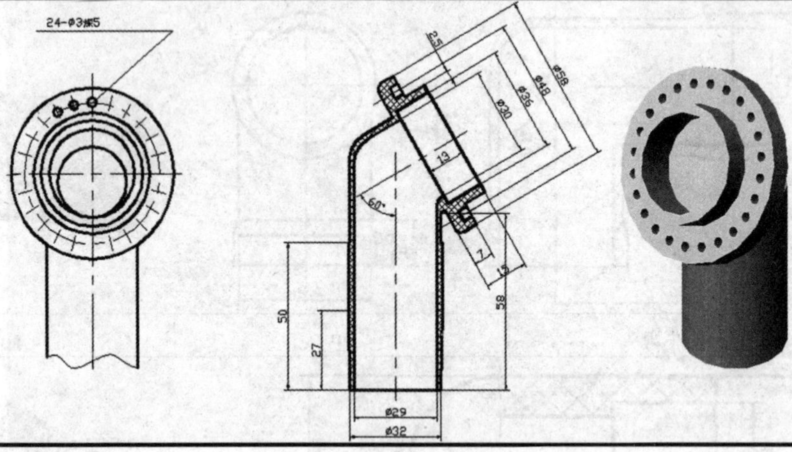	PE	50

本 章 小 结

本章提供了43个不同类型的塑料零件设计课题，结合前面学习的知识及个人掌握技能的程度，挑选合适零件进行模具设计，以达到活学活用的目的。

第 7 章　塑料模具常用材料与产品常用材料

技能目标

- 熟练掌握塑料成型模工作零件、结构零件的常用材料与热处理工艺
- 熟练掌握常用塑料的规格与性能

模具工作零件要承受较大的冲击载荷或较高的压力，工作条件恶劣。因此，要求其具有足够的强度、刚度和韧性，同时又要具有较高的硬度和耐磨性；成型热态材料时还应具有一定的红硬性。

7.1　塑料模具零件材料与热处理

塑料模具成型零件直接与塑料接触，而各种塑料的性能有较大差别，因此塑料模具成型零件材料应按塑料材料、产品生产批量、加入填料、塑件精度与表面质量要求选用。塑料模具零件材料选取与热处理硬度如表 7-1 所示。

表 7-1　塑料模具零件材料与热处理

<table>
<tr><th>零件
类别</th><th>零件
名称</th><th>材料牌号</th><th>热处理
方法</th><th>硬　度</th><th>说　明</th><th>国外一些
材料牌号</th></tr>
<tr><td rowspan="3">成
型
零
件</td><td rowspan="3">凹模
型芯
螺纹型芯
螺纹型环
成型镶件</td><td>T8A、T10A</td><td>淬火</td><td>54～
58HRC</td><td>用于形状简单的小型芯、型腔</td><td rowspan="3">S1　D3
D2　O2
SKD1　STD1
STD11 SKD11
SKS31 STS31
O1 L6 SKS3
STS3　SKT3
STF3　SKT4
H21　H10
SKD5 SK4 SK5</td></tr>
<tr><td>CrWMn　9Mn2V
9SiCr　9CrWMn
MnCrWV
CrNiMo</td><td rowspan="2">淬火</td><td>54～
58HRC</td><td rowspan="2">用于形状复杂、要求热处理变形小的型腔、型芯或镶件和增强塑料的成型模具</td></tr>
<tr><td>Cr12 Cr6WV
Cr12MoV
Cr4W2MoV</td><td>54～
58HRC</td></tr>
</table>

续表

零件类别	零件名称	材料牌号	热处理方法	硬度	说明	国外一些材料牌号
成型零件	成型推杆 凹模板等	20CrMnMo 20CrMnTi 18CrMnTi 15CrMnMo	渗碳、淬火	54～58HRC		STD4 STD5 SKT3 SKT4 STS3 STF3 X38Cr13 GS-083 GS-083ESR GS-083VAR GSW-2083 420SS P20M* Z40C40 GS-318 GSW-2311 C80E2U PX4* PX5* 35CrMo8 P20 GS-738 GSW-2738 CLC2738 GS-343EFS GS-343ESR 420SS 440C P20+Ni 420 P2 P20+S SUS440C GS-312 C80W1 C105W1 C105E2U
		5CrMnMo 5CrW2Si 40CrMnMo	渗碳、淬火	54～58HRC	用于高耐磨、高强度和高韧性的大型型芯、型腔等	
		3Cr2W8V 38CrMoAl 2Cr13	调质、渗氮	1000HV	用于形状复杂、要求耐腐蚀的高精度型腔、型芯等	
		P20	预硬化	36～38HRC	用于中小型热塑性注射模	
		SM45	淬火	19～23HRC		
		SM1 5NiSCa	预硬化	35～45HRC	用于大中型热塑性注射模	
		SM2 PMS 718 738 H13	预硬化后时效硬化	40～45HRC	用于注射模、长寿命而尺寸精度高的中小型模具	
	凹模 型芯 螺纹型芯 螺纹型环 成型镶件 成型推杆	06NiCrMoVTiAl 06Ni7Ti2Cr	精加工后时效	50～57HRC	用于尺寸精度高的小型注射模	GS-379 GS-711 GS-767 6F7 618 718 716 40X13 95X18 H11 GS-162 STF3 Y7A STD4 Y8 STD5 Y8A C70E2U C70W1 Y10 Y10A 2730 5XB2C
		PMS 8Cr2S	淬火、空冷	42～60HRC	用于大型注射模	
		25CrNi3MoAl	调质、渗氮	1100HV	用于型腔腐蚀花纹	
		PCR	淬火、空冷	4～53HRC	用于制造聚氯乙烯及混有阻燃剂的热塑性注射模	

续表

零件类别	零件名称	材料牌号	热处理方法	硬　度	说　明	国外一些材料牌号
成型零件	凹模板等	4Cr5MoSiVS	淬火、空冷、二次回火	43～46HRC	用于形状不太复杂的大型热塑性注射模	XBF 9XBF 5XHm P20 P20+1.7Ni 45WCrr12 X200Cr12 90MnCrV8 90MnV8 105WCr6 105Wcr5 40CrMnMo7 100MnCrW4 X165CrMoV12 90MnWCrV5 55NiCrMoV6 X160CrMoV12 X155CrVMo12-1 X30WCrV9-3 X38CrMoV5-1 HEMS-1A
		65Nb　LD2 CG-2　012Al			用于小型、精密、形状复杂的型腔及嵌件，热处理后耐磨性好	
		50 55 45Mn 45MnB 45MnVB	调质、淬火	22～26HRC 43～48HRC	用于形状简单的、要求不高的型腔、型芯	
		20　15	渗碳、淬火	54～58HRC		
		08 10　15Mn	渗碳、淬火	54～58HRC	用于冷压加工的型腔	
		SM50 SM55	调质、退火	21～28HRC	用于形状简单的小型模具、使用寿命不长的成型零件	
		3Cr2Mo 40Cr 3Cr2NiMo	调质	28～35HRC	用于小型精度不高、寿命不很长的模具	
		GrMn2SiWMoV	淬火	61～64HRC	用于大中型、精密塑料模	
		ZCuBe2 ZcuBe2.4	固溶时效处理		用于高寿命、高精度、形状复杂、大量生产的塑料模	
		Zn-4Al-3Cu			可制光洁复杂的型腔	
模体零件	垫板、支撑板、浇口板、锥模套	45	淬火	43～48HRC		S45C Y8A　Y10A C80W1 C105W1

续表

零件类别	零件名称	材料牌号	热处理方法	硬度	说明	国外一些材料牌号
模体零件	动、定模板，动、定模座板	45	调质	230～270HB		
	固定板	45Mn2 40Mn8 40MnV8	调质	25～30HRC		AISI420PQ S50C S55C GS2510
		45	调质	230～270HB		
		Q235A				
	推件板	T8A T10A	淬火	54～58HRC		
		45	调质	230～270HB		
浇注系统零件	浇口套	45	端部淬火	40～45HRC		S45C
	拉料杆 拉料套 分流锥	20 T8A 9MnV 9SiCr T10A	淬火	50～55HRC		SUJ2 1880 C105W1 Y10A C105E2U
导向零件	导柱	20 20Cr 20CrMnTi	渗碳、淬火	56～60HRC		
	导套	T8A T10A	淬火	50～55HRC		
	限位导柱 推板导柱 推板导套 导钉	T8A T10A 20 20Cr 20CrMnTi	淬火或渗碳淬火	50～55HRC		Y7 C70W2 Y8A Y10A C80W1 C105W1
抽芯机构零件	斜导柱 斜滑块	T8A T10A	淬火	54～58HRC		C80E2U C70E2U 105E2U 1880 Y7A S45C SUJ2 C70W1 SK7 STC7
	楔紧块	T8A T10A	淬火	54～58HRC		
		45	淬火	43～48HRC		

续表

零件类别	零件名称	材料牌号	热处理方法	硬　度	说　明	国外一些材料牌号
推出机构零件	推杆、推管	T8A T10A Gr15	淬火	54～58HRC		
	推块、复位杆	45 T7A T8A	淬火	43～48HRC		
	挡板	45	淬火	43～48HRC	或不淬火	S45C SUJ2
	推杆固定板、卸模杆固定板	45 Q235A				
定位零件	圆锥定位件	T10A	淬火	58～62HRC		S45C Y10A C105E2U C105W1
	定位圈	45				
	定距螺钉、限位钉、限制块、止动销	23 35 45	淬火	43～48HRC		标准 S45C
支承零件	支撑柱	45		43～48HRC		
	垫块	45 Q235A				Y8A Y10A C80W1 C105W1 C80E2U C105E2U S45C SUJ2 C70W1 1880
其他零件	加料圈、柱塞	T8A T10A	淬火	50～55HRC		
	手柄、套筒	Q235A				
	喷嘴	45				
	水嘴	黄铜、Q235 镀锌				
	吊钩	45 、Q235A				

注：(1) 螺纹型芯的热处理硬度也可取 40～45HRC。

(2) 牌号对照：P20(3Cr2Mo)、5NiSCa(5CrNiMnMoVSCa)、SM1(55CrNiMnMoVS)、SM2(20CrNi3AlMnMo)、PMS(10Ni3CuAlVS)、8Cr2S(8Cr2MnWMoVS)、PCR(Cr16Ni4Cu3Nb)、65Nb(65Cr4W3Mo2VNb)、LD2(7Cr7Mo3Vsi)、CG-2(6Cr4Mo3Ni2WV)、O12Al(5Cr4Mo3SiMnVAl)。

7.2　根据塑料品种和塑件产量选择模具工作零件材料

塑料模具工作零件通常应根据塑料品种来选择材料，如表 7-2 所示。

表 7-2 根据塑料品种和塑件产量选择模具工作零件材料

塑料品种	总生产量									
	小型件				中型件				大型件	
	1 万～10 万件		100 万～1000 万件		1 万～10 万件		100 万～1000 万件		1 万件以上	
	材料	热处理/HRC	材料	热处理/HRC	材料	热处理/HRC	材料	热处理/HRC	材料	热处理/HRC
丙烯酸酯系列、醋酸纤维素、聚丙烯、乙基纤维素、聚乙烯、聚苯乙烯、丙酸纤维素	P20 或预硬化钢、SM1、SM2	HB＞300	CrWMn P441006	53～56	P20 或预硬化钢、SM1、SM2	HB＞300	CrWMn P441006	53～56	P20 或预硬化钢、PCR	HB＞300
			P20 渗碳	54～58			P20 渗碳	54～58		
尼龙等流动性好的塑料	低碳合金钢渗碳、P20 渗碳、PMS、H13	54～58	CrWMn PMS	53～56	低碳合金钢渗碳	54～58	低碳合金钢渗碳	54～58	不适应	
乙烯基类等耐腐蚀性塑料	预硬化、钢、H13	HB＞300 (镀铬 5～25μm)	CrWMn 3Cr13	53～56 (镀铬 5～25μm) 45～50	P20 或预硬化钢	HB ＞ 300(铬 5～25 μm)	低碳合金钢渗碳 3Cr13、H13	54～58 镀（铬 5～25 μm) 45～50	P20 或预硬化钢 PCR	HB＞300 (镀铬 5～25μm)

7.3 常用塑料规格与性能

塑料有数百个品种型号，常用的有上百种，本书只列出一部分。

7.3.1 常用塑料中文名称与英文缩写代号对照

常用塑料中文名称与英文缩写代号对照如表 7-3 所示。

表 7-3 塑料中文名称与英文缩写代号对照

缩写代号	塑料或树脂全称	缩写代号	塑料或树脂全称
ABS	丙烯腈-丁二烯-苯乙烯共聚物	DAP	邻苯二甲酸二烯丙酯树脂
ACS	丙烯腈-氯乙聚乙烯-苯乙烯共聚物	DMC	闭状模塑料
AI	聚酰胺-酰亚胺(聚合物)	EC	乙基纤维素
AK	醇酸树脂	EEA	乙烯-丙烯酸乙酯共聚物
A/MMA	丙烯腈-甲基丙烯酸甲酯共聚物	EP	环氧树脂
A/S	丙烯腈-苯乙烯共聚物	E/P/D	乙烯-丙烯-二烯三元共聚物
A/S/A	丙烯腈-苯乙烯-丙烯酸酯共聚物	EPS	泡沫聚苯乙烯
BMC	预制整体模塑料(也称块状模塑料)	E/TFE	乙烯-四氟乙烯共聚物
BOPP	双轴定向聚丙烯	E/VA	乙烯-乙酸乙烯共聚物
BS	丁二烯-苯乙烯共聚物	E/VAL	乙烯-乙烯醇共聚物
CA	乙酸纤维素	FEP	全氟(乙烯-丙烯)共聚物；四氟乙烯-六氟
CAB	乙酸-丁酸纤维素	(PFEP)	丙烯共聚物
CAP	乙酸-丙酸纤维素	FRTP	纤维增强热塑性塑料
CF	甲酚-甲醛树脂	GPS	通用聚苯乙烯
CMC	羧甲基纤维素	GRP	玻璃纤维增强塑料
CN	硝酸纤维素	HDPE	高密度聚乙烯
CP	丙酸纤维素	HIPS	高冲击强度聚苯乙烯
CRP	碳纤维增强纤维素	IO	离子聚合物
CS	酪素塑料	IPN	互贯网络聚合物
CSPE	氯磺化聚乙烯	LDPE	低密度聚乙烯
CTA	三乙酸纤维素	LLDPE	线型低密度聚乙烯
DAIP	间苯二甲酸二烯丙酯树脂	MC	甲基纤维素
MDPE	中密度聚乙烯	PMI	聚甲基丙烯酰亚胺
MF	三聚氰胺-甲醛树脂	PMMA	聚甲基丙烯酸甲酯
MS	甲基丙烯酸甲酯-苯乙烯树脂	PMMI	聚均苯四酰亚胺
OPP	定向聚丙烯	PMP	聚 4-甲基戊烯-1
OPS	定向聚苯乙烯	PO	聚烯烃
OPVC	定向聚氯乙烯	POM	聚甲醛
PA	聚酰胺	PP	聚丙烯
PAA	聚丙烯酸	PPC	氯化聚丙烯
PAI	聚酰胺-酰亚胺	PPO	聚苯醚(聚 2，6-二甲基醚)；聚苯撑氧
PAN	聚丙烯腈	PPOX	聚氧化丙烯；聚环氧丙烯
PAR	聚芳酯	PPS	聚苯硫醚；聚苯撑硫
PARA	聚芳酰胺	PPSU	聚苯砜
PAS	聚芳砜	PS	聚苯乙烯

续表

缩写代号	塑料或树脂全称	缩写代号	塑料或树脂全称
PB	聚丁烯-1	PSU	聚砜
PBI	聚苯并咪唑	PTFE	聚四氟乙烯
PBTP	聚对苯二甲酸丁二醇酯	PUR	聚氨酯
PC	聚碳酸酯	PVAC	聚氯乙烯-乙酸乙烯酯
PE	聚乙烯	PVCC	氯化聚氯乙烯
PEA	聚丙烯酸乙酯	PVC	聚氯乙烯
PEC	氯化聚乙烯	PVDC	聚偏二氯乙烯
PEEK	聚醚醚同	PVDF	聚氯二氟乙烯
PEOX	聚氧化乙烯；聚环氧乙烷	PVF	聚氟乙烯
PES	聚醚砜	PVFM	聚乙烯醇缩甲醛
PETP	聚对苯二甲酸乙二醇酯	PVK	聚乙烯基咔唑
PF	酚醛树脂	PVP	聚乙烯吡咯烷酮
PFA	全氟烷氧基树脂；可溶性聚四氟乙烯	RF	间苯二酚-甲醛树脂
PI	聚酰亚胺	RP	增强塑料
PIB	聚异丁烯	RTP	增强热塑性塑料
PMA	聚丙烯酸甲酯	S/AN	苯乙烯-丙烯腈共聚物
PMCA	聚α-氯代丙烯酸甲酯	SBS	苯乙烯-丁二烯嵌段共聚物
SI	聚硅氧烷	UHMWPE	超高分子量聚乙烯
SMC	片状模塑料	UP	不饱和聚酯
S/MS	苯乙烯-α-甲基苯乙烯共聚物	VC/E	氯乙烯-乙烯共聚物
TMC	厚片模塑料	VC/E/MA	氯乙烯-乙烯-丙烯酸甲酯共聚物
TPE	热塑性弹性体	VC/E/VAC	氯乙烯-乙烯-乙酸乙烯酯共聚物
PCTFE	聚三氟氯乙烯	PVAL	聚乙烯醇
PDAIP	聚间苯二甲酸二烯丙酯	PVB	聚乙烯醇缩丁醛
PDAP	聚邻苯二甲酸二烯丙酯	PVC	聚氯乙烯
PDMS	聚二甲基硅氧烷	PVCA	聚氯乙烯-乙酸乙烯酯
TPS	韧性聚苯乙烯	VC/MA	氯乙烯-丙烯酸甲酯共聚物
TPU	热塑性聚氨酯	VC/MMA	氯乙烯-甲基丙烯酸甲酯共聚物
PXT (商品名)	聚 4-甲基戊烯-1(实际上是 4-甲基戊烯-1 与少量乙烯的共聚物)	VC/OA	氯乙烯-丙烯酸辛酯共聚物
UF	脲甲醛树脂	VC/VAC	氯乙烯-乙酸乙烯酯共聚物
		VC/VDC	氯乙烯-偏二氯乙烯共聚物

7.3.2　常用塑料的使用性能及加工性能

1. 常用热塑性塑料的主要特性和用途

热塑性塑料有上百种，常用的有数十种。此处只列出 12 种热塑性塑料，主要特性和用途如表 7-4 所示。

表 7-4　常用热塑性塑料的主要特性和用途

名称与代号	特　性	用　途
聚乙烯 PE	柔韧性好，介电性能和耐化学腐蚀性能优良，成型工艺性好，耐低温性好，但刚性差。密度为 0.91～0.968 g/cm^3	化工耐腐蚀材料和制品，小负荷齿轮，轴承，电线电缆包皮，冰箱内饰件，日常生活用品
聚丙烯 PP	耐腐蚀性优良，力学性能高于聚乙烯，耐疲劳和耐应力开裂性好，但收缩率较大、低温脆性大、抗老化性能差。密度为 0.90～0.91g/cm^3	医疗器具，家用厨房用器，家电零部件，化工耐腐蚀零件，中小型容器和设备
聚氯乙烯 PVC	耐化学腐蚀性和电绝缘性能优良，力学性能较好，具有难燃性，但耐热性差，高温时易发生降解。密度为 1.5～2.00g/cm^3	软、硬质耐腐蚀管、板、型材、薄膜，电线电缆绝缘制品等
聚苯乙烯 PS	树脂透明，有一定的机械强度，绝缘性能好，耐辐射，成型工艺性好，但脆性大、耐冲击性和耐热性差。密度为 1.054g /cm^3	不受冲击的透明仪器、仪表外壳、罩体、生活日用品，如瓶、牙刷柄等
ABS	具有韧、硬、刚相均衡的优良力学特性，绝缘性能好，耐化学腐蚀性、尺寸稳定性、表面光泽性好，易涂装和着色，能电镀，但耐热性不太好、耐候性较差。密度为 1.02～1.05g /cm^3	汽车、仪表、家用电器、机械构件，如齿轮、把手、仪表盘等
丙烯酸类树脂(有机玻璃)PMMMA	具有极好的透光性，耐候性优良，成型性和尺寸稳定性好，但表面硬度低。有机玻璃密度约为 1.1g /cm^3	光学仪器，要求透明和一定强度的零部件，如窗、罩、盖、管等
聚酰胺(尼龙)PA	力学性能优异，冲击韧性好，耐磨性和自润滑性能好，但易吸水、尺寸稳定性差。密度为 1.03～1.04g /cm^3	拉链、齿轮、机械、仪器仪表、汽车等方面耐磨、受力零部件
聚碳酸酯 PC	有优良的综合性能，特别是力学性能优异，耐冲击性能优于一般热塑性塑料，其他如耐热、耐低温、耐化学腐蚀性、电绝缘性能等均好，制品精度高，树脂具有透明性，但易产生应力开裂。密度为 1.2g /cm^3	强度高，耐冲击结构件，电器零部件，小负荷传动零件等
聚甲醛 POM	力学性能优异，刚性好，耐冲击性好，有突出的自润滑性、耐磨性和化学腐蚀性。但耐热性和耐候性差。密度为 1.41～1.71g /cm^3	代替铜、锌等有色金属和合金制作耐磨部件，如轴承、齿轮、凸轮等耐蚀制品

续表

名称与代号	特　性	用　途
氟塑料(塑料王)	有突出的耐腐蚀、耐高温性能，摩擦系数低，自润滑性能好，但力学性能不高、刚性差、成型加工性不好。密度为2.07～2.2g /cm^3	高温环境中的化学设备及零件，耐磨零部件、密封材料等
聚砜类 PSF	耐热性优良，力学性能、绝缘性能、尺寸稳定性、耐辐射性好，但成型工艺性差。密度为1.24～1.45g /cm^3	高温、高强度结构零部件、耐腐蚀、电绝缘零部件
聚苯醚 PPO	有优良的力学性能，热变形温度高，使用温度范围宽，耐化学腐蚀性、抗蠕变性和绝缘性能好，有自熄性、尺寸稳定性好。密度为1.06～1.38g /cm^3	代替有色金属制作精密齿轮、轴承等零件，耐高温、耐腐蚀电器部件
纤维素及其塑料	表面韧而硬，透明度好，容易着色，耐候性好，易于加工	硝化纤维素可以制作炸药，塑料用于制作生活、文教用品，如乒乓球、眼镜架、笔杆、尺子等

2. 常用热固性塑料的主要特性和用途

常用热固性塑料的主要特性和用途如表7-5所示。

表7-5　热固性塑料的主要特性和用途

<table>
<tr><th colspan="2">名称与代号</th><th>特　性</th><th>用　途</th></tr>
<tr><td colspan="2">酚醛树脂 PF</td><td>绝缘性能和力学性能良好，耐水性、耐酸性和耐烧蚀性能优良</td><td>电气绝缘制品，机械零件，黏结材料及涂料</td></tr>
<tr><td rowspan="2">氨基树脂</td><td>脲醛树脂 UF</td><td>本身为无色，着色性好，绝缘性能好，但耐水性差</td><td>电器零件，食品器具。木材和胶合板用黏结剂</td></tr>
<tr><td>三聚氰胺树脂 MF</td><td>本身为无色，着色性好，硬度高，耐磨性好，绝缘性能和耐电弧性能优良</td><td>电器机械零件，化妆板，食品及黏结剂和涂料等</td></tr>
<tr><td colspan="2">环氧树脂 PE</td><td>黏结性和力学性能优良，耐化学药品性(尤其是耐碱性)良好，绝缘性能好，固化收缩率低，可在室温、接触压力下固化成型</td><td>力学性能要求高的零部件、电器绝缘制品，黏结剂和涂料</td></tr>
<tr><td colspan="2">不饱和聚酯树脂</td><td>可在低压下固化成型，其玻璃纤维增强塑料具有优良的力学性能，良好的耐化学性和绝缘性能，但固化收缩率较大</td><td>建材，结构材料，汽车，电器零件，纽扣，还可做涂料、胶泥等</td></tr>
<tr><td colspan="2">聚氨酯</td><td>耐热、耐油、耐溶剂性好，强韧性、黏结性和弹性优良</td><td>隔热材料，缓冲材料，合成皮革，发泡制品，冲压模具弹性元件</td></tr>
<tr><td colspan="2">二烯丙酯树脂</td><td>绝缘性能优异，尺寸稳定性好</td><td>绝缘电器零件，精密电子零件</td></tr>
</table>

3. 注射常用热塑性塑料的收缩率

注射常用热塑性塑料的收缩率如表 7-6 所示。

表 7-6　注射常用热塑性塑料的收缩率

材料名称	收缩率	材料名称	收缩率
ABS	0.004～0.006	聚乙烯Ⅰ型	0.030
增强 ABS	0.001～0.003	聚乙烯Ⅱ型	0.030
ABS/PVC 合金	0.004～0.006	聚乙烯Ⅲ型	0.015～0.040
聚甲醛	0.020	聚乙烯Ⅳ型	0.015～0.040
丙烯酸酯	0.002～0.006	增强聚乙烯Ⅴ型	0.003～0.005
改性丙烯酸酯	0.002～0.006	EVA 共聚物	0.010
乙酸纤维素	0.005～0.008	聚苯硫醚 PPS	0.001～0.004
乙酸纤维素丁酸酯	0.003～0.006	聚丙烯	0.010～0.020
特氟龙四氟乙烷	0.003～0.070	增强聚丙烯	0.003～0.005
特氟龙氟碳树脂	0.040～0.060	聚丙烯共聚物	0.010～0.020
尼龙 6	0.010～0.015	通用聚苯乙烯	0.004～0.006
尼龙 66	0.015～0.020	抗冲聚苯乙烯	0.004～0.006
增强尼龙	0.002～0.005	SAN 共聚物	0.003～0.007
苯氟树脂	0.005～0.007	增强 SAN 共聚物	0.001～0.003
聚碳酸酯	0.005～0.007	聚砜	0.007
增强聚碳酸酯	0.003～0.005	增强聚砜	0.001～0.003
聚芳醚	0.003～0.007	硬质 PVC	0.004～0.006
聚酯 PBT	0.004～0.008	半硬质 PVC	0.006～0.025
增强聚酯	0.0025～0.0045	软质 PVC	0.015～0.03
聚醚砜	0.0015～0.003		
同质异晶聚合物	0.001～0.002		

4. 常用热塑性塑料干燥条件

常用热塑性塑料干燥条件如表 7-7 所示。

表 7-7　常用热塑性塑料干燥条件

工艺参数	塑料名称			
	ABS	PA1010	GPPS	PMMA
温度/℃	70～80	90～100(真空)	60～70	80～90
时间/h	4～8	6～8	2～4	2～8
工艺参数	塑料名称			
	POM	AS	PC	
温度/℃	90～100	70～80	110～12	
时间/h	4～6	3～5	>24	

5. 常用热塑性塑料的燃烧分辨法

常用热塑性塑料的燃烧分辨法如表 7-8 所示。

表 7-8　常用热塑性塑料的燃烧分辨法

种　类	方　法					
	燃烧的难易	拿掉火焰是否继续燃烧	火焰的颜色	燃烧后的状态	气　味	成型品的特征
PF	慢慢燃烧	熄灭	黄色	膨胀罅裂、颜色变深	碳酸臭味、酚味	黑色或褐色
UF	难	熄灭	黄色，尾端青绿	膨胀罅裂、白化	尿素味、甲醛味	颜色大多美丽
MF	难	熄灭	淡黄色	膨胀罅裂、白化	尿素味、胺味、甲醛味	表面很硬
UP	易	不熄灭	黄色黑烟	微膨胀罅裂	苯乙烯气味	成品大多以玻璃纤维补强
PMMA	易	不熄灭	黄色、尾端青绿	软化	巧克力气味	和玻璃一样声音，可弯曲
PS	易	不熄灭	橙黄色黑烟	软化	苯乙烯	敲击时有金属性的声音，大多为透明成型品
PA	慢慢燃烧	熄灭	先端黄色	熔融落下	特殊味	有弹性
PP	易	不熄灭	黄色(蓝色火焰)	快速完全烧掉	特殊味(柴油味)	乳白色
PE	易	不熄灭	上端黄色、下端青色	熔融落下	石油臭味(石蜡气味)	淡乳白色，大多为半透明
PVC	难，会软化	离火熄灭	上黄下绿，有烟	离火熄灭	刺激性酸味	质韧
ABS	易	不熄灭	黄色黑烟	熔融落下	橡胶味、辛辣味	表面很硬，强度高
PC	容易，软化起泡	离火熄灭	有少量黑烟	软化	无特殊气味	表面很硬，多为半透明
POM	容易	继续燃烧，表面油性光亮	上黄下蓝，无烟	熔融滴落	强烈刺激甲醛味	表面很硬，强度高
聚砜	易	熄灭	略白色	微膨胀罅裂	硫黄味	硬且声脆

6. 常用塑料的注射工艺参数

1) 常用热塑性塑料适用的浇口形式

各种塑料因其性能的差异对不同形式的浇口会有不同的适应性，初学者设计模具时可参考表 7-9 选取。

表 7-9　常用塑料适用的浇口形式

塑料种类	浇口形式					
	直接浇口	侧浇口	点浇口	潜伏式浇口	环形浇口	薄片式浇口
硬聚氯乙烯 PVC	×	×				
聚乙烯 PE	×	×	×			
聚丙烯 PP	×	×	×			
聚碳酸酯 PC	×	×	×			
聚苯乙烯 PS	×	×	×	×		
橡胶改性聚苯乙烯				×		
聚酰胺 PA	×	×	×	×		
聚甲醛 POM	×	×	×	×	×	×
丙烯腈-苯乙烯	×	×	×			
ABS	×	×	×	×	×	×
丙烯酸酯	×	×				

注：×表示塑料适用的浇口形式。

2) 常用塑料注射成型时的型腔压力

常用塑料注射成型时的型腔压力如表 7-10 所示。

表 7-10　常用塑料注射成型时的型腔压力

塑料品种	PE	PP	PS	AS	ABS	POM	PC
型腔压力/Mpa	10～15	15～20	15～20	30	30	35	40

3) 常用塑料的注射成型工艺参数

常用塑料的注射成型工艺参数如表 7-11 所示。

表 7-11 常用塑料的注射成型工艺参数

项目 \ 塑料	LFPE	HDPE	乙丙共聚 PP	PP	玻纤增强 PP	软 PVC	硬 PVC	PS	HIPS	ABS	高抗冲 ABS	耐热 ABS	电镀 ABS	阻燃 ABS	透明 ABS	ACS
注射机类型	柱塞式	螺杆式	柱塞式	螺杆式	螺杆式	柱塞式	螺杆式	柱塞式	螺杆式	螺杆式	螺杆式	螺杆式	螺杆式	螺杆式	螺杆式	螺杆式
螺杆转速/(r/min)	—	30～60	—	30～60	30～60	—	20～30	—	30～60	30～60	30～60	30～60	20～60	20～50	30～60	20～30
喷嘴形式	直通式	直通式	直通式	直通式	直通式	直通式	直通式	直通式	直通式	直通式	直通式	直通式	直通式	直通式	直通式	直通式
喷嘴温度/℃	150～170	150～180	170～190	170～190	180～190	140～150	150～170	160～170	160～170	180～190	190～200	190～200	190～210	180～190	190～200	160～170
料筒温度/℃前段	170～200	180～190	180～200	180～220	190～200	160～190	170～190	170～190	170～190	200～210	200～210	200～220	210～230	190～200	200～220	170～180
料筒温度/℃中段	—	180～200	190～220	200～220	210～220	—	165～180	—	170～190	210～230	210～230	220～240	230～250	200～220	220～240	180～190
料筒温度/℃后段	140～160	140～160	150～170	160～170	160～170	140～150	160～170	140～160	140～160	180～200	180～200	190～220	200～210	170～190	190～200	160～170
模具温度/℃	30～45	30～60	50～70	40～80	70～90	30～40	30～60	20～60	20～50	50～70	50～80	60～85	40～80	50～70	50～70	50～60
注射压力/MPa	60～100	70～100	70～100	70～120	90～130	40～80	80～130	60～100	60～100	70～90	70～120	85～120	70～120	60～100	70～100	80～120
保压压力/MPa	40～50	40～50	40～50	50～60	40～50	20～30	40～60	30～40	30～40	50～70	50～70	50～80	50～70	30～60	50～60	40～50
注射时间/s	0～5	0～5	0～5	0～5	2～5	0～8	2～5	0～3	0～3	3～5	3～5	3～5	0～4	3～5	0～4	0～5
保压压力/s	15～60	15～60	15～60	20～60	15～40	15～40	15～40	15～40	15～40	15～30	15～30	15～30	20～50	15～30	15～40	15～30
冷却时间/s	15～60	15～60	15～50	15～50	15～40	15～30	15～40	15～30	10～40	15～30	15～30	15～30	15～30	10～30	10～30	15～30
成型周期/s	40～140	40～140	40～120	40～120	40～100	40～80	40～90	40～90	40～90	40～70	40～70	40～70	40～90	30～70	30～80	40～70

续表

项目＼塑料	SAN(AS)	PMMA		PMMA/PC	氧化聚醚	均聚POM	共聚POM	PET	PBT	玻纤增强PBT	PA-6	玻纤增强PA-6	PA-11	玻纤增强PA-11	PA-12	PA-66
注射机类型	螺杆式	螺杆式	柱塞式	螺杆式	螺杆式	螺杆式	螺杆式	螺杆式	螺杆式	螺杆式	螺杆式	螺杆式	螺杆式	螺杆式	螺杆式	螺杆式
螺杆转速/(r/min)	20～50	20～30	—	20～30	20～40	20～40	20～40	20～40	20～40	20～40	20～50	20～40	20～50	20～40	20～50	20～50
喷嘴形式	直通式	直通式	直通式	直通式	直通式	直通式	直通式	直通式	直通式	直通式	直通式	直通式	直通式	直通式	直通式	自锁式
喷嘴温度/℃	180～190	180～200	180～200	220～240	170～180	170～180	170～180	250～260	200～220	210～230	200～210	200～210	180～190	190～200	170～180	250～260
料筒温度/℃前段	200～210	180～210	210～240	230～250	180～200	170～190	170～190	260～270	230～240	230～240	220～230	220～240	185～200	200～220	185～220	255～265
料筒温度/℃中段	210～230	190～210	—	240～260	180～200	170～190	180～200	260～280	230～250	140～260	230～240	230～250	190～220	220～250	190～240	260～280
料筒温度/℃后段	170～180	180～200	180～200	210～230	180～190	170～180	170～190	240～260	200～220	210～220	200～210	200～210	170～180	180～190	160～170	240～250
模具温度/℃	50～70	40～80	40～80	60～80	80～110	90～120	90～100	100～140	60～70	65～75	60～100	80～120	60～90	60～90	70～110	60～120
注射压力/MPa	80～120	50～120	80～130	80～130	80～110	80～130	80～120	80～120	60～90	80～100	80～110	90～130	90～120	90～130	90～130	80～130
保压压力/MPa	40～50	40～60	40～60	40～60	30～40	30～50	30～50	30～50	30～40	40～50	30～50	30～50	30～50	40～50	50～60	40～50
注射时间/s	0～5	0～5	0～5	0～5	0～5	2～5	2～5	0～5	0～3	2～5	0～4	2～5	0～4	2～5	2～5	0～5
保压时间/s	15～30	20～40	20～40	20～40	15～50	20～80	20～90	20～50	10～30	10～20	15～50	15～40	15～50	15～40	20～60	20～50
冷却时间/s	15～30	20～40	20～40	20～40	20～50	20～60	20～60	20～30	15～30	15～30	20～40	20～40	20～40	20～40	20～40	20～40
成型时间/s	40～70	50～90	50～90	50～90	40～110	50～150	50～160	50～90	30～70	30～60	40～100	40～90	40～100	40～90	50～110	50～100

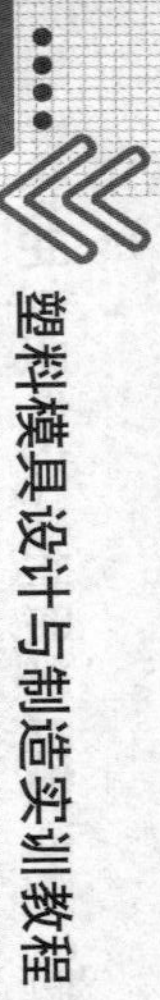

续表

塑料 项目	玻纤增强 PA-66	PA610	PA312	PA1010		玻纤增强 PA1010		透明 PA	PC		PC/PE		玻纤增强 PC	PSU	改性 PSU	玻纤增强 PSU
注射机类型	螺杆式	螺杆式	螺杆式	螺杆式	柱塞式	螺杆式	柱塞式	螺杆式	螺杆式	柱塞式	螺杆式	柱塞式	螺杆式	螺杆式	螺杆式	螺杆式
螺杆转速/(r/min)	20～40	20～50	20～50	20～50	—	20～40	—	20～50	20～40	—	20～40	—	20～30	20～30	20～30	20～30
喷嘴形式	直通式	自锁式	自锁式	自锁式	自锁式	直通式	直通式	直通式	直通式	直通式	直通式	直通式	直通式	直通式	直通式	直通式
喷嘴温度/℃	250～260	200～210	200～210	190～200	190～210	180～190	180～190	220～240	230～250	240～250	220～230	230～240	240～260	280～290	250～260	280～300
料筒温度/℃前段	260～270	220～230	210～220	200～210	230～250	210～230	240～260	240～250	240～280	270～300	230～250	250～280	260～290	290～310	260～280	300～320
料筒温度/℃中段	260～290	230～250	210～230	220～240	—	230～260	—	250～270	260～290	—	240～260	—	270～310	300～330	280～300	310～330
料筒温度/℃后段	230～260	200～210	200～205	190～200	180～200	190～200	190～200	220～240	240～270	260～290	230～240	240～260	260～280	280～300	260～270	290～300
模具温度/℃	100～120	60～90	40～70	40～80	40～80	40～80	40～80	40～60	90～110	90～110	80～100	80～100	90～110	130～150	80～100	130～150
注射压力/MPa	80～130	70～110	70～120	70～100	70～120	90～130	100～130	80～130	80～130	110～140	80～120	80～130	100～140	100～140	100～140	100～140
保压压力/MPa	40～50	20～40	30～50	20～40	30～40	40～50	40～50	40～50	40～50	40～50	40～50	40～50	40～50	40～50	40～50	40～50
注射时间/s	3～5	0～5	0～5	0～5	0～5	2～5	2～5	0～5	0～5	0～5	0～5	0～5	2～5	0～5	0～5	2～7
保压压力/s	20～50	20～50	20～50	20～50	20～50	20～40	20～40	20～60	20～80	20～80	20～80	20～80	20～60	20～80	20～70	20～50
冷却时间/s	20～40	20～40	20～50	20～40	20～40	20～40	20～40	20～40	20～50	20～50	20～50	20～50	20～50	20～50	20～55	20～50
成型周期/s	50～100	50～100	50～110	50～100	50～100	50～90	50～90	50～110	50～130	50～130	50～140	50～140	50～110	50～140	50～130	50～110

续表

项目＼塑料	聚芳砜	聚醚砜	PPO	改性 PPO	聚芳酯	聚氨酯	聚酰硫醚	聚酰亚胺	聚酰纤维素	醋酸丁酸纤维素	醋酸丙酸纤维素	乙基纤维素	F46
注射机类型	螺杆式	螺杆式	螺杆式	螺杆式	螺杆式	螺杆式	螺杆式	螺杆式	柱塞式	柱塞式	柱塞式	柱塞式	螺杆式
螺杆转速/(r/min)	20～30	20～30	20～30	20～50	20～50	20～70	20～30	20～30	—	—	—	—	20～30
喷嘴形式	直通式	直通式	直通式	直通式	直通式	直通式	直通式	直通式	直通式	直通式	直通式	直通式	直通式
喷嘴温度/℃	380～410	240～270	250～280	220～240	230～250	170～180	280～300	290～300	150～180	150～170	160～180	160～180	290～300
料筒温度/℃前段	385～420	260～290	260～280	230～250	240～260	175～185	300～310	290～310	170～200	170～200	180～210	180～220	300～330
料筒温度/℃中段	345～385	280～310	260～290	240～270	250～280	180～200	320～340	300～330	—	—	—	—	270～290
料筒温度/℃后段	320～370	260～290	230～240	230～240	230～240	150～170	260～280	280～300	150～170	150～170	150～170	150～170	170～200
模具温度/℃	230～260	90～120	110～150	60～80	100～130	20～40	120～150	120～150	40～70	40～70	40～70	40～70	110～130
注射压力/MPa	100～200	100～140	100～140	70～110	100～130	80～100	80～130	100～150	60～130	80～130	80～120	80～130	80～130
保压压力/MPa	50～70	50～70	50～70	40～60	50～60	30～40	40～50	40～50	40～50	40～50	40～50	40～50	50～60
注射时间/s	0～5	0～5	0～5	0～8	2～8	2～6	0～5	0～5	0～3	0～5	0～5	0～5	0～8
保压压力/s	15～40	15～40	30～70	30～70	15～40	30～40	10～30	20～60	15～40	15～40	15～40	15～40	20～60
冷却时间/s	15～20	15～30	20～60	20～50	15～40	30～60	20～50	30～60	15～40	15～40	15～40	15～40	20～60
成型周期/s	40～50	40～80	60～140	60～130	40～90	70～110	40～90	60～130	40～90	40～90	40～90	40～90	50～130

7.4 塑件表面质量、公差与精度等级

1. 塑件精度等级选用

塑件的精度与塑料品种有关，根据塑料收缩率不同，塑件的公差等级按表 7-12 选用。

表 7-12 塑件公差数值表(GB/T 14486—1993)

类别	塑料品种	建议采用的精度等级			
		高精度	一般精度	低精度	未注公差
1	聚苯乙烯(PS)、ABS、AS、聚甲基丙烯酸甲酯(PMMA)、聚碳酸酯(PC)、聚砜(PSF)、聚苯醚(PPO)、酚醛塑料(PF)、氨基塑料(VF)、30%玻璃纤维增强塑料、聚氯乙烯(HPVC)	2	3	5	6
2	聚酰胺 6、66、610、1010、氯化聚醚	3	4	5	6
3	聚甲醛(POM)、聚丙烯(PP)、聚乙烯(高密度)	3	5	6	7
4	软聚氯乙烯(SPVC)、低密度聚乙烯	5	6	7	7

注：① 其他材料可按加工尺寸的稳定性，参照上表选择精度等级；

② 选用精度等级时应考虑脱模斜度对尺寸公差的影响。

2. 模具成型零件表面粗糙度与塑件表面粗糙度的关系

塑料成型零件表面粗糙度主要应根据塑料制品的使用要求和美观要求设计，塑料制品的表面粗糙度主要取决于模具型腔表面粗糙度，同时还与塑料品种及成型工艺有关，通常塑件表面粗糙度值比模具表面粗糙度值大 1～2 个等级，二者关系如表 7-13 所示。

表 7-13 模具成型零件表面粗糙度与塑件表面粗糙度的关系

模具工作表面				塑件表面粗糙度							
加工方法	表面形状特征	粗糙度 *Ra*	旧标准中光洁度符号	POM	LDPE	HDPE	PP	PC	PMMA	PS(抗冲击型)	ABS
精密研磨抛光	超级镜面	0.006 0.012	∇_{14}	—				0.025～0.05			

续表

模具工作表面				塑件表面粗糙度							
加工方法	表面形状特征	粗糙度 *Ra*	旧标准中光洁度符号	POM	LDPE	HDPE	PP	PC	PMMA	PS(抗冲击型)	ABS
研磨抛光	雾状镜面	0.025	∇_{13}	0.1				0.05～0.1			
	镜状光泽面	0.05	∇_{12}	0.1～0.2							
	亮光泽面	0.1	∇_{11}	0.2～0.4							
	暗光泽面	0.2	∇_{10}	0.4～0.8							
精磨研磨	难辨加工痕迹方向	0.4	∇_{9}	0.8～1.6							
铰、磨、镗、滚压	微辨加工痕迹方向	0.8	∇_{8}	1.6～3.2							
精车、精铣、镗、拉、铰、	可辨加工痕迹方向	1.6	∇_{7}	3.2～6.3							
车、铣、镗、刨	加工痕迹明显	3.2	∇_{6}	6.3～12.5							

3. 塑件精度等级

我国已颁布了工程塑料制件尺寸公差的国家标准(GB/T 14486—1993)，如表 7-13、表 7-14 所示。

根据收缩率的变动，每种塑件尺寸分 3 种精度，即高精度、一般精度、低精度。塑件尺寸公差的代号为 MT，塑件公差等级共分为 7 级(见表 7-14)，每一级又可分为 A、B 两部分，其中 A 为不受模具活动部分影响尺寸的公差，B 为受模具活动部分影响尺寸的公差(如由于受水平分型面溢边厚薄的影响，压缩件高度方向的尺寸)。该标准只规定标准公差值，上、下偏差可根据塑件的配合性质来分配。塑件公差等级的选用与塑料品种有关。

表 7-14　塑件精度等级(GB/T14486—1993)

公差等级	公差种类	基本尺寸																							
		>0～3	3～6	6～10	10～14	14～18	18～24	24～30	30～40	40～50	50～65	65～80	80～100	100～120	120～140	140～160	160～180	180～200	200～225	225～250	250～280	280～315	315～355	355～400	400～450	450～500
标注公差的尺寸公差值																										
MT1	A	0.07	0.08	0.09	0.10	0.11	0.12	0.14	0.16	0.18	0.20	0.23	0.26	0.29	0.32	0.36	0.40	0.44	0.48	0.52	0.56	0.60	0.64	0.70	0.78	0.86
	B	0.14	0.16	0.18	0.20	0.21	0.22	0.24	0.26	0.28	0.30	0.33	0.36	0.39	0.42	0.46	0.50	0.54	0.58	0.62	0.66	0.70	0.74	0.80	0.88	0.96
MT2	A	0.10	0.12	0.14	0.16	0.18	0.20	0.22	0.24	0.26	0.30	0.34	0.38	0.42	0.46	0.50	0.54	0.60	0.66	0.72	0.76	0.84	0.92	1.00	1.10	1.120
	B	0.20	0.22	0.24	0.26	0.28	0.30	0.32	0.34	0.36	0.40	0.44	0.48	0.52	0.56	0.60	0.64	0.70	0.76	0.82	0.86	0.94	1.02	1.10	1.20	1.30
MT3	A	0.12	0.14	0.16	0.18	0.20	0.24	0.28	0.32	0.36	0.40	0.46	0.52	0.58	0.64	0.70	0.78	0.86	0.92	1.00	1.10	1.20	1.30	1.44	1.60	1.74
	B	0.32	0.34	0.36	0.38	0.40	0.44	0.48	0.52	0.56	0.60	0.66	0.72	0.78	0.84	0.90	0.98	1.06	1.12	1.20	1.30	1.40	1.50	1.64	1.80	1.94
MT4	A	0.16	0.18	0.20	0.24	0.28	0.32	0.36	0.42	0.48	0.56	0.64	0.72	0.82	0.92	1.02	1.12	1.24	1.36	1.48	1.62	1.80	2.00	2.20	2.40	2.60
	B	0.36	0.38	0.40	0.44	0.48	0.52	0.56	0.62	0.68	0.76	0.84	0.92	1.02	1.12	1.22	1.32	1.44	1.56	1.68	1.82	2.00	2.20	2.40	2.60	2.80
MT5	A	0.20	0.24	0.28	0.32	0.38	0.44	0.50	0.56	0.64	0.74	0.86	1.00	1.14	1.28	1.44	1.60	1.76	1.92	2.10	2.30	2.50	2.80	3.10	3.50	3.90
	B	0.40	0.44	0.48	0.52	0.58	0.64	0.70	0.76	0.84	0.94	1.06	1.20	1.34	1.48	1.64	1.80	1.96	2.12	2.30	2.50	2.70	3.00	3.30	3.70	4.10
MT6	A	0.26	0.32	0.38	0.46	0.54	0.62	0.70	0.80	0.94	1.10	1.28	1.48	1.72	2.00	2.20	2.40	2.60	2.90	3.20	3.50	3.80	4.30	4.70	5.30	6.00
	B	0.46	0.52	0.58	0.68	0.74	0.82	0.90	1.00	1.14	1.30	1.48	1.68	1.92	2.20	2.40	2.60	2.80	3.10	3.40	3.70	4.00	4.50	4.90	5.50	6.20
MT7	A	0.38	0.48	0.58.	0.68	0.78	0.88	1.00	1.14	1.32	1.54	1.80	2.10	2.40	2.78	3.00	3.30	3.70	4.10	4.50	4.90	5.40	6.00	6.70	7.40	8.20
	B	0.50	0.68	0.78	0.88	0.98	1.08	1.20	1.34	1.52	1.74	2.00	2.30	2.60	3.10	3.20	3.50	3.90	4.30	4.70	5.10	5.60	6.20	6.90	7.60	8.40
未注公差的尺寸允许偏差																										
MT5	A	±0.10	±0.12	±0.14	±0.16	±0.19	±0.22	±0.25	±0.28	±0.32	±0.37	±0.43	±0.50	±0.57	±0.64	±0.72	±0.80	±0.88	±0.96	±1.05	±1.15	±1.25	±1.40	±1.55	±1.75	±1.95
	B	±0.20	±0.22	±0.24	±0.26	±0.29	±0.32	±0.35	±0.38	±0.42	±0.47	±0.53	±0.60	±0.67	±0.74	±0.82	±0.90	±0.98	±1.06	±1.15	±1.25	±1.35	±1.50	±1.65	±1.85	±2.05
MT6	A	±0.13	±0.16	±0.19	±0.23	±0.27	±0.31	±0.35	±0.40	±0.47	±0.50	±0.64	±0.74	±0.86	±1.00	±1.10	±1.20	±1.30	±1.45	±1.60	±1.75	±1.90	±2.10	±2.30	±2.65	±3.00
	B	±0.23	±0.26	±0.29	±0.33	±0.37	±0.41	±0.45	±0.50	±0.57	±0.65	±0.74	±0.84	±0.96	±1.10	±1.20	±1.30	±1.40	±1.55	±1.70	±1.85	±2.00	±2.25	±2.45	±2.75	±3.10
MT7	A	±0.19	±0.24	±0.29	±0.34	±0.39	±0.44	±0.50	±0.57	±0.66	±0.77	±0.90	±1.05	±1.20	±1.35	±1.50	±1.65	±1.85	±2.05	±2.25	±2.45	±2.70	±3.00	±3.35	±3.70	±4.10
	B	±0.29	±0.34	±0.39	±0.44	±0.49	±0.54	±0.60	±0.67	±0.76	±0.87	±1.00	±1.15	±1.30	±1.45	±1.60	±1.75	±1.95	±2.15	±2.35	±2.55	±2.85	±3.10	±3.45	±3.80	±4.20

注：表中规定的数值以塑件成型后或经必要的后处理，在相对湿度 65%、温度 20℃环境放置 24h 后，以塑件和量具温度为 20℃时测量为准。

本章小结

本章主要介绍了冲模零件材料与热处理，冲压用金属材料的规格与性能，塑料模具零件材料与热处理，常用塑料规格与性能，塑件精度等级、公差与表面质量。通过本章的学习，学习者应掌握注射模工作零件、结构零件常用材料选取与热处理工艺；掌握塑料成型模工作零件、结构零件常用材料与热处理工艺；掌握冲压用金属材料的规格与性能；熟练掌握常用塑料的规格与性能。

思考与练习

简述题

1. 简述冲压模工作零件常用材料与热处理。
2. 简述冲压模结构零件常用材料与热处理。
3. 简述塑料成型模工作零件常用材料与热处理。
4. 简述塑料成型模结构零件常用材料与热处理。
5. 常用热塑性塑料有哪些？

第 8 章　塑料模具常用设备规格与选用

技能目标

- 熟练掌握塑料成型设备的类型代号
- 能正确选用塑料成型设备

模具常用设备主要有冲压模具用设备、锻造模具用设备、冷墩模具用设备、挤压模具用设备、塑料模具用设备、压铸模具用设备、橡胶模具用设备等。本章主要介绍塑料成型模具用设备。

常用塑料成型设备主要有注射机、挤出机、塑料液压机、吹塑设备和发泡设备等。

8.1　塑料注射机

塑料注射机是塑料成型加工的主要设备之一，既可用于热塑性塑料成型，也可用于某些热固性塑料成型。

8.1.1　注射机通用型号与规格

塑料注射机按外形结构可分为卧式注射机、立式注射机、角式注射机、多模转盘式注射机等，应用最广泛的是卧式注射机，如表 8-1 所示。

表 8-1　常用国产卧式塑料注射机型号与参数

项　目	型　号				
	XS-ZS-22	XS-Z-30	XS-Z-60	XS-ZY-125	G54-S200/400
额定注射量/(g/cm^3)	20、30	30	60	125	200～400
螺杆(柱塞)直径/mm	20、25	28	38	42	55
注射压力/MPa	75、115	119	122	120	109
注射行程/mm	130	130	170	115	160
注射方式	双柱塞 (双色)	双柱塞	双柱塞	螺杆式	螺杆式
锁模力/kN	250	250	500	900	2540
最大成型体积/cm^3	90	90	130	320	645
动模板最大行程/mm	160	160	180	300	260
模具最大厚度/mm	180	180	200	300	406
模具最小厚度/mm	60	60	70	200	165
喷嘴圆弧半径/mm	12	12	12	12	18
喷嘴孔直径/mm	3	3、3.5、4、5	3.5、4、5	4、5、6	4、5、6

续表

项　目		型　号				
		XS-ZS-22	XS-Z-30	XS-Z-60	XS-ZY-125	G54-S200/400
顶出形式		四侧设有顶杆，机械顶出，中心距170mm	四侧设有顶杆，机械顶出	中心设有顶杆，机械顶出	四侧设有顶杆，机械顶出，中心距230mm	动模板设有顶板，机械顶出
动、定模固定尺寸/mm×mm		250×2800		330×440	428×458	532×637
拉杆空间/mm		235	235	190×300	260×290	290×368
合模方式		液压-机械	液压-机械	液压-机械	液压-机械	液压-机械
液压泵	流量/L/min	50	50	70、12	100、12	170、12
	压力/MPa	6.5	6.5	6.5	6.5	6.5
电机功率/kN		5.5	5.5	11	11	18.5
螺杆驱动功率/kW					4	5.5
加热功率/kW		1.75		2.7	5	10
机器外形尺寸/mm×mm×mm		2340×800×1460	2340×850×1460	3160×850×1550	3340×750×1500	4700×1400×1800

项目＼型号	SZY-300	XS-ZY-500	XZY-1000	SZY-2000	XS-ZY-4000
额定注射量/(g/cm^3)	300	500	1000	2000	4000
螺杆(柱塞)直径/mm	65	85	100	110	130
注射压力/MPa	77.5	145	121	90	106
注射行程/mm	150	200	260	280	370
注射方式	螺杆式	螺杆式	螺杆式	螺杆式	螺杆式
锁模力/kN	1500	3500	4500	6000	10000
最大成型体积/cm^3		1000	1800	2600	3800
动模板最大行程/mm	340	500	700	750	1100
模具最大厚度/mm	355	500	700	750	1100
模具最小厚度/mm	285	300	300	500	700
喷嘴圆弧半径/mm	12	18	18	18	

续表

项　目	型　号				
	XS-ZS-22	XS-Z-30	XS-Z-60	XS-ZY-125	G54-S200/400
喷嘴孔直径/mm	3	3、3.5、4、5	3.5、4、5	4、5、6	4、5、6
顶出形式	中心及上下两侧液压顶出	中心液压顶出距离 100mm，两侧机械顶出，中心距350mm	中心液压顶出，两侧机械顶出，中心距 850mm	中心液压顶出距离 125mm，两侧机械顶杆顶出	中心液压顶出两侧机械顶出，中心距1200mm
动、定模固定尺寸/mm×mm	620×520	700×850	900×1000	1180×1180	
拉杆空间/mm	400×300	540×440	650×550	760×700	1050×950
合模方式	液压-机械	液压-机械	两次动作液压式	液压-机械	两次动作液压式
液压泵　流量/(L/min)	103.9、12.1	200、25	200、18、18	175.8	50、50
液压泵　压力/MPa	7.0	6.5	14	14	20
电机功率/ kW	17	22	40、55		
螺杆驱动功率/kW	7.8	7.5	13	23.5	30
加热功率/ kW	6.5	14	16.5	21	37
机器外形尺寸/mm×mm×mm	5300×940×1815	6500×1300×2000	6700×1400×2380	10908×1900×3430	11500×3000×4500

8.1.2　海天注塑机型号与参数

海天注塑机集团一直处于世界同行业领先地位，可以向市场提供系列齐全(锁模力覆盖自 600 kN 至 66 000kN)的通用液压注塑机系列。公司产品定位清晰，针对急速增长的通用化塑料制品生产需求，积极调整生产布局，通过加强产品加工标准化，采用相应的装配流程，不断提高自身的生产效率和产品质量，为客户提供性价比高、生产率高的注塑机产品，型号与参数如表 8-2 所示。

表 8-2　海天注塑机型号与参数

机台吨位	注射装置	注射装置								合模装置							其他						
		螺杆直径/mm	螺杆长径比	理论注射量/cm^3	注射质量/cm^3	注射速率/(cm^3/s)	注射压力/MPa	塑化能力/(cm^3/s)	螺杆转速/(r/min)	锁模力/kN	移模行程/mm	拉杆内间距/mm	最大模厚/mm	最小模厚/mm	顶出行程/mm	顶出力/kN	最大油泵压力/MPa	油泵马达/kN	电热功率/kW	外形尺寸/m	机器重量/kg	料斗容积/L	油箱容积/L
MA600/100	A	22	24	38	35	47	266	4.6	0-260	60	270	310×310	330	120	70	22	16	7.5	4.55	3.53×1.13×1.75	2.3	25	140
	B	26	20.3	53	48	65	191	6.3															
MA600/150	A	26	24.2	66	60	60	236	6.3	0-260	60	270	310×310	330	120	70	22	16	7.5	5.1	3.362×1.13×1.75	2.5	25	140
	B	30	21	88	80	80	177	8.4															
	C	34	19.5	113	103	103	138	10.3															
MA900/260	A	32	22.5	121	110	77	219	9.9	0-230	90	320	360×360	380	150	100	33	16	11	6.2	4.2×1.18×1.84	3.46	25	180
	B	36	20	153	139	98	173	11.3															
	C	40	16	188	171	121	140	13.9															
MA1200/370	A	36	23.2	173	157	95	210	11.3	0-205	120	360	410×410	450	150	120	33	16	13	9.75	4.79×1.26×1.94	4.6	25	205
	B	40	21	214	195	117	171	13.9															
	C	45	18.7	270	246	148	135	18															
MA1600/540	A	40	22.5	253	230	117	215	18	0-205	160	430	470×470	520	180	140	33	16	15	9.75	5.07×1.35×1.99	5.3	25	240
	B	45	20	320	291	148	169	21.6															
	C	50	18	395	359	183	137	18															
MA2000/700	A	45	22.2	334	304	148	210	18	0-180	200	490	530×530	550	200	140	62	16	18.5	14.25	5.63×1.58×2.06	6.9	50	340
	B	50	20	412	375	182	170	21.6															
	C	55	18.2	499	454	221	141	26.6															
MA2500/1000	A	50	22	471	429	165	215	21.6	0-180	250	540	580×580	580	220	150	62	16	22	16.9	5.97×1.67×2.15	8.3	50	415
	B	55	20	570	519	200	178	26.6															
	C	60	18.3	679	618	238	149	30.3															

续表

机台吨位	注射装置								合模装置								其他						
	注射装置	螺杆直径/mm	螺杆长径比	理论注射量/cm³	注射质量/cm³	注射速率/(cm³/s)	注射压力/MPa	塑化能力/(cm³/s)	螺杆转速/(r/min)	锁模力/kN	移模行程/mm	拉杆内间距/mm	最大模厚/mm	最小模厚/mm	顶出行程/mm	顶出力/kN	最大油泵压力/MPa	油泵马达/kN	电热功率/kW	外形尺寸/m	机器重量/kg	料斗容积/L	油箱容积/L
MA2800/1350	A	55	21.8	618	562	215	219	26.6	0-215	280	590	630×630	630	230	150	62	16	30	19.9	6.43×1.83×2.08	11	50	705
	B	60	20	735	669	256	184	30.3															
	C	65	18.5	863	785	300	157	34.4															
MA3200/1700	A	60	21.7	792	721	277	213	33.7	0-220	320	640	680×680	680	250	160	62	16	37	22.9	6.9×1.91×2.08	13	50	730
	B	65	20	929	845	325	182	38.2															
	C	70	18.6	1078	981	377	157	44.9															
MA3800/2250	A	65	21.5	1068	972	281	211	38.2	0-185	380	700	730×730	730	280	180	110	16	37	28.2	7.36×1.96×2.15	15	50	750
	B	70	20	1239	1127	325	182	44.9															
	C	75	18.7	1423	1295	374	158	51.4															
	D	80	17.5	1619	1473	425	139	58.7															
MA4700/2950	A	70	22.9	1424	1296	337	207	44.9	0-155	470	780	820×800	780	320	200	110	16	45	31.5	8.16×2.13×2.26	19	50	900
	B	80	20	1860	1693	440	150	58.7															
	C	84	19.1	2050	1866	485	143	64.5															
	D	90	17.8	2354	2142	557	125	71.8															
MA5300/4000	A	80	22	2212	2013	448	180	58.7	0-130	530	850	840×830	850	350	220	158	16	55	42.35	9.23×2.2×2.66	26	100	1040
	B	85	20.7	2497	2272	505	159	65.4															
	C	90	19.6	2799	2547	567	142	71.8															
	D	100	17.6	3456	3145	700	115	86.5															
MA6000/4000u	A	80	22	2212	2013	448	180	58.7	0-135	600	900	880×880	880	380	240	158	16	55	42.35	9.52×2.23×2.66	29	100	1040
	B	85	20.7	2497	2272	505	159	65.4															
	C	90	19.6	2799	2547	567	142	71.8															
	D	100	17.6	3456	3145	700	115	86.5															

续表

机台吨位	注射装置	注射装置								合模装置										其他			
	注射装置	螺杆直径 /mm	螺杆长径比	理论注射量 /cm³	注射质量 /cm³	注射速率 /(cm³/s)	注射压力 /MPa	塑化能力 /(cm³/s)	螺杆转速 /(r/min)	锁模力 /kN	移模行程 /mm	拉杆内间距 /mm	最大模厚 /mm	最小模厚 /mm	顶出行程 /mm	顶出力 /kN	最大油泵压力 /MPa	油泵马达 /kN	电热功率 /kW	外形尺寸 /m	机器重量 /kg	料斗容积 /L	油箱容积 /L
MA7000/5000u	A	80	24.8	2262	2058	473	224	58.7	0-140	700	970	960×940	940	400	260	186	16	22+45	49.25	9.82×2.39×2.7	32	100	1290
	B	90	22	2863	2605	599	177	71.8															
	C	100	19.8	3534	3216	739	143	86.5															
	D	110	18	4276	3891	894	118	104															
MA8000/6800U	A	90	24.4	2990	2721	520	228	71.8	0-110	800	1040	1000×1000	1000	420	280	186	16	22+55	63.75	10.6×2.51×2.7	38	100	1400
	B	100	22	3691	3359	642	184	86.5															
	C	110	20	4467	4065	776	152	104															
	D	120	18.3	5316	4838	924	128	122															
MA9000/6800u	A	90	24.4	2990	2721	520	228	71.8	0-110	900	1120	1080×1080	1080	450	300	186	16	22+55	63.75	11.1×2.62×2.7	45	100	1400
	B	100	22	3691	3359	642	184	86.5															
	C	110	20	4467	4065	776	152	104															
	D	120	18.3	5316	4838	924	128	122															
MA10000/8400u	A	100	24.2	4006	3645	663	211	86.5	0-105	1000	1220	1160×1160	1160	500	320	215	16	37+55	71.55	11.9×2.72×2.75	51	100	1660
	B	110	22	4847	4411	802	174	104															
	C	120	20.2	5768	5249	955	146	122															
	D	130	18.6	6769	6160	1120	125	139															
MA12000/8400u	A	100	24.2	4006	3645	663	211	86.5	0-105	1200	1300	1250×1250	1250	550	320	215	16	37+55	71.55	12.2×2.9×2.8	59	100	1700
	B	110	22	4847	4411	802	174	104															
	C	120	20.2	5768	5249	955	146	122															
	D	130	18.6	6769	6160	1120	125	139															

续表

机台吨位	注射装置	注射装置							合模装置								其他						
		螺杆直径/mm	螺杆长径比	理论注射量/cm³	注射质量/cm³	注射速率/(cm³/s)	注射压力/MPa	塑化能力/(cm³/s)	螺杆转速/(r/min)	锁模力/kN	移模行程/mm	拉杆内间距/mm	最大模厚/mm	最小模厚/mm	顶出行程/mm	顶出力/kN	最大油泵压力/MPa	油泵马达/kN	电热功率/kW	外形尺寸/m	机器重量/kg	料斗容积/L	油箱容积/L
MA13000/10500u	A	110	26.2	5227	4757	806	200	104	0-98	1300	1400	1350×1280	1300	600	350	215	16	37+37+37	85.55	13.3×3.08×2.9	67	100	1980
	B	120	24	3220	5660	959	168	122															
	C	130	22.2	7300	6643	1126	143	139															
	D	140	20.6	8467	7705	1306	123	151															
MA14000/10500u	A	110	26.2	5227	4757	806	200	104	0-98	1400	1500	1450×1350	1400	700	350	318	16	37+37+37	85.55	13.9×3.2×4.7	82	400	1980
	B	120	24	6220	5660	959	168	122															
	C	130	22.2	7300	6643	1126	143	139															
	D	140	20.6	8467	7705	1306	123	151															
MA16000/13700u	A	130	24	8349	7598	1142	164	139	0-87	1600	1600	1550×1430	1500	700	400	318	16	45+45+45	95.05	14.2×3.4×5.1	105	400	2400
	B	140	22.3	9683	8812	1325	142	151															
	C	150	20.8	11115	10115	1521	123	165															
MA18500/13700u	A	130	24	9349	7598	1142	164	139	0-87	1850	1650	1650×1500	1560	780	400	430	16	45+45+45	95.05	14.8×3.5×5.2	128	400	2400
	B	140	22.3	9683	8812	1325	142	151															
	C	150	20.8	11115	10115	1521	123	165															
MA21000/15800u	A	140	24	9683	8812	1262	163	151	0-75	2100	1800	1750×1600	1700	780	400	430	16	45+45+45	114.15	15.6×3.6×5.3	137	400	2970
	B	150	22.4	11115	10115	1448	142	165															
	C	160	21	12647	11509	1678	125	176															
MA2400/u	A	150	22.4	11115	10115	1448	142	165	0-75	2400	1900	1850×1700	1800	800	450	430	160	45+55×2	114.05	16.3×3.8×5.4	155	400	2970
	B	185	21.6	26020	23678	1580	136	201	0-67									55×3	171.7	18.4×3.8×5.5	163	400	3720

8.2　单螺杆塑料挤出机技术参数

单螺杆塑料挤出机用于挤出型材，技术参数如表 8-3 所示。

表 8-3　单螺杆塑料挤出机技术参数

螺杆直径 D_b/mm	长径比 L/D	螺杆转速 n_{min}～n_{max}/(r/min)		产量 Q/(kg/h)		电机功率 P/kW	名义比功率 P' /[kW/(kg/h)]		比流量 q/[(kg/h)(r/min)]		机筒加热段数	机筒加热功率/kW	中心高 H/mm
		HPVC	SPVC	HPVC	SPVC		HPVC	SPVC	HPVC	SPVC			
20	20	20～25	20～120	0.8～2	1～3	0.8	0.4	0.27	0.04	0.03	3	≤3	1000
	25										3	≤4	500 350
30	20	17～50	17～102	2～5	3～8	2.2	0.44	0.28	0.11	0.09	3	≤4	1000
	25										3	≤5	500 350
45	20	15～45	15～90	6～15	9～22	5.5	0.37	0.25	0.40	0.30	3	≤6	1000
	25										3	≤8	500 350
65	20	13～39	12～78	15～37	22～55	15	0.40	0.27	1.15	0.85	3	≤12	1000
	25										3	≤16	500
90	20	11～33	11～66	32～64	40～100	24	0.38	0.25	2.90	1.80	3	≤24	1000
	25										4	≤30	500
120	20	9～27	9～54	65～130	84～190	55	0.48	0.29	7.20	4.7	4	≤40	1000
	25										5	≤45	600
150	20	7～21	9～42	90～180	120～280	75	0.42	0.27	12.80	8.60	5	≤60	1000
	25										6	≤72	600
200	20	3～15	5～30	140～280	180～430	100	0.36	0.24	28.00	18.00	6	≤100	1000
	25										7	≤125	600

8.3　国产塑料液压机型号及主要参数

塑料液压机多用于塑料的压缩成型、压注成型等热固性塑料型号及橡胶成型，技术参数如表 8-4 所示。

表 8-4　国产塑料液压机型号及主要参数

液压机型号	液压部分			活动横梁、工作台部分			顶出部分		
	公称压力/kN	回程压力/kN	液体最大压强/MPa	动梁至工作台最大距离/mm	动梁最大行程/mm	动梁、工作台尺寸/mm×mm	顶出杆最大顶出力/kN	顶出杆回程力/kN	顶出杆最大行程/mm
45～58	450	68	32	650	250	400×360			150
YA71-45	450	60	32	750	250	400×360	120	35	175
SY71-45A	450	60	32	750	250	400×360	120		175
SY71-45	450	60	32	750	250	400×360	120	35	175
YX(D)-45	450	70	32	330	250	400×360			
Y32-50	500	105	20	600	400	790×490	75	37.5	
YB32-63	630	133	25	600	400	790×490	95	47	150
BY32-63	630	190	25	600	400	790×490	180	100	150
Y31-63	630	300	32	600	300		3(手动)		130
Y71-63	630	300	32	600	300	500×500	3(手动)		
YX-100	1000	500	32	650	380	600×600	200		130
Y32-100	1000	230	20	900	600	900×580	150	80	165(自动) 280(手动)
Y71-100	1000	200	32	650	380	600×600	200		165(自动) 280(手动)
Y32-100A	1000	160	20	850	600		165	70	210
ICH-100	1000	500	32	650	380	600×600	200		165(自动) 250(手动)
Y32-200	2000	620	20	1100	700	1320×760	300	82	250
YB32-200	2000	620	20	1100	700	1320×760	300	150	250
YB71-250	2500	1250	20	1200	600	1000×1000	340		300
ICH-250	2500	1250	30	1200	600	1000×1000	630		300
SY-250	2500	1250	30	1200	600	1000×1000	340		300
Y32-300 YB32-300	3000	400	20	1240	800	1700×1210	300	82	250
Y33-300	3000		24	1000	600				
Y71-300	3000	1000	32	1200	600	900×900	500		250
Y71-500	5000		32	1400	600	1000×1000	1000		300
YA71-500	5000	1600	32	1400	1000	1000×1000	1000		300

本章小结

本章主要介绍了冲压与塑料成型常用国产设备。通过本章的学习，学习者应能熟练选用各类设备。

思考与练习

简答题

1. 简述常用塑料成型设备的类型代号。
2. 常用塑料成型设备有哪些？如何选用？

参 考 文 献

[1] 史铁梁. 模具设计指导[M]. 北京：机械工业出版社，2007.

[2] 陈剑鹤等. 塑料模具设计图册[M]. 北京：清华大学出版社，2008.

[3] 何冰强等. 塑料模具设计指导与资料汇编[M]. 大连：大连理工大学出版社，2009.

[4] 杨海鹏. 模具设计与制造实训教程[M]. 北京：清华大学出版社，2011.

[5] 杨海鹏等. 塑料成型工艺与模具设计[M]. 北京：北京大学出版社，2013.

[6] 杨海鹏. 模具拆装与测绘[M]. 北京：清华大学出版社，2016.